光盘推荐运行环境

操作系统：Windows XP/Vista/7
显示器分辨率：1024×768像素
CPU： P4以上
内存：1GB
光驱：DVD-ROM
硬盘空间：10GB
其他设备：耳机或音响

单击“音乐”按钮，在弹出的菜单中可以选择其他音乐作为背景播放音乐。

播放内容结束后，系统自动弹出提示对话框。不做任何操作，在10秒钟后播放下一节内容；单击“本节”按钮，将会重复播放该小节内容；单击“上一节”按钮，将会进入上一节内容。

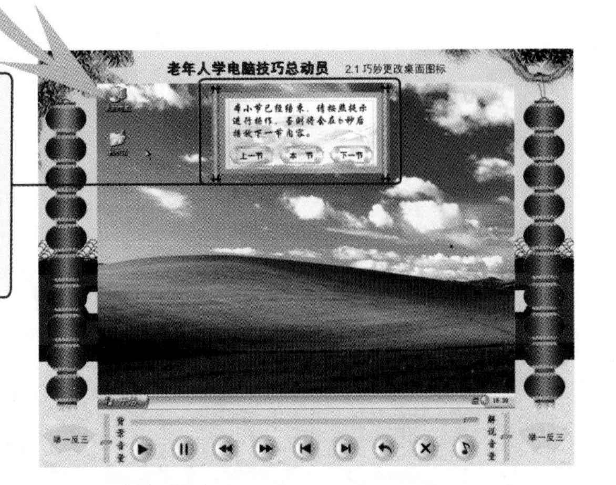

光盘主要内容

“举一反三”丛书的配套光盘是多媒体自学光盘，通过师生对话的场景与模拟老师授课来详细讲解电脑相关技巧。通过该光盘，用户可以如同课堂教学一般进行直观且生动的学习，使学习效率得到显著的提高。

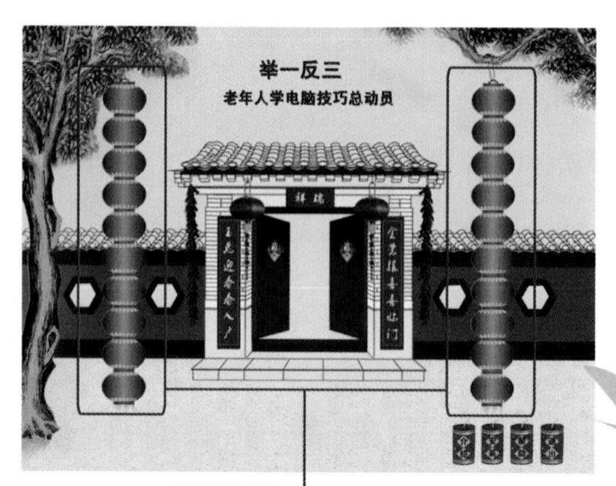

光盘操作方法

将光盘放入光驱，几秒钟后光盘将自动运行。如果没有自动运行，可在桌面上双击“计算机”图标，然后在打开的窗口中双击光盘所在的盘符，或者右击光盘所在的盘符，在弹出的快捷菜单中选择“自动播放”命令，即可启动并进入多媒体互动教学光盘程序。

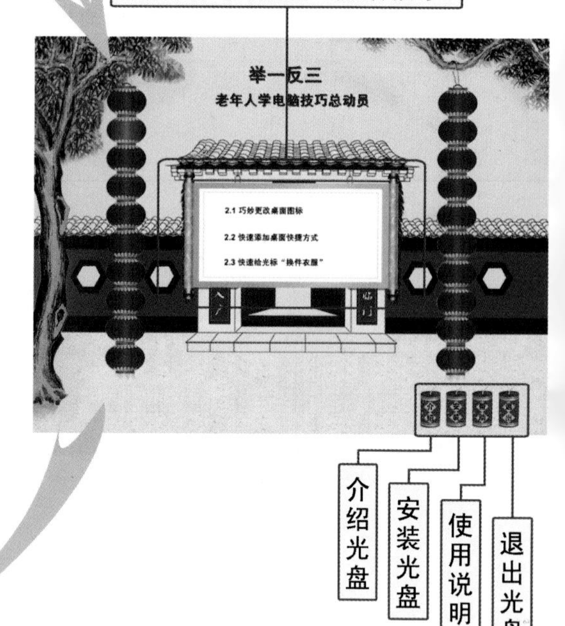

举一反三

老年人学电脑技巧总动员

企鹅工作室　张珊珊　编著

清华大学出版社

北　京

内 容 简 介

本书主要针对老年读者学电脑的需求，从零开始、系统全面地讲解老年人学电脑的各种技巧。

全书共分为15个专题、两个附录，主要内容包括：了解电脑——玩转电脑基础操作、Windows XP——轻松掌握无难事、掌控电脑——操作文件与文件夹、电脑打字——走在时代的尖端、网上冲浪——谁说只有年轻人可以玩、回忆金色年华——听民歌看经典老电影、天涯共此时——与子女亲朋在网上交流、老人也时尚——网上购物交易、全民开博——我的Blog我做主、你想玩什么——网上娱乐大搜索、你也来玩PS——美化亲人照片、轻松管理照片——制作电子相册、回忆的色彩——用Word记录故事、生活帮手——用Excel轻松理财、保护电脑——电脑防护给你支招、新闻网址和文档输入快捷键等。

本书具有内容精炼、技巧实用，实例丰富、通俗易懂，图文并茂、以图析文，版式精美、双色印刷，配套光盘、互补学习等特点。本书及配套多媒体光盘非常适合老年读者选用，也可以作为电脑短训班的培训教材。

图书在版编目(CIP)数据

老年人学电脑技巧总动员/企鹅工作室，张珊珊编著. --北京：清华大学出版社，2011.3

(举一反三)

ISBN 978-7-302-24450-9

Ⅰ. ①老…　Ⅱ. ①企…　②张…　Ⅲ. ①电子计算机—基本知识　Ⅳ. ①TP3

中国版本图书馆CIP数据核字(2010)第243058号

责任编辑：邹　杰　杨作梅
封面设计：杨玉兰
责任校对：李玉萍
责任印制：杨　艳
出版发行：清华大学出版社　　**地　址**：北京清华大学学研大厦A座
http://www.tup.com.cn　　**邮　编**：100084
社 总 机：010-62770175　　**邮　购**：010-62786544
投稿与读者服务：010-62776969，c-service@tup.tsinghua.edu.cn
质 量 反 馈：010-62772015，zhiliang@tup.tsinghua.edu.cn
印 刷 者：北京四季青印刷厂
装 订 者：三河市李旗庄少明装订厂
经　销：全国新华书店
开　本：185×260　**印　张**：17　**插　页**：1　**字　数**：486千字
附光盘1张
版　次：2011年3月第1版　　**印　次**：2011年3月第1次印刷
印　数：1～4000
定　价：39.00元

产品编号：038069-01

丛书序

学电脑有很多方法，更有很多技巧。一本好书，不仅能让读者快速掌握基本知识、操作方法，还应让读者能够无师自通、举一反三。

基于上述目的，清华大学出版社精心打造了品牌丛书——“举一反三”。本系列丛书作者精心挑选了最实用、最精炼的内容，采用一个招式对应一个技巧，同时补充讲解一个知识点的叙述方式。此外书中还穿插“内容导航、热点快报、知识补充、注意事项、专家坐堂、举一反三”等众多小栏目，采用双栏的紧凑排版方式，配合步骤、技巧，以重点、难点相对突出的精美双色印刷，并配套大容量的多媒体教学光盘，使读者能够参照书中的实际操作步骤、对照光盘快速开展实战演练，从而达到“举一反三”的目的。

丛书主要内容

如果您是一名电脑初、中级读者，那么“举一反三”丛书正是您所需要的。本丛书覆盖面广泛、知识点全面，已出版书目如下所示。

批　次	图书品种
第一批	《网上冲浪技巧总动员》
	《Windows Vista 技巧总动员》
	《Office 2007 办公技巧总动员》
	《Word 2007 排版及应用技巧总动员》
	《Excel 2007 表格处理及应用技巧总动员》
	《系统安装与重装技巧总动员》
	《数码照片拍摄与处理技巧总动员》
	《家庭 DV 拍摄与处理技巧总动员》
	《电脑硬件与软件技巧总动员》
	《电脑故障排除技巧总动员》
	《BIOS 与注册表技巧总动员》
	《电脑安全防护技巧总动员》

续表

批　次	图书品种
第二批	《AutoCAD 2010 机械绘图技巧总动员》
	《AutoCAD 2010 建筑绘图技巧总动员》
	《Flash CS5 动画设计技巧总动员》
	《Excel 2010 表格处理及应用技巧总动员》
	《Office 2010 办公应用技巧总动员》
	《Photoshop CS5 数码照片处理技巧总动员》
	《Windows 7 技巧总动员》
	《Word 2010 排版及应用技巧总动员》
	《炒股入门技巧总动员》
	《电脑常用工具软件技巧总动员》
	《电脑黑客攻防技巧总动员》
	《家庭电脑应用技巧总动员》
	《老年人学电脑技巧总动员》
	《淘宝网开店与交易技巧总动员》
	《网上开店与推广技巧总动员》
	《五笔打字与 Word 排版技巧总动员》
	《五笔字型速查技巧总动员》

丛书主要特色

作为一套面向初、中级读者的系列丛书，“举一反三”丛书具有“内容精炼、技巧实用”，“全程图解、轻松阅读”，“情景教学、快速上手”，“精美排版、双色印刷”，“书盘结合、互补学习”五大特色。

☒ 内容精炼　技巧实用

每本图书均挑选精炼、实用的内容，循序渐进地展开讲解，符合读者由浅入深、逐步提高的学习习惯。语言讲解准确、简明，读者不需要经过复杂的理解和思考，即可明白所学习的知识。

本丛书以应用技巧为主，操作步骤为辅，理论知识为补充；采用一个招式对应一个技巧，同时补充讲解一个知识点的叙述方式。对于各种需要操作练习的知识，都以操作步骤的方式进行讲解，让读者在大量的操作步骤和应用技巧中，逐步培养动手实践的能力。

☒ 全程图解　轻松阅读

本丛书采用“全程图解”的讲解方式，在以简洁、清晰的文字对知识内容进行说明后，以图形的表现方式，将各种操作步骤直观地表现出来。基本上是一个操作步骤对应一个图形，且在图形上添加步骤序号与说明，更准确地对各知识点进行操作演示，这样，既节省了版面，又增加了可视性，使读者感到轻松易学。

☒ 情景教学　快速上手

本丛书非常注重读者的学习规律和学习心态，安排了“内容导航、热点快报”学习大框架，以及“知识补充、注意事项、专家坐堂、举一反三”等学习小栏目，通过打造一种合理的情景学习方法和模式，在活泼版面、轻松阅读的同时，让读者能够主动思考、触类旁通，从而达到快速上手、举一反三的目的。

☒ 精美排版　双色印刷

本丛书采用类似杂志的版式设计，使用 10 磅字号、双栏和三栏相结合的排版方式，版式精美、新颖、紧凑，既适合阅读又节省版面，超值实用。

本丛书以黑色印刷为主，而“操作步骤、操作技巧、重点、难点、知识补充、注意事项、专家坐堂、举一反三”等特殊段落，需要读者加强学习的地方则采用双色印刷，以达到重点突出、直观醒目、轻松阅读的目的。

☒ 书盘结合　互补学习

本丛书配套多媒体教学光盘，光盘内容与书中的知识相互结合并互相补充，而不是简单的重复，具有直观、生动、互动等优点。

丛书特色栏目

作者在编写本书时，非常注重读者的学习规律和学习心态，每个专题都安排了“内容导航、热点快报”等学习大框架，以及“知识补充、注意事项、专家坐堂、举一反三”等学习小栏目，让读者可以更加高效地学习、更加轻松地掌握。

主要栏目	主要内容
内容导航	在每个专题的首页，简明扼要地介绍本专题将要学习的主要内容，使读者在学习的过程中能够有的放矢
热点快报	对本专题所讲的知识进行更准确、更全面的概括，以精练的、概括的语言列出本专题将要介绍的重要内容和经典技巧等

续表

主要栏目	主要内容
知识补充	在众多操作步骤中，穿插一些必备知识，或是本专题主要知识点、重点和难点的学习提示
注意事项	强调本专题的重点、难点，以及学习过程中需要特别注意的一些问题或事项，从而达到巩固知识，融会贯通的目的
专家坐堂	将高手在学习电脑应用过程中积累的经验、心得、教训等通通告诉你，让你快速上手、少走弯路
举一反三	对新概念、新知识、重点、难点和应用技巧通过典型操作加以体现，从而达到触类旁通、举一反三的目的

光盘主要特色

本书配备了交互式、多功能、大容量的多媒体教学光盘。书中涉及的主要内容，通过演示光盘做了必要的示范。光盘内容与图书内容相互结合并互相补充，既可以对照光盘轻松自学，又可以参照图书互动学习。配套光盘具有以下特色。

光盘特色	主要内容
功能强大	配套光盘具有视频播放、人物情景对话、背景音乐更换、音量调节、光盘目录快速切换等众多功能模块，功能强大、界面美观、使用方便
情景教学	配套光盘通过老师、学生和小精灵 3 个卡通人物来再现真实的学习过程，情景教学、生动有趣
互动学习	读者可跟随光盘的提示，在光盘演示中执行如单击、双击、输入、拖动等操作，实现现场互动学习的新模式
边学边练	将光盘切换成一个文字演示窗口，读者可以根据文字说明和语音讲解的指导，在电脑中进行同步跟练操作，边学边练

丛书创作团队

本丛书由“企鹅工作室”集体创作，参与编写的人员有席金兰、吴琪菊、余素芬、吴海燕、朱春英、费一峰、徐海霞、张珊珊、袁盐、何林苡、陈建良、余雅飞、任晓芳、张云霞、俞成平、王礼龙等。

由于水平有限，书中难免有疏漏和不妥之处，敬请广大读者批评指正，读者服务邮箱：ruby1204@gmail.com。

企鹅工作室

前言

本书主要针对老年读者学电脑的需求，从零开始、系统全面地讲解了老年人学电脑的各种技巧。

本书主要内容

全书精心安排了15个专题、两个附录的内容，以应用技巧为主，操作步骤为辅，一个招式对应一个技巧，讲解一个知识点，具体内容如下表所示。

本书专题	主要内容
专题一 老人也进步——玩转电脑基础操作	介绍动手链接电脑、键盘的使用、正确使用鼠标和快速认识电脑存储器等技巧
专题二 Windows XP——轻松掌握无难事	介绍登录和退出 Windows XP 的操作系统、更改桌面的背景和图标、调节音量大小、设置时间和日期、设置 Windows XP 桌面、设置鼠标等技巧
专题三 掌控电脑——操作文件与文件夹	介绍移动与复制文件、排列文件或文件夹、查看文件大小、创建文件或文件夹、重命名文件或文件夹、删除文件或文件夹等技巧
专题四 电脑打字——走在时代的尖端	介绍选择输入法、添加输入法、巧用全拼输入法、巧用 QQ 拼音输入法、巧用搜狗输入法等技巧
专题五 网上冲浪——谁说只有年轻人可以玩	介绍启动和关闭 IE 浏览器、设置限制访问对象网站、全屏显示网页、使用百度和谷歌等网站查看新闻等技巧
专题六 回忆金色年华——听民歌看经典老电影	介绍在线听音乐和看电影、下载音乐和电影、安装音乐播放软件和视频播放软件等技巧
专题七 天涯共此时——与子女亲朋在网上交流	介绍下载和安装 QQ 聊天软件、申请 QQ 号码和电子邮箱、查找和添加 QQ 好友、收发电子邮件等技巧
专题八 老人也时尚——网上购物交易	介绍申请购物网站账户、申请和注销数字证书、开通网上银行、在网上购物和付款等技巧
专题九 全民开博——我的 Blog 我做主	介绍申请 Blog 和微博、装扮 Blog 和微博、发表博文、上传照片、添加音乐等技巧

续表

本书专题	主要内容
专题十 你想玩什么——网上娱乐大搜索	介绍网上搜索营养美食、网上观光旅游、网上寻医问药、网上游戏等技巧
专题十一 你也来玩 PS——美化亲人照片	介绍 Photoshop 软件、处理曝光失误和闭眼的照片、制作素描效果和画布效果的照片、替换和更换照片颜色、删除照片中的人物等技巧
专题十二 四代同堂——制作电子相册	介绍用数码大师制作电子相册、用 ACDSee 制作电子相册、用 PowerPoint 制作电子相册、用 PhotoFamily 制作电子相册等技巧
专题十三 回忆的色彩——用 Word 记录故事	介绍启动和关闭 Word 2010、新建 Word 文档、设置段落对齐方式、设置段落边框和底纹、插入特殊符号和表格、设置打印质量等技巧
专题十四 生活帮手——用 Excel 轻松理财	介绍启动和退出 Excel 2010、新建工作簿、输入货币数据和百分比数据、插入和删除单元格等技巧
专题十五 保护电脑——电脑防护给你支招	介绍日常维护电脑、日常维护硬盘、日常维护光驱、清理磁盘、设置防护级别、查杀病毒等技巧
附录一 新闻网址	介绍一些主流新闻网址
附录二 文档输入快捷键	介绍常用的文档输入快捷键

本书读者定位

本书及配套多媒体光盘非常适合老年读者选用，也可以作为电脑短训班的培训教材。

本书还适合以下读者。

- 电脑上网初级学习者与中级提高者。
- 电脑技巧与实例爱好者。
- 老年朋友们。
- 在校中小学生。

企鹅工作室

目录

专题一 了解电脑——玩转电脑基础操作 1

技巧 1 快速认识电脑硬件......1
技巧 2 快速认识电脑软件......2
技巧 3 快速了解硬件和软件的关系......3
技巧 4 动手连接电脑的技巧......3
技巧 5 学会电脑的开机与关机......5
技巧 6 键盘的使用技巧......6
技巧 7 手握鼠标的技巧......8
技巧 8 正确使用鼠标的技巧......8
技巧 9 快速认识电脑存储器......10
技巧 10 快速认识硬盘......10
技巧 11 快速认识 U 盘......11
技巧 12 快速认识光盘......11

专题二 Windows XP——轻松掌握无难事 13

技巧 13 正确登录 Windows XP 的操作系统......13
技巧 14 正确退出 Windows XP 的操作系统......14
技巧 15 快速认识 Windows XP 的桌面......16
技巧 16 巧妙更改桌面的背景......16
技巧 17 巧妙更改桌面图标......17
技巧 18 快速添加桌面快捷方式......18
技巧 19 轻松排列桌面图标......19
技巧 20 快速了解任务栏......19
技巧 21 巧为快速启动栏添加或删除应用程序......20
技巧 22 巧妙移动语言栏的位置......20
技巧 23 轻松调节音量大小......21
技巧 24 巧妙设置日期和时间......21
技巧 25 学会使用“开始”菜单......21
技巧 26 巧妙调整和修改任务栏......24
技巧 27 快速认识窗口......26
技巧 28 学会操作 Windows 窗口......27
技巧 29 快速操作多窗口......28
技巧 30 快速认识对话框......29
技巧 31 快速设置 Windows XP 桌面......30
技巧 32 快速设置屏幕刷新频率......32
技巧 33 快速设置鼠标......33
技巧 34 让键盘符合习惯......34
技巧 35 快速为光标“换件衣服”......34
技巧 36 巧查驱动程序的安装情况......35

专题三 掌控电脑——操作文件与文件夹 35

技巧 37 快速查看或卸载程序......35
技巧 38 快速认识文件......37
技巧 39 快速认识文件夹......38
技巧 40 快速移动与复制文件......38
技巧 41 快速为文件夹重命名......40
技巧 42 快速显示文件或文件夹......41
技巧 43 按修改时间排列文件或文件夹......44
技巧 44 按类型排列文件或文件夹......44
技巧 45 按大小排列文件或文件夹......44
技巧 46 按名称排列文件或文件夹......45
技巧 47 巧用详细信息查看文件大小......45
技巧 48 巧用属性查看文件大小......45
技巧 49 巧将鼠标移至文件上查看文件大小......46
技巧 50 巧妙解压文件......46
技巧 51 巧妙压缩文件......47

技巧 52　快速更改文件夹图标 47
技巧 53　快速隐藏文件或文件夹 48
技巧 54　共享文件或文件夹 49
技巧 55　快速创建文件或文件夹 50
技巧 56　快速重命名文件或文件夹 51
技巧 57　快速选中文件或文件夹 52
技巧 58　快速移动文件或文件夹 53
技巧 59　快速复制文件夹 54
技巧 60　删除文件或文件夹 55
技巧 61　快速在桌面操作文件与文件夹 56
技巧 62　快速还原误删除的文件或文件夹 57
技巧 63　快速清空回收站 57
技巧 64　巧设“回收站”属性 58
技巧 65　快速分类存放文件 58

专题四　电脑打字——走在时代的尖端 61

技巧 66　选择喜欢的输入法 61
技巧 67　快速添加输入法 62
技巧 68　快速删除输入法 62
技巧 69　巧用最基本的全拼输入 63
技巧 70　巧用易上手的智能 ABC 64
技巧 71　巧用搜狗拼音输入法 66
技巧 72　巧用紫光华宇拼音输入法 68
技巧 73　巧用 QQ 拼音输入法 71
技巧 74　巧用五笔字型输入法 74
技巧 75　巧用最方便的手写输入 75

专题五　网上冲浪——谁说只有年轻人可以玩 79

技巧 76　快速启动 IE 浏览器 79
技巧 77　快速关闭 IE 浏览器 79
技巧 78　巧用 IE 浏览器 80
技巧 79　巧设 IE 主页 80
技巧 80　巧用历史记录 80
技巧 81　快速删除 IE 浏览器的历史记录 81
技巧 82　快速设置限制访问对象的网站 81
技巧 83　妙用 IE 查找内容 82
技巧 84　巧妙阻止弹出窗口 82
技巧 85　快速收藏实用网页 83
技巧 86　快速打印网页 83
技巧 87　快速保存 IE 网页 84
技巧 88　快速放大 IE 网页 86
技巧 89　快速全屏显示网页 86
技巧 90　下载网络资源 86
技巧 91　安装傲游浏览器 87
技巧 92　推荐主流网站 87
技巧 93　登录新闻网站 89
技巧 94　快速在新浪网查看新闻 89
技巧 95　在搜狐网查看新闻 90
技巧 96　使用百度查看新闻 90
技巧 97　使用 Google 查看新闻 90
技巧 98　使用 Bing 新闻搜索 91
技巧 99　使用百度视频搜索 91
技巧 100　使用 Google 视频搜索 92
技巧 101　使用 Bing 视频搜索 92

专题六　回忆金色年华——听民歌看经典老电影 95

技巧 102　巧用百度 MP3 在线听音乐 95
技巧 103　巧用一听音乐网在线听音乐 96
技巧 104　巧用优酷网在线看电影 97
技巧 105　巧用土豆网在线看电影 98
技巧 106　巧用酷 6 网在线看电影 99
技巧 107　巧用 m1905 电影网在线看电影 99
技巧 108　安装迅雷下载软件 100
技巧 109　巧妙下载音乐 101
技巧 110　巧妙下载电影 101
技巧 111　安装酷狗音乐播放软件 102

技巧 112 巧用酷狗播放音乐......103
技巧 113 巧用千千静听播放音乐......104
技巧 114 巧设千千静听播放模式......107
技巧 115 巧设千千静听桌面歌词......107
技巧 116 在本地电脑上看电影......108
技巧 117 快速在电脑上看碟片......110

专题七 天涯共此时——与子女亲朋在网上交流......111

技巧 118 下载 QQ 聊天软件......111
技巧 119 安装 QQ 聊天软件......112
技巧 120 快速申请免费 QQ 号码......113
技巧 121 快速登录 QQ......114
技巧 122 快速查找和添加 QQ 好友......115
技巧 123 快速查找 QQ 群......116
技巧 124 快速使用 QQ 与好友聊天......117
技巧 125 使用 QQ 给好友发送图片......118
技巧 126 使用 QQ 与子女语音或视频聊天......119
技巧 127 快速编辑 QQ 个人资料......120
技巧 128 快速开通和装扮 QQ 空间......121
技巧 129 快速申请免费电子邮箱......123
技巧 130 快速登录免费电子邮箱......123
技巧 131 快速发送电子邮件......123
技巧 132 快速接收电子邮件......124
技巧 133 快速转发电子邮件......125
技巧 134 快速删除电子邮件......126
技巧 135 快速移动电子邮件......126
技巧 136 快速添加联系人......126

专题八 老人也时尚——网上购物交易......129

技巧 137 快速申请购物网站账户......129
技巧 138 快速激活支付宝......131
技巧 139 快速申请数字证书......131
技巧 140 快速注销数字证书......132
技巧 141 快速开通网上银行......133
技巧 142 快速登录网上银行......134
技巧 143 巧妙查询个人账户余额......134
技巧 144 快速给支付宝账户充值......135
技巧 145 快速在淘宝网上购买商品......136
技巧 146 巧用支付宝付款......136
技巧 147 快速实现支付宝提现......137
技巧 148 快速在易趣网上购买商品......138
技巧 149 了解安付通的使用流程......139
技巧 150 快速为安付通充值......139

专题九 全民开博——我的 Blog 我做主......141

技巧 151 轻松申请 Blog......141
技巧 152 快速装扮 Blog......142
技巧 153 撰写博客文章......143
技巧 154 快速上传照片......145
技巧 155 巧妙添加音乐......147
技巧 156 快速申请新浪微博账户......148
技巧 157 快速开通微博......149
技巧 158 快速装扮微博......150
技巧 159 快速发表微博文章......151
技巧 160 巧为微博上传图片......151
技巧 161 巧为微博上传视频......152
技巧 162 巧为微博添加音乐......152
技巧 163 快速删除微博的相关内容......153

专题十 你想玩什么——网上娱乐大搜索......155

技巧 164 网上搜索营养美食......155
技巧 165 在网上观光旅游......155
技巧 166 巧用网上旅游类网站......156
技巧 167 巧查医院信息......157
技巧 168 巧查专家信息......158
技巧 169 巧查疾病信息......158
技巧 170 巧查药品信息......158
技巧 171 快速下载安装 QQ 游戏软件......158
技巧 172 轻松申请 QQ 游戏账号......159

技巧 173 申请账号保护 160
技巧 174 快速登录 QQ 游戏大厅 161
技巧 175 巧设游戏心语 162
技巧 176 快速安装 QQ 游戏 162
技巧 177 玩转 QQ 游戏 163
技巧 178 设置 QQ 游戏参数 164
技巧 179 查看对方游戏战绩 164
技巧 180 巧测对方网速 164
技巧 181 巧用发言 165

专题十一 你也来玩 PS——美化亲人的照片 167

技巧 182 认识 Photoshop CS5 软件 167
技巧 183 快速启动 Photoshop CS5 软件 168
技巧 184 新建画布 168
技巧 185 打开图像文件 168
技巧 186 存储图像文件 169
技巧 187 调整曝光失误的照片 169
技巧 188 快速处理闭眼的照片 170
技巧 189 快速制作扫描线效果的照片 171
技巧 190 快速制作素描效果的照片 173
技巧 191 快速制作有撕裂感的照片 174
技巧 192 快速制作画布效果的照片 175
技巧 193 快速制作有拼贴效果的照片 176
技巧 194 巧为照片添加画框 176
技巧 195 巧给照片添加新人物 178
技巧 196 快速为人物更换衣服颜色 179
技巧 197 巧将照片打造成漫画风格 180
技巧 198 巧将照片制作成墙壁旧画 183
技巧 199 巧为图片制作出彩虹效果 185

专题十二 轻松管理照片——制作电子相册 189

技巧 200 准备制作电子相册的素材 189
技巧 201 选取制作电子相册的软件 189
技巧 202 巧用数码大师制作电子相册 190
技巧 203 巧为数码大师中的照片添加特效 191
技巧 204 巧为数码大师中的照片添加相框 191
技巧 205 巧用 ACDSee 制作电子相册 192
技巧 206 巧用 PowerPoint 制作电子相册 195
技巧 207 巧用 PhotoFamily 制作电子相册 196
技巧 208 巧妙编辑 PhotoFamily 中的照片 197
技巧 209 快速为 PhotoFamily 电子相册添加背景音乐 198

专题十三 回忆的色彩——用 Word 记录故事 199

技巧 210 快速安装 Office 2010 199
技巧 211 快速启动 Word 2010 200
技巧 212 快速关闭 Word 2010 201
技巧 213 巧建新文档 202
技巧 214 快速使用模板创建新文档 203
技巧 215 快速输入文本内容 203
技巧 216 快速保存 Word 文档的 3 种方法 203
技巧 217 快速设置段落水平对齐方式 204
技巧 218 巧妙设置段落垂直对齐方式 205
技巧 219 巧妙设置段落首行缩进 205
技巧 220 巧妙设置段落悬挂缩进 206
技巧 221 快速使用标尺设置段落缩进 206
技巧 222 快速修改段落缩进单位 208
技巧 223 使用排序对齐段落 208
技巧 224 巧调段落的前后间距 208
技巧 225 巧妙使用功能栏调整段落行距 209
技巧 226 快速设置最小段落行距 209
技巧 227 巧设自定义段落行距 209
技巧 228 快速解决段落和分页的问题 210
技巧 229 快速设置段落边框 211
技巧 230 快速添加段落底纹 211

技巧 231　快速插入特殊字符......212
技巧 232　快速插入表格......212
技巧 233　巧用自定义行列数插入表格......212
技巧 234　快速绘制表格......213
技巧 235　快速预览 Word 打印效果......213
技巧 236　快速设置打印质量......214
技巧 237　巧用 Word 记录一天的心情故事......215

专题十四　生活帮手——用 Excel 轻松理财......217

技巧 238　快速启动 Excel 2010......217
技巧 239　快速退出 Excel 2010......218
技巧 240　了解 Excel 2010 的窗口......218
技巧 241　快速创建新工作簿......218
技巧 242　快速在单元格中输入数据......219
技巧 243　快速输入货币数据......219
技巧 244　快速输入分数......219
技巧 245　快速输入百分比数字......220
技巧 246　快速设置自动更正......220
技巧 247　巧妙插入特殊符号......221
技巧 248　巧妙撤销自动更正......221
技巧 249　设置自动插入小数点......221
技巧 250　设置输入时间和日期......222
技巧 251　巧妙打开工作簿......222
技巧 252　巧妙选取单元格......222
技巧 253　快速修改单元格内容......224
技巧 254　在多个工作表中选择相同区域......224
技巧 255　快速设置锁定单元格......224
技巧 256　巧妙插入单元格......225
技巧 257　巧妙删除单元格......225
技巧 258　快速插入多个单元格......226
技巧 259　快速隔行插入行......226
技巧 260　巧妙插入多行......226
技巧 261　快速合并与拆分单元格......227
技巧 262　快速同时改变多行行高......227
技巧 263　快速重命名工作表......228
技巧 264　巧妙切换工作表......228
技巧 265　快速添加和删除工作表......228
技巧 266　快速设置字体格式......229
技巧 267　快速设置单元格对齐方式......229
技巧 268　快速设置单元格边框......230
技巧 269　巧设特殊边框......231
技巧 270　快速套用单元格格式......231
技巧 271　巧设单元格样式......232
技巧 272　巧用 Excel 2010 记流水账......232

专题十五　保护电脑——电脑防护为你支招......235

技巧 273　日常维护电脑的技巧......235
技巧 274　日常维护硬盘的技巧......236
技巧 275　日常维护光驱的技巧......236
技巧 276　日常维护键盘、鼠标的技巧......236
技巧 277　日常维护显示器的技巧......236
技巧 278　快速清理磁盘......237
技巧 279　巧用磁盘碎片整理程序......238
技巧 280　快速启用 Windows 防火墙......239
技巧 281　快速认识电脑病毒......240
技巧 282　使用 360 安全卫士保护电脑......241
技巧 283　快速设置防护级别......242
技巧 284　快速查杀病毒......243
技巧 285　快速设置嵌入式扫描......245
技巧 286　快速清除恶意软件......246
技巧 287　快速修复系统漏洞......246
技巧 288　快速修复系统......247
技巧 289　快速清理垃圾......247

附录 1　新闻网址......249

附录 2　文档输入快捷键......251

专题一　了解电脑——玩转电脑基础操作

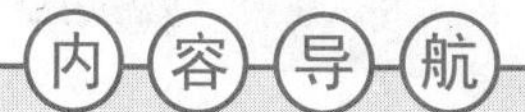

随着电脑、网络的普及，学习电脑已经突破了年龄的界限，这也体现了俗话说的“活到老，学到老”。

- 快速认识电脑硬件
- 动手连接电脑的技巧
- 学会电脑的开机与关机
- 键盘的使用技巧

技巧1　快速认识电脑硬件

要学习使用电脑，首先要了解电脑系统的组成。电脑系统主要由硬件和软件两部分组成。

硬件是指实际的物理设备，也就是组成电脑的各种电子器件、线路等看得见、摸得着的物理装置。

常见的电脑硬件有主机、显示器、键盘、鼠标和音箱等，如下图所示。

1. 显示器

显示器是整个电脑的核心，就像电视机一样，主要用来显示电脑中运行的信息。

显示器可以分为纯平(CRT)显示器和液晶(LCD)显示器，如下图所示。

2. 主机

主机是电脑的“心脏”，其中包括主板、中央处理器(CPU)、硬盘、电源、内存、光驱以及显卡等设备。

在主机面板上通常有一大一小两个按钮，大的是电源(Power)按钮，小的是重启(Reset)按钮，如下图所示。

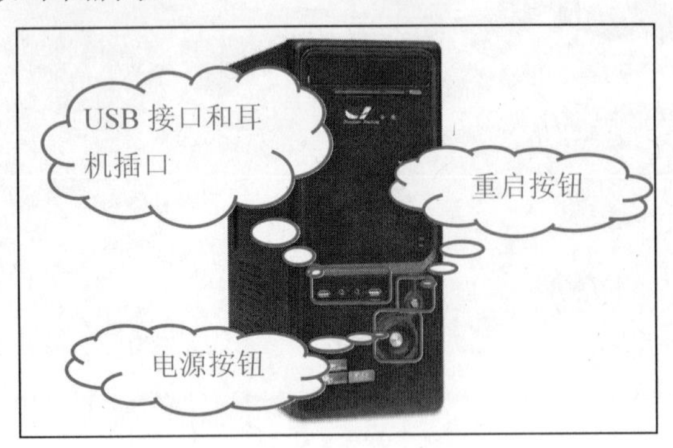

3. 键盘

键盘是电脑最重要的输入设备之一，使用键盘可向电脑中输入信息。键盘主要用来打字或下达指令，例如输入文字、编辑文档内容等，如下图所示。

4. 鼠标

鼠标也是电脑最重要的输入设备之一，可以更加快速地对电脑下达指令。鼠标一般由左键、右键和滑轮组成。

根据鼠标线的有无，又可以分为有线鼠标和无线鼠标两类，如下图所示。

5. 音箱和耳机

音箱和耳机都是电脑最重要的输出设备之一，可以将影音文件的声音播放出来，如右上图所示。

音箱和耳机的区别在于，音箱可以在较大的空间内共享视听，不过容易受到环境的干扰，也容易造成环境的噪声污染；而耳机则只在个人两耳之间独享，既不受环境干扰，也不会造成环境噪声污染。

注 意 事 项

耳机比音箱的定位和音场要差些，而且长期佩戴耳机对人体健康不利。

技巧2 快速认识电脑软件

电脑软件是指为了实现某些目的而编写的，能够指挥电脑执行操作的程序或指令的集合。如看电影就要安装视频播放软件，修饰照片就要用到图像处理软件等。

电脑软件主要可分为系统软件和应用软件两大类。

1. 系统软件

人们把一些指令集中组织在一起，形成专门的软件，用来支持应用软件的运行，这种软件称为系统软件，如下图所示。

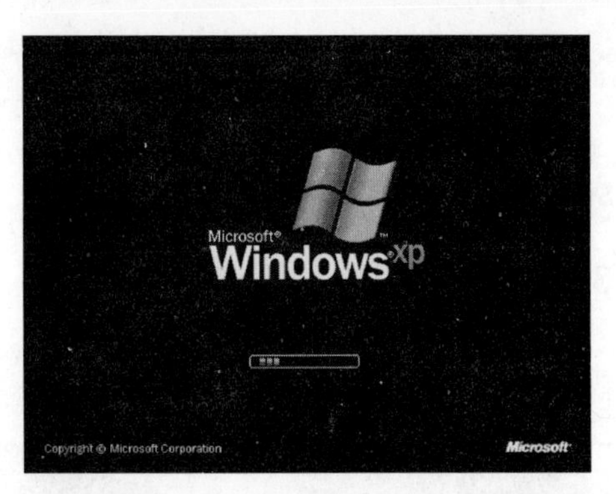

系统软件主要包括操作系统、数据库管理系统以及编译软件等，其可管理硬件系统，使应用软件更加方便而又高效地使用这些硬件设备。

2. 应用软件

应用软件是专门为某一应用目的而编制的软件，电脑中常见的应用软件有文字处理软件、信息管理软件以及辅助设计软件等，如下图所示。

技巧3　快速了解硬件和软件的关系

没有安装系统软件的电脑称为“裸机”，裸机是无法正常工作的。而没有硬件支持的软件，也没有存在的意义。硬件与软件的关系可以形象地比喻为硬件是电脑的“躯体”，软件是电脑的“灵魂”。软件与硬件并没有绝对的界限，因为软件与硬件在功能上具有等效性。

软件具有以下一些与硬件不同的特点。

1. 表现形式不同

硬件有形，而软件无形。软件大多存在于存储介质中，如人们的脑袋里、电脑的存储器中或纸面上。软件的正确与否、是好是坏，只有在电脑上运行后才能知道。

2. 生产方式不同

软件是人们用自己的智力开发出来的，而不是传统意义上的硬件制造。尽管软件开发与硬件制造之间有许多共同点，但两者的本质是不同的。

3. 要求不同

电脑要求硬件可以有误差，但软件却不允许有误差。

4. 维护不同

硬件是会用旧用坏的，所以平时就要注意维护；而软件在理论上是不会用旧用坏的，但实际上，软件在整个生存期中一直处于维护状态，经常会更新。

硬件和软件之间的关系可归纳为以下 4 点。

- 硬件和软件相辅相成，共同完成整个电脑系统的任务。
- 硬件是软件建立、运行的物质基础，软件则是硬件的灵魂。
- 没有配备系统软件的电脑称为“裸机”，不能完成任务处理功能。
- 没有了硬件，软件的功能则无法发挥，也就失去了存在的意义。

技巧4　动手连接电脑的技巧

不要认为连接电脑是一件很复杂的技术活，其实用户也可以自己动手连接。

1. 连接显示器

显示器只有连接到对应的显卡插口中才能正常工作。以液晶显示器为例，具体操作步骤如下。

❶ 将显示器数据线的一端用力插入主机板的显卡接口中，拧紧两颗螺丝固定，以防止信号线接触不良或松脱。

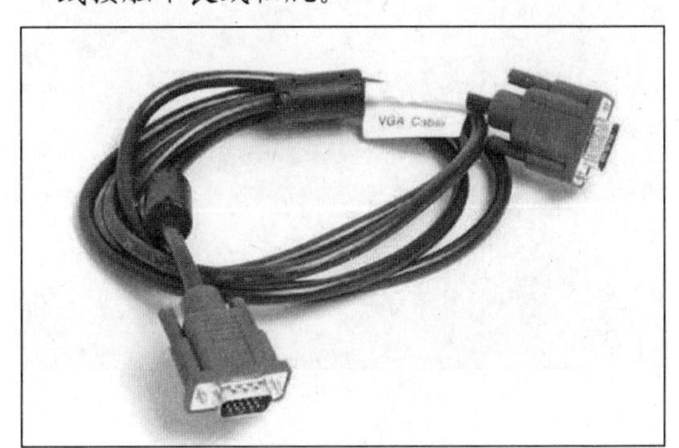

❷ 将连接线的另一端插头插入显示器的接口，拧紧两颗螺丝将其固定即可。

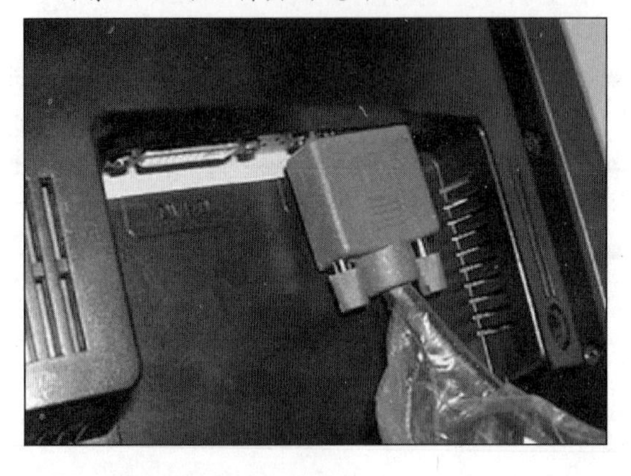

2. 连接鼠标和键盘

键盘/鼠标与主机的连接比较简单，只要把鼠标与键盘的连线插头插在对应的 PS/2 或 USB 接口上即可。

主机上的 PS/2 键盘接口和键盘连线插头均为紫色，而 PS/2 鼠标的插头则为绿色，连接时应注意该区别。

专 家 坐 堂

当使用 USB 接口的键盘或鼠标时，只需要将键盘或鼠标的 USB 接口与主机面板上的 USB 接口按照正确的方向接入即可。

3. 连接音箱

连接音箱，只要将信号线插入声卡的 Speaker 插孔即可。

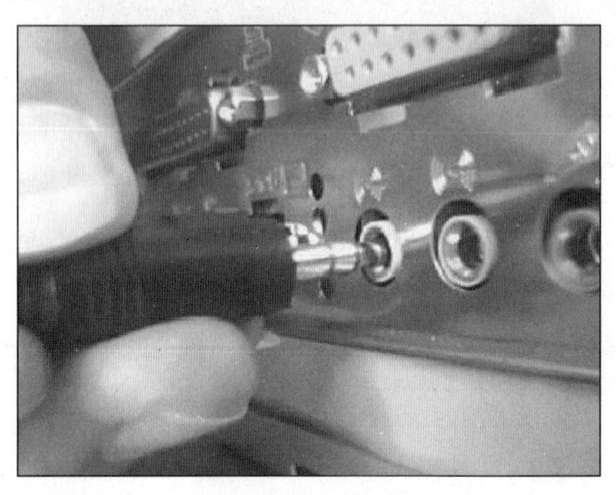

知 识 补 充

音箱是整个音响系统的终端，将音频电能转为相应的声能，并将其辐射到空间中是其主要作用。

4. 连接网线

将网线与主机连接起来，才能上网。用户只要把网线的水晶头插入主机箱上的 RJ-45 接口即可。水晶头插入后，会发出“哒”的一声脆响，这样才能确保连接稳定。

5. 连接电源

主机必须与电源连接起来，才能正常运作。通常电脑配有两根电源线实现显示器、主机与电源的连接。一根电源线的一端接显示器的电源插口，另一根电源线的一端接主机的电源插口，两根电源线的另一端插头都接电源。

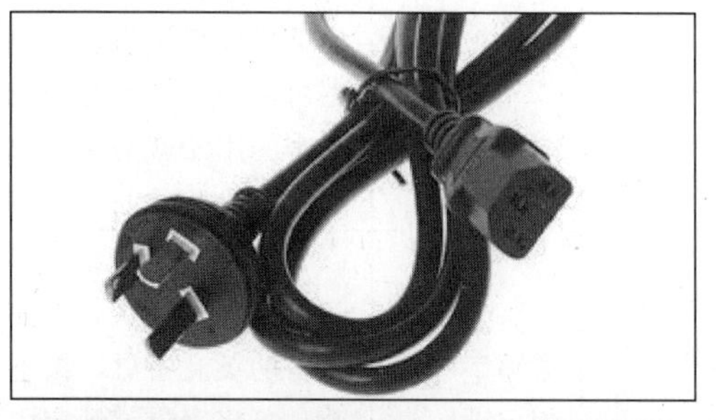

注　意　事　项

只有在其他连接都就绪后，才能连通电源，也就是说电源的连接应该放在最后进行。

技巧5　学会电脑的开机与关机

了解了电脑的硬件和软件后，就可以学习如何开机和关机了，在开机前用户应首先确定是否已做到以下几点。

- 电脑各部件或设备之间的连接都正确。
- 确保使用的插座电源为正常的 220V 电源。
- 将电源线插头插入接线板(确保接地)。
- 电脑周围不要有其他不相干的或容易引起电脑损坏的干扰物，例如电冰箱等大功率电器的电磁干扰。

1. 快速开机

电脑开机的正确顺序如下。

❶ 打开电源开关，如接线板上的开关。
❷ 打开外部设备的电源开关，如显示器和音箱的电源开关。

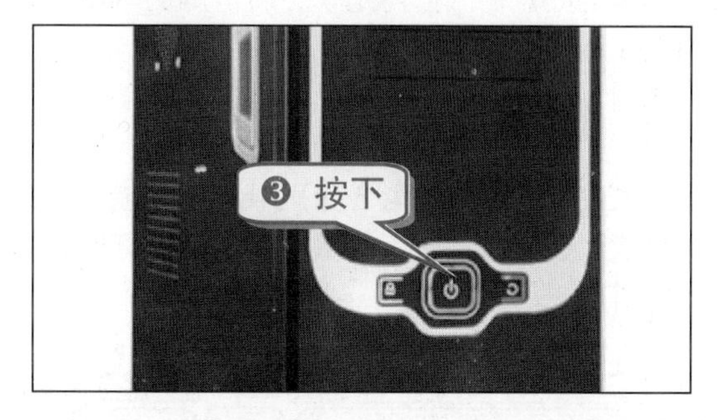

专　家　坐　堂

电脑在运行过程中由于某种原因发生“死机”，或在运行完某些程序后需要重新启动电脑时，只要按下主机箱上的 Reset 按钮即可。

2. 快速关机

关机可以分为软关机和硬关机两类，通常用的是软关机，其具体操作步骤如下。

❶ 关闭所有正在运行的程序。

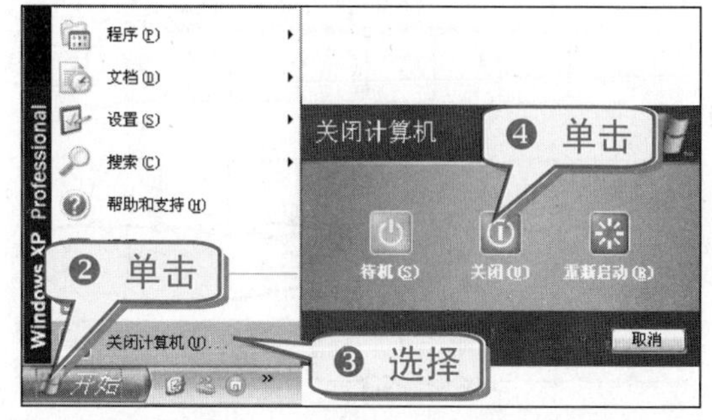

❺ 等到显示器上无任何显示时，关闭外部设备的电源。
❻ 关闭插座的电源。

硬关机即指强行关机，通常在电脑不能正常

软关机的情况下才会用到。

> **专 家 坐 堂**
>
> 按住主机上的电源按钮 10 秒钟就能硬关机。要注意一般情况下不要随意硬关机或突然断电，否则会对硬盘造成很大的伤害，而且容易丢失数据；因此，如非必要，用户不要强行关机。
>
> 开机顺序：先开外部设备，最后开主机。
>
> 关机顺序：先关主机，然后关外部设备。

技巧6 键盘的使用技巧

学习键盘输入技巧是学会用电脑的基础，正确操作键盘是学好电脑文字输入的前提。

1. 认识键盘

一般键盘可以分为 5 个区域，即功能键区、主键盘区、编辑键区、数字键区和指示灯区，如下图所示。

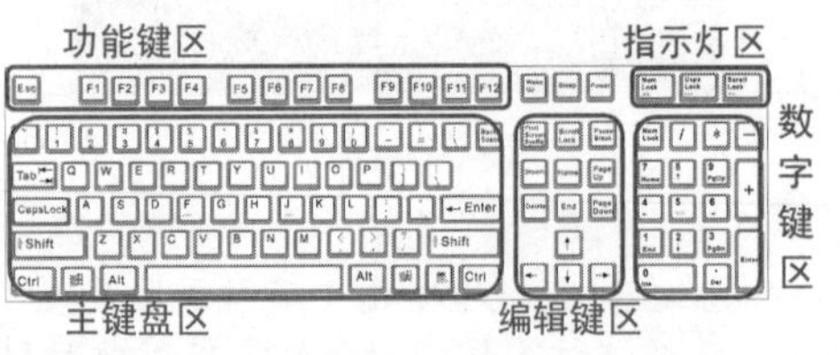

下面主要了解主键盘区。主键盘区是键盘的主要区域，也是输入文字和数据时的主要输入区域，包括字母键、数字符号键、符号键和控制键，如下图所示。

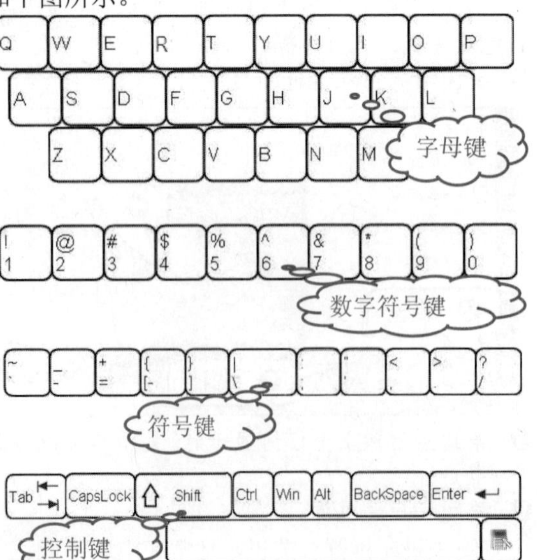

各个控制键的功能说明如下表所示。

控制键	键位名称	功能说明
Tab	制表定位键	该键也叫跳格键，是 Tabulator key 的缩写，位于主键盘区的左上角。在文字处理环境下，该键的作用和空格键差不多，按下该键可以快速移动光标，也可以切换文本框。它最基本的用法就是用来绘制无边框的表格
CapsLock	大写字母锁定键	该键位于主键盘区的左侧。系统默认状态下输入小写的英文字母，按下该键，可将字母键锁定为大写输入状态，再按一次该键即可取消大写锁定状态
Shift	上挡键	该键分左右两个，功能相同。该键有两个作用：一个作用是按下该键的同时输入字母，即可输入对应的大写字母；另一个作用是输入数字符号键中的上挡符号
Ctrl	控制键	该键分左右两个，功能相同，用于和其他键位组合使用，其在不同的软件中有不同的功能定义
Win 或	“开始”菜单键	该键位于 Ctrl 键和 Alt 键之间，左右各一个，键面上刻有 Win 或 Windows 窗口图案，按下该键即可打开“开始”菜单
Alt	转换键	该键分左右两个，功能相同，用于和其他键位组合使用，其在不同的软件中有不同的功能定义
	文本操作“快捷菜单”键	该键位于主键盘区右下方。按下该键，即可像单击鼠标右键一样弹出快捷菜单

续表

控制键	键位名称	功能说明
BackSpace	退格键	该键又叫删除键，位于主键盘区的右上角。按下该键可使光标向左移动一个位置，如果光标位置左侧有字符，则删除该字符
Enter ←	回车键	该键又叫执行键，位于主键盘区的右侧。按下该键，系统便会开始执行相应的命令。在输入文字时，按下该键，可使文本自动换行
	空格键或 Space 键	该键位于主键盘区的正下方，为键盘中最长的键，键面上没有符号。按下该键，光标即可向右移动一格，产生一个空字符，如果光标后有字符，那么该字符将向右移动一个位置

例如，在文档中输入 Windows XP Service Pack 3 (SP3)文本的具体操作步骤如下。

❶ 先按下 Caps Lock 键，然后输入 W。再按下 Caps Lock 键，输入 indows。按下空格键。

❷ 按下 Caps Lock 键，输入 XP。按下空格键，输入 S。再按下 Caps Lock 键，输入 ervice。

❸ 按下空格键，按下 Caps Lock 键，输入 P。按下 Caps Lock 键，输入 ack。

❹ 按下空格键，输入 3，再按下空格键。

❺ 按住 Shift 键，输入()，按下向左键←退一步，再按下 Caps Lock 键，输入 SP3。

知识补充

功能键区位于键盘的最上方，共 16 个键位。在不同的应用软件中这些键位有不同的功能。

数字键区也叫小键盘区，位于键盘的右下角，主要用于快速输入数字或进行数据运算，共有 17 个键位。

控制键区位于主键盘区和数字键区之间，共有 13 个键位，主要用于编辑时对光标进行控制操作。

指示区位于键盘右上角，包括 Num Lock、Caps Lock 和 Scroll Lock 3 个指示灯，分别为数字键盘锁定指示灯、大小写字母切换锁定指示灯和屏幕滚动锁定指示灯。

2. 正确的指法

在操作键盘时，双手十指都有对应的键位。将主键盘区分为 8 个区域，除了大拇指都放在空格键外，其余 8 个手指分别对应一个基准区域。

其中，F 键和 J 键是“基键”，其上都有一个突起的小横杠，方便左右手的定位。

放手指时，先将左手的食指放在 F 键上，右手的食指放在 J 键上，然后按顺序将左右手的其他手指放在 D、S、A 和 K、L、“；”键上，如下图所示。

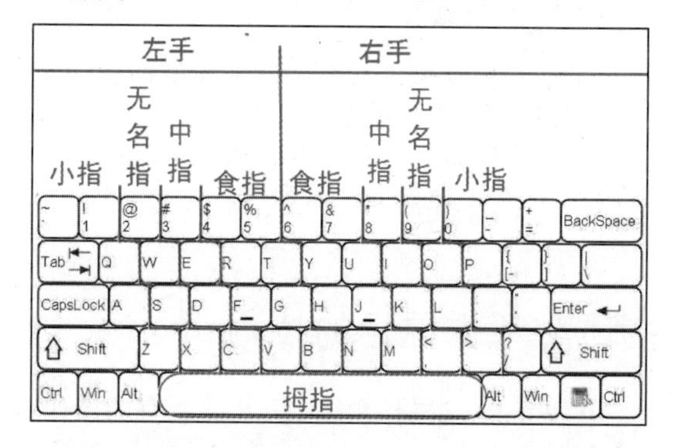

3. 正确的坐姿

在使用电脑时，保持正确的坐姿很重要。如果姿势不当，不仅会影响输入信息的速度和正确率，还容易造成疲劳。

正确的键盘操作姿势要求如下。

- 坐姿：平坐且将身体重心置于椅子上，腰背挺直，两脚自然平放在地上，身体稍偏于键盘左侧。眼睛与显示器的距离为 30 厘米左右。
- 手指：手指稍弯曲并放在键盘的基本键位上，左右手的拇指轻放在空格键上，稳、快、准地击键。
- 手臂：两臂放松并自然下垂，两肘轻贴于腋边 5～10 厘米处。肘关节垂直弯曲，手腕平直并与键盘下边框保持 1 厘米左右的距离。
- 文稿：输入文字时，文稿应斜放在键盘的左侧，以方便随时查看。
- 桌椅：椅子高度要适当，尽量使用标准的电脑桌，如下图所示。

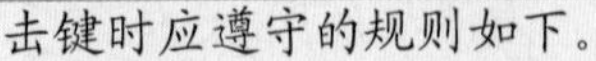

专 家 坐 堂

击键时应遵守的规则如下。

(1) 击键前，将双手轻放于基准键位上，左右拇指轻放于空格键位上。

(2) 手掌以腕为支点略向上抬起，手指保持弯曲，略微抬起，以指腹击键，注意一定不要以指尖击键。击键动作应轻快、干脆，不可用力过猛。

(3) 敲键盘时，只有击键手指做动作，其他不相关手指放在基准键位不动。

(4) 手指击完键后，马上回到基准键位区的相应位置，准备下一次击键。

技巧7 手握鼠标的技巧

在 Windows 操作系统中，几乎所有的操作都可由鼠标来完成。

通常而言，鼠标都由鼠标左键、鼠标右键和鼠标滚轮等部件组成，如下图所示。

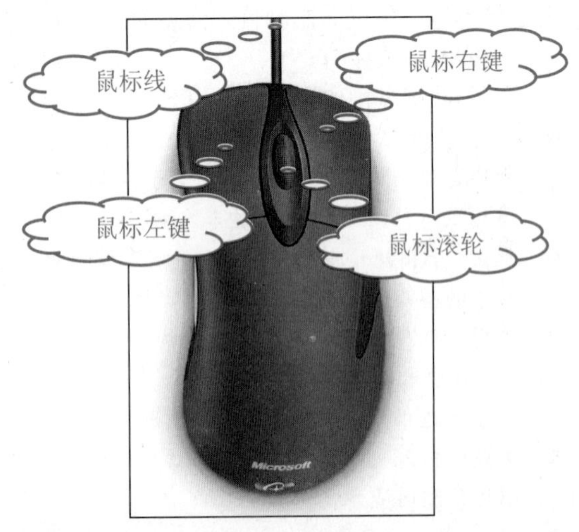

使用鼠标的正确握姿应该是将右手掌心轻轻压着鼠标；大拇指和小拇指自然放置在鼠标两侧，小拇指的内侧面贴近鼠标右侧；食指用于控制鼠标的左键，中指用于控制鼠标滚轮，无名指用于控制鼠标的右键，如下图所示。

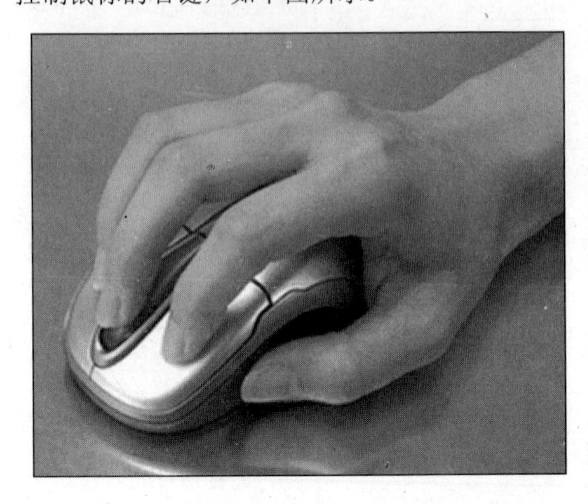

技巧8 正确使用鼠标的技巧

鼠标主要用于定位或者完成某种特定的操作。鼠标的基本操作包括定位、单击、双击、拖动和右击。

1. 定位

定位是指将鼠标指针(即光标)移动到目标对象或者某个位置上。

当光标移到某个目标对象上时，会显示其提示信息。如定位“我的电脑”图标，就是将光标移到 Windows 桌面上的图标上，此时会显示“我的电脑”提示信息，如下图所示。

2. 单击

单击也就是选中某个目标对象。

使用“单击”选中某个对象的具体操作步骤如下。

❶ 将光标定位到要选择的目标对象。
❷ 按下鼠标左键。
❸ 松开鼠标，目标对象已经被选中。

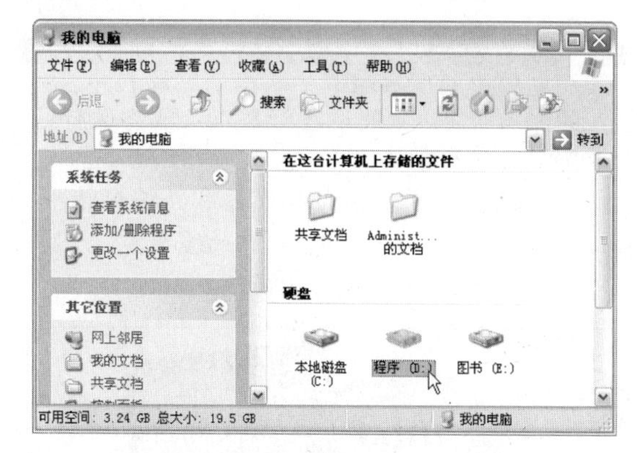

知识补充

鼠标的单击操作可分为左键单击和右键单击两种。

为了更容易区分这两者，通常将左键单击命名为“单击”，将右键单击命名为“右击”。

3. 双击

双击是指将光标指向目标对象，然后连续两次快速地按下鼠标左键，再松开，这样就能打开目标对象。如要通过双击打开“我的电脑”窗口，就可以将光标移到Windows桌面上的图标上，然后双击鼠标。

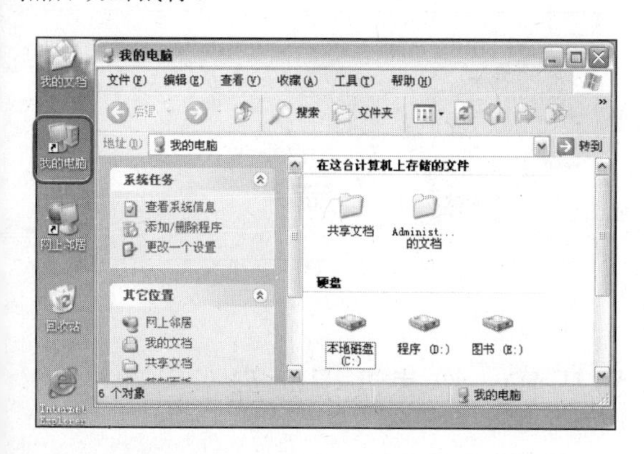

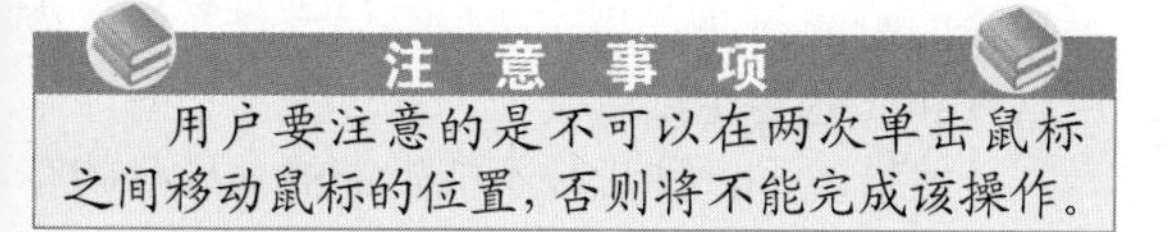

注意事项

用户要注意的是不可以在两次单击鼠标之间移动鼠标的位置，否则将不能完成该操作。

4. 右击

右击指的是将光标指向目标对象，接着单击鼠标右键，然后立即松开，这时会弹出一个与所指对象相关的快捷菜单，从而执行相关命令的快捷操作。

接下来以打开“系统属性”对话框为例，简单介绍“右击”的用法。打开“系统属性”对话框的具体操作步骤如下。

❶ 将光标定位到“我的电脑”图标上。
❷ 右击“我的电脑”图标，弹出一个快捷菜单。
❸ 在快捷菜单中选择“属性”命令。

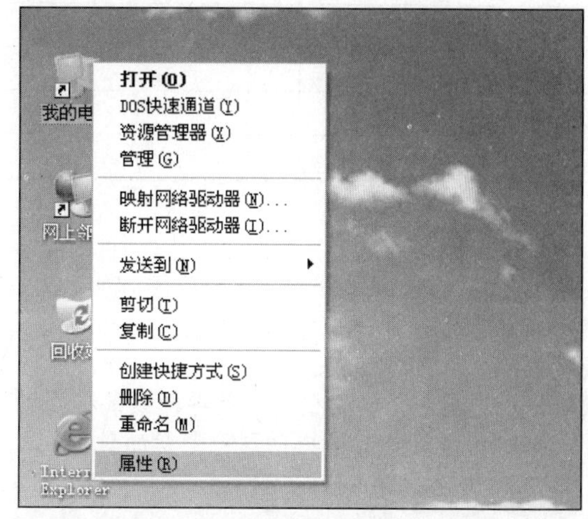

❹ 弹出“系统属性”对话框。

执行不同操作时鼠标指针的形状如下表所示。

鼠标动作	鼠标指针形状
正常选择	
帮助选择	
后台运行	
系统繁忙	
精确定位	
选定文字	
手写	
不可用	
垂直调整	
水平调整	
沿对角线调整 1	
沿对角线调整 2	
移动	
连接选项	

5. 拖动

拖动一个目标对象的具体操作步骤如下。

❶ 将鼠标指针定位到目标对象上。

❷ 按住鼠标左键不放。

❸ 拖动到屏幕上的一个新位置再释放鼠标左键，即可将该目标对象拖动到一个新的位置。

专家坐堂

在桌面上拖动图标前，要右击桌面空白处，然后在弹出的快捷菜单中查看“排列图标”下的“自动排列”命令是否被选中，若选中则将其取消选中才能拖动桌面图标。

技巧9 快速认识电脑存储器

学会正确使用键盘和鼠标的方法之后，接下来需要认识一下电脑存储器。

存储器(Memory)是一种利用半导体技术制作成的用来存储数据和程序的电子装置，其相当于人脑中记忆部分的功能，只不过电脑中的记忆是靠电子元件来完成的。

知识补充

电脑中的所有信息，包括计算机程序、输入的原始数据、中间运行结果以及最终运行结果都保存于存储器中。

电脑存储器分为内部存储器和外部存储器。

- 内部存储器：包括 CPU 内部的缓存器，以及通常所说的内存条，如下图所示。

- 外部存储器：包括硬盘、光盘和 U 盘等，如下图所示。

技巧10 快速认识硬盘

硬盘作为电脑的主要存储设备，是电脑中不可缺少的组成部件，其功能是存储操作系统、应用软件和其他文件。

一般情况下，硬盘是不能拆卸的。硬盘的存储容量大、存取速度快，其容量有 40GB、80GB、

160GB、250GB、500GB、1000GB 以及 2TB 等，更大的硬盘容量还在不断发展中。

技巧11　快速认识 U 盘

U 盘(又名优盘、闪存或闪盘)是以 USB 接口与电脑相连接的存储设备，具有体积小、容量大、易携带的特点。

正确使用 U 盘可延长其使用寿命。下面介绍正确使用 U 盘的具体操作步骤。

❶ 将 U 盘插入主机的 USB 接口中。

❷ 在任务栏系统托盘中会弹出"发现新硬件"的提示，之后显示 U 盘图标。

❸ 打开"我的电脑"窗口，可以看到"可移动存储的设备"下的盘符。

❹ 右击要复制到 U 盘的文件，然后按下图所示进行操作。

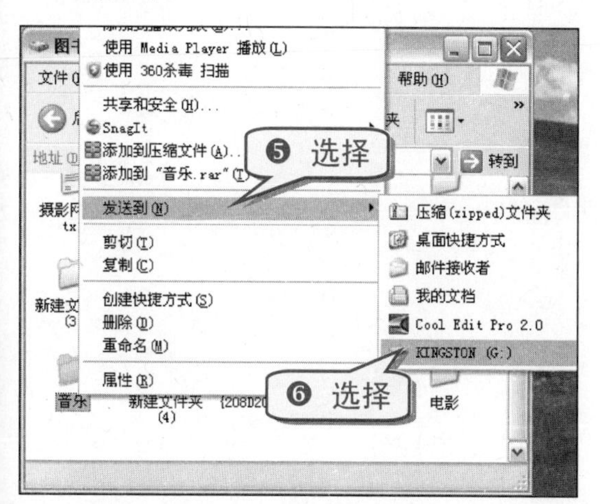

❼ 完成后，右击系统托盘中的 U 盘图标，并单击弹出的"安全删除硬件(S)"提示条，打开右上图所示的对话框。

❾ 弹出"停用硬件设备"对话框，在对话框中选择"通用卷(G:)"。

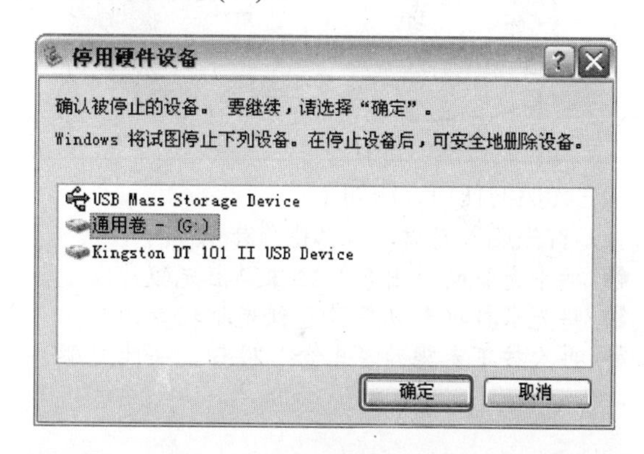

❿ 单击"确定"按钮，弹出"安全地移除硬件"提示。最后将 U 盘从主机上拔掉。

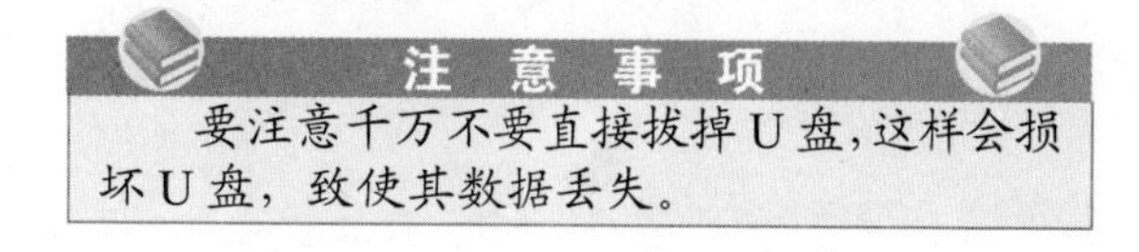

要注意千万不要直接拔掉 U 盘，这样会损坏 U 盘，致使其数据丢失。

技巧12　快速认识光盘

光盘是一种数据存放的载体，可以将电脑中的信息资料存放到光盘中，如下图所示。普通光盘具有不可修改性，可以有效防止其他人的篡改，保证了其信息的安全性。

在电脑中存放光盘的地方是光驱，如下图所示。光驱是电脑必备的数据读取设备，没有光驱就没法读取光盘中的数据，所以要正确使用光驱。

光驱的使用方法如下。

首先放入光盘，具体操作步骤如下。

❶ 按下光驱的"出仓"按钮弹出光驱。
❷ 将光盘数据面朝下放置到光驱托盘内。
❸ 再次按下光驱的"出仓"按钮，关闭光驱。
❹ 双击桌面上的"我的电脑"图标，打开"我的电脑"窗口，就可以看到光盘所在的盘符。

然后打开光盘，具体操作步骤如下。

❶ 双击光盘盘符，打开光盘。
❷ 查看光盘中的内容。

最后取出光盘，具体操作步骤如下。

❶ 返回"我的电脑"窗口。

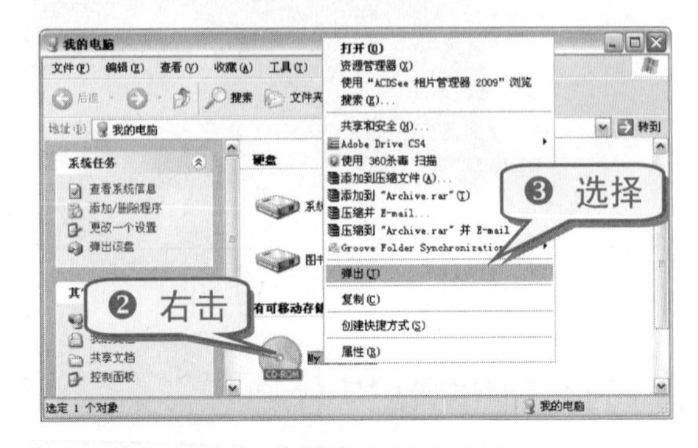

❹ 这时光驱会自动弹出，将光盘取出。
❺ 按下光驱的"出仓"按钮，关闭光驱。

注意事项

当光驱停止读取光盘时，光盘在光驱中并没有马上停止转动，而是继续恒速转动一段时间后才停止。因此，当确认不再使用光盘时，应及时将光盘取出，以减少磨损。

专题二 Windows XP——轻松掌握无难事

Windows XP 是微软公司发布的一款操作系统，是目前使用最为普遍的操作系统。其拥有一个全新的用户操作界面，设计更加人性化，操作更加简便、快捷，用户使用起来也更加得心应手。

- 登录和退出 Windows XP
- 认识 Windows XP 桌面
- 认识窗口与对话框
- 设置 Windows XP 桌面

技巧13 正确登录 Windows XP 的操作系统

登录和退出 Windows XP 是电脑操作的基础。可以将 Windows XP 比作办公室，要想“办公”就要先登录 Windows XP，即进入办公室；工作完成后要想离开办公室，则退出 Windows XP。

因此，要想熟练掌握 Windows XP 的各种操作方法，首先就要学会正确登录和退出 Windows XP 的方法。

登录 Windows XP 的具体操作步骤如下。

❶ 打开显示器的电源开关。

❷ 按下主机上的电源按钮。

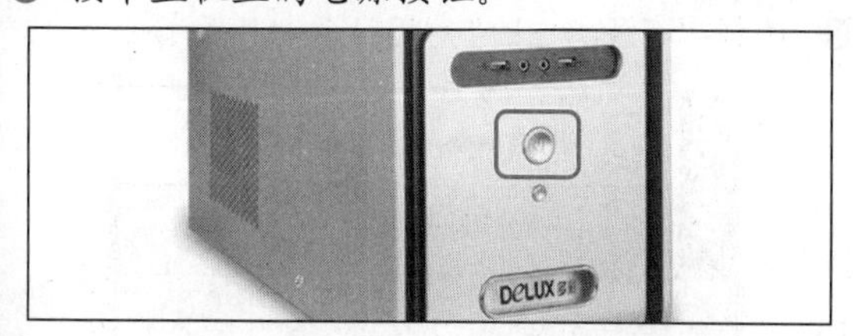

❸ 电脑自检后进入 Windows XP 启动画面。

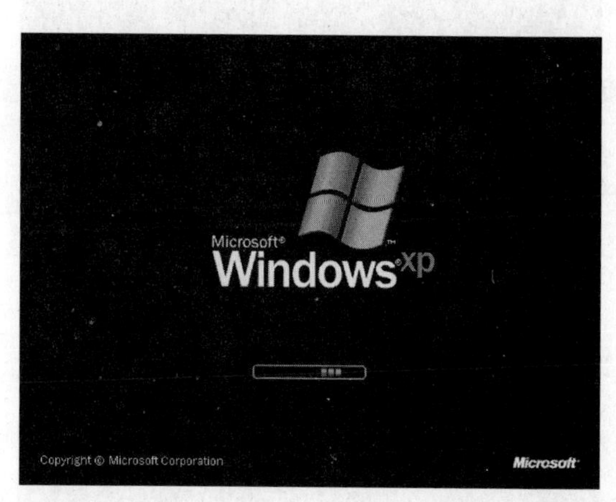

❹ 如果并未设置用户名和密码，稍等片刻后就会进入 Windows XP 的“欢迎使用”画面。

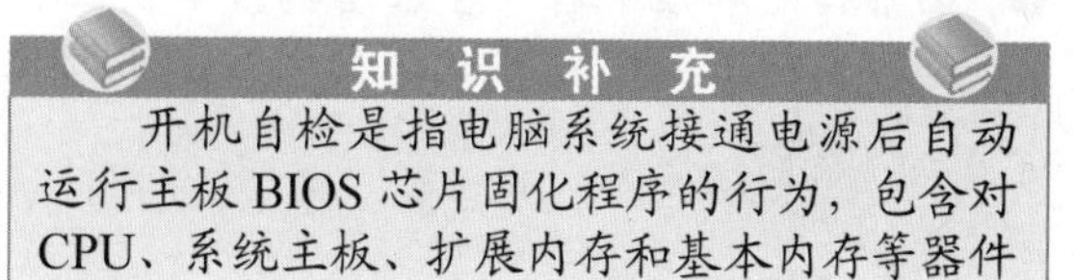

知识补充

开机自检是指电脑系统接通电源后自动运行主板 BIOS 芯片固化程序的行为，包含对 CPU、系统主板、扩展内存和基本内存等器件的测试。若发现错误，会给操作者警告或提示。

❺ 如果设置了用户名和密码，则稍等片刻即可进入 Windows XP 的登录界面，在该界面选择需要使用的用户名。

❻ 单击用户图标，出现密码输入文本框。

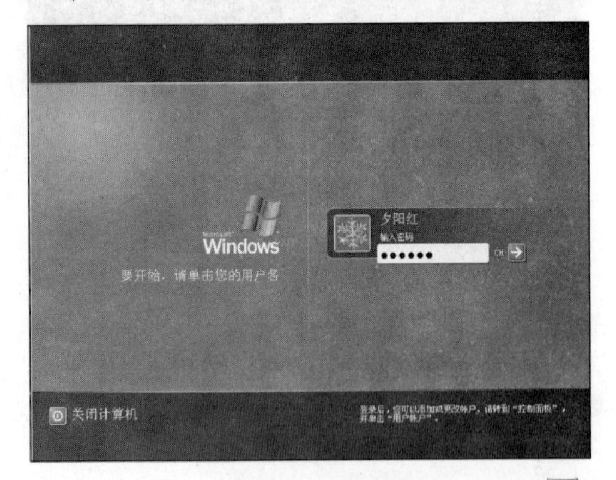

❼ 在密码文本框中输入登录密码。单击按钮或者按下 Enter 键，就会进入“欢迎使用”画面。

❽ 稍后即可登录 Windows XP 桌面。

技巧14　正确退出 Windows XP 的操作系统

退出 Windows XP 的方法有很多种，如休眠、待机、关机和注销等。

1. 休眠

休眠是指将记录当前运行状态的数据保存到电脑的硬盘中，整机将完全停止供电。让电脑进入休眠状态(具体操作步骤如下)即可退出 Windows XP 操作系统。

❶ 选择“开始”→“关闭计算机”命令。

❷ 在打开的“关闭计算机”对话框中，按住Shift键，“待机”按钮就会变成“休眠”按钮。

❸ 单击“休眠”按钮即可转至休眠状态。

进入休眠状态之后必须重新启动电脑才能再次进入 Windows XP 操作系统，并恢复到休眠之前的工作状态。

专 家 坐 堂

如果按住 Shift 键，“待机”按钮没有转变成“休眠”按钮，这时就需要用户启用“休眠”状态。

启用“休眠”状态的步骤是，选择“开始”→“控制面板”→“电源选项”命令，在“休眠”对话框中选中“启用休眠”复选框即可。

2. 待机

待机是指系统将当前的工作状态保存到内存中，然后退出系统。

进入待机状态后，电脑的显示器和硬盘都被自动关闭，电源消耗降低，但此时并未真正关闭系统，待机只适用于短暂关机，启动待机的方法如下。

❶ 单击开始按钮，然后选择“关闭计算机”命令。

❷ 在弹出的“关闭计算机”对话框中，单击“待机”按钮，电脑即可进入待机状态，显示器将逐渐变暗，主机的声音将逐渐减小。

❸ 如需将电脑从待机状态转入工作状态，移动鼠标即可。

3. 关机

关机也是一种常用的退出 Windows XP 的方法，当用户不再使用电脑需要将其关闭时，关闭计算机(具体操作步骤如下)即可退出 Windows XP 操作系统。

❶ 单击开始按钮，然后选择“关闭计算机”命令。

❷ 在打开的“关闭计算机”对话框中，单击“关闭”按钮，电脑即可停止运行并自动保存相关设置，退出 Windows XP 后，主机电源将自动关闭。

4. 重启

重启时电脑会先进行关机退出 Windows XP，接着自动重启电脑登录到 Windows XP。具体操作步骤如下。

❶ 单击开始按钮，然后选择“关闭计算机”命令。

❷ 在打开的“关闭计算机”对话框中，单击“重新启动”按钮，电脑即可停止运行并自动保存相关设置。

❸ 退出 Windows XP 后，电脑自动重启并登录到 Windows XP。

5. 注销

Windows XP 是支持多用户的操作系统，便于不同用户快速切换登录计算机，Windows XP 提供的注销功能，使用户不必重启电脑就可实现多用户登录。这样既快捷方便又减少了对硬件的损耗，具体操作步骤如下。

❶ 单击“开始”按钮，选择“注销”命令。

❷ 在打开的“注销 Windows”对话框中，单击“注销”按钮，即可清除当前登录的用户，即退出 Windows XP 操作系统。

❸ 随后系统将自动进入登录界面，提示选择其他账户登录。

技巧15 快速认识 Windows XP 的桌面

Windows XP 操作系统启动成功后，会显示桌面，电脑上的各种操作均在桌面上完成。Windows XP 的桌面主要由桌面背景、图标、任务栏、“开始”菜单、语言栏和通知区域 6 部分组成。

技巧16 巧妙更改桌面的背景

桌面背景就是进入 Windows XP 后所出现的桌面背景颜色或图片，又称为墙纸或桌布。用户可以根据自己的喜好更改桌面背景，具体操作步骤如下。

❶ 右击桌面空白处，在弹出的快捷菜单中选择“属性”命令。

❷ 在弹出的“显示 属性”对话框中单击“桌面”标签，在“背景”列表框中列出了系统自带的背景图片，用户可以从中任选一幅图片并预览效果。

❸ 在“位置”下拉列表框中选择“拉伸”选项，设置完成后依次单击“应用”按钮和“确定”按钮(选择“拉伸”选项，系统会将该图片拉伸为与桌面同样大小的尺寸，即将其拉伸为能填充整个桌面的大小)。

❹ 返回桌面即可看到桌面背景已被更改。

如果要将电脑中的图片设置成背景图片，可以直接右击该图片，在弹出的快捷菜单中选择“设为桌面背景”命令，也可以在“显示 属性”对话框中进行设置，具体操作步骤如下。

❶ 右击桌面空白处，在弹出的快捷菜单中选择“属性”命令。

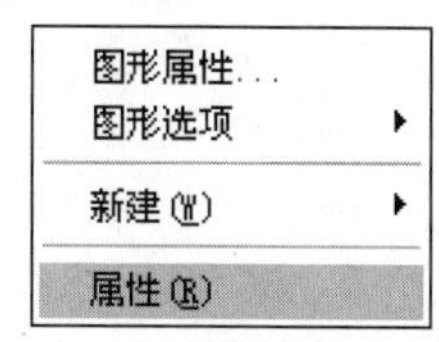

❷ 在弹出的“显示 属性”对话框中选择“桌面”标签，单击“浏览”按钮。

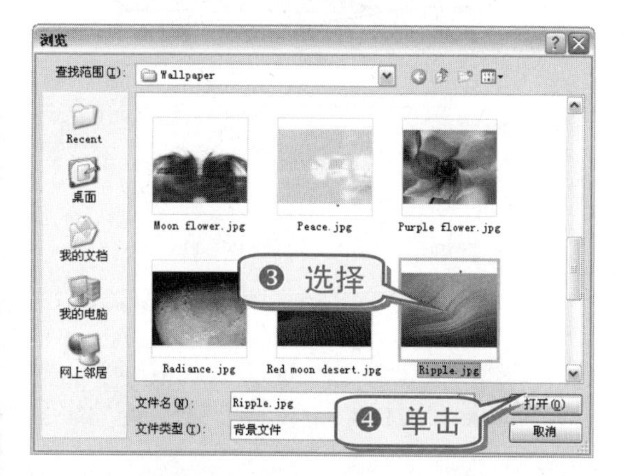

❺ 返回到“显示 属性”对话框，单击“确定”按钮，即可将选中的图片设为桌面背景。

专家坐堂

如果图片过小，可以在“桌面”选项卡中设置其位置为“居中”，该图片将以其原始大小居于背景正中位置；也可以选择“平铺”选项，则系统将以该图片为单元，将其一幅一幅地拼接起来平铺在桌面上。

技巧17 巧妙更改桌面图标

桌面图标一般位于桌面的左侧，由小图片和文字组成。

小图片是程序的标识，文字则是该程序的名称或功能。如双击“我的电脑”图标，就能打开“我的电脑”窗口。

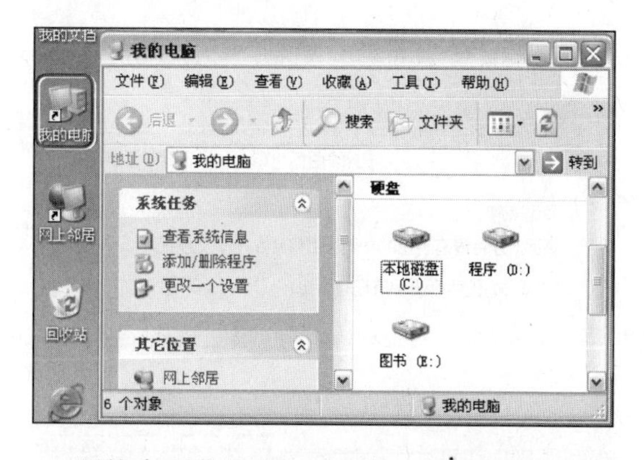

既然桌面背景也可以更换，那么桌面图标同样也可以修改。桌面上的几个系统默认图标，如“我的文档”、“我的电脑”、“网上邻居”以

及“回收站”等，可利用相关设置来更改它们的图标样式，从而设计出具有个性的桌面图标。

❶ 右击桌面空白处，在弹出的快捷菜单中选择“属性”命令。

❷ 在弹出的“显示 属性”对话框中单击“桌面”标签，在“桌面”选项卡中单击“自定义桌面”按钮，弹出“桌面项目”对话框。

❸ 选择需要更改的桌面图标后，单击“更改图标”按钮，弹出“更改图标”对话框。

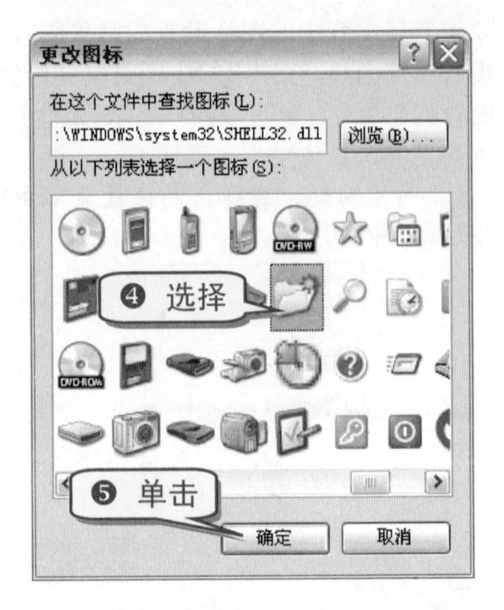

技巧18　快速添加桌面快捷方式

对于经常用到的程序和文档，用户可以直接在桌面上添加相应的快捷方式。添加桌面快捷方式的具体操作步骤如下。

❶ 选中需要添加快捷方式的程序或者文档，现以“程序”中的光影魔术手为例。选择“开始”→“程序”→“光影魔术手”→“光影魔术手”命令。

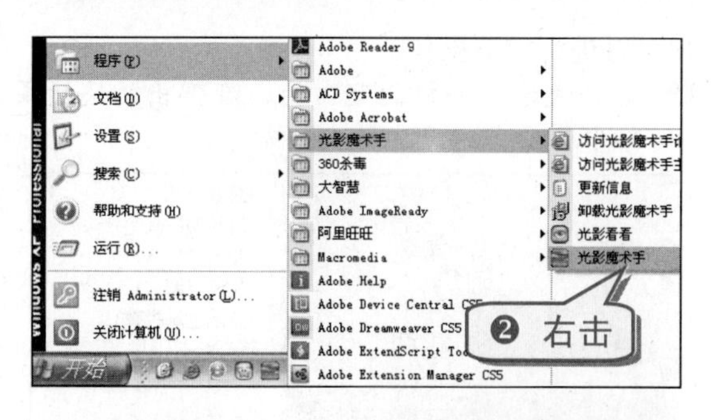

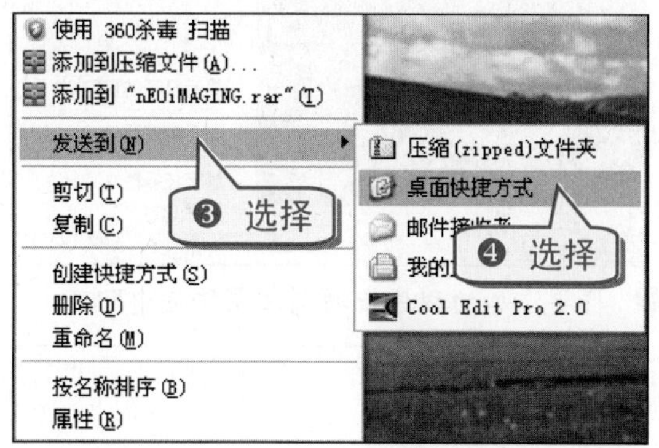

❺ 双击桌面上新添加的快捷方式，即可打开该程序。

技巧19 轻松排列桌面图标

一般桌面上的图标都是固定排列在桌面左侧，方便用户使用，但如果要按名称、大小、类型或是修改时间来排列，就应使用右键快捷菜单中的“排列图标”命令。

排列桌面图标的具体操作步骤如下。

❶ 右击桌面空白处，在弹出的快捷菜单中选择“排列图标”命令。

❷ 根据需要选择相应的命令，如选择“大小”命令。

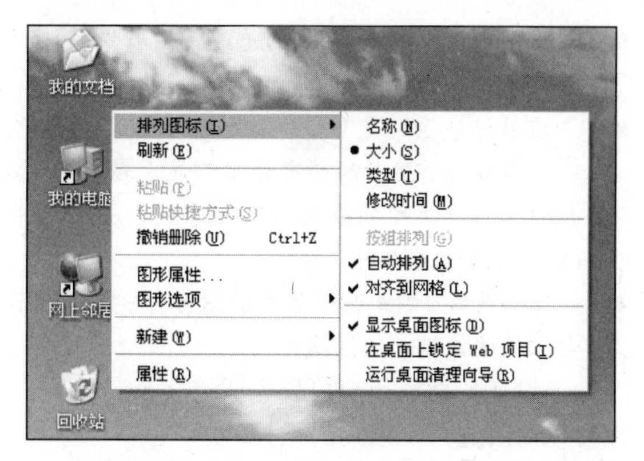

如果要在桌面上将图标随意排列在不同位置，则可进行如下操作。

❶ 右击桌面空白处，在弹出的快捷菜单中取消选择“自动排列”命令。

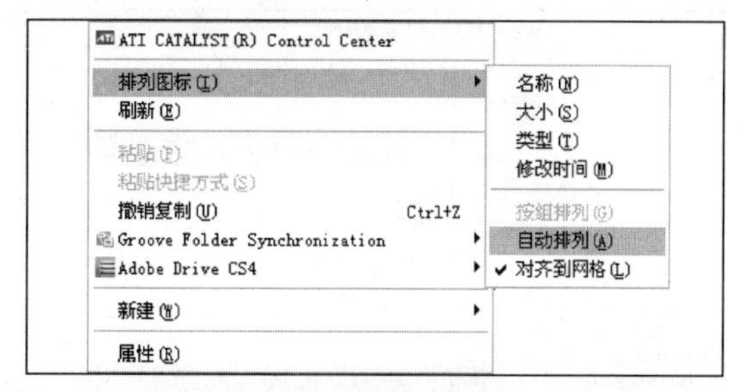

❷ 取消选择“自动排列”命令后，即可将各个图标进行随意排列。

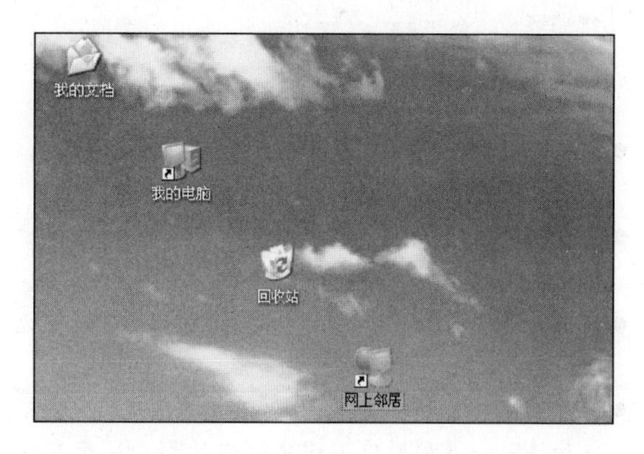

技巧20 快速了解任务栏

桌面最下方的长条就是任务栏，任务栏依次由“开始”菜单、快速启动栏、应用程序区、语言栏和通知区域组成。

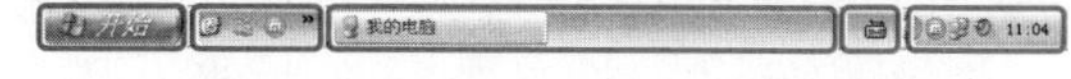

- 在“开始”菜单中能打开安装的大部分软件。

- “快速启动栏”里面存放的是最常用程序的快捷方式。
- “应用程序区”是多任务工作时的主要区域之一，其将当前运行的所有程序都显示在该列中，且对于同一类型的应用程序划分到同一个组中(当任务多于6个时)。
- “通知区域”则是通过各种小图标，形象地显示电脑软硬件信息的区域。

通过任务栏，用户可以完成许多操作，同样也可以对其进行一系列的设置。

❶ 右击任务栏空白处，在弹出的快捷菜单中选择“属性”命令。

❷ 打开“任务栏和「开始」菜单属性”对话框，可以对任务栏外观和通知区域进行设置。

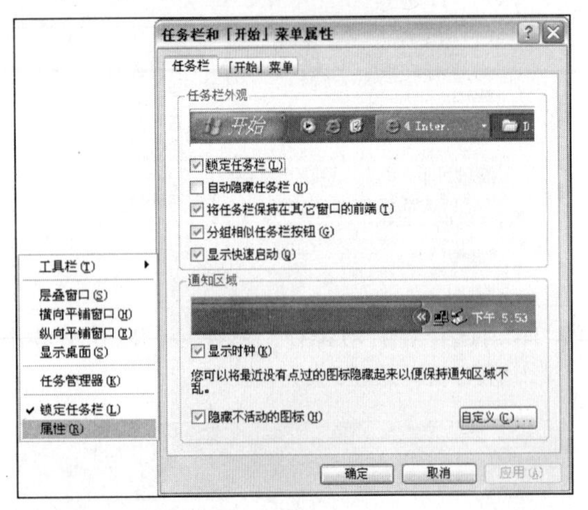

- 锁定任务栏：选中该复选框后任务框将被锁定，用户不能改变其大小和位置。
- 自动隐藏任务栏：选中该复选框后任务框将被隐藏。
- 将任务栏保持在其他窗口的前端：选中该复选框，任务栏将始终在其他窗口的前端显示。
- 分组相似任务栏按钮：选中该复选框，系统会自动将同一类型的应用程序以组的形式显示在任务栏中。
- 显示快速启动：选中该复选框将在任务栏中显示快速启动区。

技巧21 巧为快速启动栏添加或删除应用程序

如果要为快速启动栏添加或删除应用程序，则可以进行如下操作。

❶ 右击快速启动栏的空白处，在弹出的快捷菜单中选择“打开文件夹”命令。

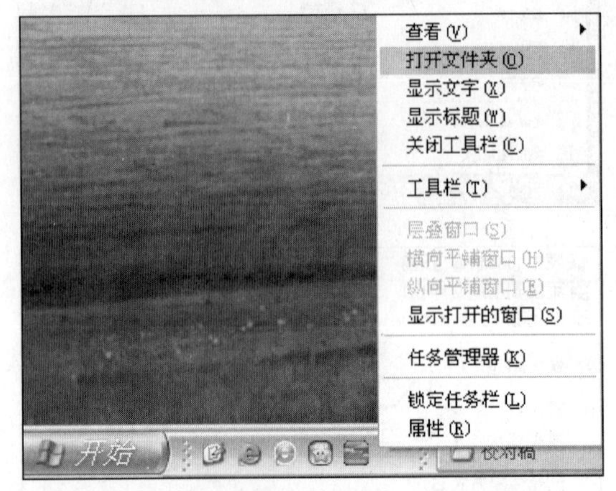

❷ 将要添加的程序拖动到该文件夹中即可。

❸ 如果要删除快速启动栏中的程序，可直接右击要删除的应用程序，然后选择“删除”命令。

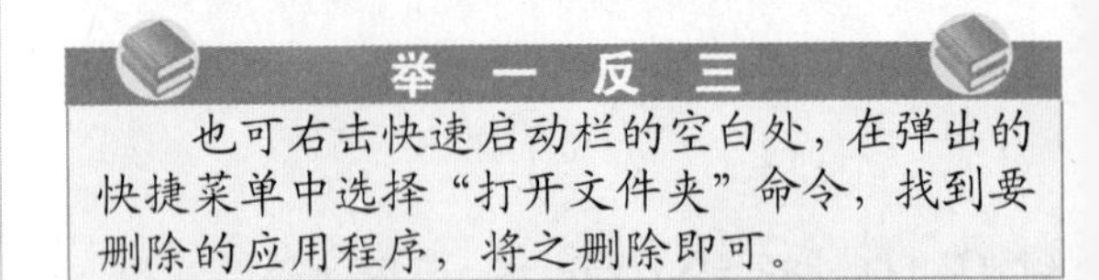

举 一 反 三

也可右击快速启动栏的空白处，在弹出的快捷菜单中选择“打开文件夹”命令，找到要删除的应用程序，将之删除即可。

技巧22 巧妙移动语言栏的位置

语言栏主要用于显示用户当前所使用的输入法，用户可以对输入法进行具体的设置。

默认情况下语言栏应是在任务栏上方，单击最小化按钮，语言栏才会移到任务栏中。

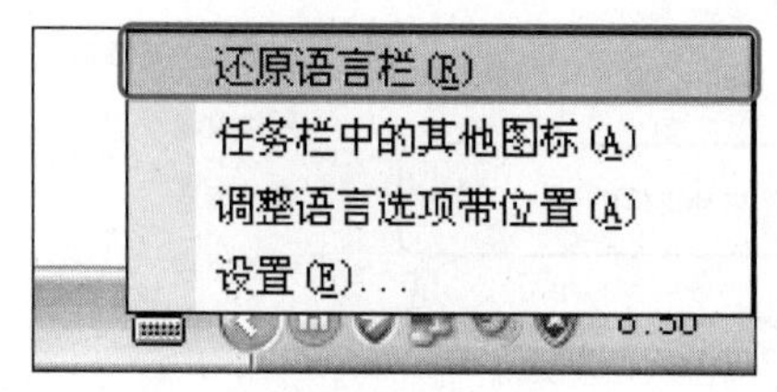

如果要还原到原来的位置，可以右击该语言图标，在弹出的快捷菜单中选择“还原语言栏”命令。

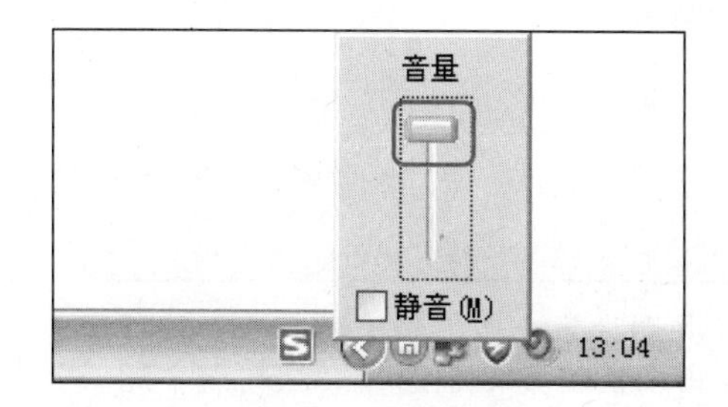

技巧23　轻松调节音量大小

要调节音量的大小，可以在通知区域单击“音量”图标，弹出“音量”面板，然后调整滑块即可。

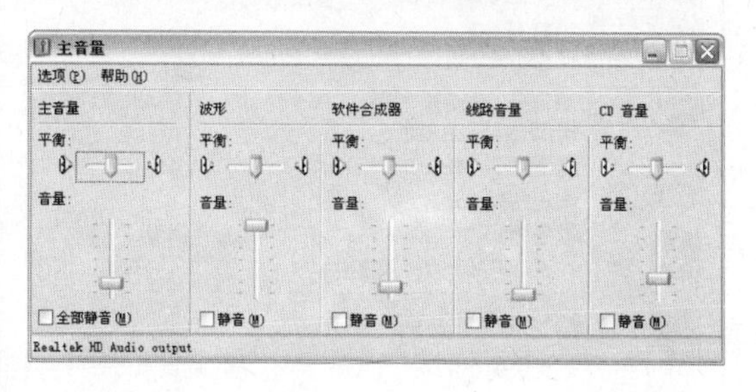

也可以双击该“音量”图标，在弹出的“主音量”对话框中根据需要调整其他音量的滑块。

技巧24　巧妙设置日期和时间

若要设置日期和时间可进行如下操作。

❶ 双击通知区域显示的时间，弹出“日期和时间 属性”对话框。

❷ 在“日期”选区中设置年份和月份，如设置2010年9月29日，应在月份下拉列表框中选择“九月”选项，在“年份”微调框中选择“2010”选项，在“日期”列表框中选择“29”选项。

❸ 在“时间”选区中设置时间。如设置16∶32，则可直接选中“时间”微调框中的小时数输入16，分钟数输入32。

技巧25　学会使用“开始”菜单

“开始”菜单主要由“固定程序”列表、“常用程序”列表、“所有程序”菜单、启动菜单、“注销”和“关闭计算机”按钮组成。

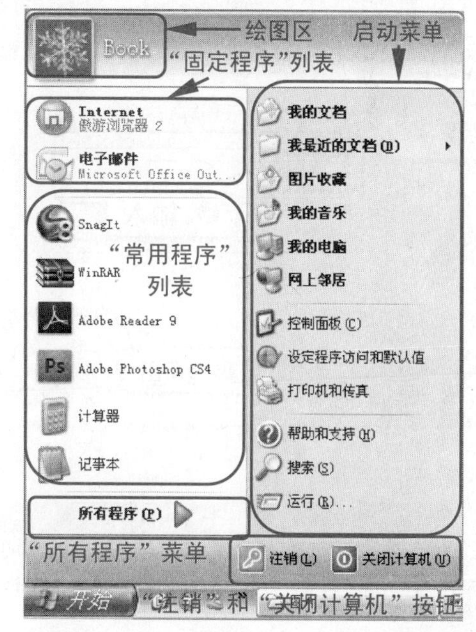

当用户在使用电脑时，利用“开始”菜单可以完成很多操作，如启动应用程序、打开“我的文档”等。

1. 当前用户

当前用户是指当前系统登录的账户名及其图标。通过设置该项即可修改该用户账户的属性，具体操作步骤如下。

❶ 单击“开始”按钮，再单击当前用户的图标，打开“用户账户”窗口。

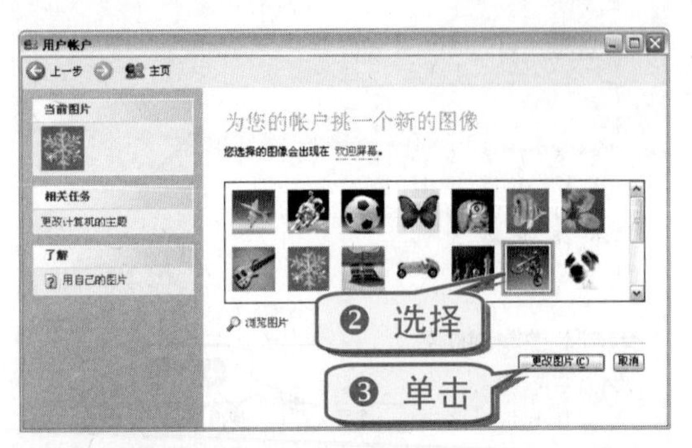

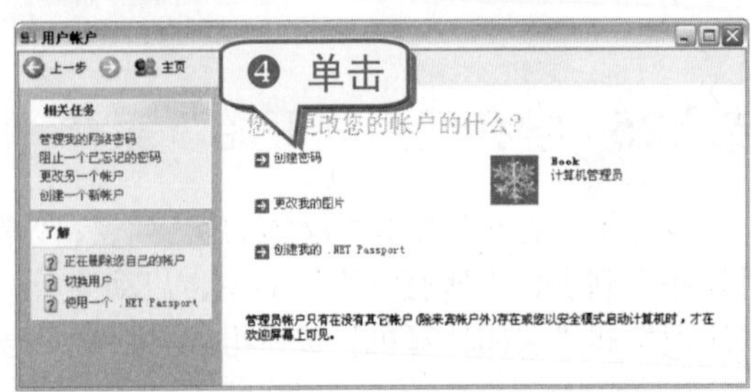

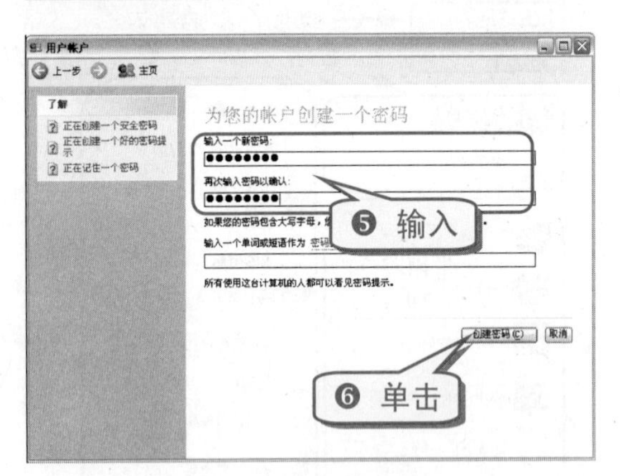

专 家 坐 堂

为了避免忘记密码，可在“输入一个单词或短语作为密码提示”文本框中输入密码的提示语。

2. “固定程序”列表

“固定程序”列表会固定地显示一些程序，如 Internet 和“电子邮件”两项。“固定程序”列表也是可以添加和删除的，具体操作步骤如下。

❶ 单击要添加的程序并将之拖动到“开始”菜单按钮上。

❷ 松开鼠标左键，添加程序成功。

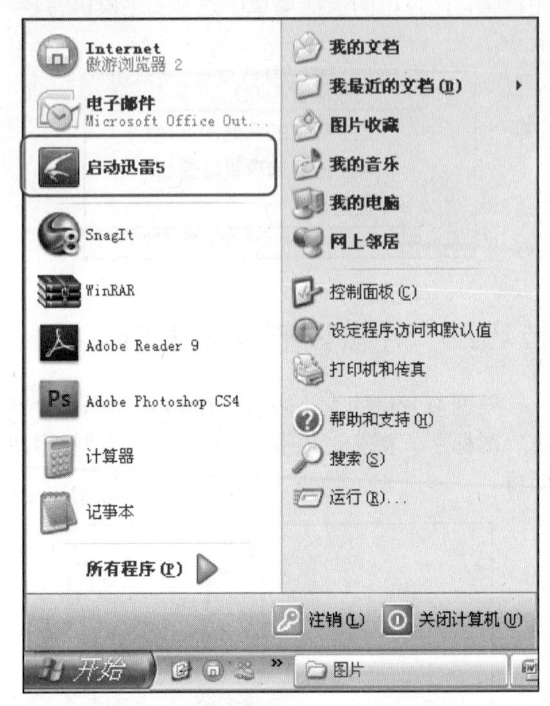

❸ 要删除某一固定程序时，右击该程序，在弹出的快捷菜单中选择“从列表中删除”命令即可。

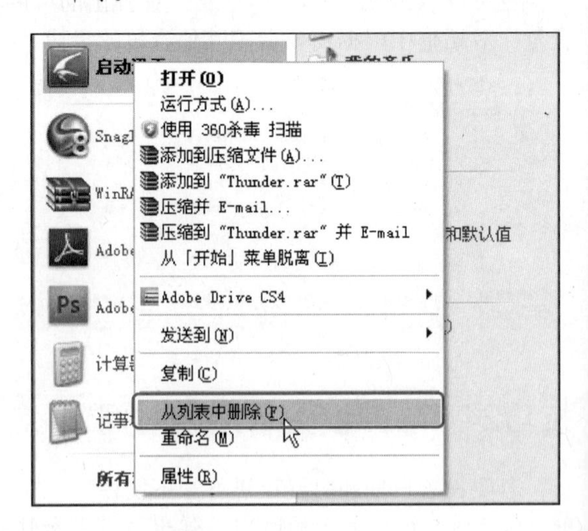

3. “常用程序”列表

“常用程序”列表与“固定程序”列表是相对而言的。顾名思义，“常用程序”列表用于存放经常使用的程序。“常用程序”列表会随着用

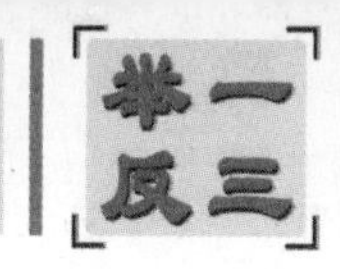

户的使用习惯，列出最常用的6个程序。

除了能够添加或删除程序，该列表还能更改其显示的程序数量。具体操作步骤如下。

❶ 右击“开始”按钮，在弹出的快捷菜单中选择“属性”命令。

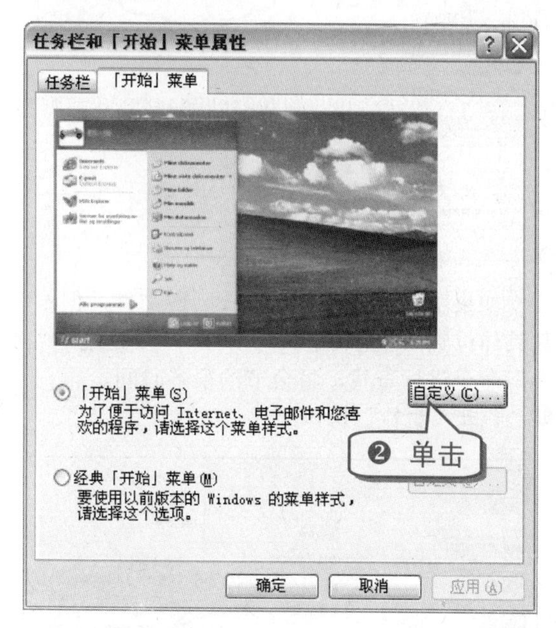

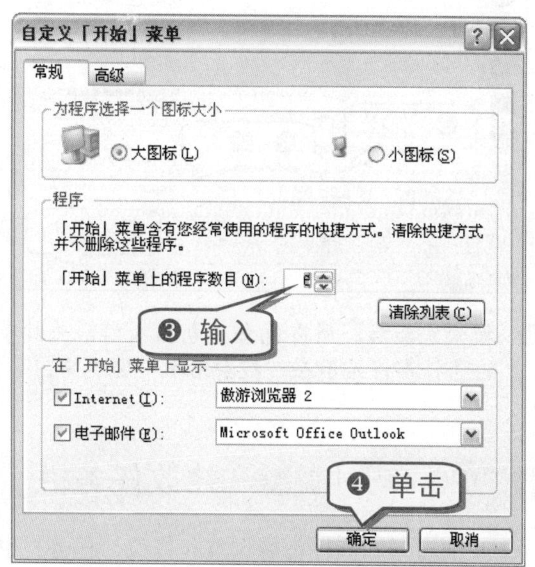

4. “所有程序”菜单

“所有程序”菜单就是所有安装在电脑上的应用程序的集合，能使用户的操作更为快捷，提高工作效率。

如要在“所有程序”菜单中选择“傲游浏览器2”命令，其具体操作步骤如下。

❶ 单击 开始 按钮。

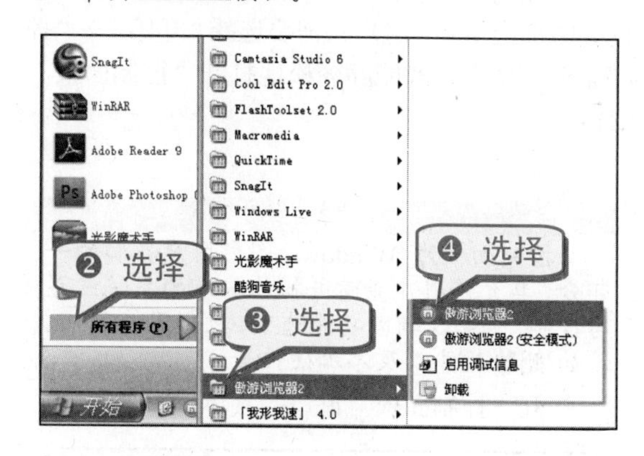

5. 启动菜单

启动菜单中主要包括“我的文档”、“我最近的文档”、“图片收藏”和“我的电脑”等一些特殊的文件夹。

单击启动菜单中的项目，可快速地打开相应的文件夹或者程序。

以“我最近的文档”为例，具体的操作步骤如下。

❶ 单击“开始”按钮。

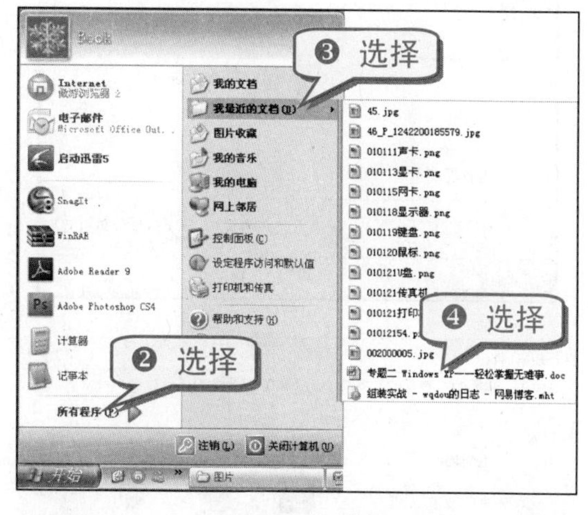

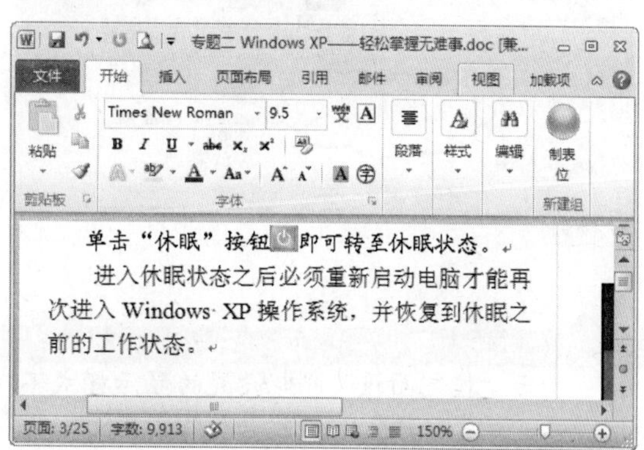

"控制面板"窗口在很多系统设置以及硬件设置中都会用到，用户只需要选择"开始"→"控制面板"命令，就能够轻松地打开"控制面板"窗口。

专 家 坐 堂

控制面板为 Windows 图形用户界面的一部分，其允许用户查看并操作基本的系统设置与控制，如更改辅助功能选项、控制用户账户、添加/删除软件以及添加硬件等。

打开"控制面板"窗口的具体步骤如下。

举 一 反 三

由于"控制面板"窗口设置的显示模式不同，有"经典视图"和"分类视图"两种。单击左侧"切换到经典视图"或"切换到分类视图"即可进行转换。

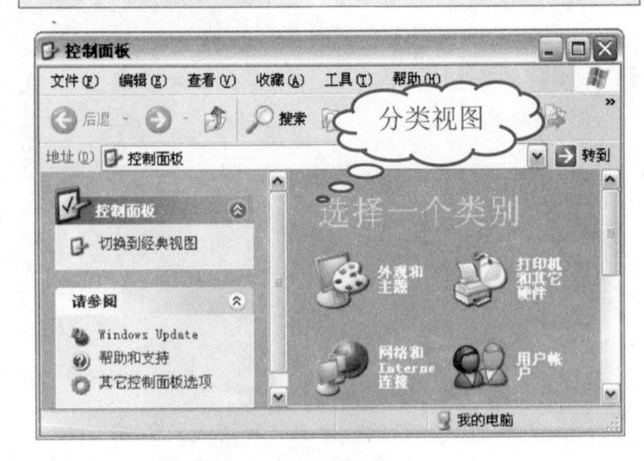

如果用户需要在电脑中找一份文件，但不知其具体位置，这无疑是大海捞针，但要是通过"搜索"命令进行查找，将会节约很多时间。

❶ 单击"开始"按钮。

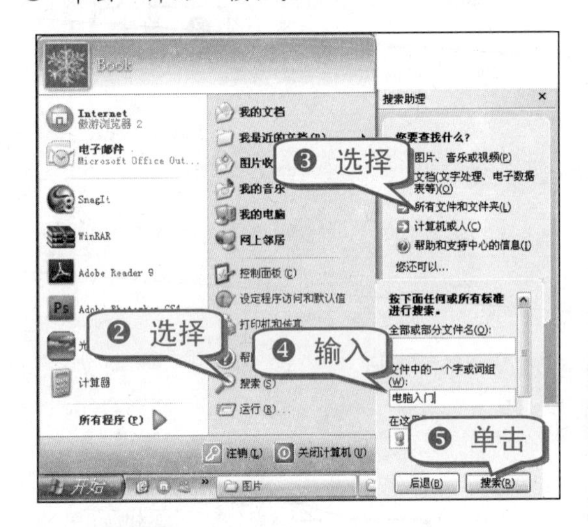

❻ 搜索完毕后，所有包含"电脑入门"关键字的资料都将显示在"搜索结果"窗口中。

技巧26　巧妙调整和修改任务栏

桌面背景和图标都能调整和修改，任务栏也应能够调整和修改，例如任务栏的大小、位置以及显示内容。

1. 调整任务栏大小

默认情况下，任务栏只显示一行任务，如果要让任务栏显示多行任务，可进行如下设置。

❶ 右击任务栏空白处。

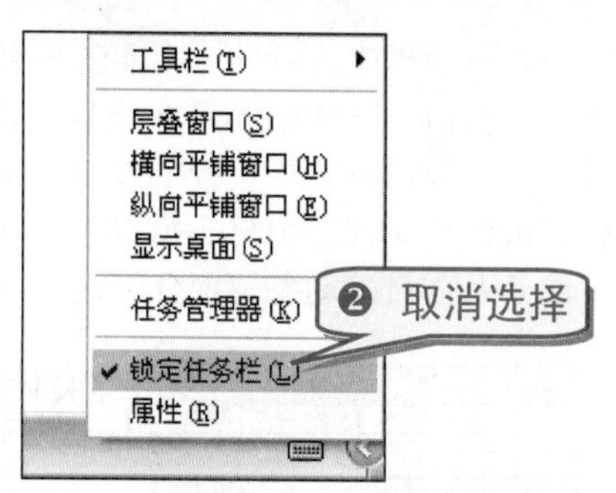

❸ 将光标移到任务栏边缘，待光标变为↕状态，向上拉动即可。

2. 调整任务栏位置

默认情况下任务栏只显示在桌面的最下方，如果要调整到其他位置，就要进行如下操作。

❶ 右击任务栏空白处。

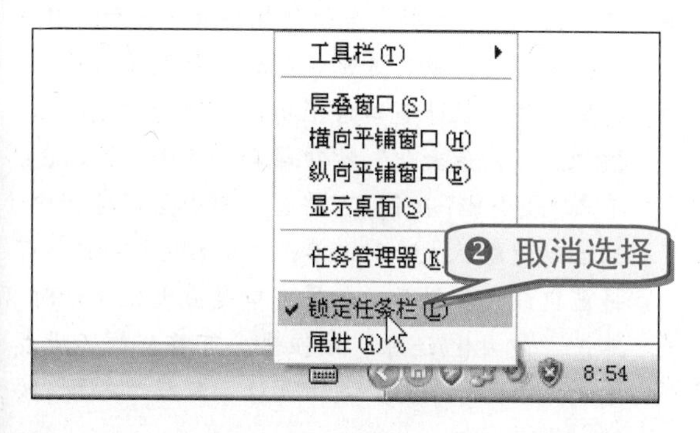

❸ 将光标移到任务栏的空白处。

❹ 按住鼠标左键不放，并拖曳到桌面其他方位(如左边)，松开鼠标左键即可。

3. 自动隐藏任务栏

默认情况下，任务栏始终显示在桌面上，但有时为了方便操作，要将任务栏隐藏，而只在需要时显示，其具体操作步骤如下。

❶ 右击任务栏空白处。

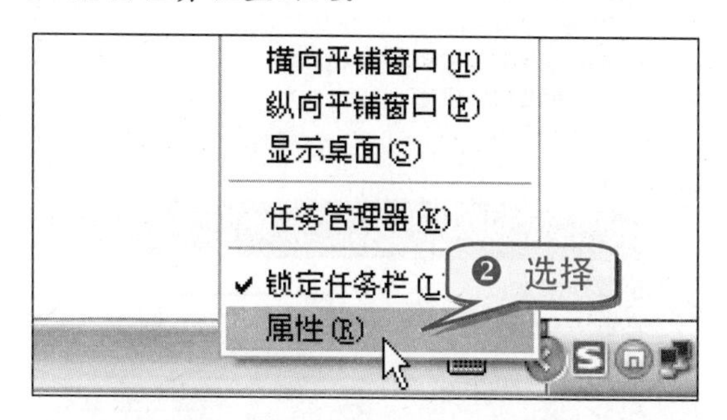

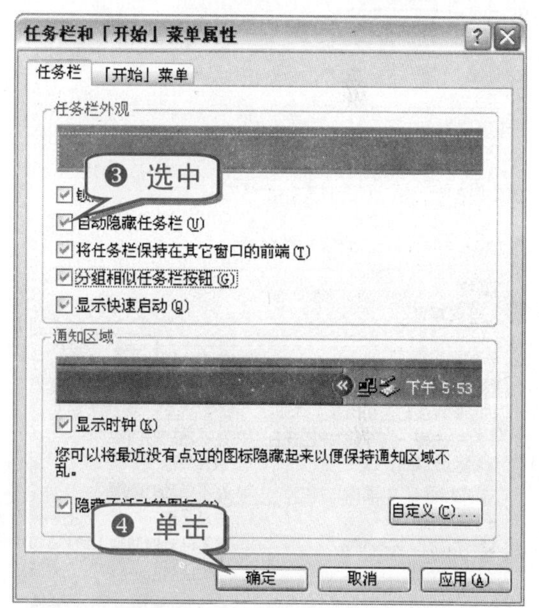

举 一 反 三

当需要显示任务栏时，只要将光标指向任务栏所在区域，任务栏就会自动显示；光标离开，任务栏将自动隐藏。

4. 隐藏不活动的图标

在通知区域，一些图标显示，一些图标则隐藏，还有些在不活动时隐藏，具体设置方法如下。

❶ 右击任务栏空白处，在弹出的快捷菜单中选择“属性”命令。

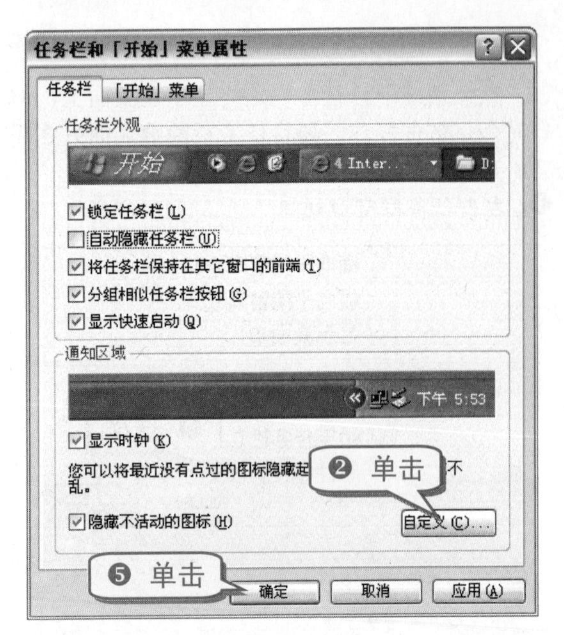

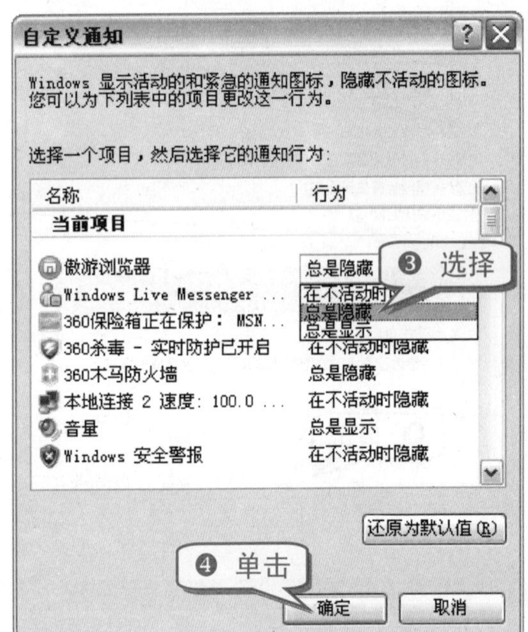

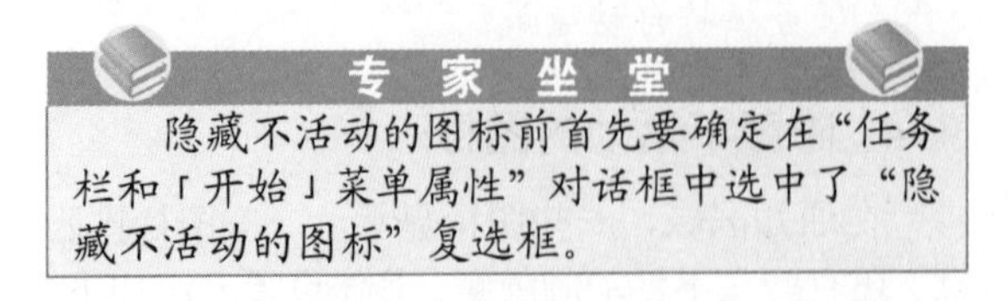

专家坐堂

隐藏不活动的图标前首先要确定在“任务栏和「开始」菜单属性”对话框中选中了“隐藏不活动的图标”复选框。

技巧27 快速认识窗口

在 Windows 操作系统中，任何操作都是通过窗口和对话框来进行的。下面就先来了解窗口。

“窗口”是 Windows 系统显示和操作的逻辑单位，一般由标题栏、控制按钮、菜单栏、工具栏、地址栏、任务窗格、窗口区、状态栏、水平滚动条及垂直滚动条等部分组成。

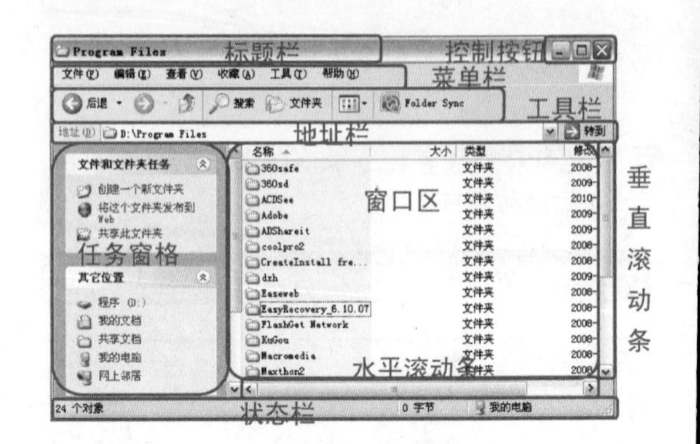

窗口中各组成部分的意义如下。

- 标题栏：位于窗口顶部，用于显示窗口的名称。
- 菜单栏：位于标题栏下方，包含各种操作命令，可以通过选择不同菜单命令完成不同的操作。
- 工具栏：提供各种命令快捷操作方式，方便用户快捷地进行剪切、复制、删除和粘贴等操作。
- 控制按钮：位于窗口右上角，分别为“最小化”按钮、“最大化”按钮和“关闭”按钮。单击“最小化”按钮，可将窗口缩小至任务栏中；当窗口是默认大小时，单击“最大化”按钮，可将窗口最大化显示；如果窗口是最大化显示时，单击“最大化/还原”按钮，可将窗口还原成原始大小；如果需要关闭窗口，单击“关闭”按钮即可。
- 地址栏：工具栏的下方就是地址栏，主要用来显示当前窗口所在的位置。用户可以直接在该栏中单击下拉按钮选择需要打开的窗口。

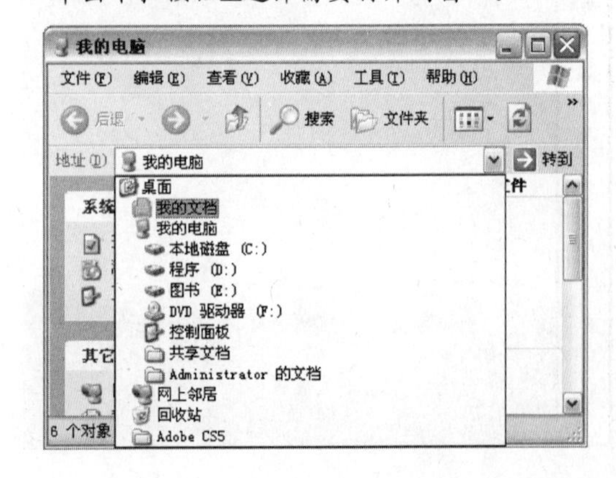

- 窗口区：窗口中占用最大面积的就是窗口区了，主要用于显示窗口内容和编辑时的工作区域。
- 任务窗格：位于窗口左边，单击上面相应的链接，可以执行相应的操作命令。
- 垂直滚动条：拖动垂直滚动条，可上下移动查看窗口区被隐藏的部分。
- 水平滚动条：拖动水平滚动条，可左右移动查看窗口区被隐藏的部分。
- 状态栏：位于窗口底部，显示该窗口中的信息。

技巧28 学会操作 Windows 窗口

一般窗口可以分为文件夹窗口和应用程序窗口两类，这两种窗口的组成略有不同，但其操作方法大致相同。

文件夹窗口的工作区是管理文件，而应用程序窗口的工作区是对应用程序进行操作的区域。

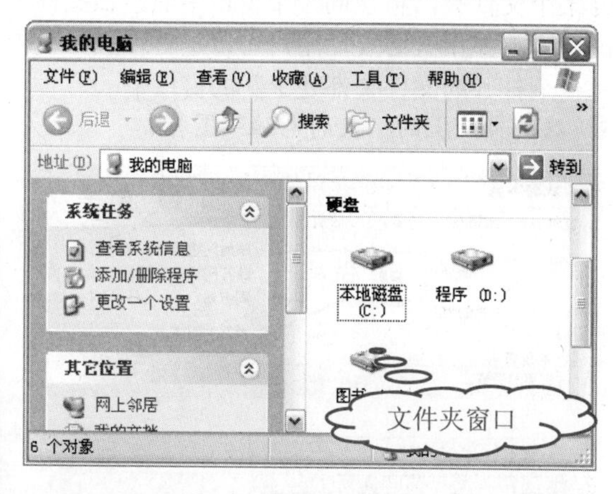

1. 打开窗口

接下来以打开“我的电脑”窗口为例，对打开窗口做一个简单的介绍。

想要打开“我的电脑”窗口的用户可以进行以下三种操作。

- 双击桌面上的“我的电脑”图标，即可快速打开“我的电脑”窗口。
- 选择“开始”→“我的电脑”命令。

- 右击“我的电脑”图标，在弹出的快捷菜单中选择“打开”命令即可打开“我的电脑”窗口。

2. 关闭窗口

当用户不再需要某个窗口时，可以关闭该窗口。接下来就以关闭“我的电脑”窗口为例，对关闭窗口做一个简单的介绍。关闭“我的电脑”窗口有以下几种方法。

- 单击“我的电脑”窗口右上角的“关闭”按钮☒。

- 双击“我的电脑”窗口左上角的控制菜单按钮，或者直接按下 Alt + F4 组合键。
- 单击“我的电脑”窗口左上角的控制菜单按钮，或者右击标题栏中的任意位置，在弹出的快捷菜单中选择“关闭”命令。

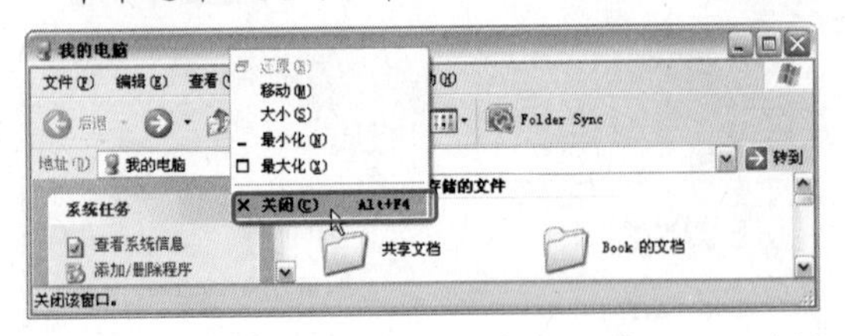

- 在“我的电脑”窗口中选择“文件”→“关闭”命令。

3. 调整窗口大小

除了使用“控制按钮”来调整窗口的大小外，还可以手动进行调整。

- 调整窗口高度：将光标停在窗口的上边框或下边框，此时鼠标指针变为↕形状，按住鼠标左键上下拖动，拖至合适的位置后松开鼠标即可。

- 调整窗口宽度：将光标移至窗口的左边框或右边框，此时鼠标指针变为↔形状，按住鼠标左键左右拖动，拖至合适的位置后松开鼠标即可。

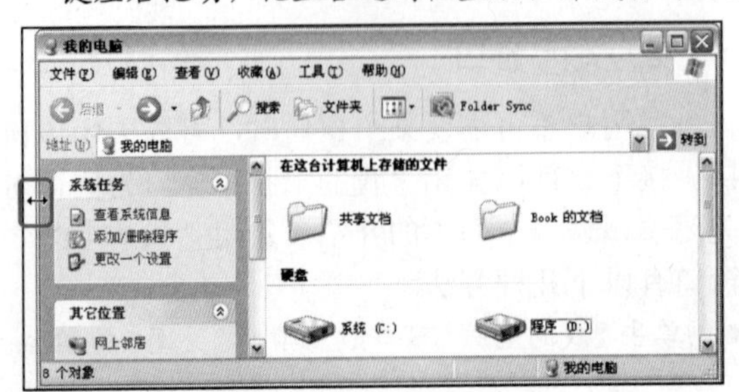

- 同时调整窗口的高度和宽度：将鼠标指针移至窗口的左上角或右下角，此时鼠标指针变为↘形状，按住鼠标左键拖动，拖至合适的位置后松开鼠标即可。

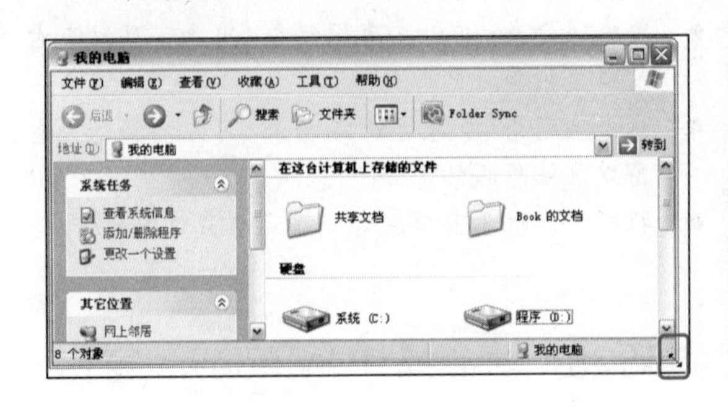

技巧29 快速操作多窗口

默认情况下，在“我的电脑”窗口中任意打开某个文件夹，将在同一个窗口中显示该文件夹的内容。如果有必要，用户可以进行设置，使得每一个打开的文件夹都处于新的窗口中。

❶ 双击桌面上的“我的电脑”图标。

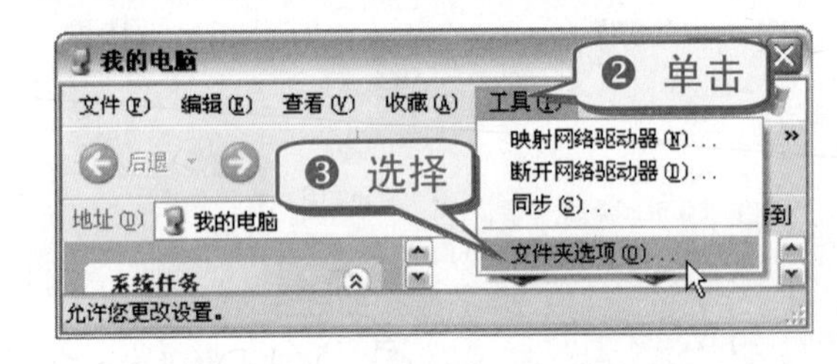

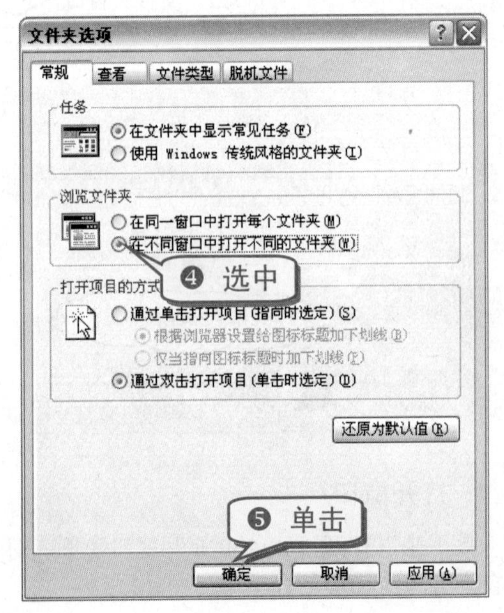

专家坐堂

当打开的文件夹过多时，为避免打开的窗口过多造成的杂乱，就有必要对其进行排列，使其整齐有序。

对多窗口进行排列的具体操作步骤如下。

右击任务栏空白处，在弹出的快捷菜单中选择一种窗口排列方式即可。系统主要提供了层叠窗口、横向平铺窗口和纵向平铺窗口三种窗口排列方式。

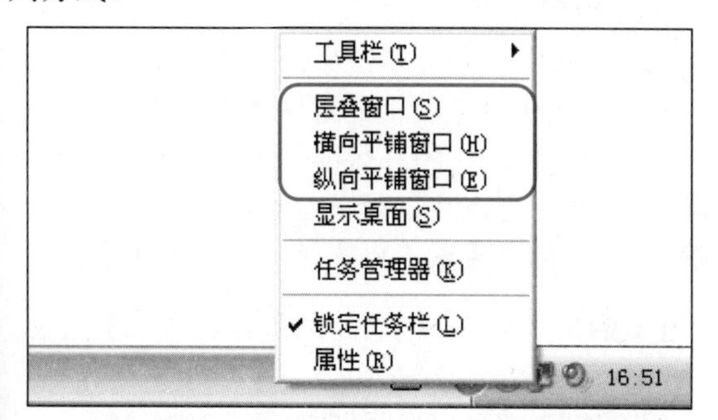

- 层叠窗口：将同一属性的窗口层叠排列。

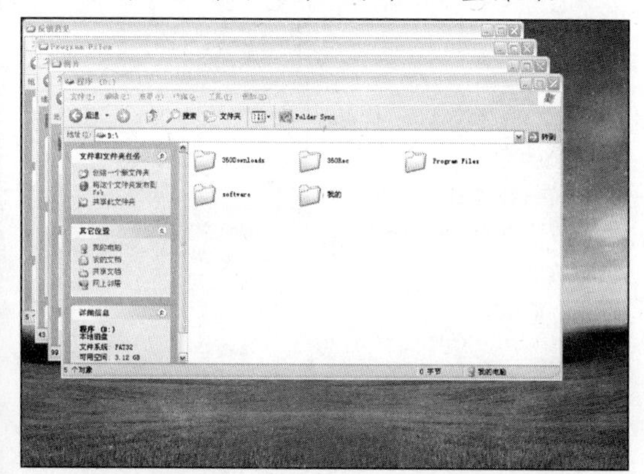

- 横向平铺窗口：将同一属性的窗口横向平铺排列。

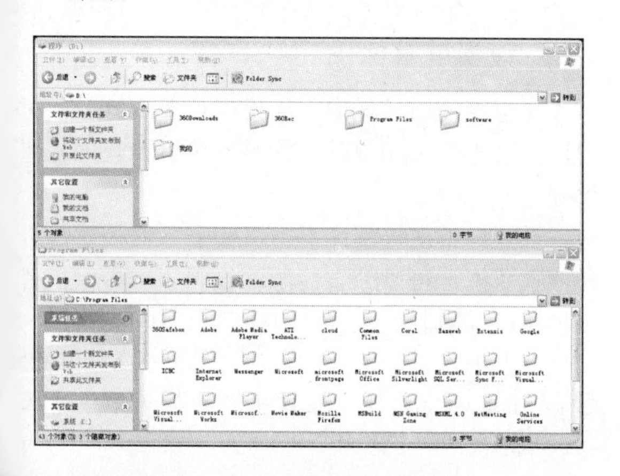

- 纵向平铺窗口：将同一属性的窗口纵向平铺排列。

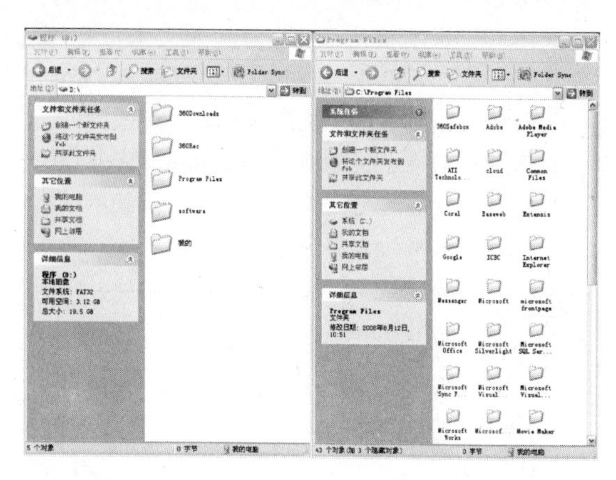

技巧30　快速认识对话框

对话框的外观与窗口相似，只是没有菜单栏且通常不能改变其大小。各种对话框因其功能与作用不同，其形状、内容与复杂程度也各不相同，但一般结构如下。

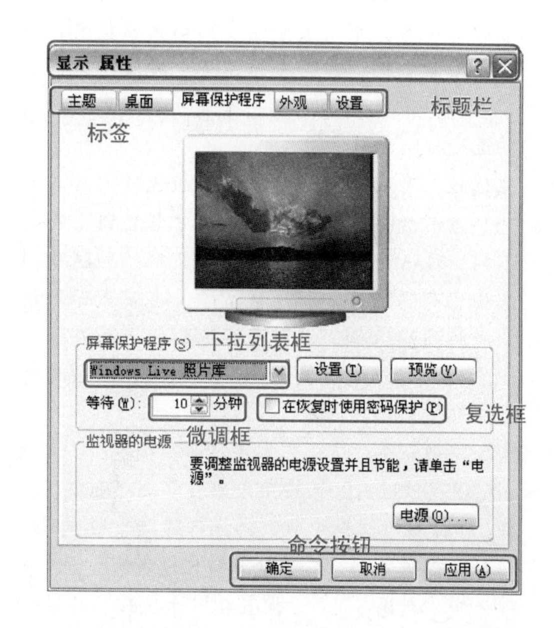

- 标题栏：标题栏位于对话框的顶部，其左端显示该对话框的名称，右端为"帮助"按钮?和"关闭"按钮×。
- 标签：某些复杂的对话框中有排列在一起的多个可供用户选择进行对话的卡片，通常称之为标签。单击某个标签，即可使该标签显示在最前面，以便进行有关该标签内容的操作。

- 文本框：文本框是存放用户输入文本信息的地方。有时文本框内已有一些默认的内容，可对其进行修改，也可不修改而保留其默认值。
- 列表框：列表框是以列表形式给出的一组任选项。如果这些选项过多而在列表框内放不下时，则在该列表框的右端会有一个滚动条。

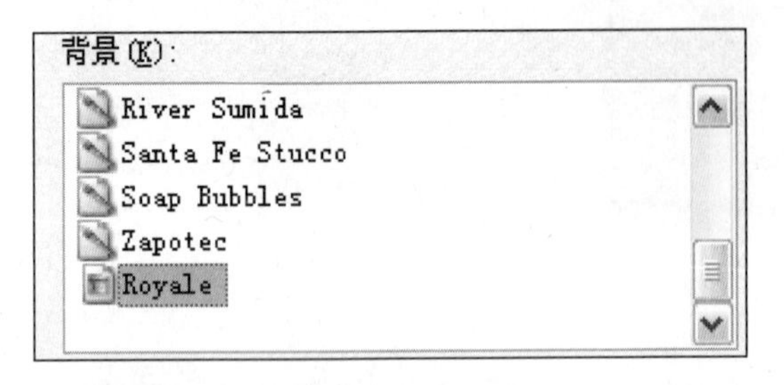

- 下拉列表框：单击下拉按钮，可向下拉出一个列表框。在其中找到所需的选项时，用鼠标单击即可。
- 单选按钮：有时在对话框中的一组选项前会各有一个空白圆形按钮○，这就表明在这一组选项中，用户只可以选择其中之一，单选按钮也因此而得名。单击某个空白圆形按钮使其内出现一个圆点◉，这就表示该项已被选中，而先前在这一组选项中，已选择选项的圆形按钮内的圆点将同时被清除。
- 复选框：有时在对话框中的一组选项前会各有一个方形的按钮，单击空白的方形按钮□可使其内出现一个勾☑，这就表明此项已被选中。单击已有的☑则该标志被清除，也就表示取消了对此项的选择。这种带有选框的选项在同一组选项中可以同时选中多个，也因此而被称为复选框。
- 命令按钮：在对话框中常有诸如“确定”、“取消”以及“应用”等按钮。如果单击“确定”按钮，那么在对话框中所做的操作随即生效，同时该对话框被关闭。某些命令按钮还带有“...”符号，如“浏览...”、“设置...”等按钮，其后的省略号表示单击此命令按钮后还将有新的对话框弹出。
- 微调框：某些对话框中有数值输入框及紧靠在一起的两个小三角形按钮，被称为数值框或微调框。单击向上的小三角能使对应数值输入框中的数字自动变大；单击向下的小三角能使对应数值输入框中的数字变小。

技巧31 快速设置 Windows XP 桌面

在 Windows XP 的桌面设置中，不仅可以改变桌面背景，还可以设置主题风格、屏幕保护以及桌面分辨率与颜色质量等。接下来就对这些设置进行介绍。

1. 设置主题风格

改变桌面背景可以使桌面更加漂亮，设置不同的主题风格也可以让桌面与众不同。

设置主题风格的具体操作步骤如下。

❶ 右击桌面空白处，弹出相应的快捷菜单。

❷ 在弹出的快捷菜单中选择“属性”命令。

2. 设置屏幕保护

在电脑使用过程中，如果用户要离开一段时间，但又不想关闭电脑，这时就可以设置屏幕保护程序。

设置屏幕保护程序，主机和显示器处于待机和休眠状态，可以节省能源；设置了屏幕保护密码，还可以限制他人登录或访问自己的电脑。

下面来设置屏幕保护程序及其密码。

❶ 右击桌面空白处，在弹出的快捷菜单中选择“属性”命令。

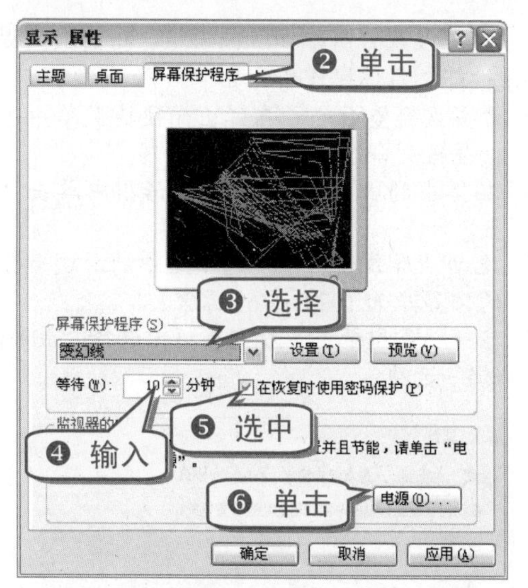

❼ 弹出“电源选项 属性”对话框，在弹出的对话框中单击“高级”标签。

❽ 选中“选项”选项组中的“在计算机从待机状态恢复时，提示输入密码”复选框。

❾ 单击“确定”按钮返回“显示 属性”对话框。在“显示 属性”对话框中单击“应用”按钮，应用前面的相关设置，最后单击“确定”按钮完成操作。

在10分钟内不做任何操作，系统将自动运行屏幕保护程序。

当用户再次使用时，系统将提示输入正确的登录密码才能进入操作系统。

3. 设置外观

Windows XP的外观主要是指窗口、消息框和按钮的外观样式、色彩方案和字体大小等，用户可以根据实际需要对其进行各种设置。

设置外观的具体操作步骤如下。

❶ 右击桌面空白处，在弹出的快捷菜单中选择“属性”命令。

❷ 在弹出的“显示 属性”对话框中，单击“外观”标签。

❸ 在“窗口和按钮”下拉列表框中有“Windows XP样式”和“Windows经典样式”两种样式，用户可以任选其一。

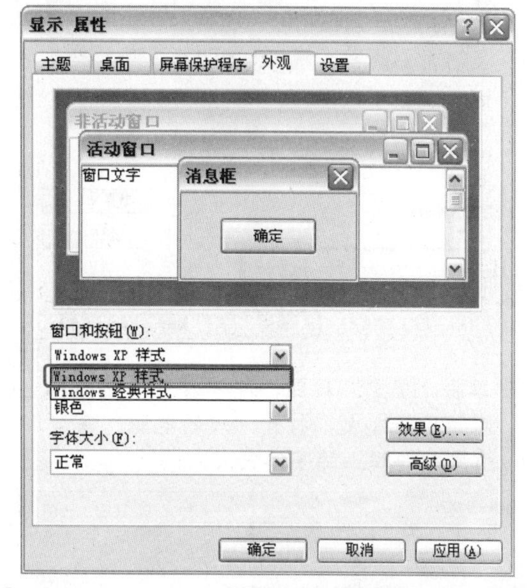

❹ 在“色彩方案”下拉列表框中提供了“橄榄绿”、“默认(蓝)”和“银色”三种方案，选择其中一种(如“银色”)。

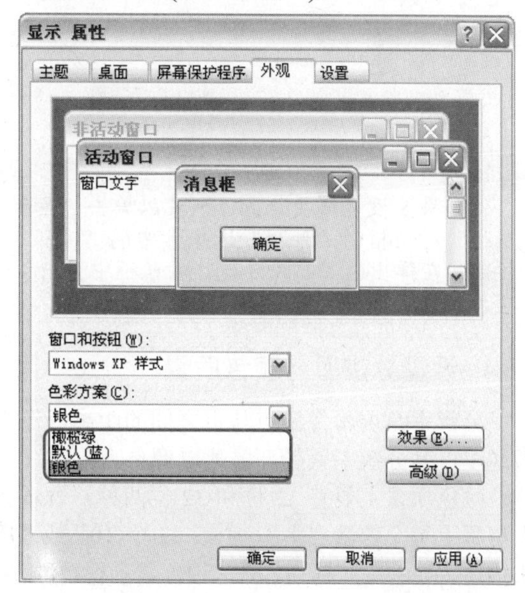

❺ 在“字体大小”下拉列表框中提供了“正常”、“大字体”和“特大字体”三种字体，选择“大字体”选项。

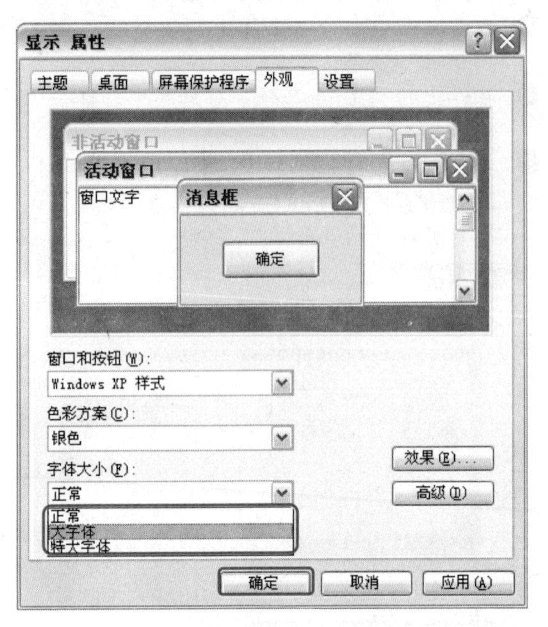

❻ 单击“确定”按钮，即可看到桌面图标上的字体已经变大，打开“我的电脑”窗口即可看到标题栏上的字体变大。

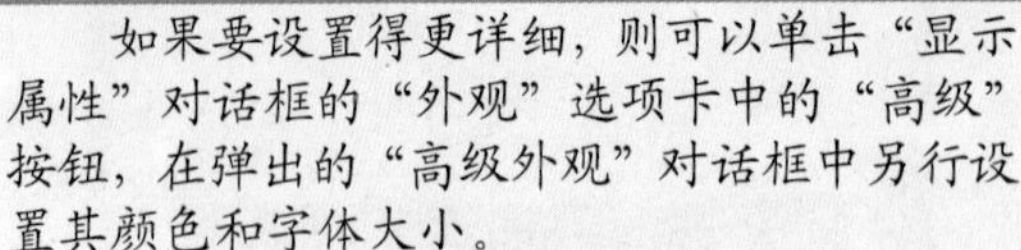

知 识 补 充

如果要设置得更详细，则可以单击“显示属性”对话框的“外观”选项卡中的“高级”按钮，在弹出的“高级外观”对话框中另行设置其颜色和字体大小。

4. 设置分辨率与颜色质量

分辨率是屏幕像素点与点之间的距离，像素数越多，其分辨率就越高，故以像素为单位。

颜色质量主要有 12 位和 32 位两种，表示桌面屏幕上每个像素点由 16 个或 32 个“0”或“1”来描述。颜色质量越高，屏幕颜色显示得越漂亮。

合理设置分辨率和颜色质量，将会大大提高系统性能。具体操作步骤如下。

❶ 右击桌面空白处，在弹出的快捷菜单中选择“属性”命令。

❷ 在弹出的“显示 属性”对话框中单击“设置”标签。

❸ 拖动“屏幕分辨率”选项组中的滑块至合适的位置，如 1024 × 768 像素。

❹ 在“颜色质量”下拉列表框中选择“最高(32位)”选项。

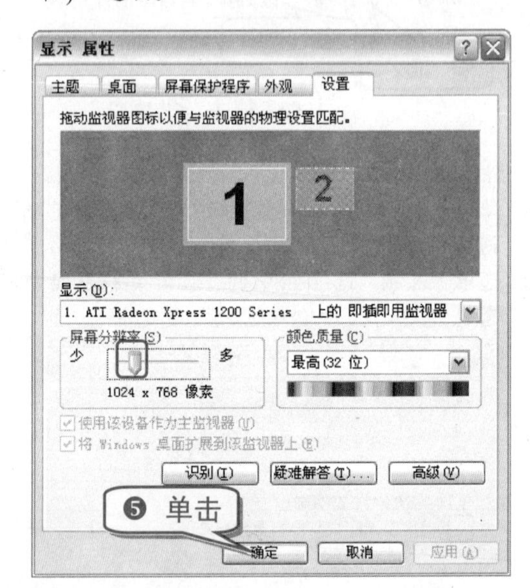

专 家 坐 堂

提到屏幕分辨率，往往会讲到屏幕刷新率。刷新率是指电子束对屏幕上的图像重复扫描的次数。刷新率越高，所显示的画面稳定性就越好；反之，画面闪烁和抖动得就越厉害。刷新率高低将直接决定显示器的价格，但是由于刷新率与分辨率两者相互制约，因此只有在高分辨率下达到高刷新率的显示器才能称其为性能优秀。

技巧32 快速设置屏幕刷新频率

如果屏幕出现“一闪一闪”的情况，则很可能是屏幕刷新频率造成的。改善的方法如下。

❶ 在桌面空白区域右击，在弹出的快捷菜单中选择“属性”命令。

❷ 在弹出的“显示 属性”对话框中切换到“设置”选项卡。

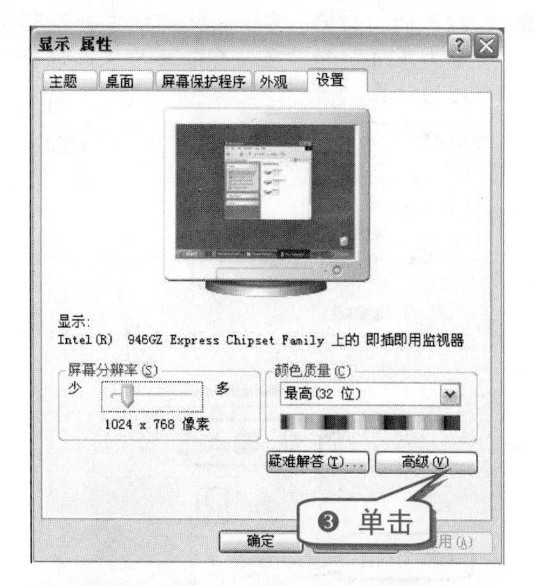

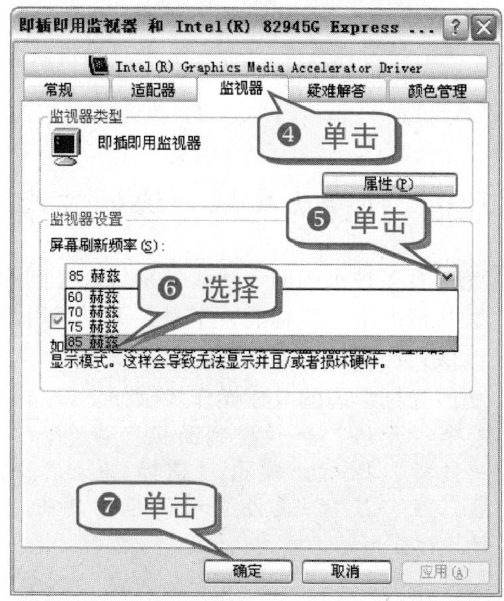

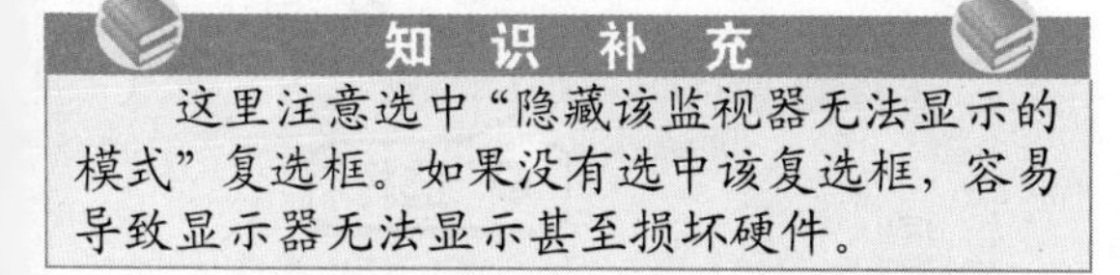

这里注意选中“隐藏该监视器无法显示的模式”复选框。如果没有选中该复选框，容易导致显示器无法显示甚至损坏硬件。

技巧33　快速设置鼠标

通过设置鼠标键、指针选项以及滚轮可以让用户使用起来更加顺手。设置鼠标的具体操作步骤如下。

❶ 选择“开始”→“控制面板”命令。

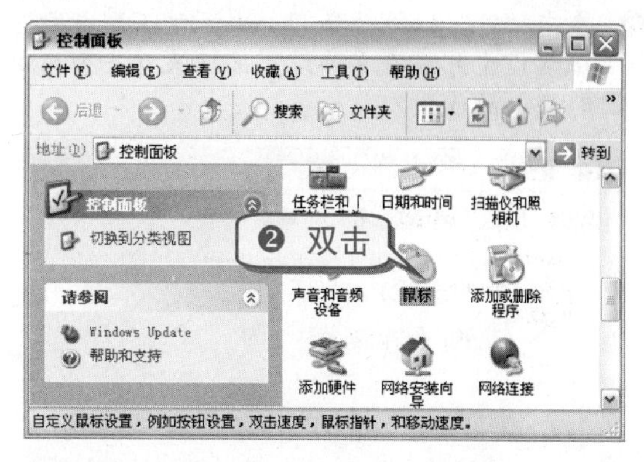

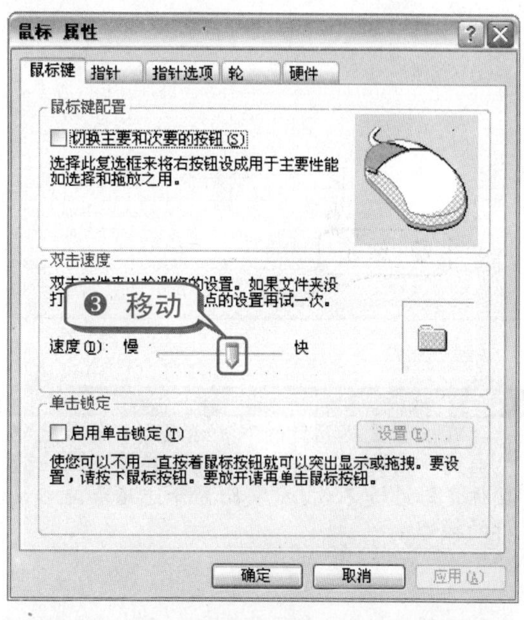

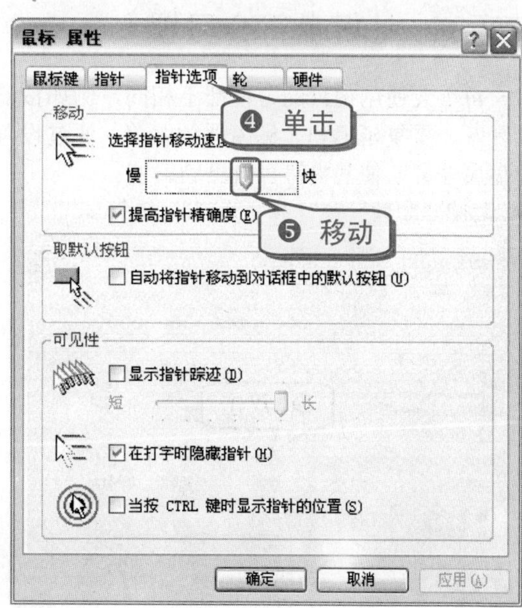

❻ 单击“轮”标签。在“一次滚动下列行数”微调框中可根据需要设置鼠标滚动一个齿格时移动的行数。

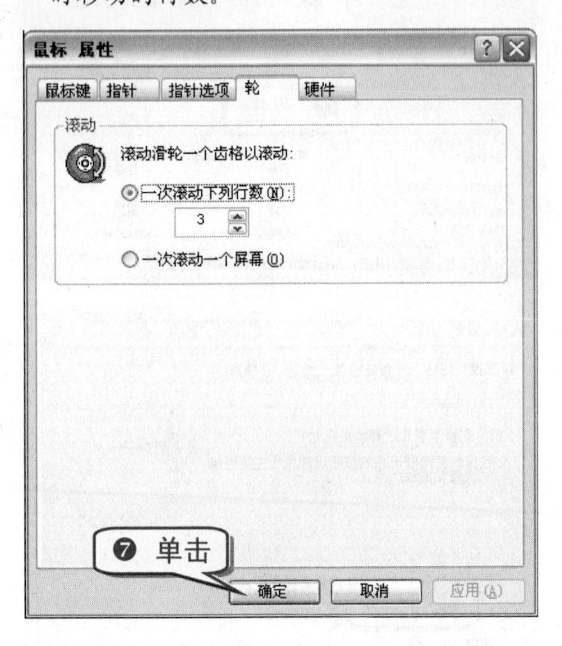

注 意 事 项

在设置鼠标指针的双击速度时，如果选中“启用单击锁定”复选框，即可实现不用一直按住鼠标左键不放，就突出显示选项和拖曳鼠标的操作。

技巧34 让键盘符合习惯

每个人使用键盘的习惯都不相同，例如按键重复率、重复延迟和光标闪烁频率等。通过设置键盘属性可以使其更符合自己的习惯。

❶ 选择“开始”→“控制面板”命令。

❸ 在打开的“键盘 属性”对话框中分别移动“重复延迟”和“重复率”的滑块，调整至合适的位置。

❺ 在“光标闪烁频率”选项组中移动滑块，调整光标的闪烁频率。

技巧35 快速为光标“换件衣服”

光标有多种不同的形状，分别代表不同的意义。默认情况下，光标的方案是“无”，用户可以更改成自己喜欢的光标形态。

更改光标形态的具体操作步骤如下。

❶ 选择“开始”→“控制面板”命令，双击“鼠标”图标，弹出“鼠标 属性”对话框。在“鼠标 属性”对话框中单击“指针”标签。

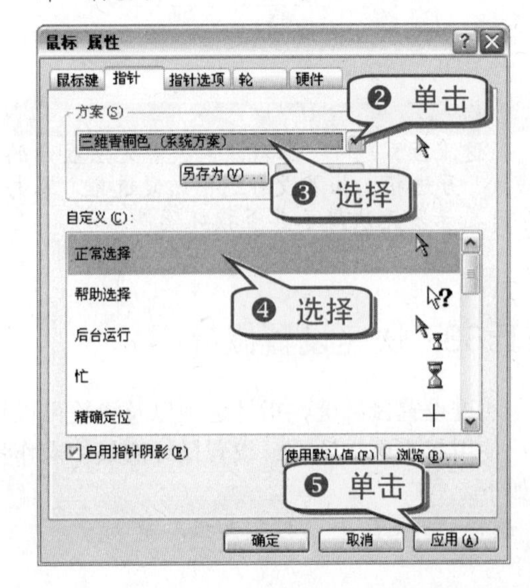

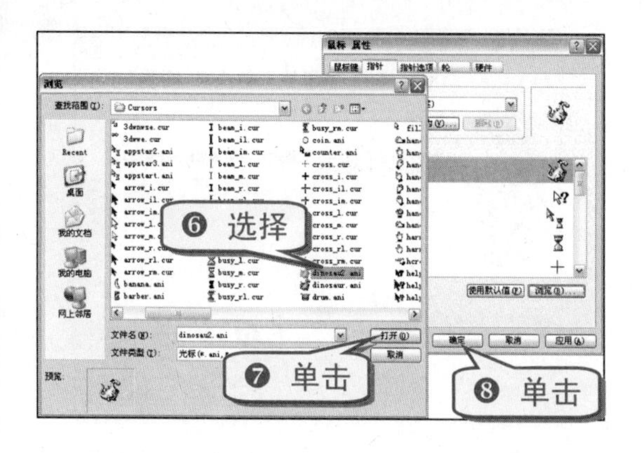

技巧36 巧查驱动程序的安装情况

错误安装硬件驱动程序或没有安装，都会导致系统不能发挥效用，也会影响用户的使用。查看驱动程序安装情况的具体操作步骤如下。

❶ 选择“开始”→“设置”→“控制面板”命令，打开“控制面板”窗口。

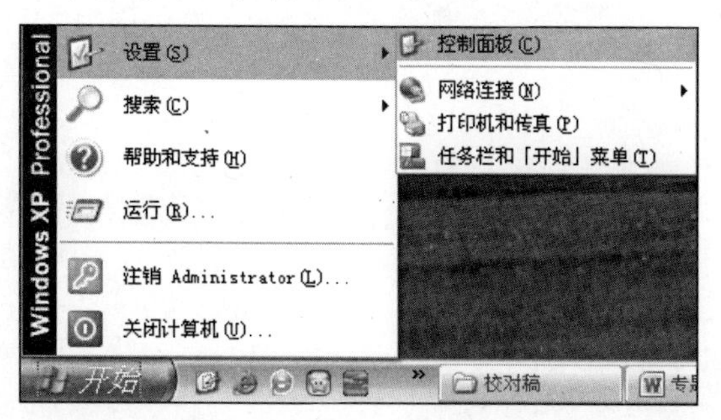

❷ 在打开的“控制面板”窗口中，双击“管理工具”图标。

❸ 在打开的“管理工具”窗口中，双击“计算机管理”图标。

若“计算机管理”窗口中没有出现问号图标以及黄色感叹号，就表示计算机的驱动程序安装正确。

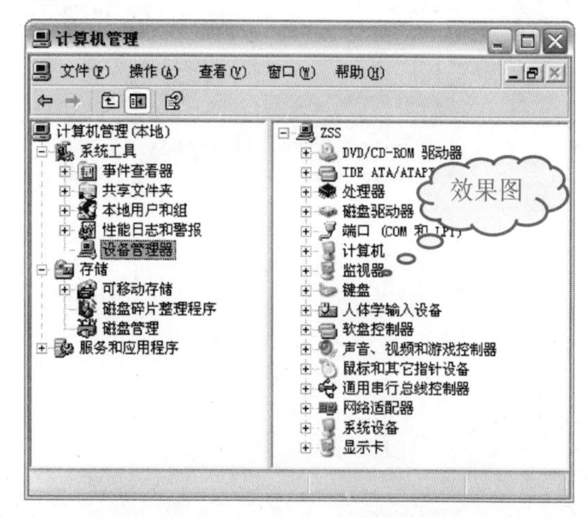

如果“计算机管理”窗口中出现问号图标或者黄色感叹号，就表示计算机的驱动程序安装有误。

技巧37 快速查看或卸载程序

用户安装完所需程序后，只需使用计算机自带的“卸载或更改程序”功能即可查看或卸载相应程序。

具体操作步骤如下。

❶ 选择“开始”→“设置”→“控制面板”命令，打开“控制面板”窗口。

❷ 在打开的“控制面板”窗口中，双击打开“添加或删除程序”。

❸ 在弹出的“添加或删除程序”窗口中，可通过滑动条来查看所安装的软件。

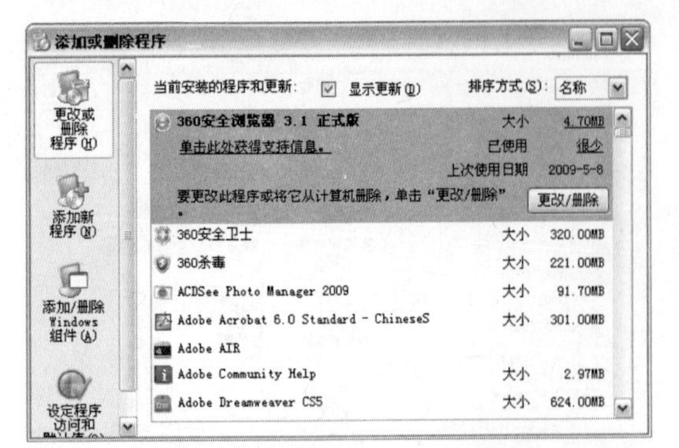

❹ 当需要卸载程序时，可单击要卸载的软件。

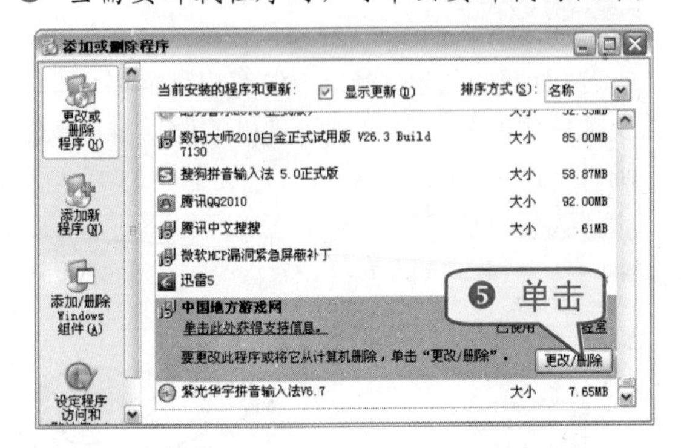

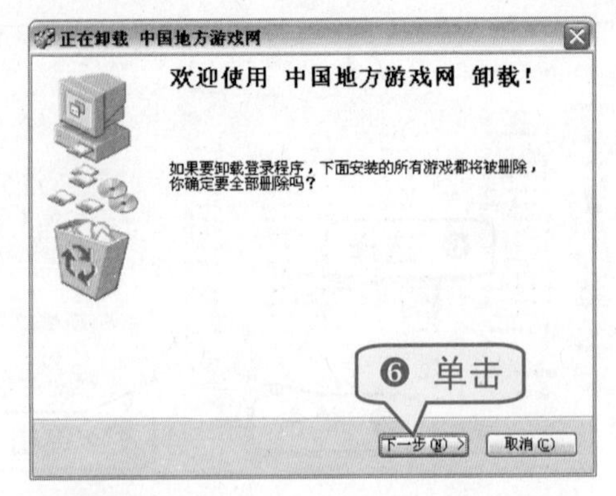

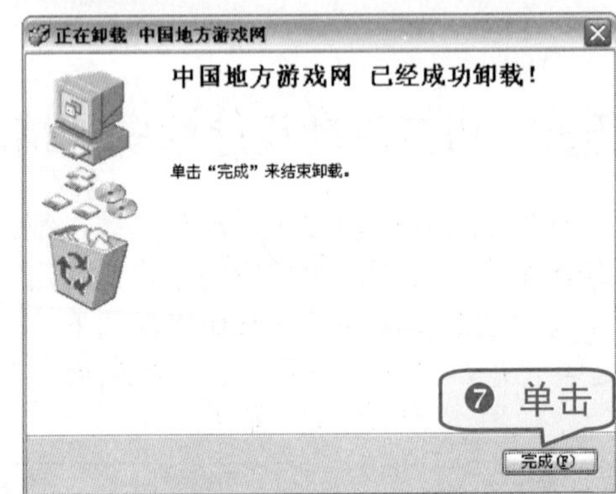

专题三　掌控电脑——操作文件与文件夹

内容导航

前面我们基本了解了 Windows XP 操作系统，下面就来学习文件和文件夹的操作。用户在使用电脑时，经常要对文件和文件夹进行管理，因此，掌握文件和文件夹操作是非常有必要的。

热点快报

- 认识文件和文件夹
- 显示和排列文件或文件夹
- 设置文件与文件夹属性
- 管理文件和文件夹

技巧38　快速认识文件

电脑中的信息都是以文件的形式存在的，而文件又通常存放在文件夹中。要掌握文件和文件夹的操作技巧，首先就要了解文件和文件夹。

文件是各类信息的集合，是电脑最基础的存储单位，其内容可以是文本、图片、声音、应用程序或者其他内容。

通常文件由文件名来指代，文件名的格式一般为“主文件名.扩展名”。

文件通过扩展名来识别，扩展名即是文件的后缀名，系统中常用的后缀名类型如下表所示。

类　型	含　义
.txt	文本文件，所有具有文本编辑功能的程序
.doc	Word 文档，文字处理程序
.xls	Excel 文档，电子表格文档
.ppt	PowerPoint 文档，文稿演示文档
.ico	图标文件，系统程序或 ACDSee
.gif/.bmp	图形文件，支持图形显示和编辑程序
.dll	动态链接库，系统文件
.exe	可执行文件，系统文件或应用程序
.avi	媒体文件，多媒体应用程序
.zip/.rar	压缩文件，WinRAR 等压缩程序
.wav	声音文件

要使用文件就要打开文件，具体操作步骤如下。

❶ 将光标移到文件图标上。

❷ 双击该文件图标，或右击该文件图标，在弹出的快捷菜单中选择“打开”命令，即可打

开该文件查看文件内容。

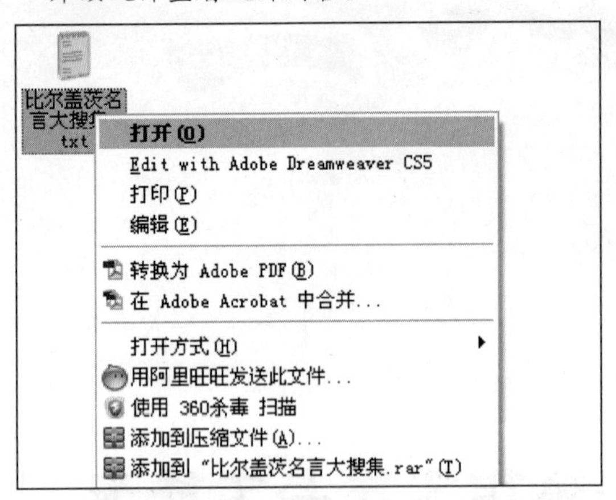

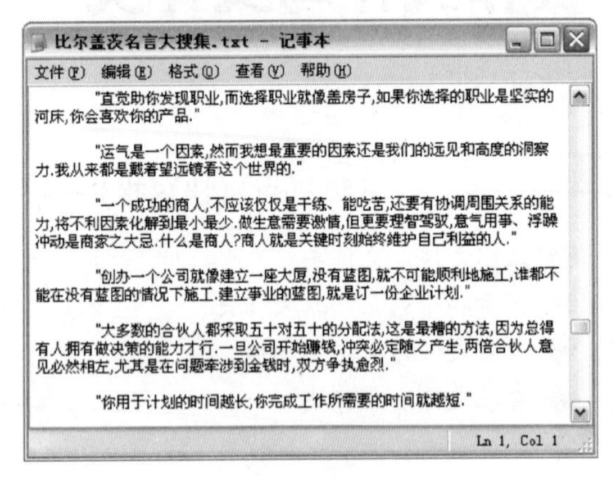

技巧39 快速认识文件夹

文件夹是电脑存放文件的地方，是协助用户管理电脑文件的。一个文件夹可以包含多个文件，也可以包含多个子文件夹，而文件夹都存放在电脑的磁盘分区中。

文件夹没有扩展名，不用像文件那样以扩展名来识别。文件夹也有多种类型，如图片、声音、文档以及视频等。

打开文件夹的具体操作步骤如下。

❶ 将光标移到文件夹图标上。

❷ 双击该文件夹图标，或是右击该文件夹图标，然后在弹出的快捷菜单中选择“打开”命令，即可打开该文件夹查看文件夹中的内容。

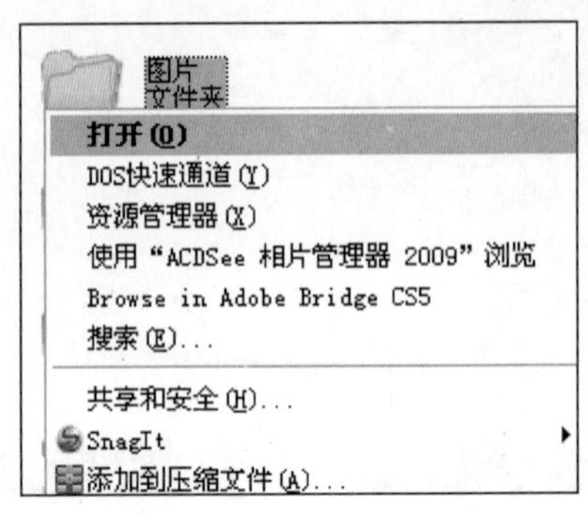

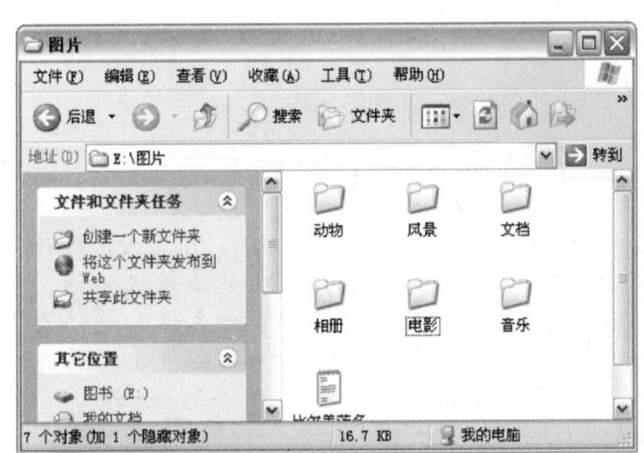

一般的文件夹窗口默认为一个窗口，而资源管理器默认为两个子窗口。

单击窗口工具栏中的“文件夹”按钮，即可打开文件夹的资源管理器状态。

技巧40 快速移动与复制文件

许多刚接触电脑的用户，还没有完全熟悉电脑的各项功能，尤其是运用较多的快速移动和复

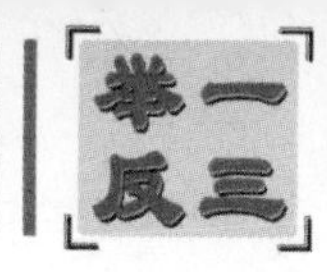

制文件的功能。移动与复制文件主要有下面几种方法。

1. 直接拖动

单击源文件并按住不放，拖动至目标文件夹后松开，源文件就会复制到目标文件夹。

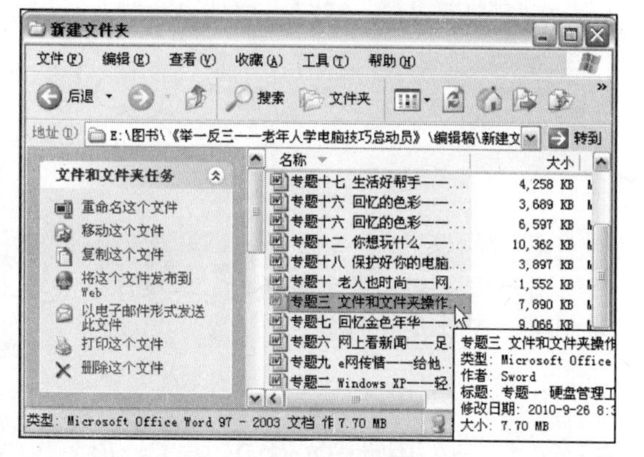

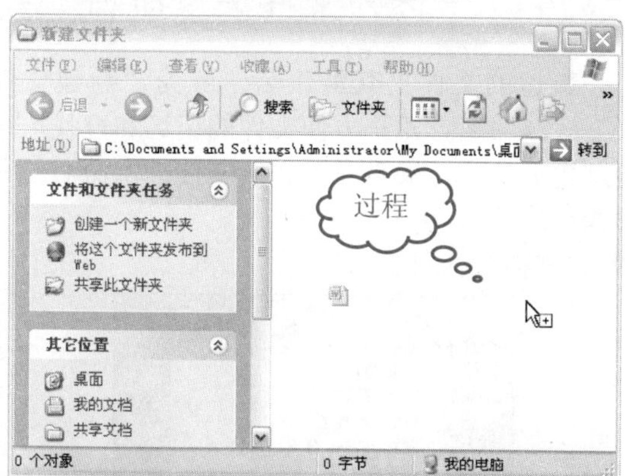

2. 右击复制

❶ 右击源文件，在弹出的快捷菜单中选择“复制”命令。

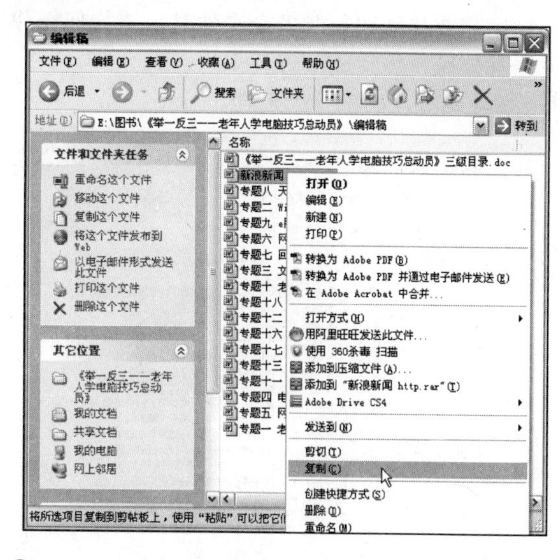

❷ 右击目标文件夹的空白区域，在弹出的快捷菜单中选择“粘贴”命令。

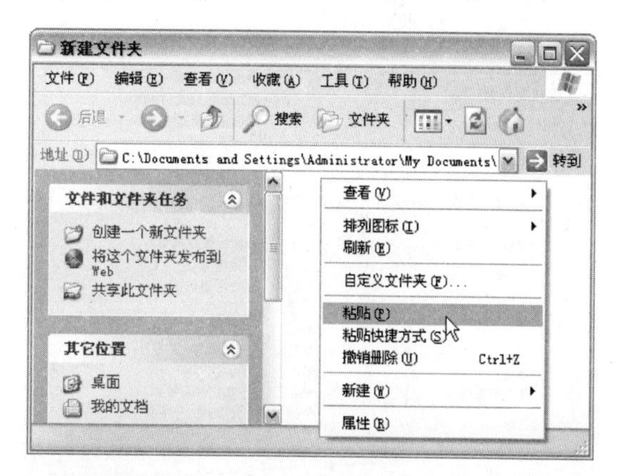

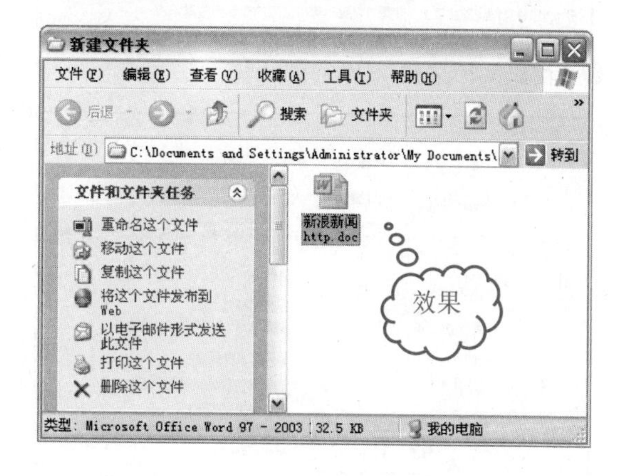

3. 使用快捷键

❶ 单击源文件，按下 Ctrl+C 组合键。

❷ 打开目标文件夹，按下 Ctrl+V 组合键。

当需要移动和复制多个文件时，该如何操作呢？具体操作步骤如下。

❶ 拖动光标，选中多个文件。

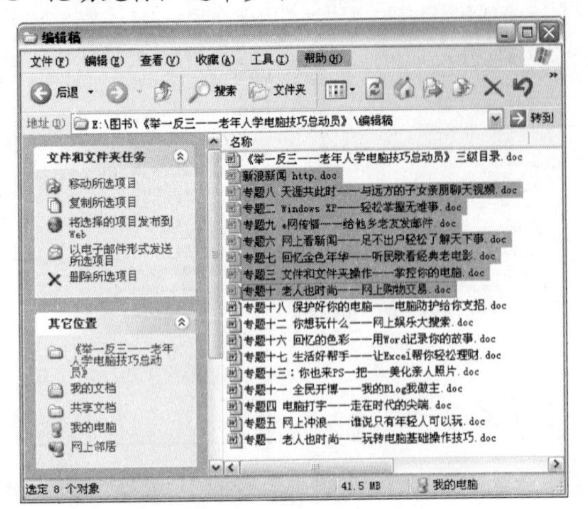

❷ 右击所选区域，在弹出的快捷菜单栏中选择“复制”命令。

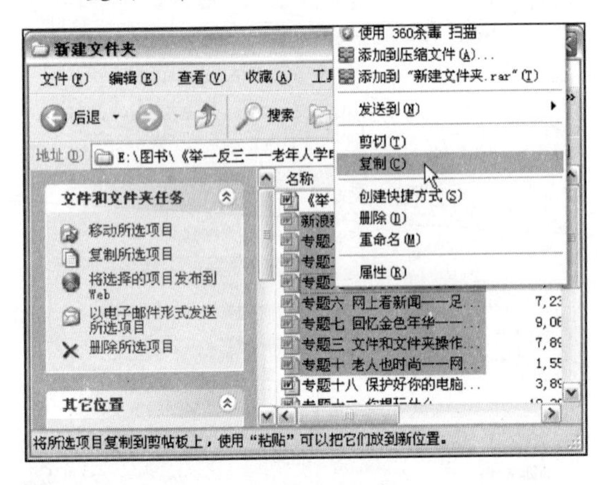

❸ 右击目标文件夹的空白区域。

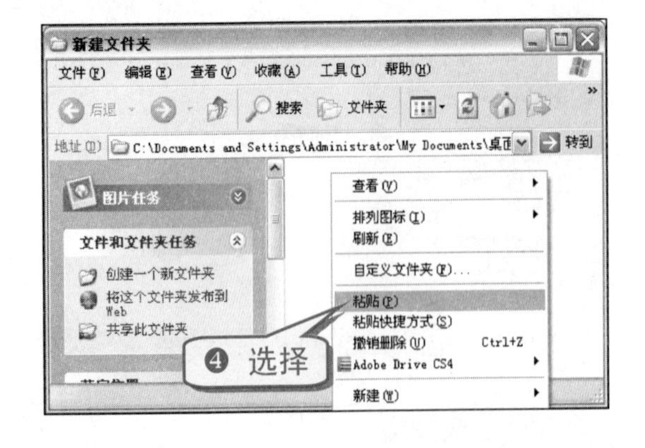

注 意 事 项

当所需复制的是文件夹时，其操作方法与复制单一文件是一样的。

技巧41 快速为文件夹重命名

新建的文件夹其默认名一般为“新建文件夹”。该命名方式不方便文件的记忆和查找，这时就需要给文件夹重命名。给文件夹重命名的具体操作步骤如下。

❶ 右击目标文件夹。

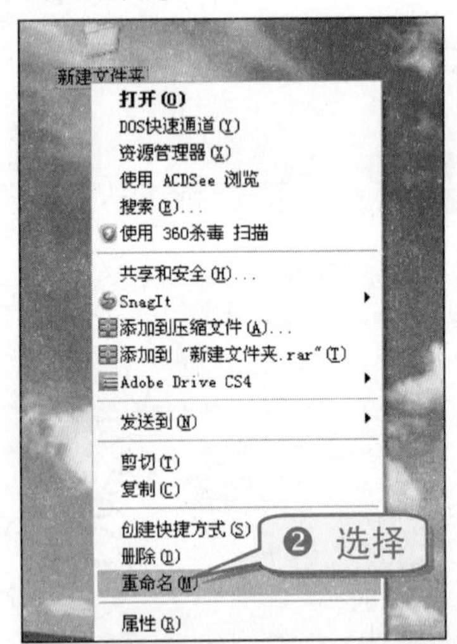

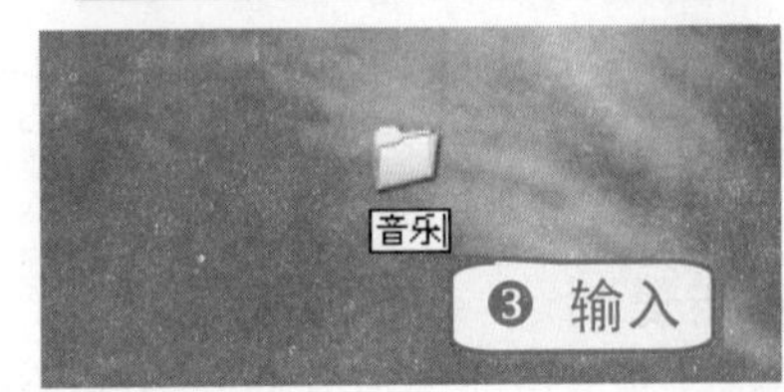

此外，在文件夹属性中也可更改命名，具体操作步骤如下。

❶ 右击文件夹。

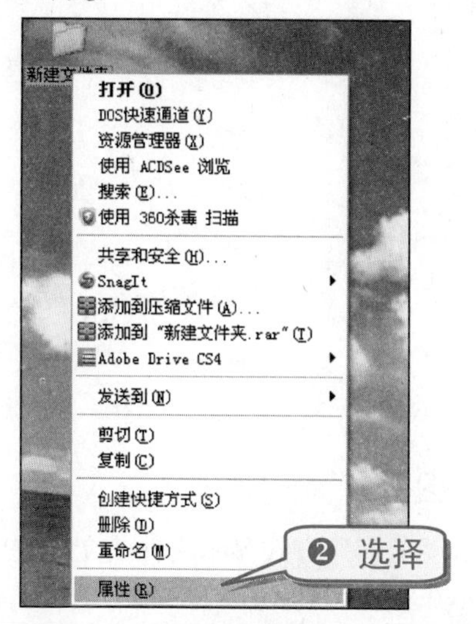

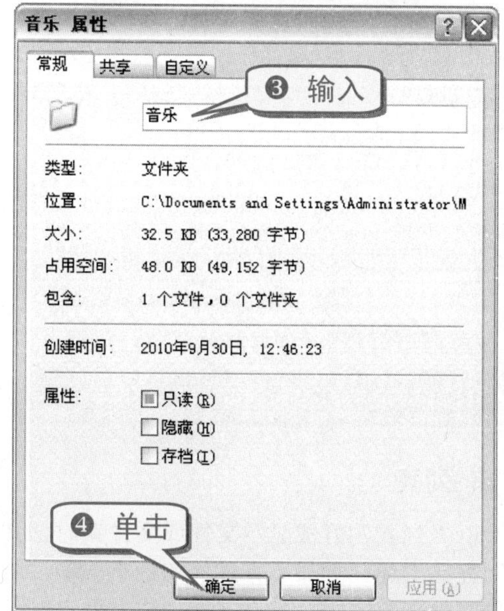

文件的重命名方式和文件夹是一样的，用户可按此操作。

技巧42 快速显示文件或文件夹

文件和文件夹的显示方式可以在文件夹工具栏中的查看图标下看到，主要有“缩略图”、“平铺”、“图标”、“列表”以及“详细信息”5 项。

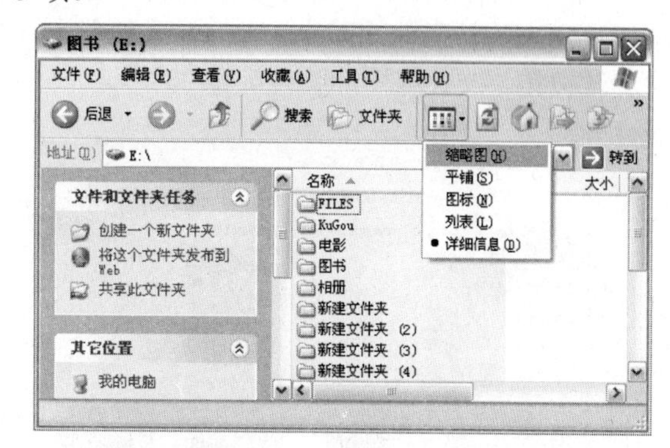

如果文件夹内大多数是图片，则还有幻灯片选项。

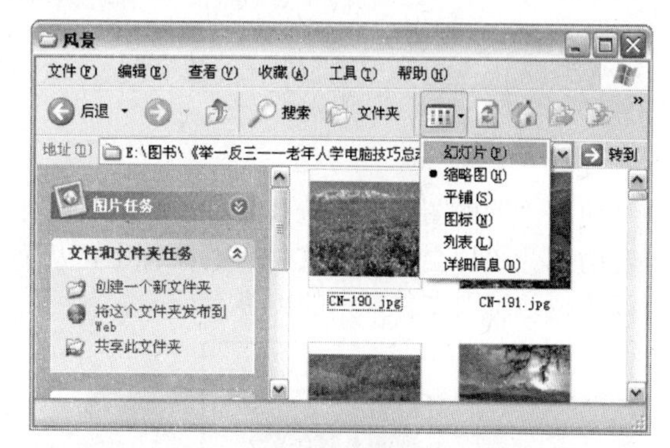

举 一 反 三

右击文件夹空白处，在弹出的快捷菜单中选择“查看”命令也可以看到这几个选项。

1. 幻灯片

在图片文件夹中选择“幻灯片”方式显示，文件或者文件夹就会以单行缩略图的形式显示。

其中“上一个图片(左箭头)”按钮、“下一个图片(右箭头)”按钮主要是用来向前或向

后查看，“顺时针旋转”按钮和“逆时针旋转”按钮用来旋转文件或图片的方向。一般单击一次旋转按钮，文件或图片就会旋转90°。

2. 缩略图

使用“缩略图”方式查找文件时，文件夹中包含的部分图片会显示在文件夹的图标上，从而可以快速地识别文件夹中的内容。

以“缩略图”方式显示文件夹时，如果子文件夹中包含有图片，则该子文件夹上也会显示出其中的部分图片。

3. 平铺

以“平铺”方式显示文件或文件夹时，文件夹中的文件和文件夹都会以图标的方式显示，文件的名称、类型及大小等信息都会显示在文件或文件夹图标的右侧。

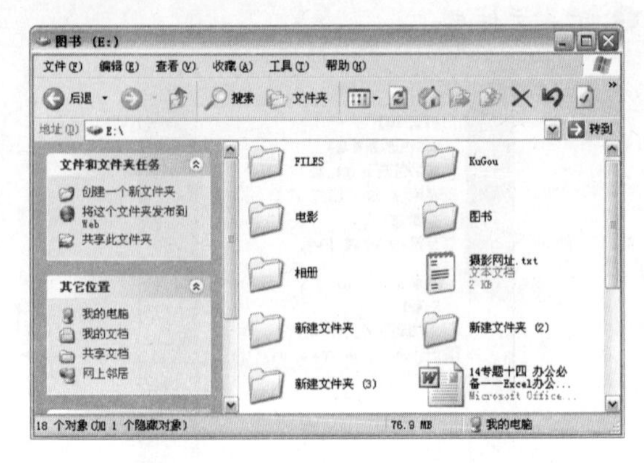

4. 图标

以“图标”方式显示文件或文件夹时，文件名显示在文件图标的下方，该图标比平铺方式中的图标要小一些，而且不显示文件或文件夹的大小等信息。

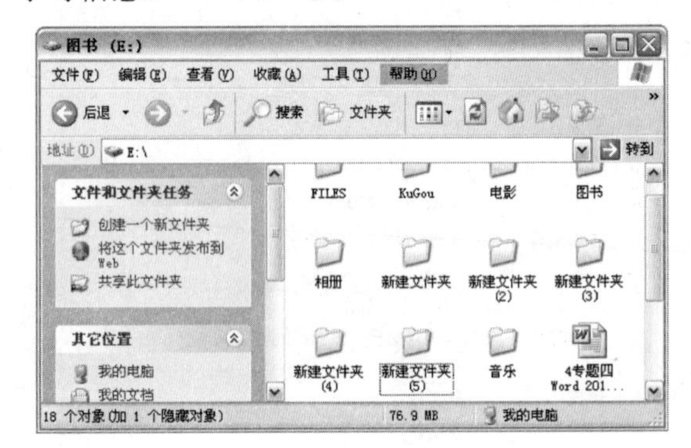

5. 列表

以“列表”方式显示文件或文件夹时，其图标明显比上述几种显示方式的图标小很多，所以如果文件夹窗口中含有许多文件或文件夹时，可以使用这种显示方式来查看。

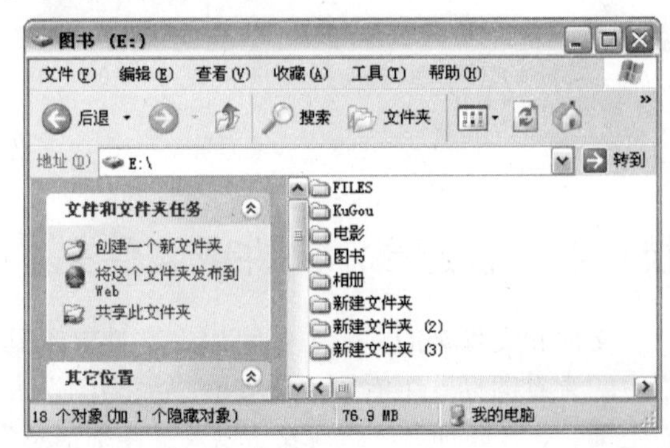

6. 详细信息

以“详细信息”方式显示文件或文件夹时，系统会列出文件或文件夹的详细信息，包括文件名称、文件大小、文件类型、修改日期以及更多的相关信息等。

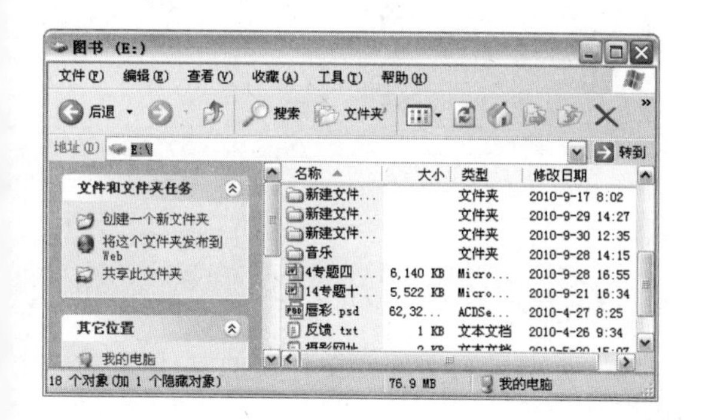

使用详细信息排列文件或文件夹的具体操作步骤如下。

❶ 右击字段标签，在弹出的快捷菜单中选择相关信息，如“创建日期”。

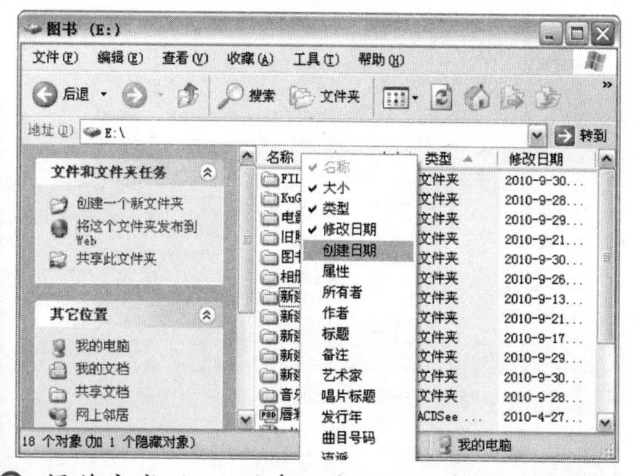

❷ 操作完成后，“创建日期”显示在字段标签中。

❸ 也可以选择“其他”命令，在弹出的“选择详细信息”对话框中选中相关选项，完成后单击“确定”按钮即可。

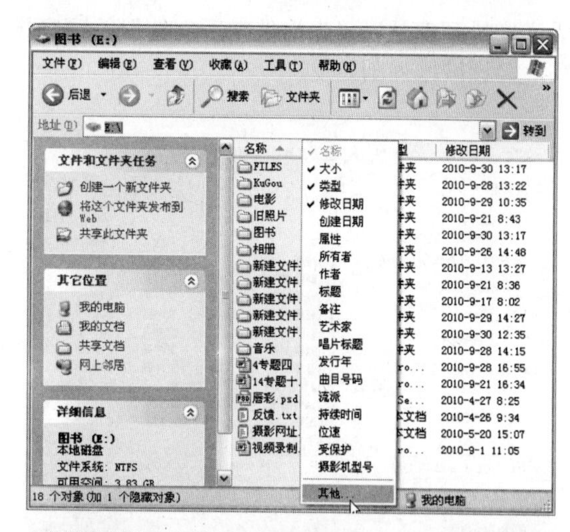

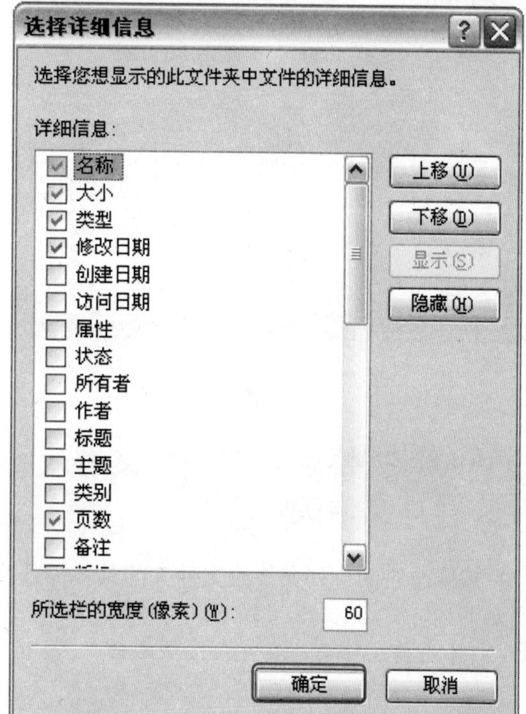

专 家 坐 堂

在上述几个显示方式中排列文件或文件夹，都要右击空白处，在弹出的快捷菜单中选择“排列图标”命令，而在“详细信息”方式中只要单击字段标签即可。

默认情况下以“名称”首字母为顺序排列，在名称右侧有个向上的三角形▲，为递增排列；如果在该处单击则会出现向下的三角形▼，为递减排列。

如果一个文件夹中同时有文件和文件夹，一

般递增排列都是以“先文件夹后文件”的顺序排列，而递减排列则相反。

技巧43 按修改时间排列文件或文件夹

按修改时间排列文件或文件夹的具体操作步骤如下。

❶ 打开当前文件夹，在空白区域右击。

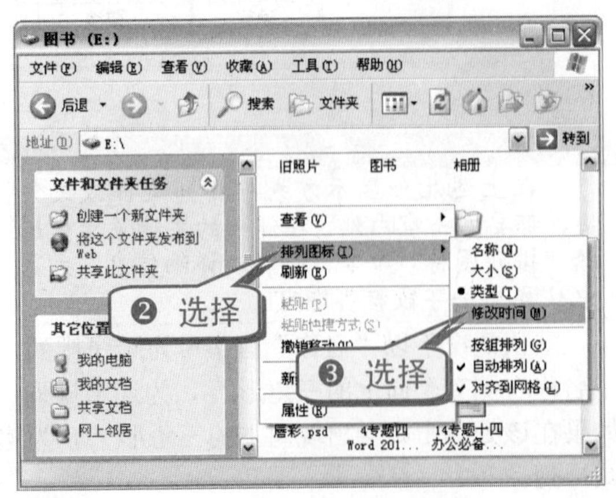

技巧44 按类型排列文件或文件夹

按类型排列文件或文件夹的具体操作步骤如下。

❶ 打开当前文件夹，在空白区域右击。

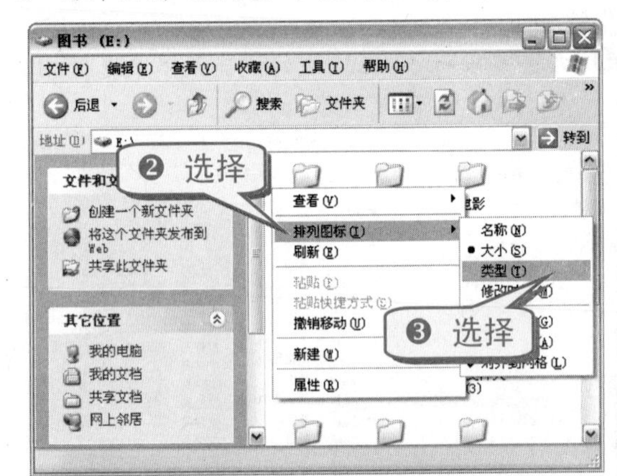

技巧45 按大小排列文件或文件夹

按大小排列文件或文件夹的具体操作步骤如下。

❶ 打开当前文件夹，在空白区域右击。

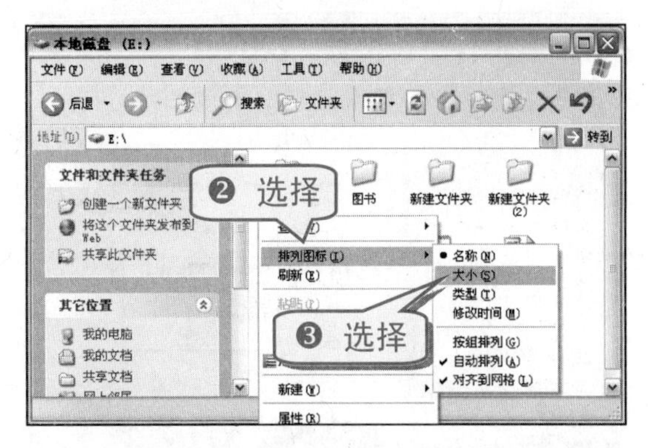

技巧46　按名称排列文件或文件夹

用户可以根据自己的喜好用多种方式对文件或是文件夹进行排列。

下面介绍按名称排列文件或文件夹的方法，具体操作步骤如下。

❶ 打开当前文件夹，在空白区域右击。

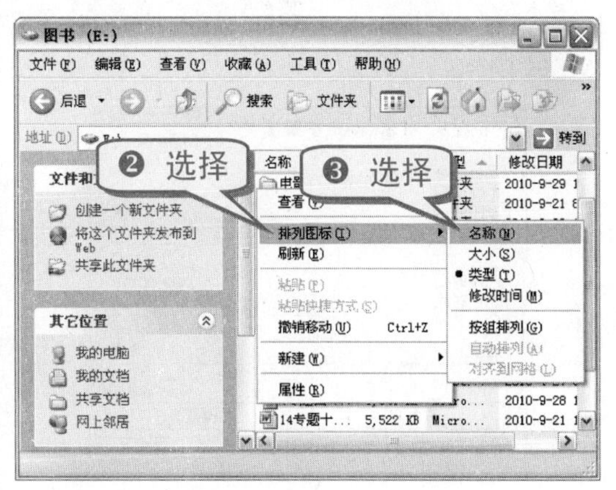

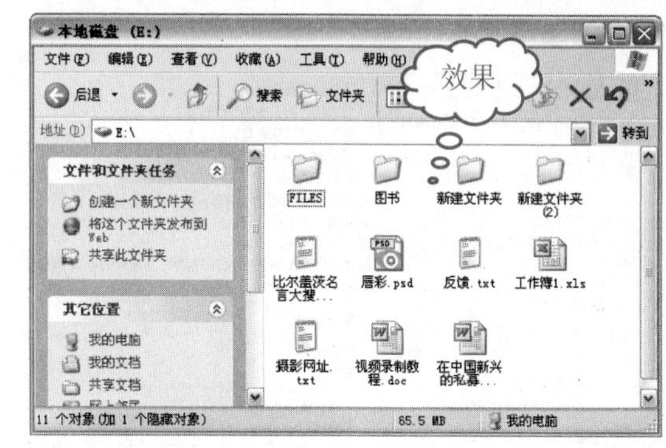

技巧47　巧用详细信息查看文件大小

利用详细信息查看文件大小的具体操作步骤如下。

❶ 打开目标文件所在的文件夹。

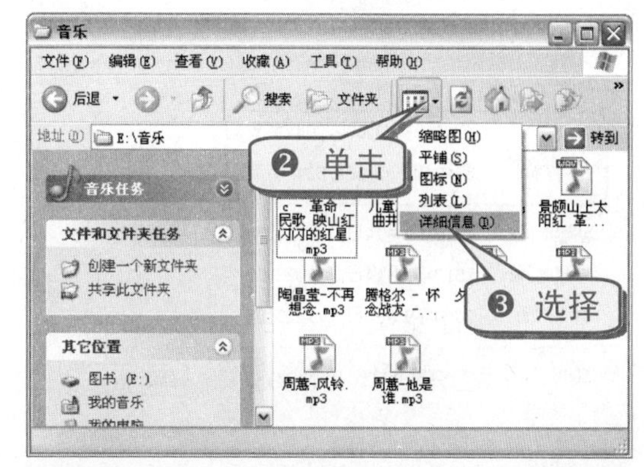

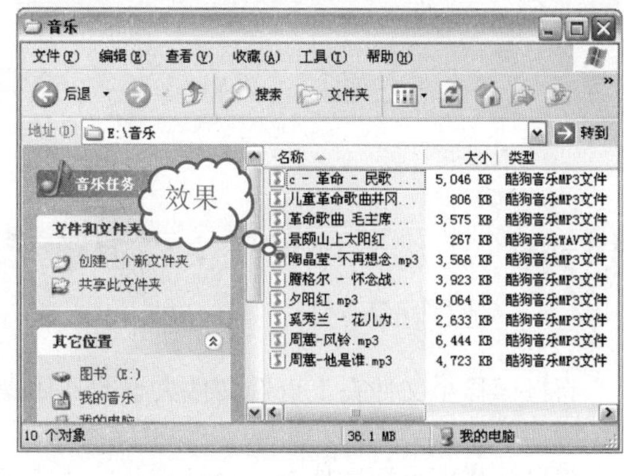

技巧48　巧用属性查看文件大小

用属性查看文件大小的具体操作步骤如下。

❶ 右击目标文件。

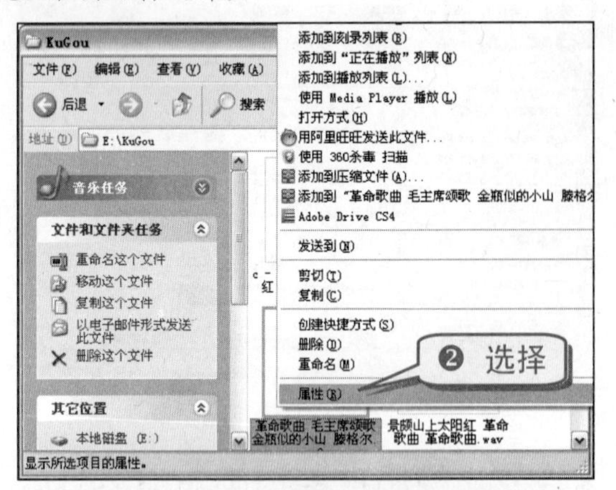

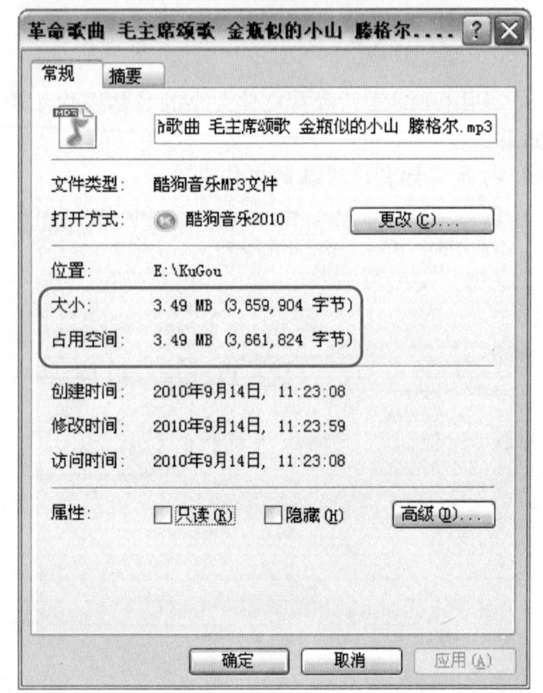

技巧49 巧将鼠标移至文件上查看文件大小

将鼠标移至文件夹上查看文件大小的具体操作步骤如下。

将鼠标移至目标文件上，这时就会自动显示文件大小。

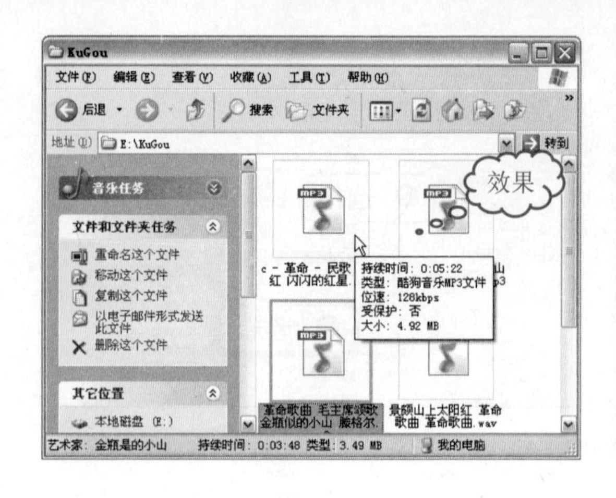

技巧50 巧妙解压文件

有些从网上下载的文件可能是个压缩包，这时就需要对其进行解压。解压文件的具体操作步骤如下。

❶ 右击目标压缩文件。

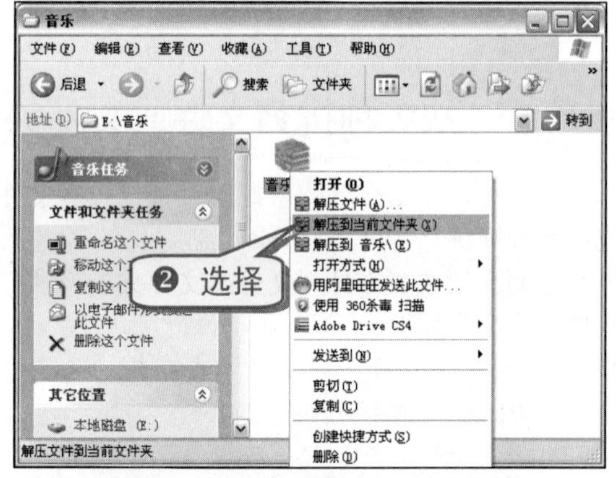

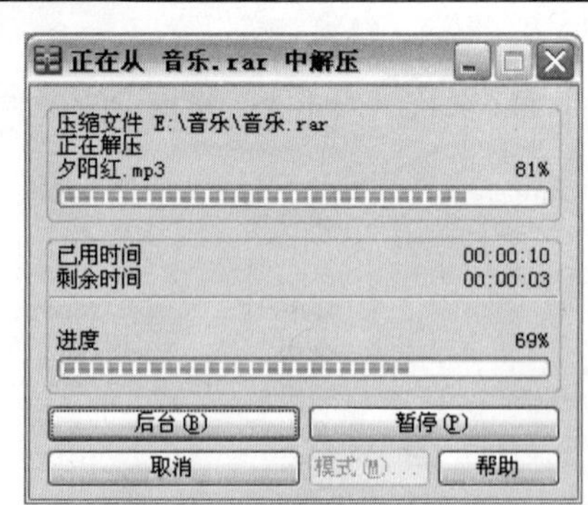

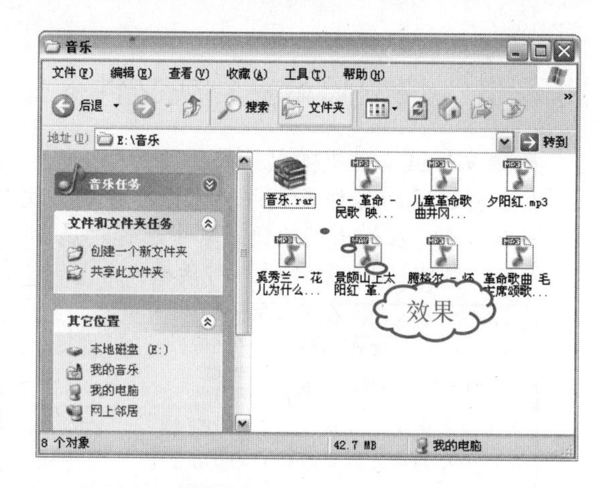

技巧51 巧妙压缩文件

通过压缩文件的方式给文件“瘦瘦身”。可以使文件更加便于发送给好友，同时也可以减少所占磁盘容量。

❶ 选中需要压缩的文件。

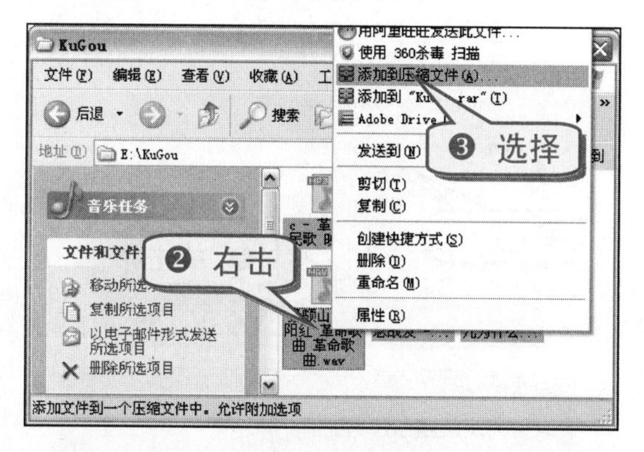

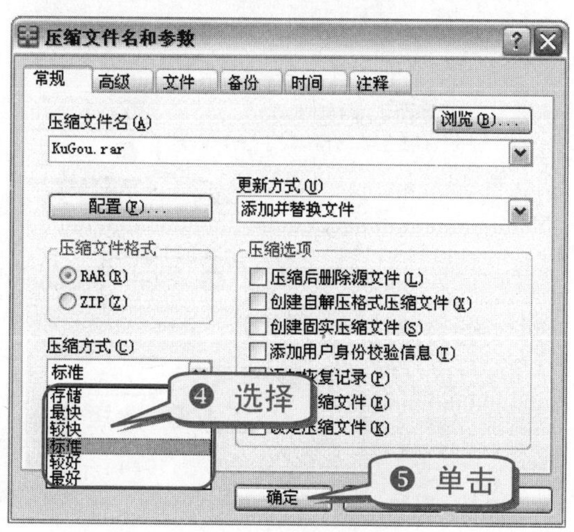

举 一 反 三

如果用户压缩文件是为了节约空间，则应选中“压缩后删除源文件”复选框。如果用户压缩文件是为了方便传输文件或者其他用途，则不需要选中该复选框。

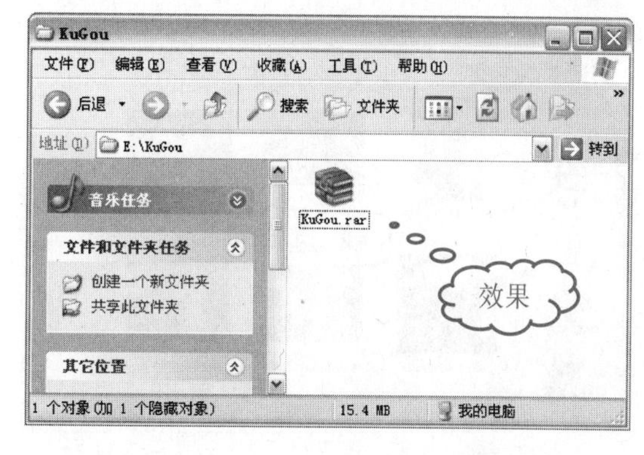

技巧52 快速更改文件夹图标

在缩略图显示方式下，文件夹图标上通常默认显示 4 张图片。如果只需显示一张图片，则可以进行更改。

知 识 补 充

用户可以根据需要设置文件或文件夹的属性，如更改图标、隐藏和共享等。

更改图标的具体操作步骤如下。

❶ 右击要更改图标图片的文件夹，如“植物”文件夹，在弹出的快捷菜单中选择“属性”命令，弹出“植物 属性”对话框。

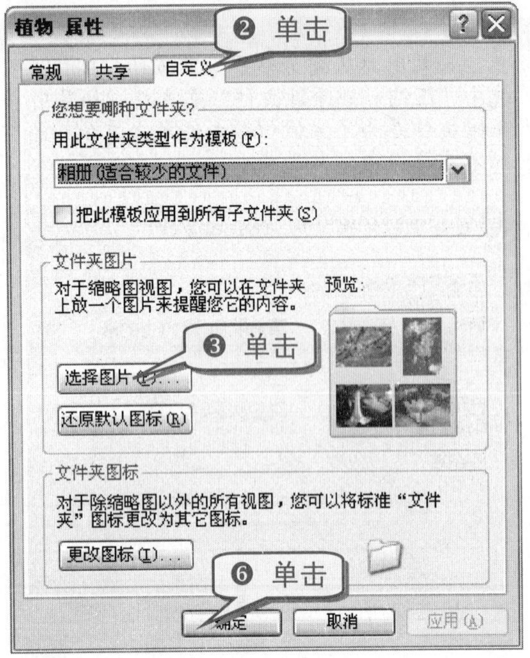

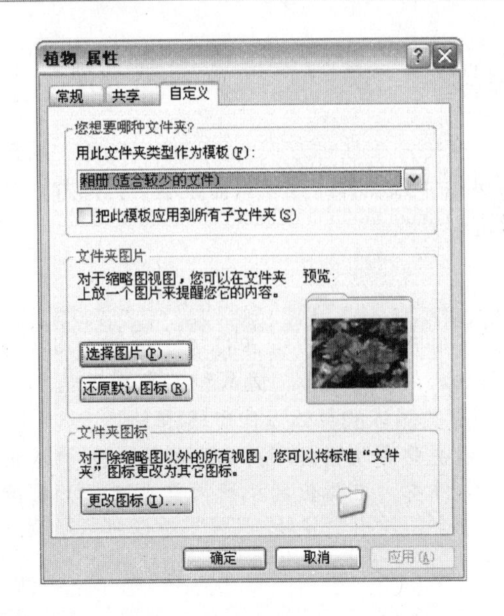

技巧53　快速隐藏文件或文件夹

隐藏文件或文件夹的具体操作步骤如下。

❶ 右击要隐藏的文件或文件夹，以“植物”文件夹为例，在弹出的快捷菜单中选择“属性”命令，弹出“植物 属性”对话框。

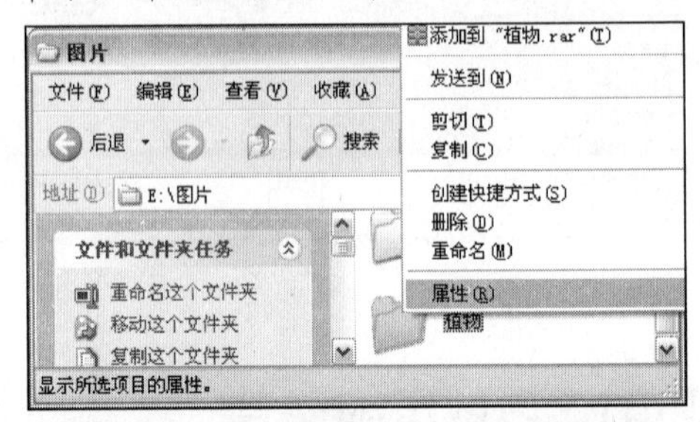

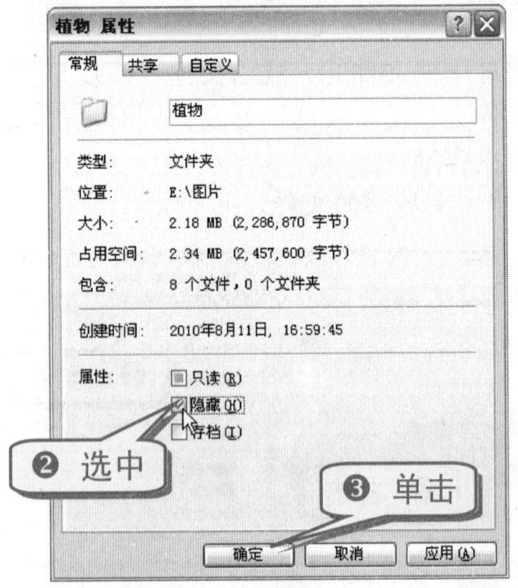

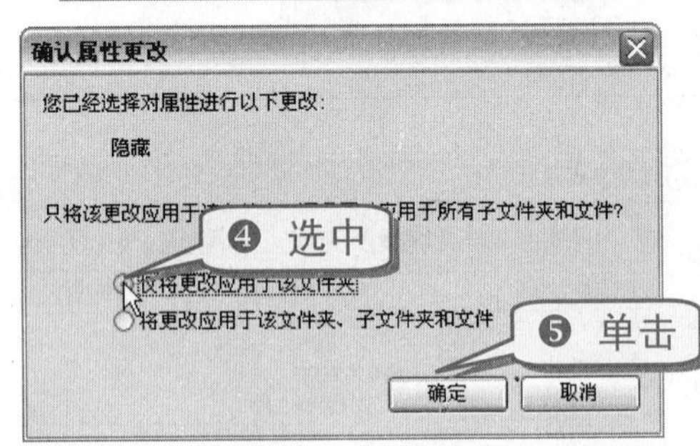

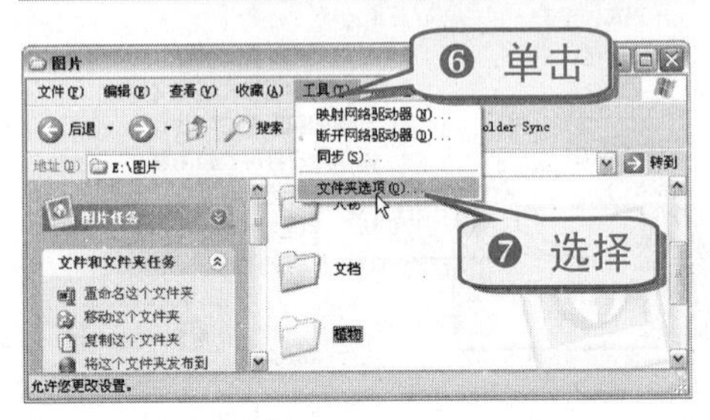

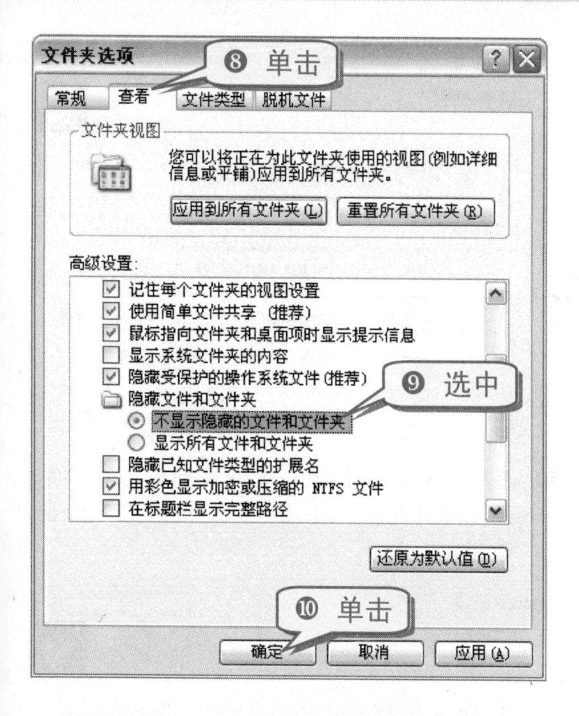

这时文件或文件夹会隐藏起来，如果要显示出来，则可以选中“文件夹选项”对话框中“查看”选项卡下的“显示所有文件和文件夹”单选按钮。

技巧54　共享文件或文件夹

共享文件或文件夹后，可以在相互连接的电脑之间进行传输或访问。

❶ 右击要共享的文件或文件夹，如“植物”文件夹，在弹出的快捷菜单中选择“属性”命令，弹出“植物 属性”对话框。

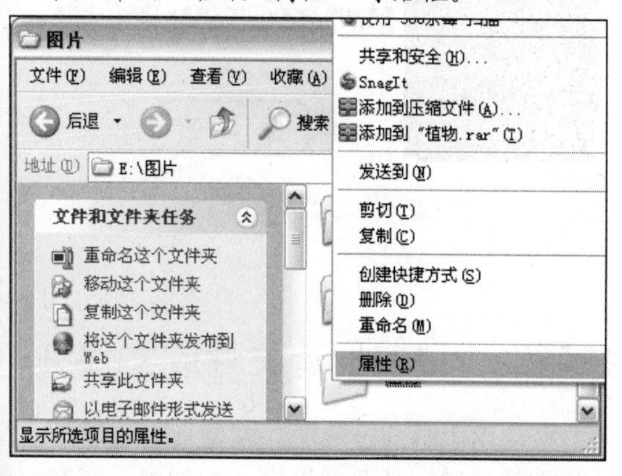

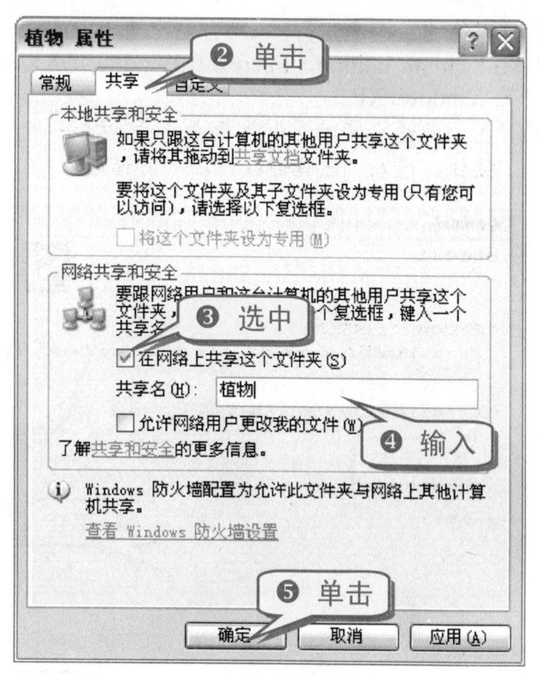

如果是第一次进行共享文件或文件夹，就要在“网络共享和安全”选项组中单击“网络安装向导”链接来运行网络安装向导。

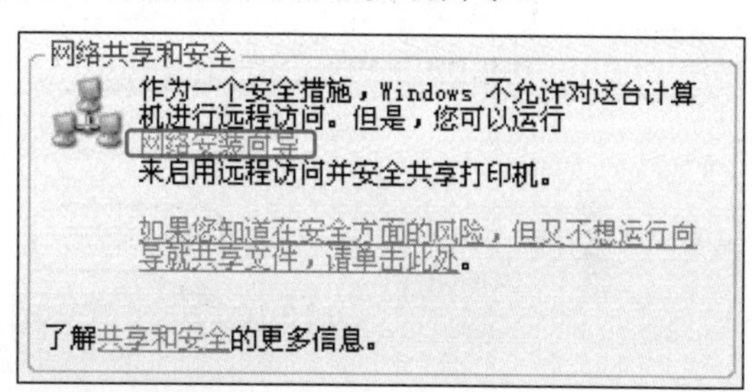

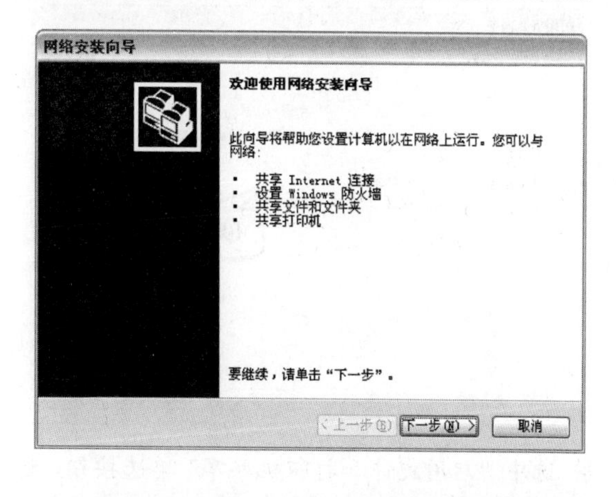

网络安装向导为用户提供了相应的软件指导，可以把电脑设置成在小型家庭网络上使用。网络安装向导也是便携式的。用户可以创

建网络安装向导磁盘，从而自动配置 Windows Millennium Edition、Microsoft Windows 98 以及 Windows XP。

❶ 在“网络安装向导”中两次单击“下一步”按钮，进入“选择连接方法”对话框。

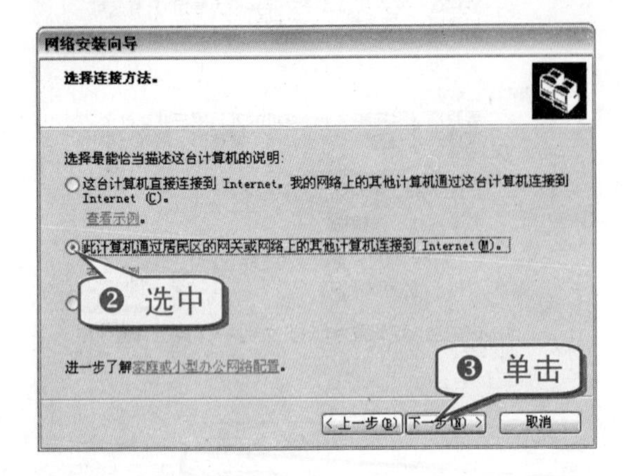

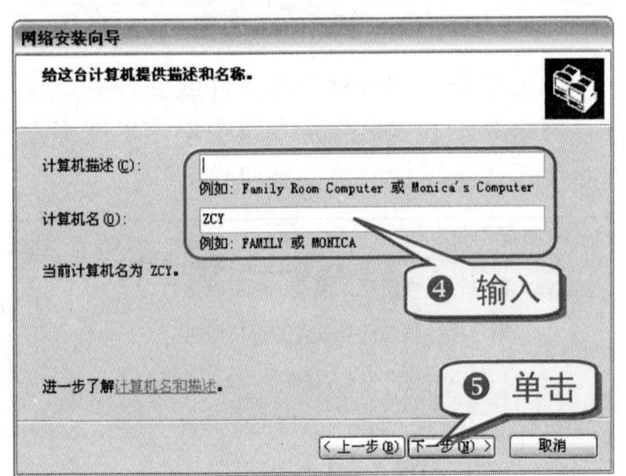

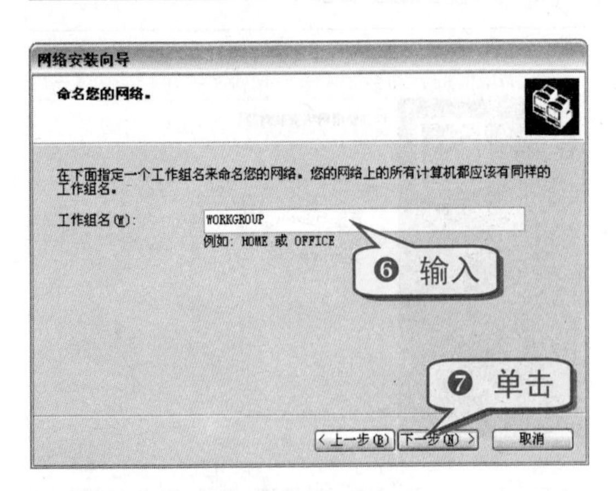

❽ 选中“启用文件和打印机共享”单选按钮，连续两次单击“下一步”按钮。

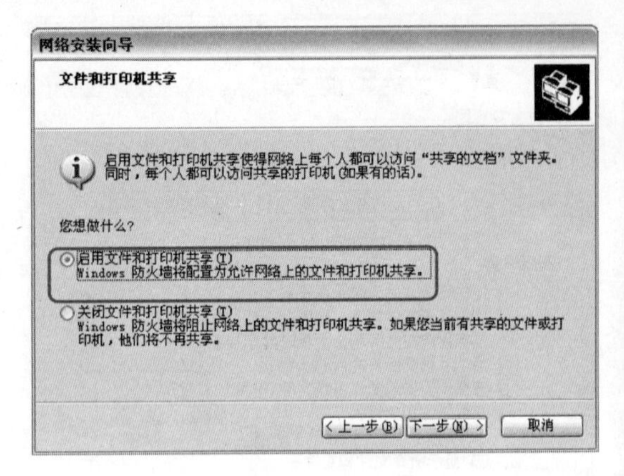

❾ 选中“完成该向导，我不需要在其他计算机上运行该向导”单选按钮，单击“下一步”按钮。

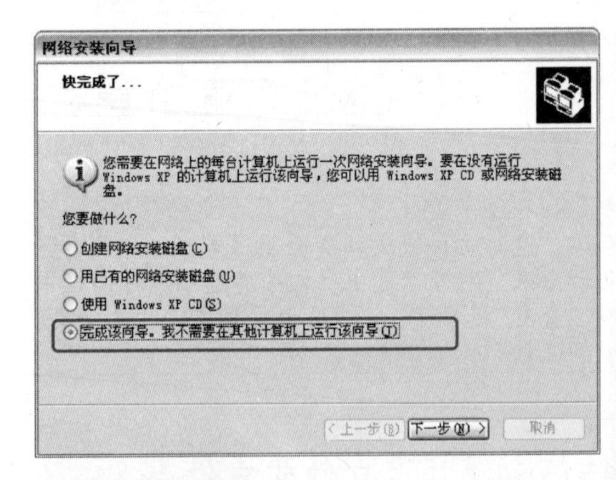

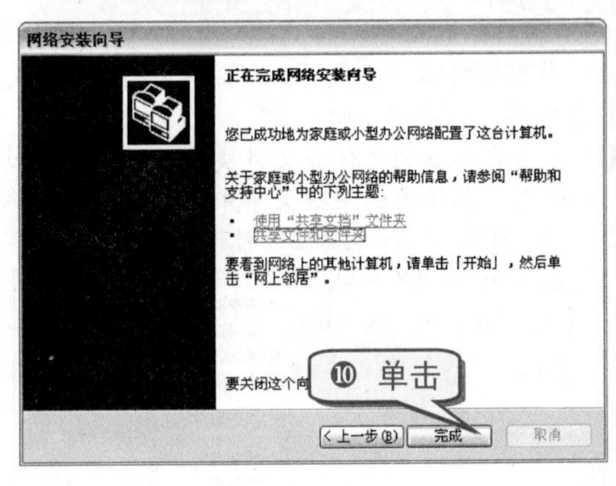

技巧55　快速创建文件或文件夹

在使用电脑的过程中，常常要对电脑中的文件和文件夹进行必要的管理，如创建、复制、移动以及删除等。

创建文件或文件夹十分简单，以在桌面上创建文件或文件夹为例进行介绍，具体操作步骤如下。

❶ 右击桌面空白处。

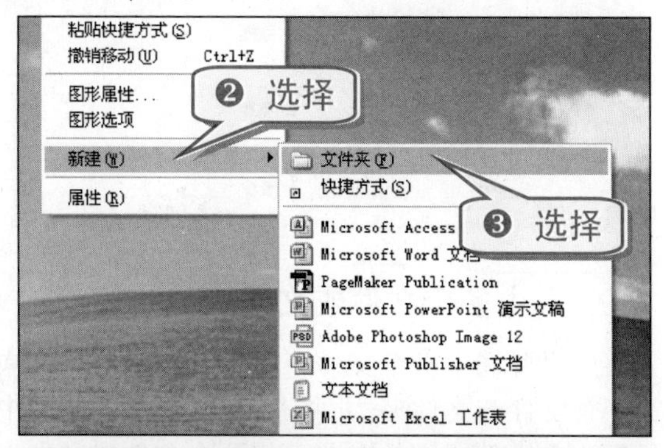

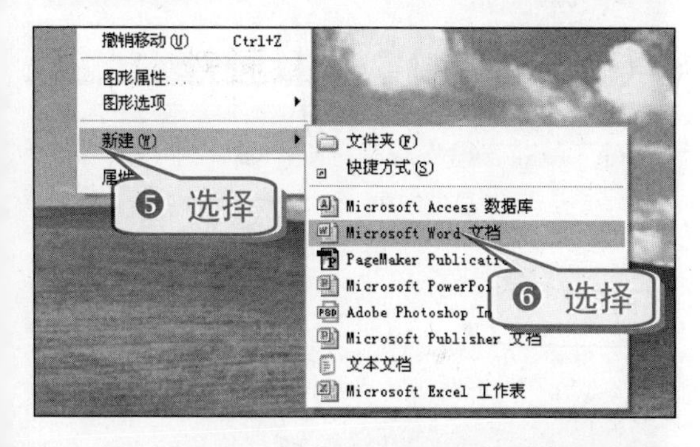

❼ 也可以选择“文件”→“新建”命令来创建文件或文件夹。

技巧56 快速重命名文件或文件夹

新建文件或文件夹时，系统默认其名称为“新建……”，这时就应该为其重命名。

1. 单击重命名

❶ 单击文件名或文件夹名。

❷ 待该段文字反白并有光标闪烁时即可直接输入新的名称，然后按下 Enter 键确认即可。

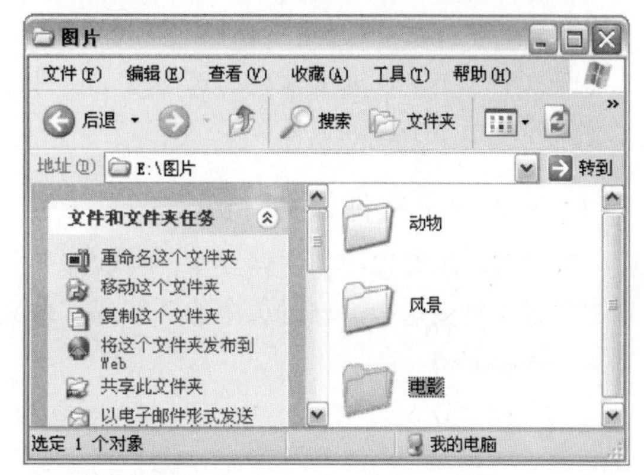

举 一 反 三

输入名称后在空白处单击，也可以进行确认操作。

2. 右键菜单重命名

右键菜单重命名是最常用的方法，具体操作步骤如下。

❶ 右击要重命名的文件或文件夹。

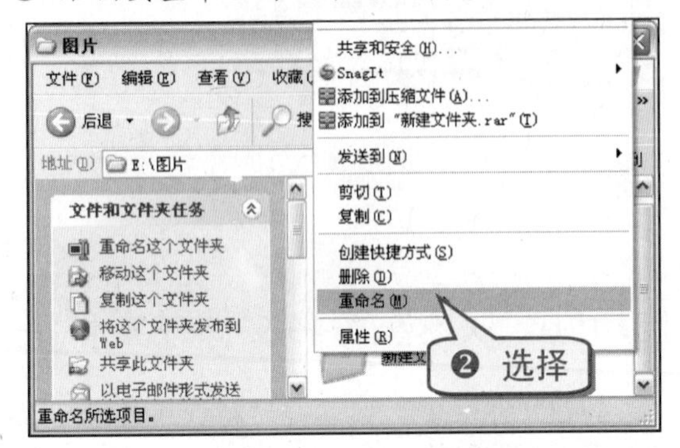

❸ 待该段文字反白并有光标闪烁时即可直接输入新的名称，然后按下 Enter 键确认即可。

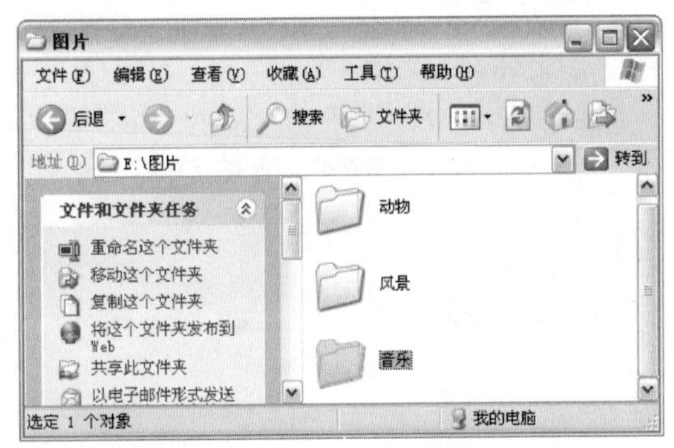

技巧57 快速选中文件或文件夹

在文件夹窗口中可以选中一个、多个相邻或是不相邻的文件或文件夹。

而选中单个文件或文件夹与选中多个文件或文件夹的方法是不同的。

1. 选中单个文件或文件夹

用鼠标单击要选中的文件或文件夹就能够将该文件或文件夹选中。这时选中的文件或文件夹呈反白状态显示。

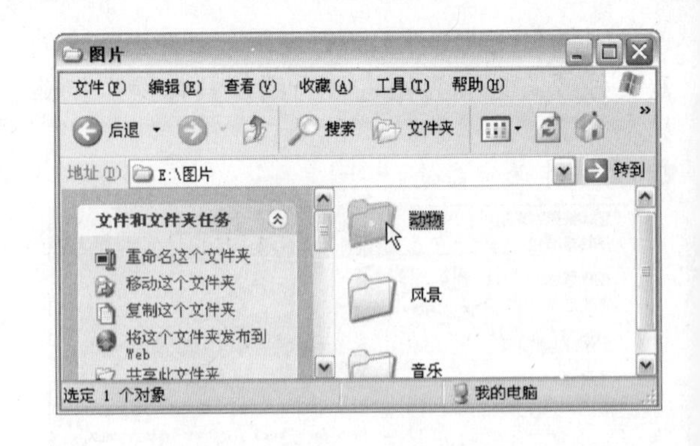

2. 选中多个文件或文件夹

如果要选中多个文件或文件夹，可以先选中第一个文件或文件夹，再按住 Shift 键的同时选中最后一个文件或文件夹即可将两个文件或文件夹之间的文件或文件夹全部选中。

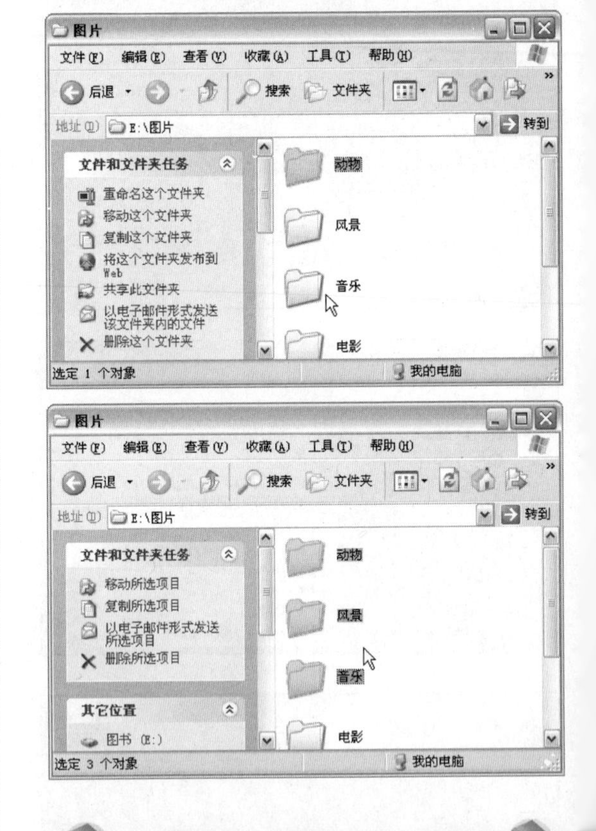

知 识 补 充

也可以将光标定在要选中的文件或文件夹周围的空白处，按住鼠标左键框选所有要选中的文件或文件夹，松开鼠标后即可选中多个文件或文件夹。

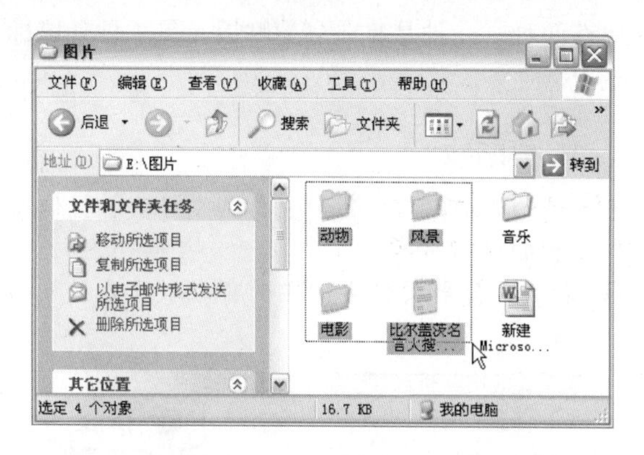

若要选中的文件或文件夹不是连续的，可先选中第一个要选的文件或文件夹，再按住 Ctrl 键的同时依次单击要选中的文件或文件夹。

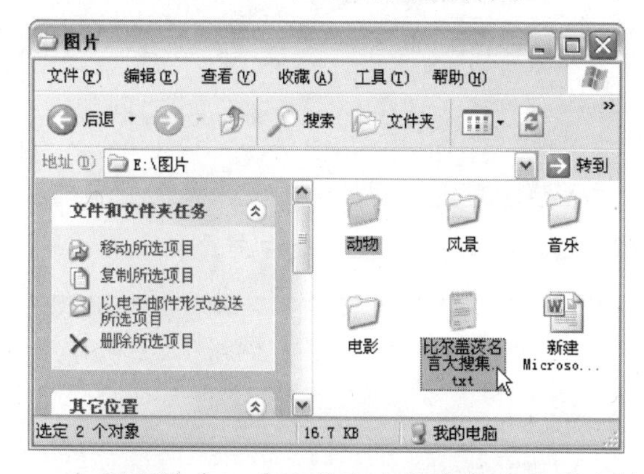

如果要选中一个文件夹中的全部文件或文件夹，则可以直接在该文件夹中按下 Ctrl+A 组合键。

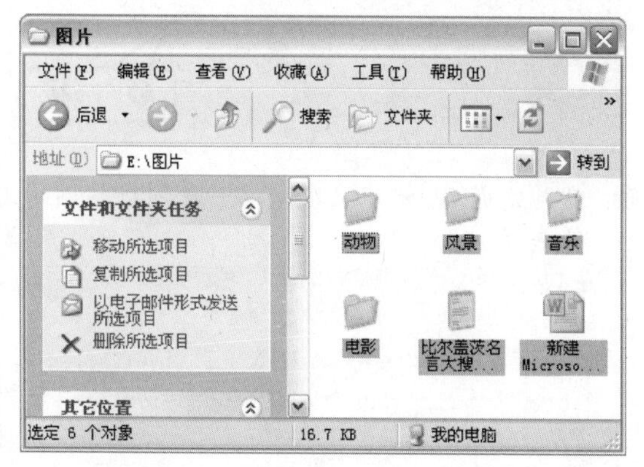

技巧58　快速移动文件或文件夹

移动文件或文件夹是指将文件或文件夹移动到其他位置，而原先位置的文件或文件夹就会消失，出现在目标位置。

快速移动文件或者文件夹的具体操作步骤如下。

❶ 选中要移动的文件或文件夹，在“文件和文件夹任务”窗格中单击“移动这个文件(或文件夹)”链接。

❷ 在弹出的“移动项目”对话框中选择目标位置，然后单击“移动”按钮即可。

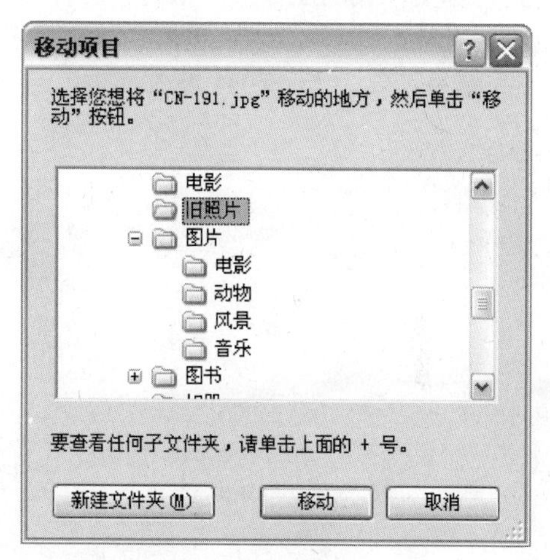

❸ 除了“文件和文件夹任务”窗格外，也可以选择“编辑”→“移动到文件夹”命令。

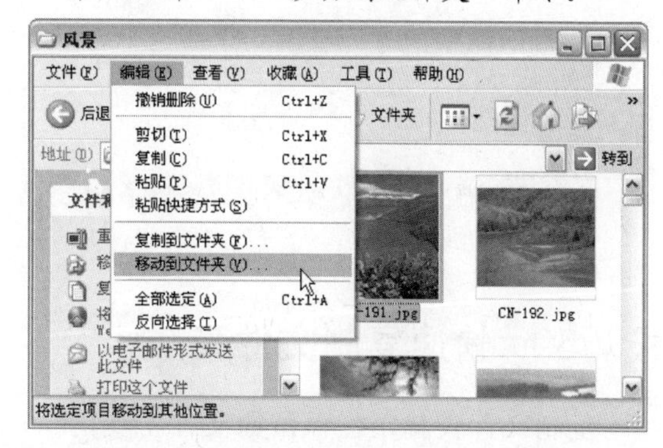

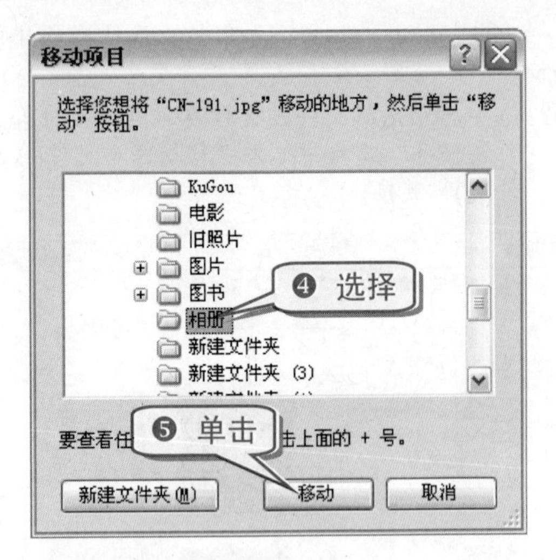

如果源文件与目标文件夹在同一个窗口中，可以采用“鼠标拖曳法”来移动文件或文件夹。

选中要移动的文件或文件夹，按住鼠标左键拖动到目标文件夹的图标上，松开鼠标即可。

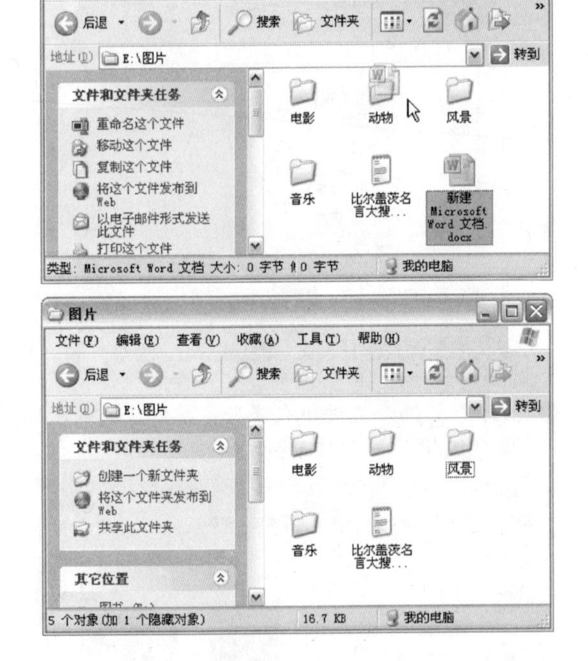

技巧59 快速复制文件夹

复制文件夹就是在保留原文件不变的情况下，使电脑再生成一个与原文件内容完全相同的文件或文件夹，只是位置不同。一般复制方法主要有两种，一种是复制到剪贴板，另一种是鼠标拖曳。

1. 剪贴板

使用“剪贴板”复制文件或文件夹的具体操作步骤如下。

❶ 打开要复制文件夹所在的窗口以及要粘贴的窗口。

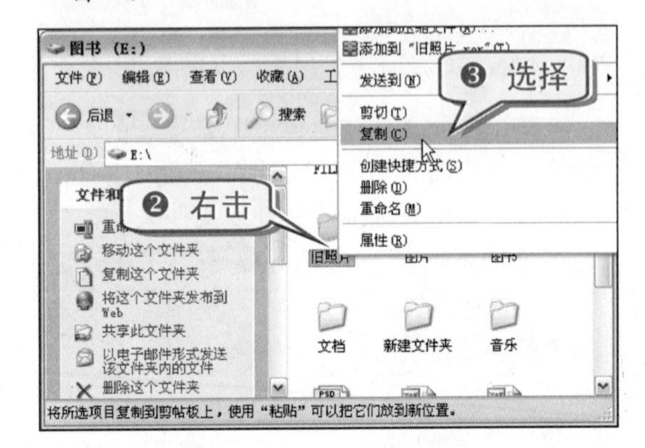

❹ 在要粘贴的窗口空白处右击。

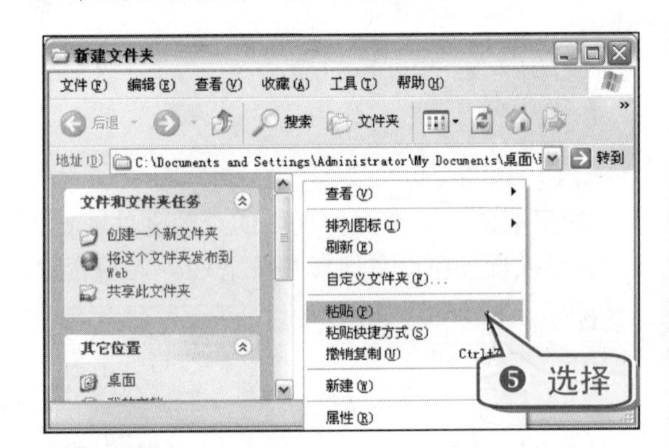

❻ 粘贴完成后，就可以在窗口中看到新粘贴的文件夹了。

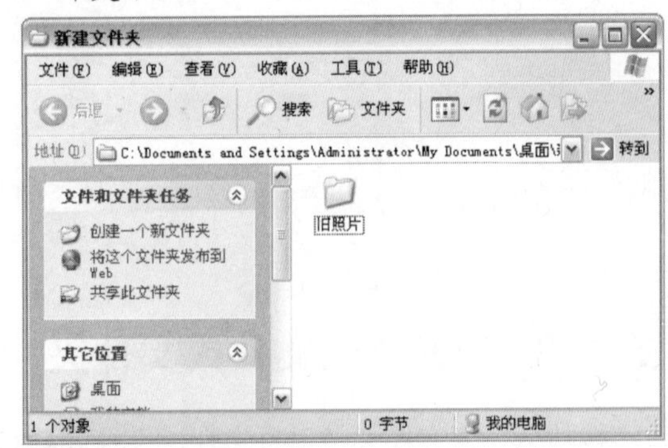

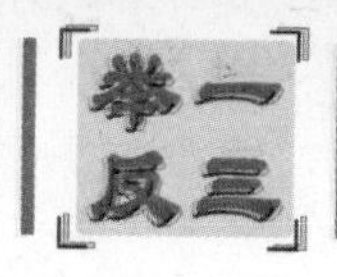

举一反三

除用“右键快捷菜单”进行复制、粘贴外，还有“编辑”菜单、“文件和文件夹任务”窗格以及 Ctrl+C、Ctrl+V 组合键这三种方法。

2. 鼠标拖曳

使用鼠标拖曳法的具体操作步骤如下。

❶ 在要复制的文件或文件夹周围的空白处单击，按住鼠标左键框选所有需要复制的文件夹。

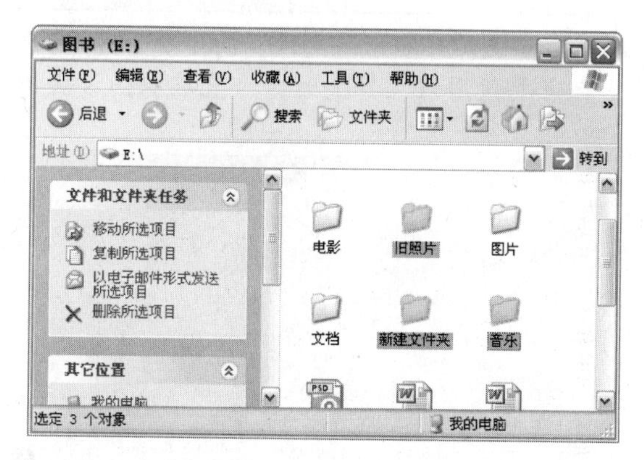

❷ 按住 Ctrl 键的同时将文件或文件夹拖曳到要粘贴的窗口中。

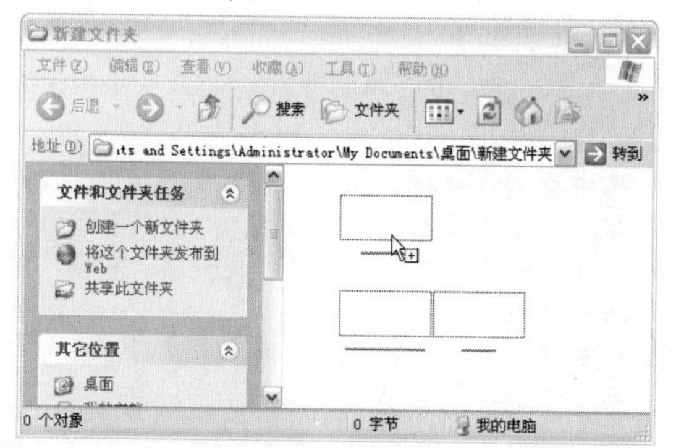

❸ 松开 Ctrl 键和鼠标左键即可。

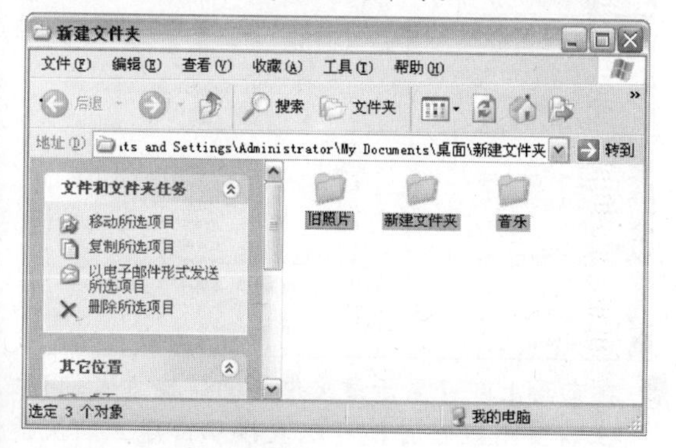

技巧60　删除文件或文件夹

对于已经不需要的文件和文件夹，应及时删除，以释放更多的磁盘空间。删除文件和文件夹的方法相同，主要有以下三种。

1. 右键菜单删除

右击要删除的文件或文件夹，在弹出的快捷菜单中选择“删除”命令即可。

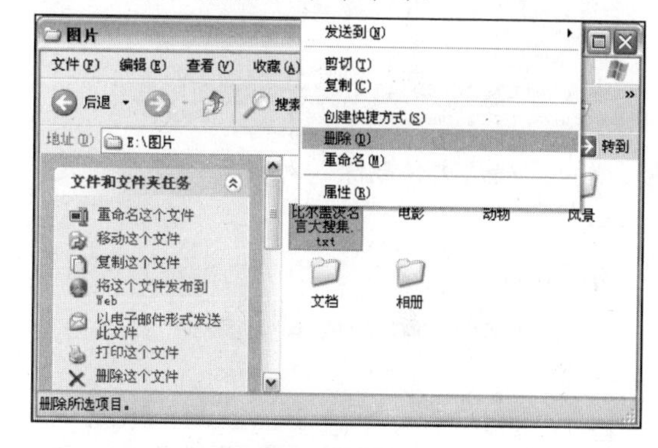

2. “文件”菜单删除

使用“文件”菜单删除文件或文件夹的具体操作步骤如下。

❶ 单击要删除的文件或文件夹。

❷ 选择“文件”→“删除”命令即可。

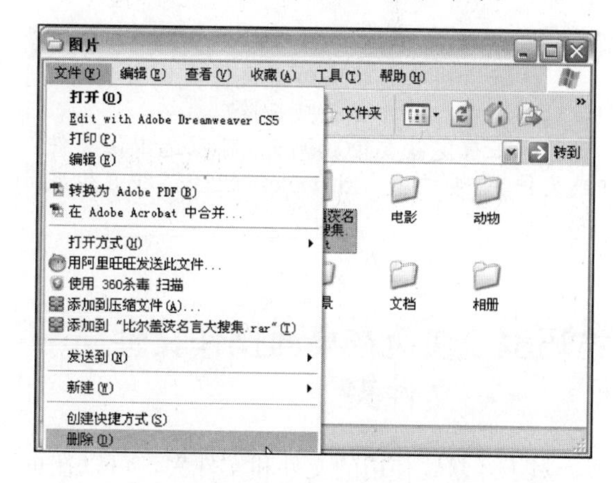

3. “文件和文件夹任务”窗格删除

选中要删除的文件或文件夹，在“文件和文件夹任务”窗格中单击“删除这个文件”或“删除这个文件夹”链接。以删除“文本文档”为例，具体操作步骤如下。

❶ 选中“文本文档”文件。

❷ 在“文件和文件夹任务”窗格中单击“删除这个文件”链接。

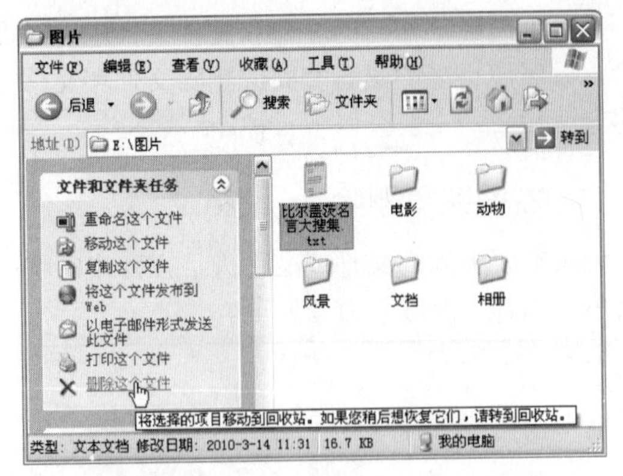

❸ 弹出“确认文件删除”对话框，单击“是”按钮。

知 识 补 充

另外，也可选中要删除的文件或文件夹，然后直接按 Delete 键删除该文件或文件夹。

注 意 事 项

上述方法只是将文件或文件夹删除到“回收站”窗口，并不是彻底删除。

如果确定需要彻底删除，可以选中该文件或文件夹，再按下 Ctrl+Delete 组合键即可彻底删除。

技巧61 快速在桌面操作文件与文件夹

对于经常要使用的文件和文件夹，可以在桌面上创建快捷方式来直接打开该文件。具体操作方法如下。

1. 右键菜单发送到

右键菜单发送到的具体操作步骤如下。

❶ 右击要创建桌面快捷方式的文件或文件夹，现以创建“音乐”文件夹桌面快捷方式为例。

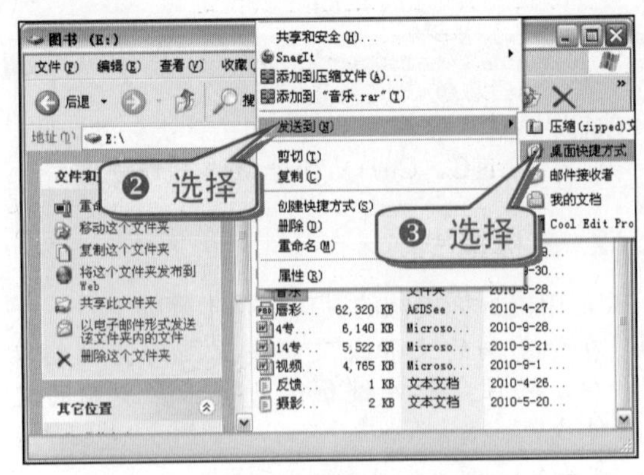

❹ 在桌面上即可显示该文件夹的快捷方式，用户在需要使用该文件夹时，可直接双击该快捷方式。

2. 右键拖曳

使用右键拖曳文件或文件夹的具体操作步骤如下。

❶ 选中要创建快捷方式的文件或文件夹，现以创建“相册”文件夹桌面快捷方式为例。

❷ 按住鼠标右键不放，将目标文件夹“相册”拖曳到桌面上。

❸ 松开鼠标，在弹出的快捷菜单中选择“在当前位置创建快捷方式”命令。

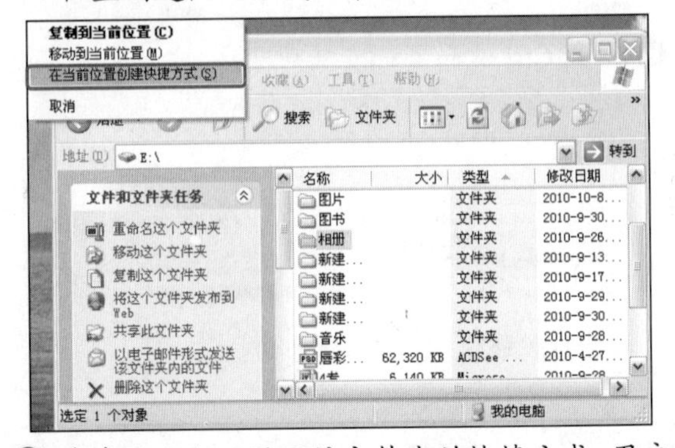

❹ 在桌面上即可显示该文件夹的快捷方式，用户在需要用到它时，可以直接双击建立的快捷方式。

技巧62　快速还原误删除的文件或文件夹

在前文中提到过未被彻底删除的文件或是文件夹会被放到“回收站”窗口中，以便用户随时还原使用。

如果用户发现误删除了文件或是文件夹，则可在回收站中将其还原。还原文件或文件夹的具体操作步骤如下。

❶ 双击桌面上的“回收站”图标，打开“回收站”窗口。

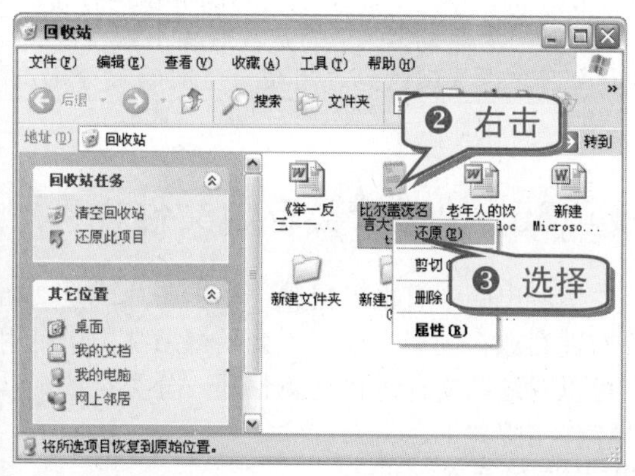

❹ 返回该文件或是文件夹原来所在的位置，此时就会发现被删除的文件或文件夹还原到原先的位置了。

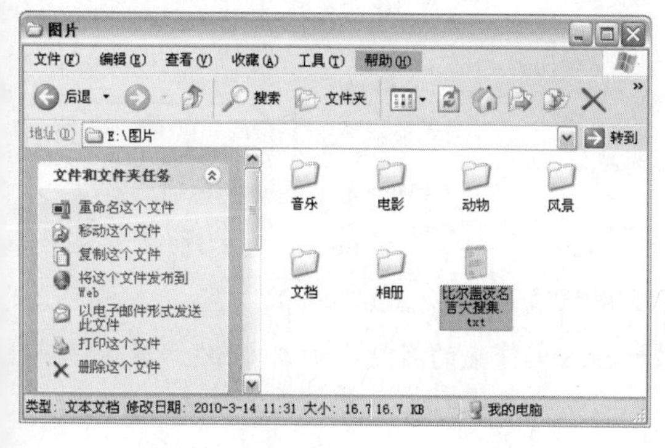

❺ 也可在“回收站”窗口中选中要还原的文件或文件夹，在“回收站任务”窗格中单击“还原此项目”链接。

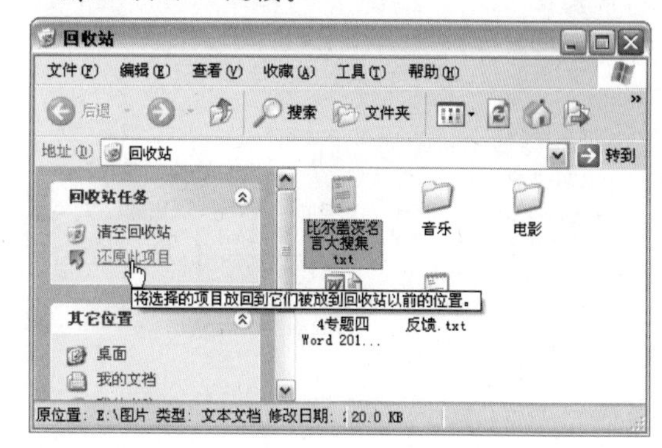

技巧63　快速清空回收站

当回收站中的文件越来越多，并确定不再需要时，可以清空回收站，具体操作步骤如下。

❶ 双击桌面上的“回收站”图标，打开“回收站”窗口。

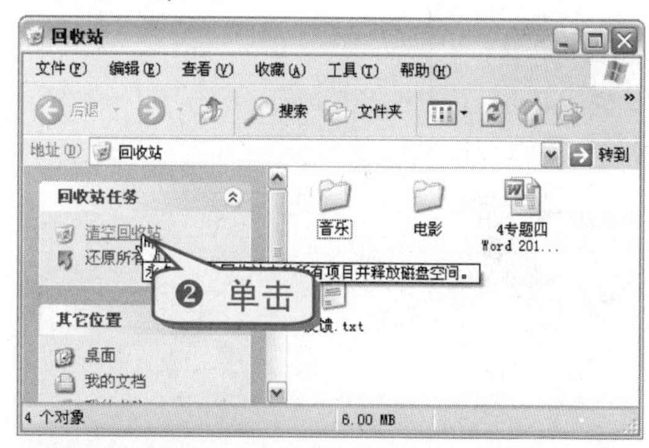

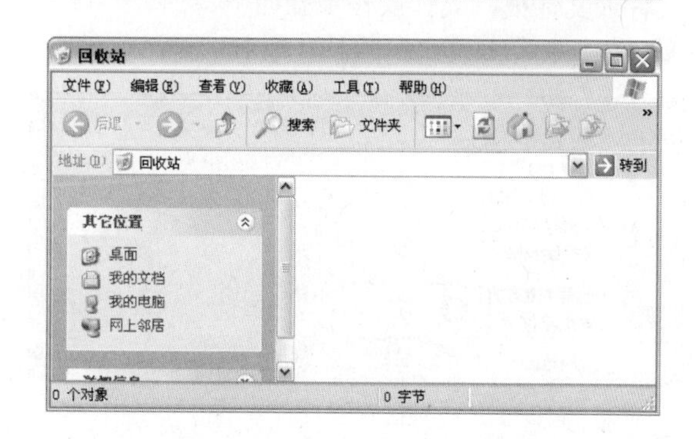

❹ 也可以右击回收站中的其中一个文件或文件夹，在弹出的快捷菜单中选择“删除”命令。

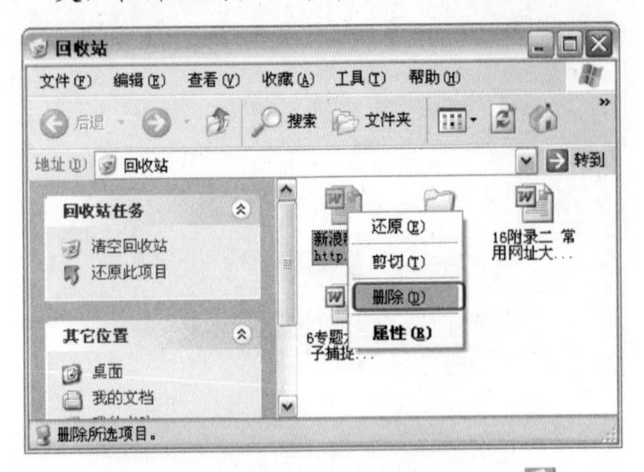

❺ 或直接右击桌面上的“回收站”图标，在弹出的快捷菜单中选择“清空回收站”命令。

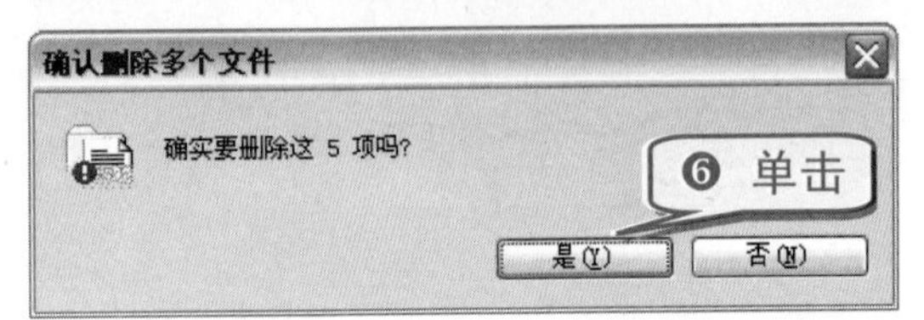

技巧64 巧设“回收站”属性

通过“回收站”属性的设置也可以彻底删除文件或文件夹，具体操作步骤如下。

❶ 右击桌面上的“回收站”图标。

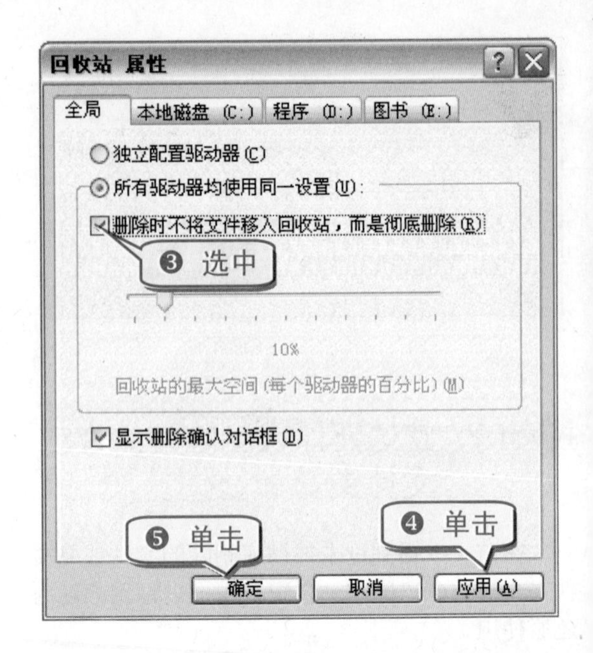

知 识 补 充

“全局”选项卡中的“显示删除确认对话框”指的是删除时再次确认是否删除，“所有驱动器均使用同一设置”指的是所有磁盘回收站占用的百分比空间都是同样的并统一设置，“独立配置驱动器”指的是按照各个磁盘的大小由用户设置回收站占用磁盘空间的百分比。

技巧65 快速分类存放文件

倘若电脑中有很多视频、音乐图片或是文档等文件存放在同一个地方，会显得杂乱不堪。用户可以对这些文件进行重新整理，分类存放，具体操作步骤如下。

❶ 右击磁盘空白处。

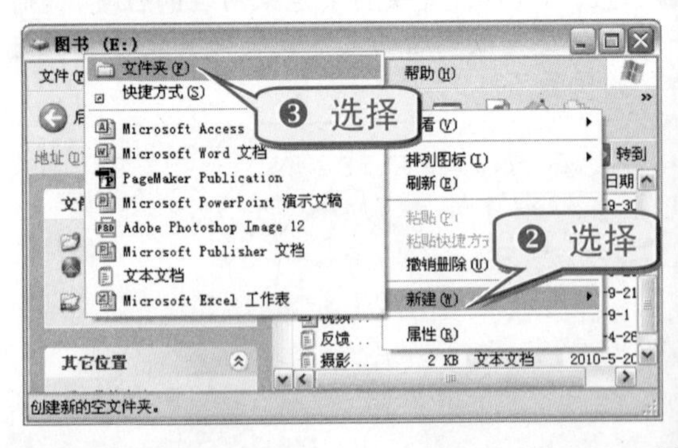

❹ 输入文件夹的名称，如“文档”。然后以同样的方法新建图片、音乐等文件夹。

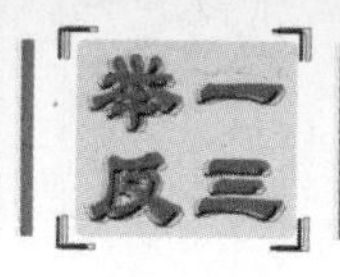

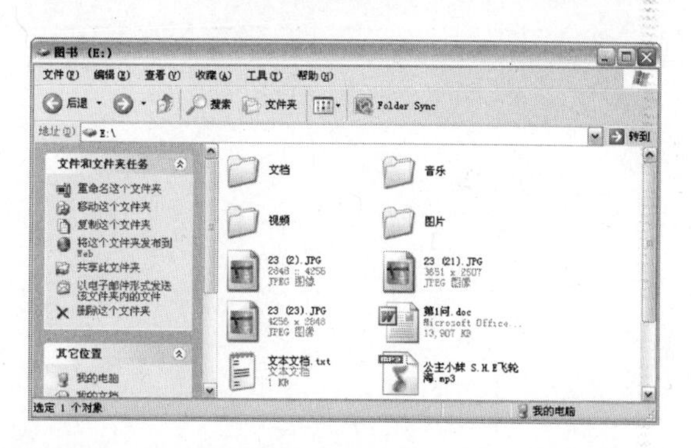

❺ 按住 Ctrl 键的同时选中同一属性的文件，松开 Ctrl 键，按住鼠标左键将其拖入相应的文件夹中。

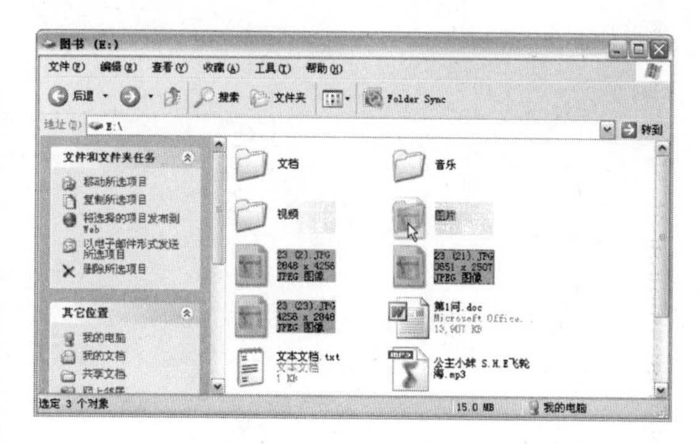

❻ 依次将其余文件拖入相应文件夹中，这时的磁盘空间就会清楚明了了。

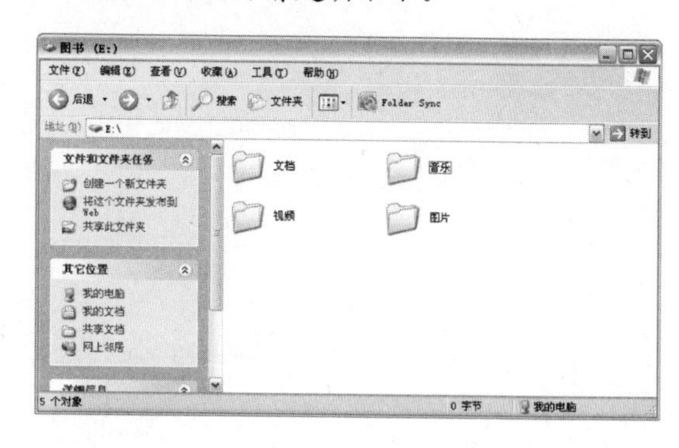

专题四 电脑打字——走在时代的尖端

在使用电脑时，往往需要进行文字输入操作。不管是编写文章还是聊天等都要首先会打字，而打字前要先选择适合自己的输入法。如果用户觉得打字麻烦，也可以选择手写输入。

- 选择喜欢的输入法
- 巧用最基本的全拼输入
- 巧用易上手的智能 ABC
- 巧用最方便的手写输入

技巧66 选择喜欢的输入法

输入法是输入文字时必须使用的工具软件，系统本身就自带很多种输入法。如微软拼音输入法、智能 ABC 输入法、中文(简体)-全拼、中文(简体)双拼以及中文(简体)-郑码等。

默认情况下，在没有设置输入法前，语言栏中只有英文状态的输入法，因此使用键盘输入时只能输入英文。如果要输入中文，就要选择相应的输入法。电脑可以安装多种输入法，但只能选择一种输入法作为当前输入法，即输入文字时按照该输入法的规则进行输入。

单击语言栏中的键盘按钮即可弹出选择菜单，选中的输入法即为当前输入法。

知识补充

输入法是把各种符号输入电脑或其他设备而采用的编码方法。汉字输入的编码方法，基本上均采用把义、形、音同特定的键相联系，再按照不同汉字进行组合来完成汉字的输入。

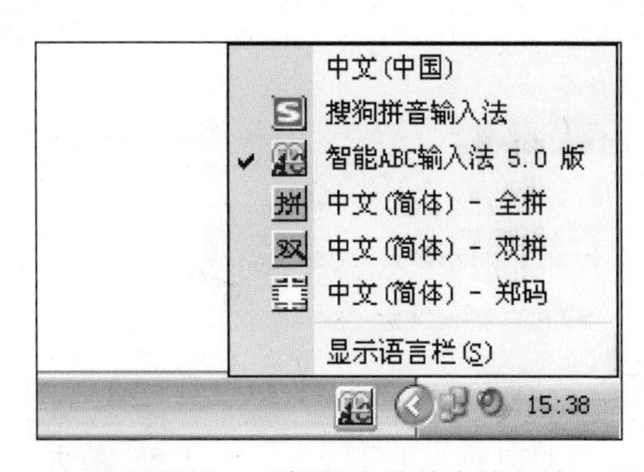

如果要设置一开机就启动某个输入法，即设置默认输入法，可以进行如下设置。

❶ 右击语言栏中的键盘按钮。

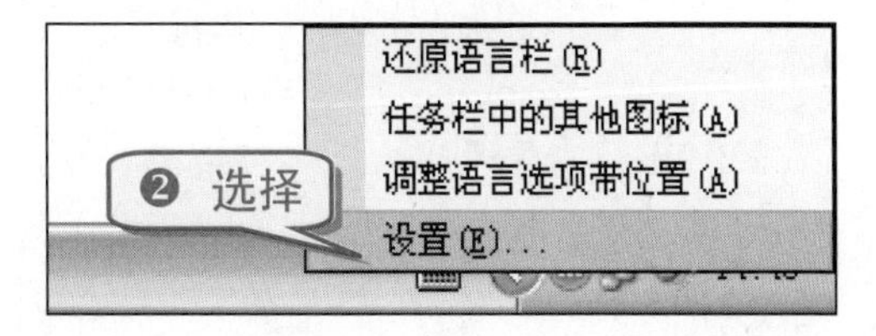

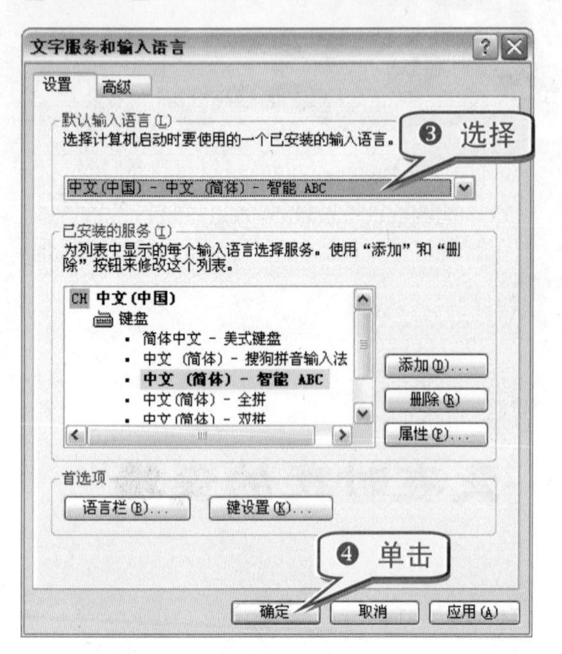

技巧67 快速添加输入法

如果在语言栏选择菜单中没有需要的输入法，就应将需要的输入法添加进来。

以添加“微软拼音输入法 2007”为例，添加输入法的具体操作步骤如下。

❶ 右击语言栏中的键盘按钮，选择“设置”命令。

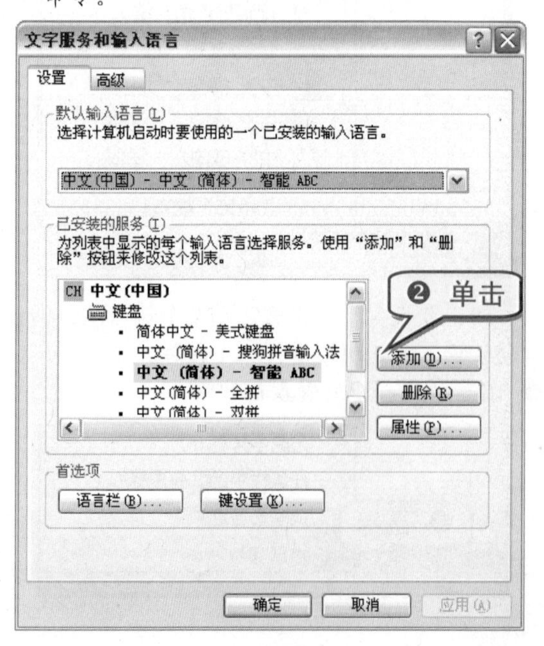

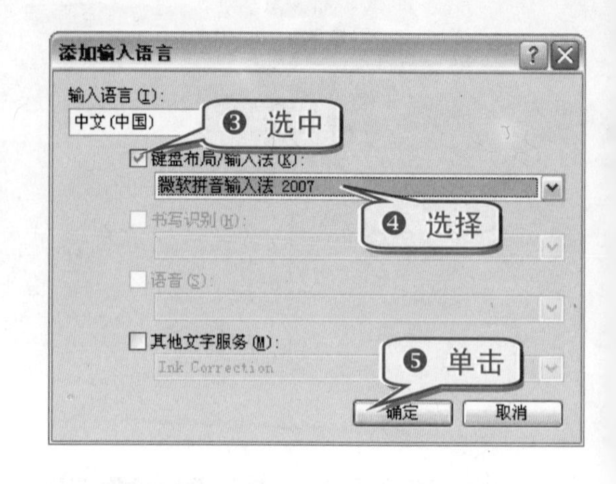

技巧68 快速删除输入法

若用户不需要某个输入法，则可将其删除，具体操作步骤如下。

❶ 选择“开始”→“控制面板”命令。

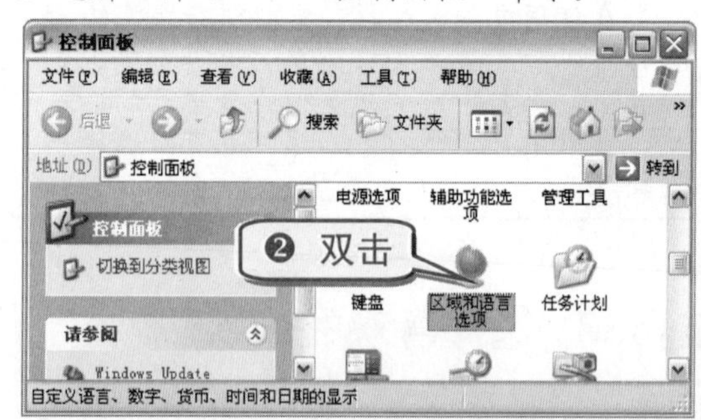

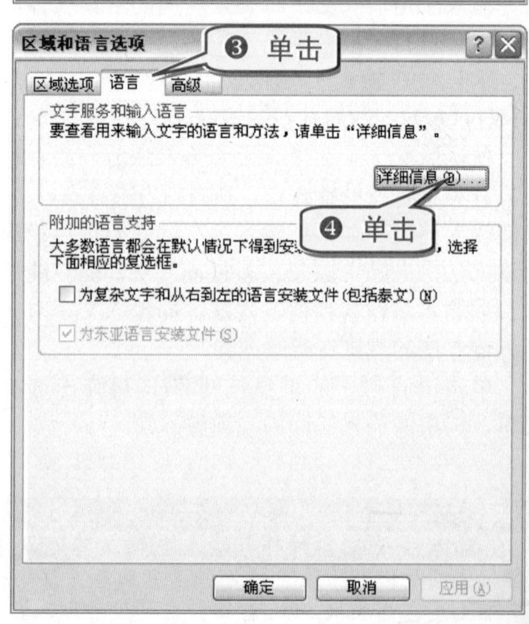

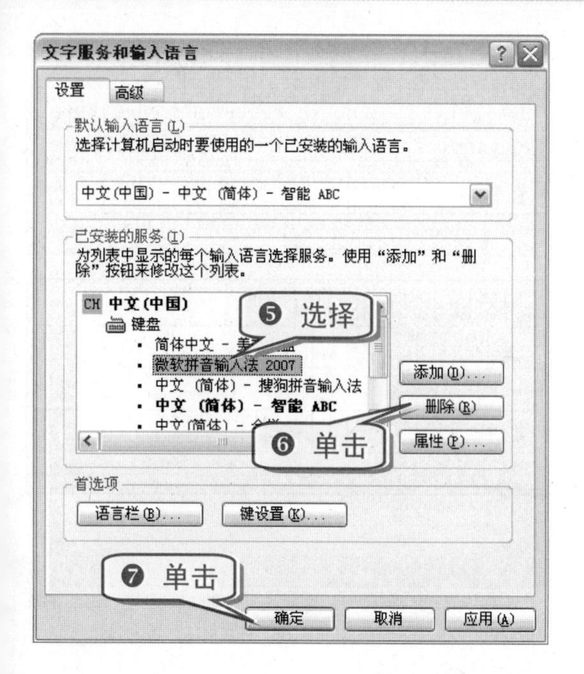

知识补充

也可以右击语言栏中的键盘按钮⌨，选择“设置”命令，在弹出的“文字服务和输入语言”对话框中，选择要删除的输入法将其删除。

技巧69　巧用最基本的全拼输入

全拼输入法是比较早的一套输入法，其规则比较简单，不熟悉拼音的用户可以选择使用该输入法。

专家坐堂

全拼输入法的特点是输入速度快、字库全，连很多生僻字都能打出来。这是一款较适合初学者使用的输入法。

1. 输入单个汉字

将电脑中的当前输入法切换为全拼输入法后，会出现全拼输入法的状态栏，此时就可以使用该输入法输入汉字了。

使用全拼输入法输入单个汉字的具体操作步骤如下。

全拼

❶ 在光标处输入汉字拼音。

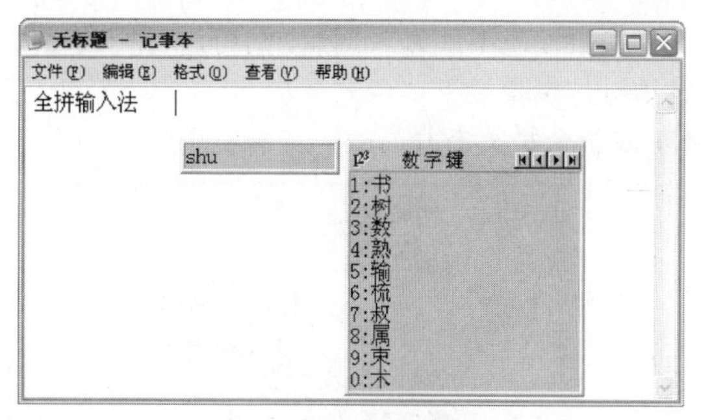

❷ 在键盘上键入所需汉字前面的数字即可。

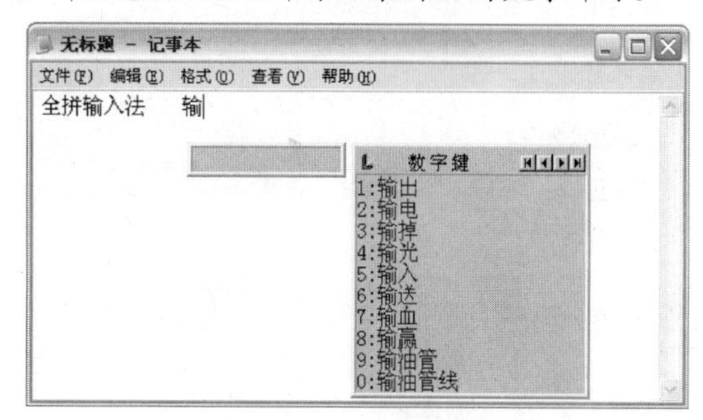

❸ 这时会随着该汉字出现一些词组，需要的话就直接选择词组前的数字，不需要则继续输入汉字拼音。

2. 输入词组

除了输入单字外，全拼输入法还能输入词组。

❶ 在光标处输入词组的拼音。第一个字必须拼全，而第二个字则可先拼其声母。

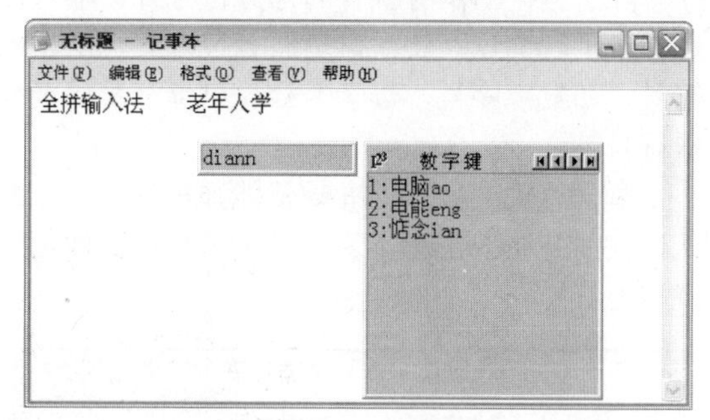

❷ 在弹出的“数字键”菜单中输入韵母或直接输入正确词组的数字即可。

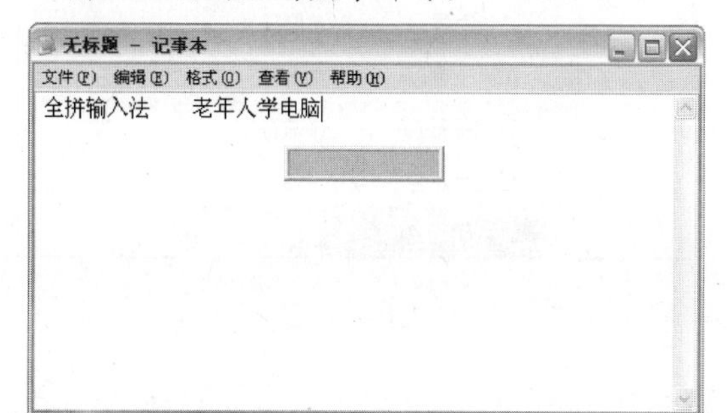

如果发现不能输入词组，则可进行相关设置，具体操作步骤如下。

❶ 右击全拼状态栏。

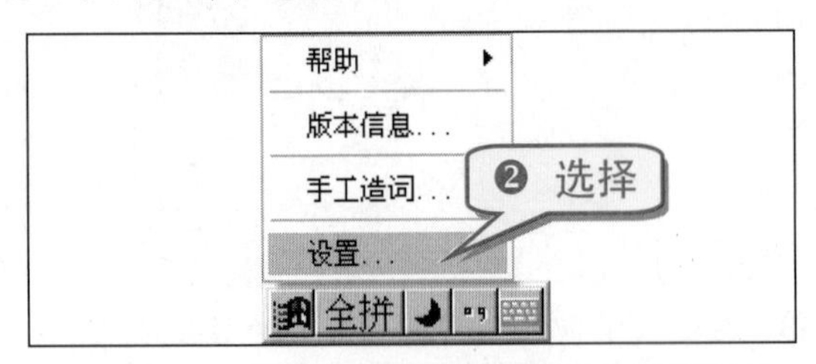

3. 输入符号

除了键盘上本身就有的标点符号外，输入法还提供了软键盘。软键盘里面有很多其他类型的符号，如数字序号、数学符号、单位符号以及特殊符号等。

单击"软键盘"按钮就能弹出软键盘，默认弹出的是 PC 键盘，通过右击该按钮，便可选择其他符号。

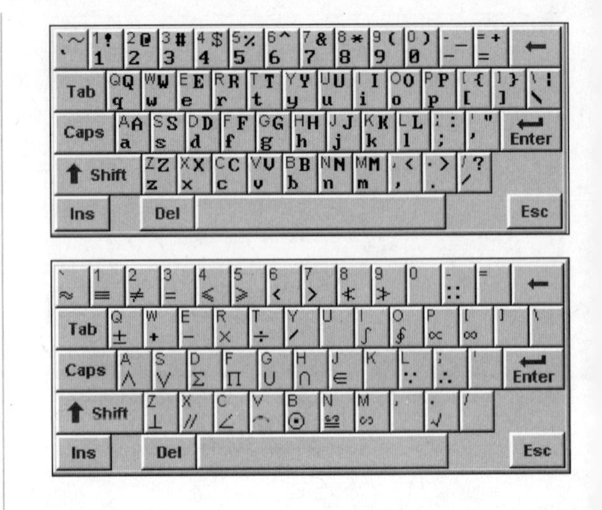

知识补充

当不需要使用该软键盘时，再次单击按钮，在变为按钮时，即可隐藏软键盘。

技巧70 巧用易上手的智能 ABC

和全拼输入法一样，智能 ABC 也是一款较早的输入法，也是很多人最早使用过的输入法。其主要有全拼、简拼、混拼和笔形 4 种输入模式。

将输入法切换为智能 ABC 就可以使用该输入法输入文字了。

1. 全拼输入

智能 ABC 的全拼输入法和全拼输入法的意思一样，智能 ABC 全拼输入的准确率高，具体操作步骤如下。

❶ 在光标处输入文字的全拼拼音。

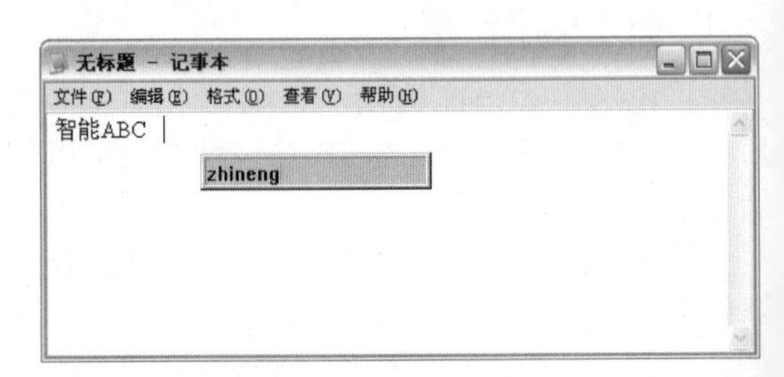

❷ 按下空格键，便会出现一排汉字，按下正确汉字前的数字即可。

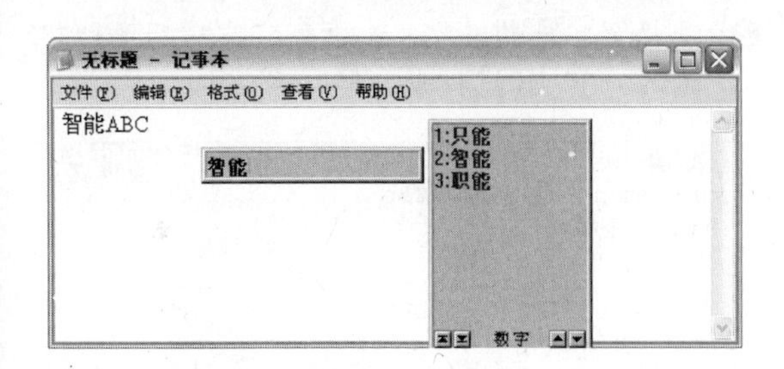

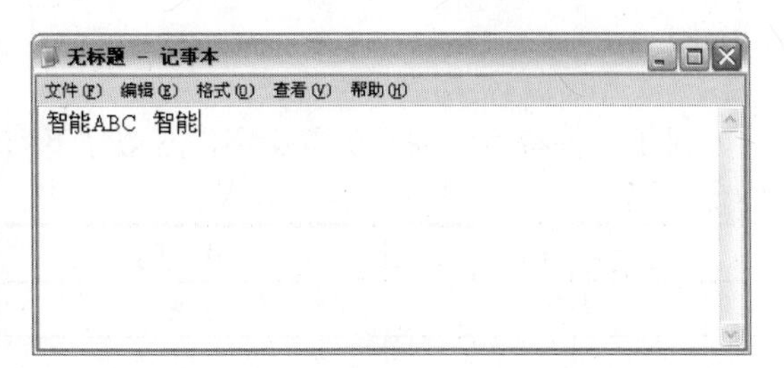

专 家 坐 堂

汉语拼音方案中有一个隔音符号“'”，如“西安”的汉语拼音如果不加隔音符号就是xian，使系统以为输入的是一个字。事实上，“西安”拼音的正确输入法应该是“xi'an”。

2. 简拼输入

简拼是指在输入汉字的过程中，只输入要拼写汉字拼音中的声母，再在显示出的汉字中选择需要的汉字。在输入词组时，使用简拼方式输入可以有效地提高输入速度。使用简拼输入的具体操作步骤如下。

❶ 在光标处输入文字的简拼拼音。

❷ 按下空格键，并按下正确汉字前的数字即可。

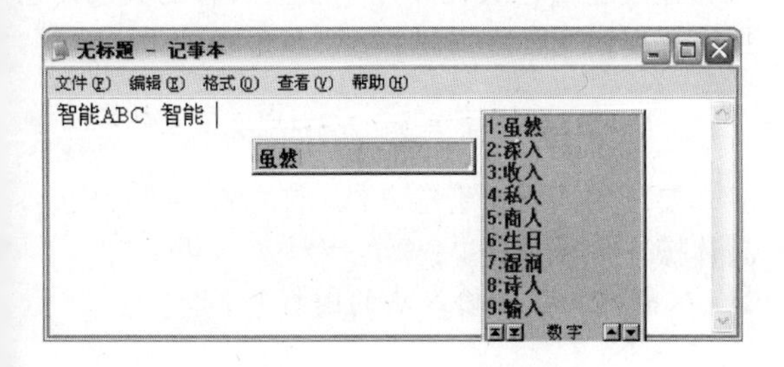

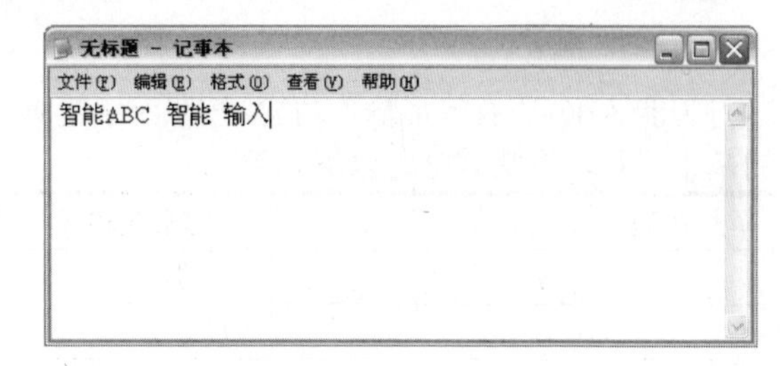

3. 混拼输入

混拼是指按词输入时，其中的一个汉字使用全拼，其他汉字使用简拼。混拼结合全拼和简拼的特点，在输入时能既准确又快速。

❶ 在光标处输入文字的混拼拼音。以“你好”为例，可以拼成“nih”或“nhao”两种。

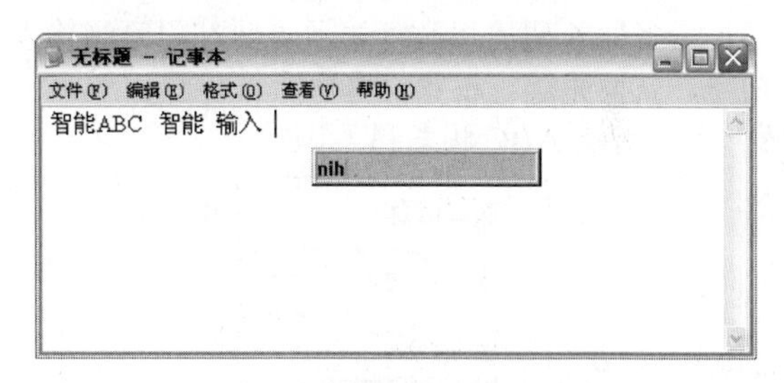

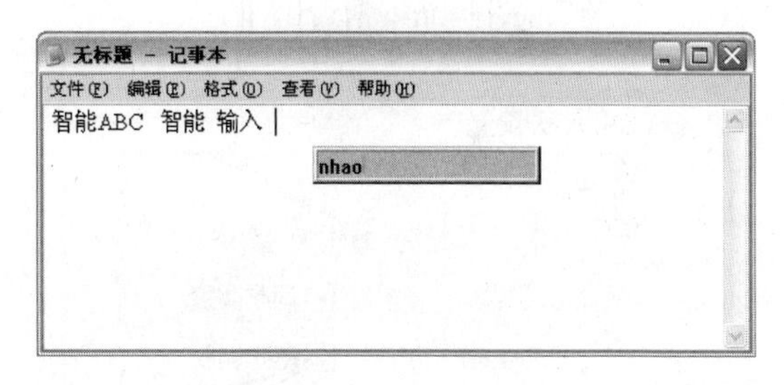

❷ 按下空格键，输入正确汉字即可。

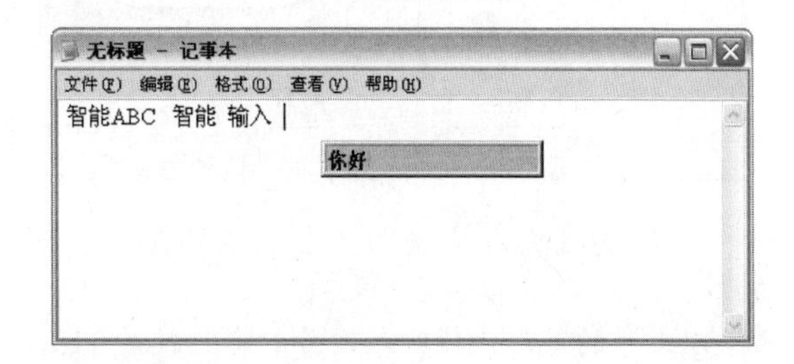

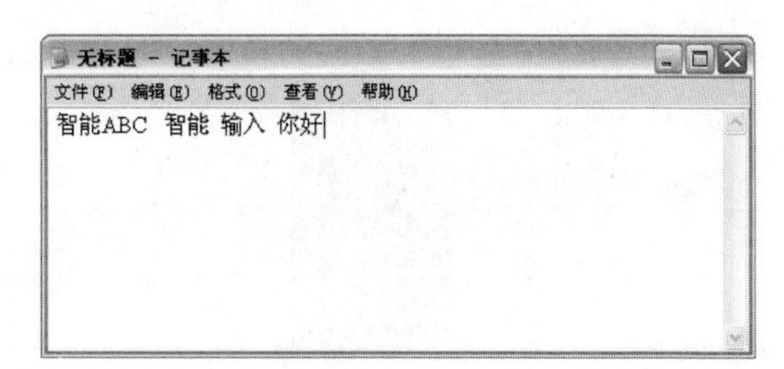

4. 笔形输入

智能 ABC 还有笔形输入功能，按照汉字笔画的基本形状，将笔划分为以下 8 类。

笔形代码	笔　形	笔形名称
1	一(㇀)	横(提)
2	丨	竖
3	丿	撇
4	丶㇏	点(捺)
5	㇕(㇆)	折(竖弯钩)
6	㇄	弯
7	十(乂)	叉
8	口	方

笔形输入法在取码时按照汉字的笔画顺序进行，最多取 6 码，以数字表示。要使用笔画输入功能，就要先进行设置，具体操作步骤如下。

❶ 右击智能 ABC 状态栏。

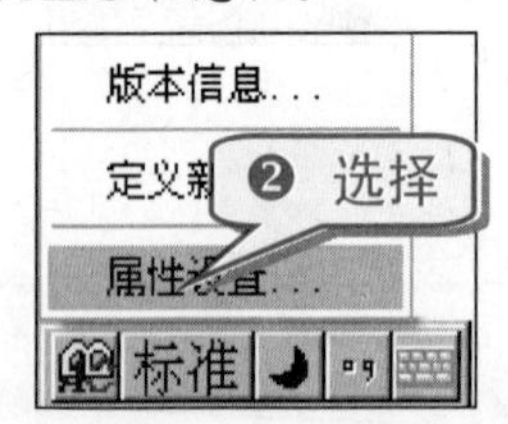

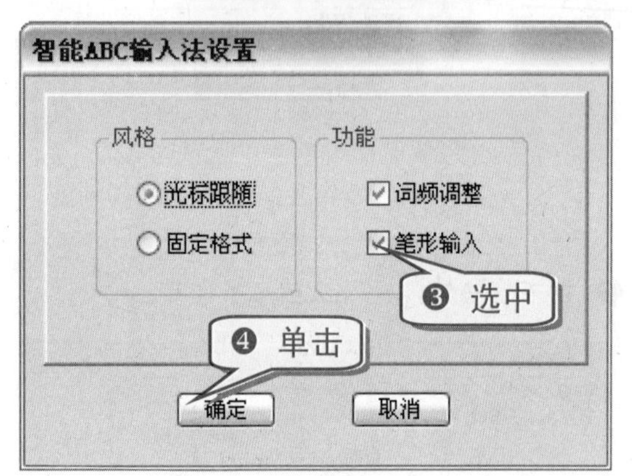

使用笔画输入法输入文字的具体操作步骤如下。

❶ 以文字的笔形代码输入，如“形”就是 113。

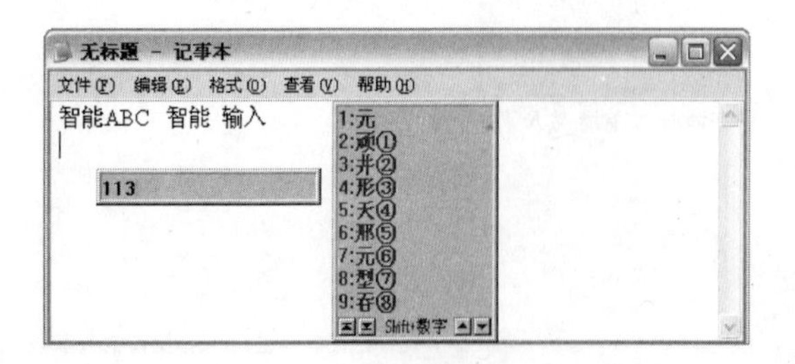

❷ 选择文字后的数字，如“形”字后面是“3”，输入“3”就能打出“形”字。

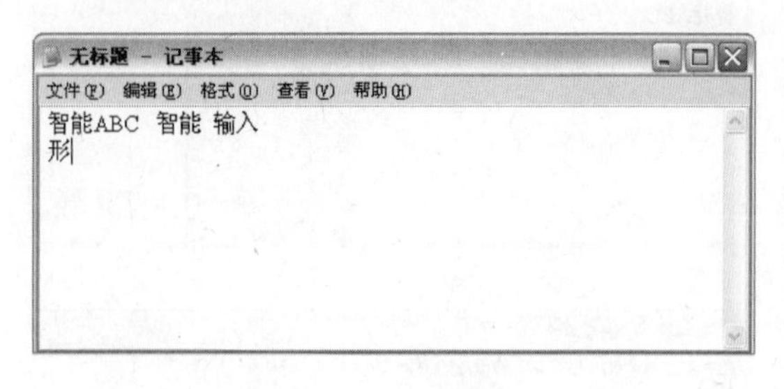

对于一些特殊的偏旁部首文字，应遵守下列约定编码。

字　形	编　码
耳	122
非	211
火	433
女	613
廿	72
开	1132

含有笔形“十”(7)和“口”(8)的汉字按笔形代码 7 或 8 取码，而不将其分割成简单笔形代码。如“果”字的编码为 87134，“串”字的编码为 882，“丰”字的编码为 711。

专　家　坐　堂

在输入合体字(即可以左右、上下或内外分割的字)时，将其按字形左右、上下或内外分成两块，每块最多取 3 个笔画对应的笔形码。如果第 1 字块多于 3 码，则取 3 码，然后再取第 2 字块；如果第 1 字块不足 3 码，则顺延到第 2 字块。如“船”的编码是 335 36，“装”的编码是 412 413，“传”的编码是 32 1154。

技巧71　巧用搜狗拼音输入法

搜狗拼音输入法比系统输入法的功能更加强大，速度更快，其词库几乎涵盖所有的类别，包括成语俗语、唐诗宋词、股票基金和医学大全等。

1. 安装搜狗拼音输入法

要使用搜狗拼音输入法，首先就要进行安装，具体操作步骤如下。

❶ 双击搜狗拼音输入法的图标。

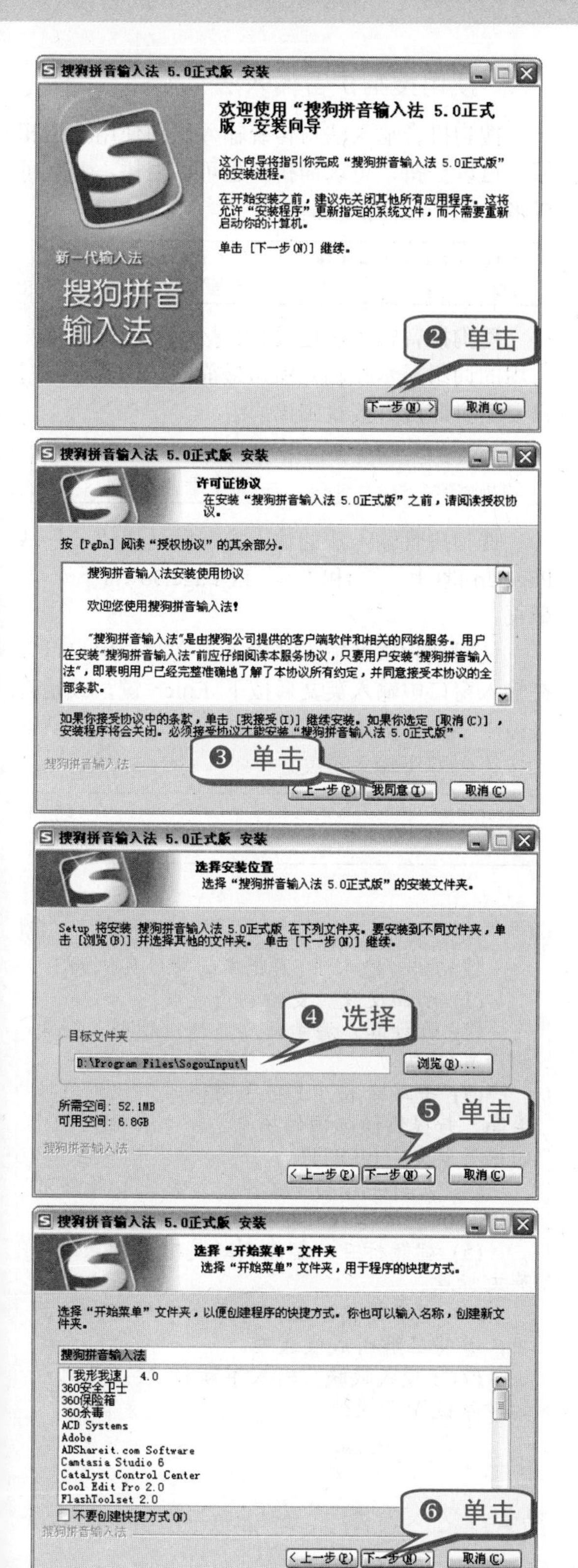

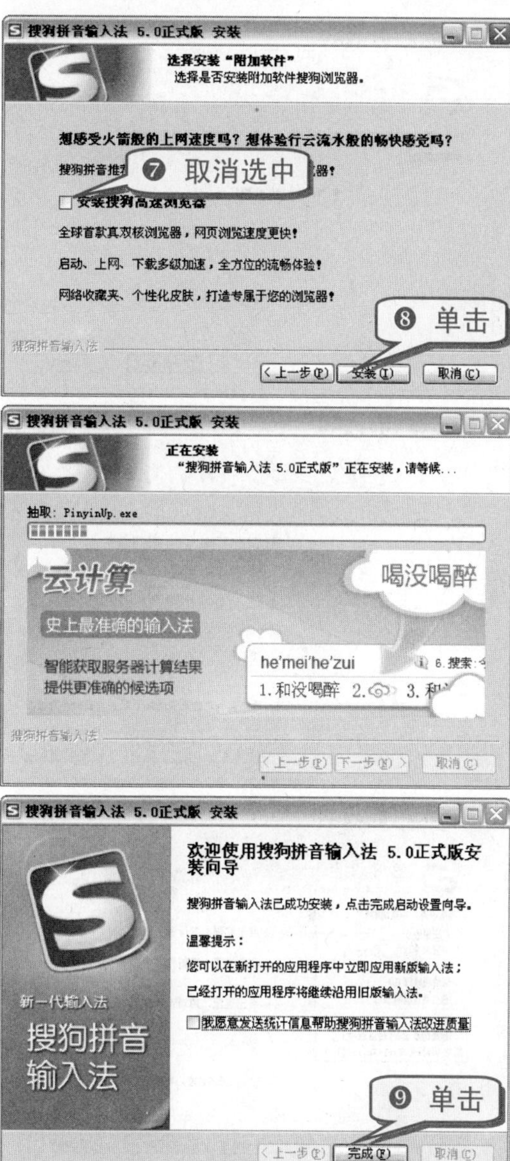

知识补充

搜狗拼音输入法不同于传统输入法，其为第二代的输入法，使用了搜索引擎技术。正是基于搜索引擎技术，才使得搜狗拼音输入法的输入速度有了质的飞跃。特别是在基础词库的广度、词语的准确度上，搜狗拼音输入法都远远领先于其他输入法。

安装完成后搜狗会自动弹出"个性化设置向导"对话框。用户可以单击"退出向导"按钮退出向导，也可以依次单击"下一步"和"完成"按钮。

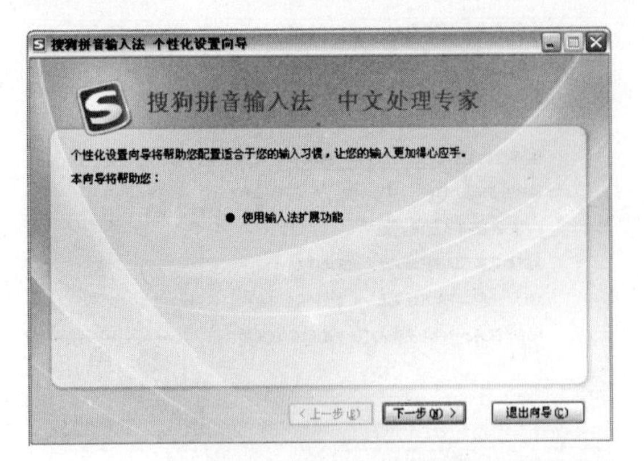

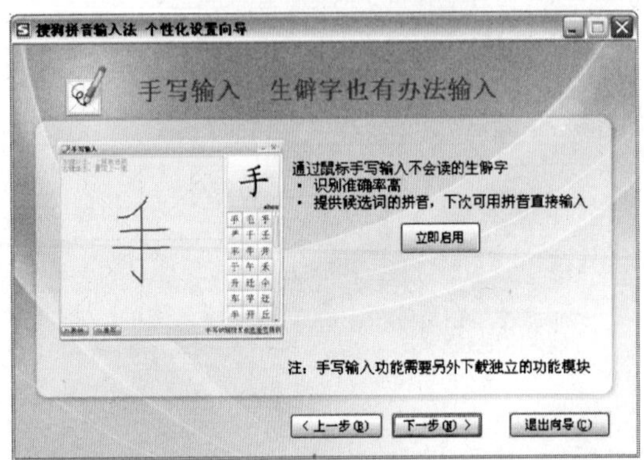

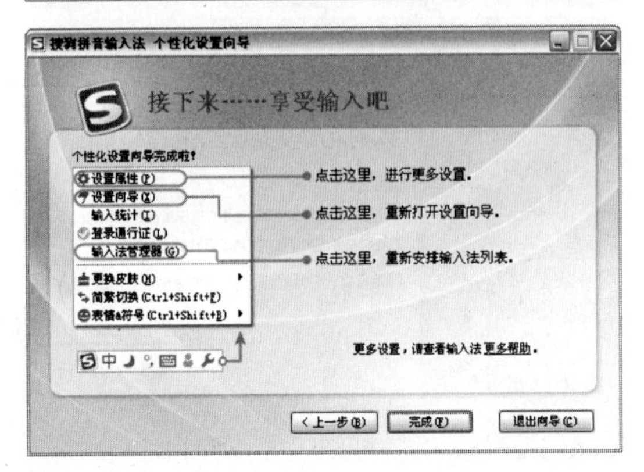

专 家 坐 堂

搜狗拼音输入法是可以自动升级的，只要用户的电脑连接到网络，不用下载就可以自动升级到最新版本。同时搜狗拼音输入法还会升级最新的词库，网络上的新词、热词可以及时反映到搜狗拼音输入法中。

设置完成后，就可以在语言栏中选择“搜狗拼音输入法”作为当前输入法。

geng'jia'qiang'da　6. 搜索：更加强大
1. 更加强大 2. 更加 3. 更佳 4. 更假 5. 更

2. 使用搜狗拼音输入法

搜狗拼音输入法与传统输入法的使用方法相似，可以全拼，可以简拼，也可以混拼，并且可以多个字一起全拼或简拼。

sou'gou'pin'yin'shu'ru'fa　6. 搜索：搜狗拼音输入法
1. 搜狗拼音输入法 2. 搜狗拼音 3. 搜狗 4. 搜购 5. 搜

搜狗拼音输入法还具有记忆功能，能将用户常用的词组显示在输入窗口最前面，再次输入时只要简拼即可直接找到该词组。

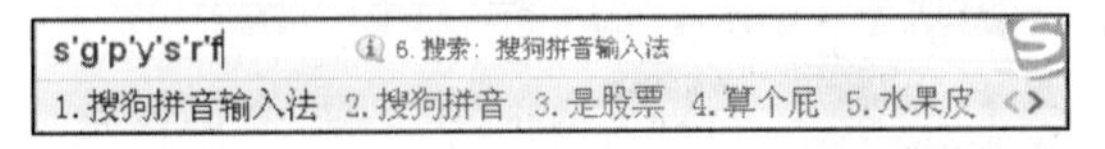

搜狗拼音输入法的输入窗口默认以“，”或PageUp键(上一页)和“。”或PageDown(下一页)翻页。

使用搜狗拼音输入法输入英文时，用户可以在输入窗口中输入英文后按下Enter键，或是直接按下Shift键将中文输入按钮中切换成英文输入按钮英即可输入英文。

listening　6. 更多英文补全...
1. listening 2. 李斯特 3. 历史 4. 利索 5. 理顺

知 识 补 充

搜狗拼音输入法5.0版本的特性具体如下。

(1) 动画皮肤。支持动态皮肤。

(2) 云计算。海量词库，精准模型，强大的计算能力。

(3) 手写输入。支持手写输入，识别准确率高，并提供候选词的拼音。如“你OUT了”的拼音就是“niOUTle”。

(4) 大写字母与中文混输。无需切换即可在中文状态下输入大写字母。

(5) 智能标点。智能判断是中文标点还是英文标点。

(6) 超级简拼。支持将每个字母都看作简拼，并将其解析成候选项。

(7) i模式换肤。输入字母i，按皮肤对应的数字键即可换肤。

技巧72 巧用紫光华宇拼音输入法

紫光华宇拼音输入法的操作比较简便，反应迅速、准确率高，可以在很大程度上提高用户的打字速度。

1. 下载安装紫光华宇拼音输入法

❶ 进入紫光拼音输入法下载页面 http://www.unispim.com/software/index.php。

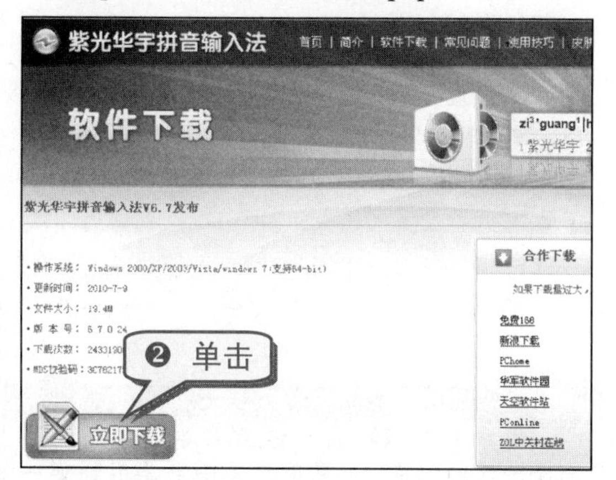

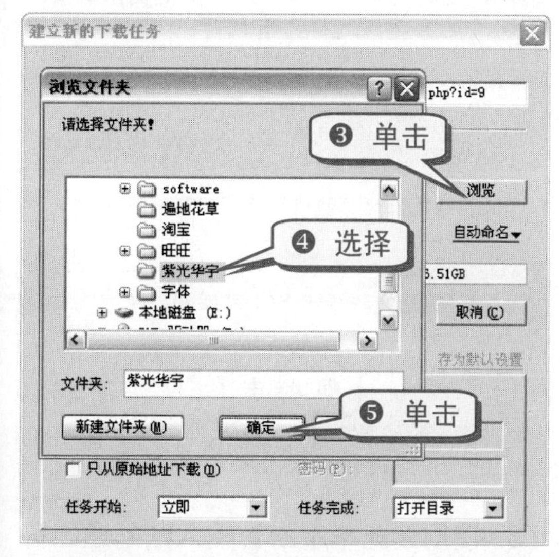

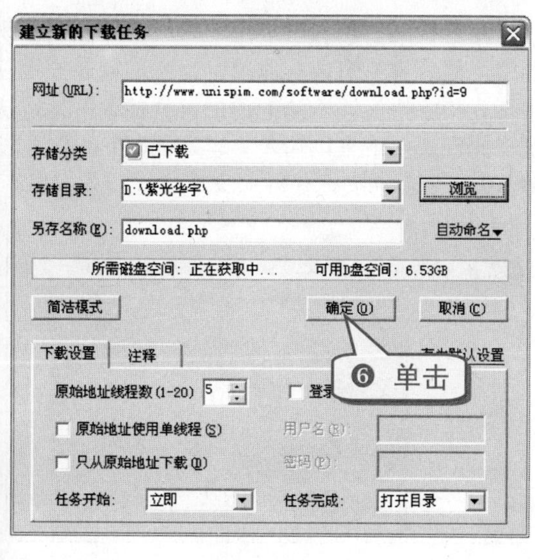

安装紫光华宇拼音输入法的具体操作步骤与安装搜狗拼音输入法的操作步骤类似，这里就不再做具体的说明。

2. 巧设紫光华宇拼音输入法设置向导

在紫光华宇拼音输入法完成安装后，会自动弹出“设置向导”对话框。

❶ 在弹出的“设置向导”对话框中，单击“下一步”按钮。

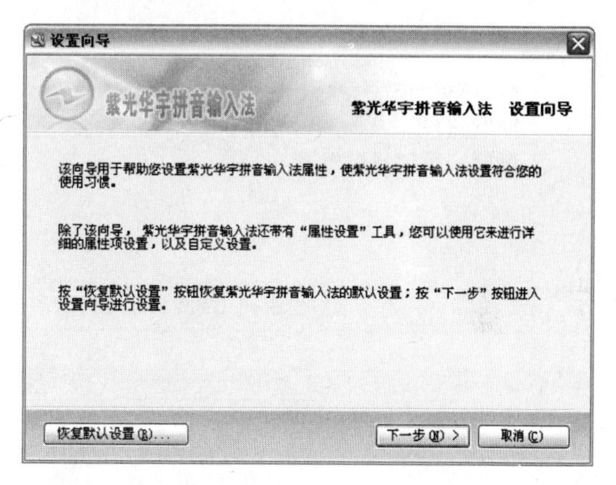

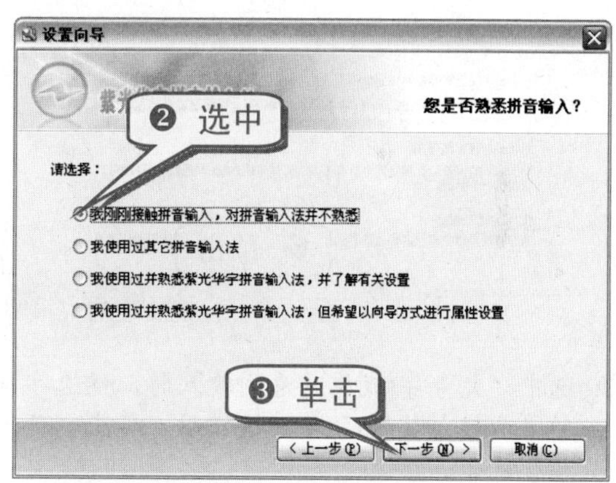

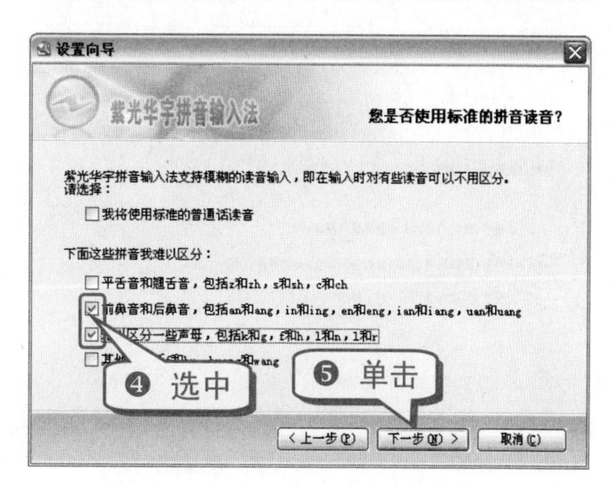

用户选择不同的单选按钮后，弹出的对话框也不一样。

❻ 选中“我主要输入常用简体汉字(或大多数情况下以输入常用字为主)”单选按钮后，单击“下一步”按钮。

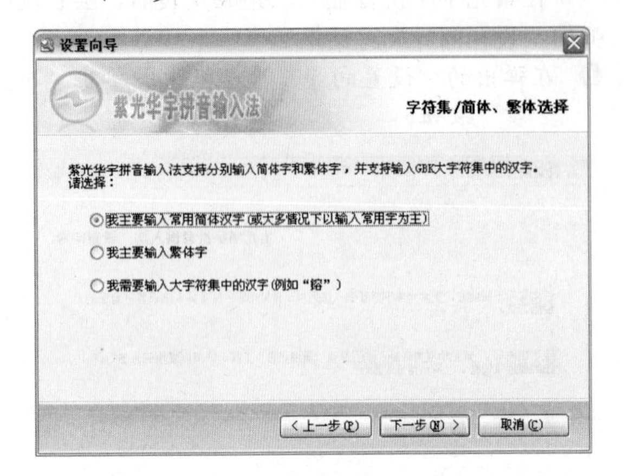

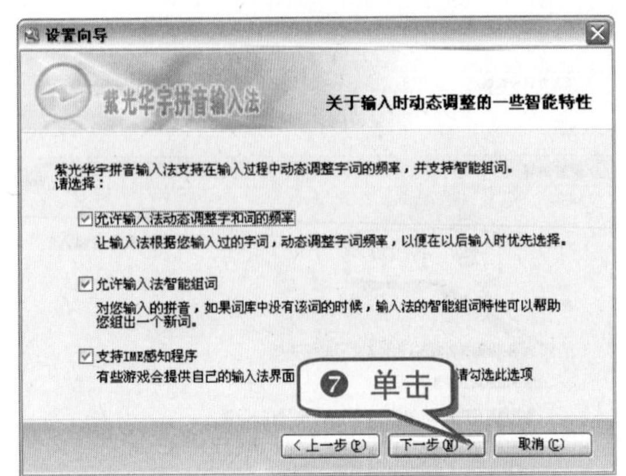

❽ 选中“大号字(我愿意看到输入时，候选字词的显示越大越好)”单选按钮后，单击“下一步”按钮。

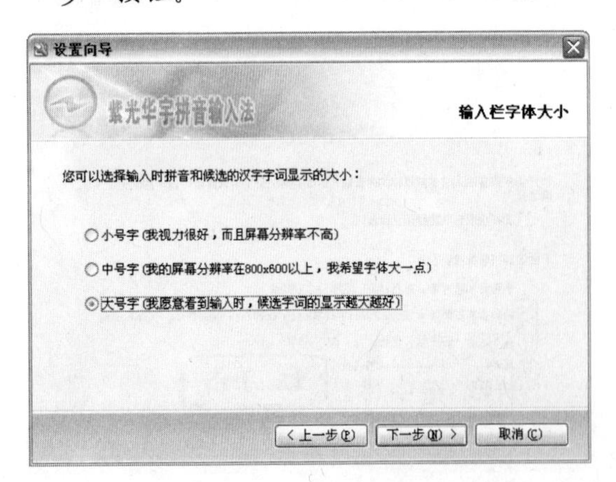

❾ 选中需要用到的词库后，单击“下一步”按钮。

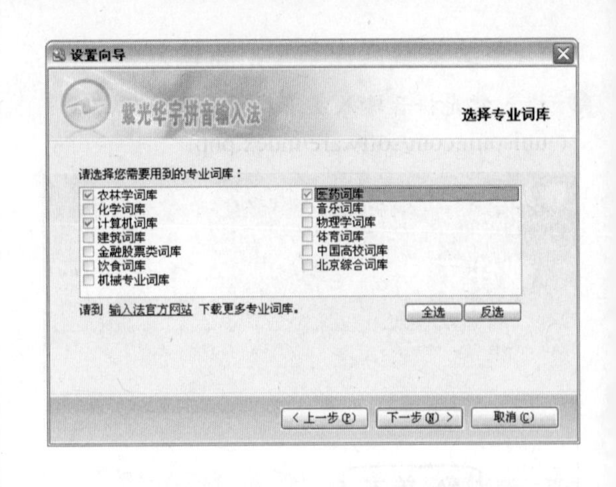

用户可以根据自己经常需要用到的词汇选择合适的词库。如果用户不确定要用到哪一类词，这里建议选择所有词库。

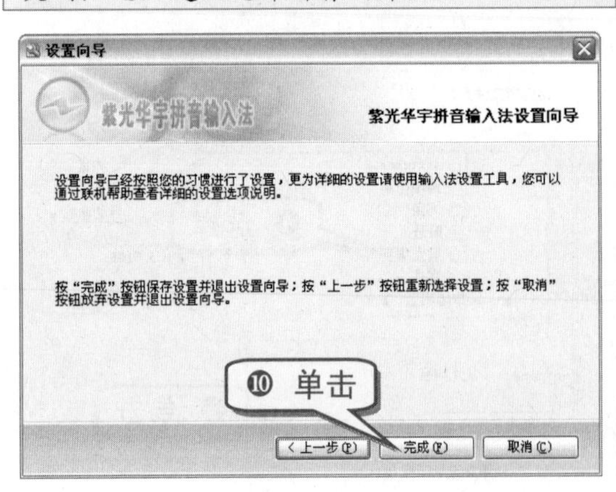

3. 使用紫光华宇拼音输入法的通配符

在进行文字输入时，用户有时会遇到不认识的字，这就容易造成难以准确输入的问题。而使用紫光华宇拼音输入法的通配符就能很好地解决这一问题。接下来以输入“运筹帷幄”为例。

❶ 运行紫光华宇拼音输入法，输入相关文字。

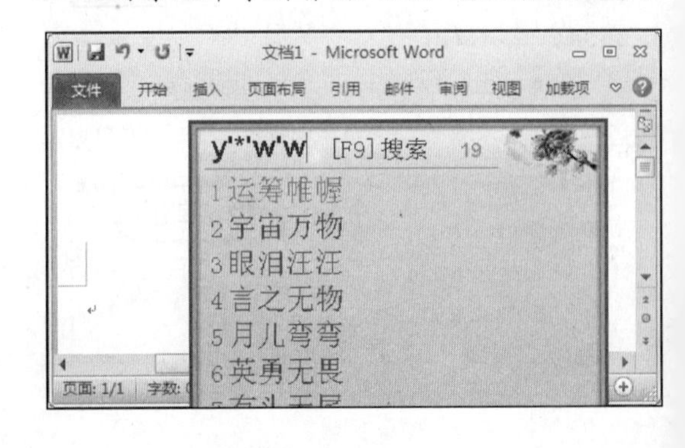

❷ 变换通配符的位置一样可以准确地找到要输入的文字。

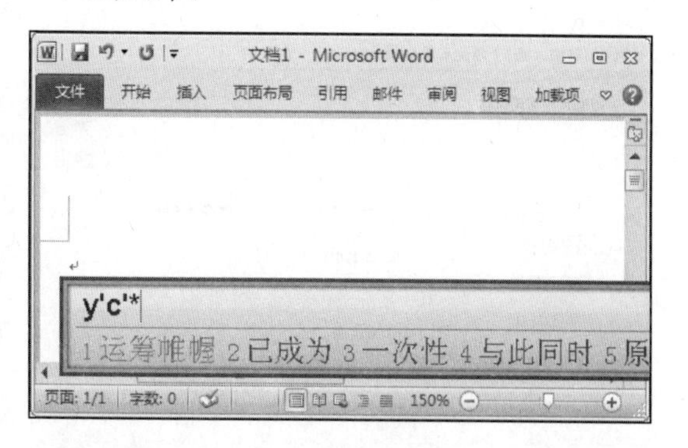

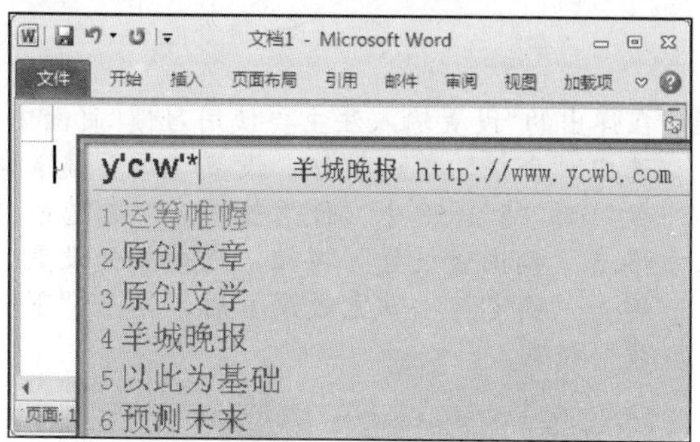

4. 巧换紫光华宇拼音输入法的皮肤

紫光华宇拼音输入法提供了多种使用的皮肤。

❶ 右击设置按钮。

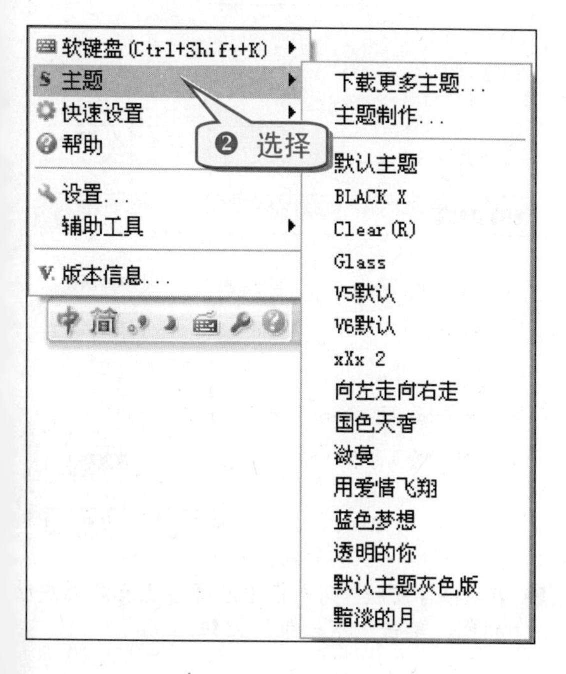

5. 使用紫光华宇拼音输入法的声调辅助输入

紫光华宇拼音输入法提供了声调辅助输入的功能，用户可以通过声调更加准确地输入文字。接下来以输入“成”字为例。

使用声调辅助输入的具体操作步骤如下。

运行紫光华宇拼音输入法，在文档中输入相关文字。

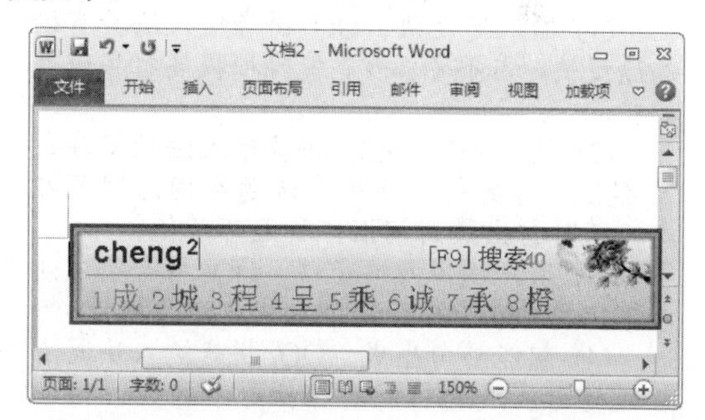

专　家　坐　堂

默认情况下，按下 Shift+1 组合键代表第一声，按下 Shift+2 组合键代表第二声，按下 Shift+3 组合键代表第三声，按下 Shift+4 组合键代表第四声。

技巧73　巧用 QQ 拼音输入法

QQ 拼音输入法是腾讯公司发布的一款汉字拼音输入法软件。QQ 拼音输入法和大多数拼音输入法一样，支持全拼、简拼和双拼三种基本的拼音输入模式。

1. 下载安装 QQ 拼音输入法

❶ 进入 QQ 拼音输入法下载页面 http://py.qq.com/。

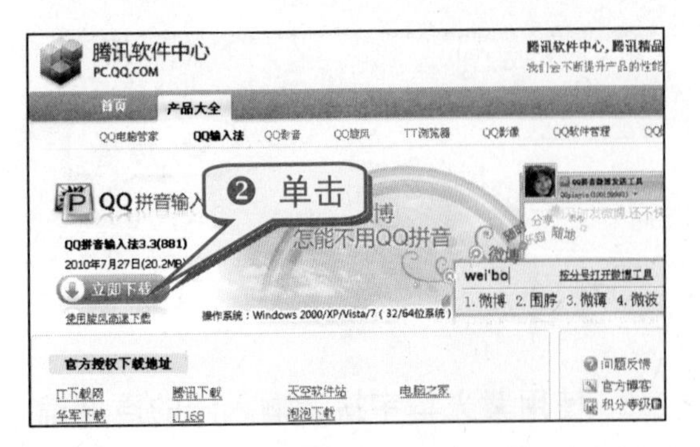

❸ 根据相关提示，依次操作即可下载。

完成下载后即可进行安装，QQ 拼音输入法的安装方法与搜狗拼音输入法、紫光华宇拼音输入法类似，这里就不再具体讲述。

知 识 补 充

QQ 拼音输入法的特点。

(1) 输入速度快。QQ 拼音输入法具有输入速度快，占用资源少，能轻松提高打字速度的特点。

(2) 词库丰富。QQ 拼音输入法的词库每日都会进行更新，将热点话题和词语网罗在内，随时打出最新词汇，聊天不落伍。

(3) 用户词库网络迁移。QQ 拼音输入法能够绑定 QQ 号码，将个人词库随身携带。

(4) 智能整句生成。QQ 拼音输入法具有智能整句生成的功能，打长句不费力，得心应手。

(5) 皮肤精美。QQ 拼音输入法具有多套精美皮肤，让书写更加享受。

2. 巧设 QQ 拼音输入法设置向导

设置 QQ 拼音输入法设置向导可在安装完成后进行，具体操作步骤如下。

❶ 单击完成安装后的“完成”按钮，弹出“QQ 拼音输入法—个性化设置向导”对话框。

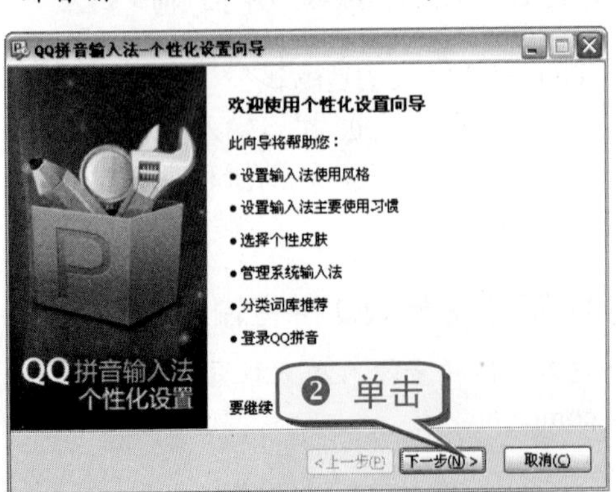

❸ 选中“QQ 拼音风格”单选按钮，接着单击“下一步”按钮。

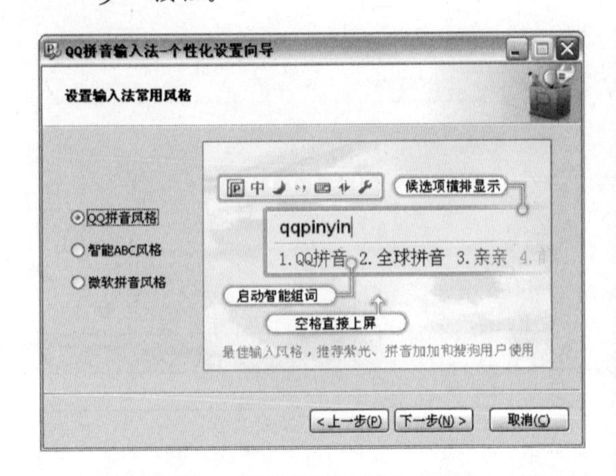

❹ 在弹出的“设置输入法主要使用习惯”页面中，选中“全拼”单选按钮，设置“每页候选词数”为“5”，选中“使用模糊音”复选框并单击“模糊音设置”按钮，进行相关设置。单击“确定”按钮完成设置后，单击“下一步”按钮。

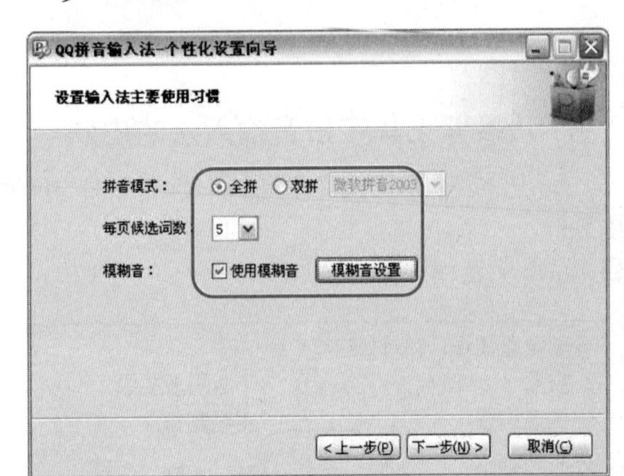

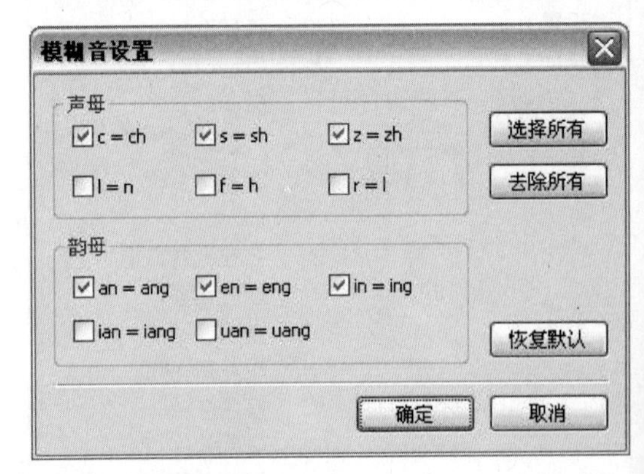

❺ 在“推荐皮肤”列表框中选择自己喜欢的皮肤颜色，单击“下一步”按钮。

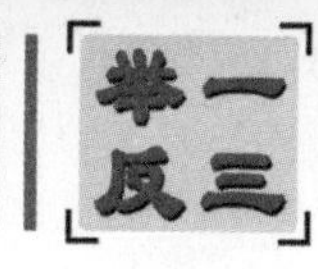

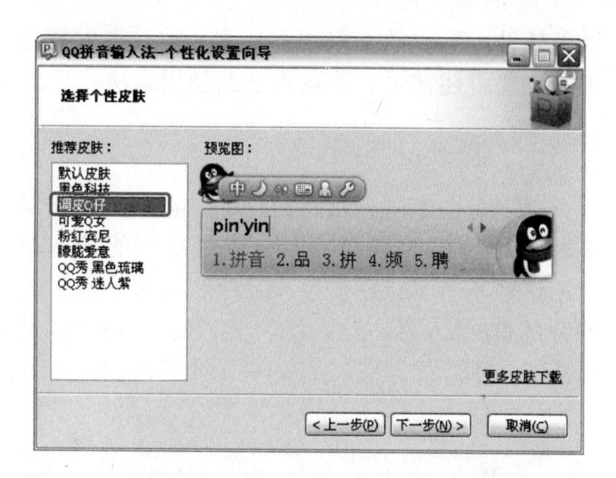

⑥ 在“热键切换至 QQ 拼音：Ctrl+”后的文本框中输入“F2”，并选中“系统中已有以下几种输入法，请勾选您需要使用的输入法”下的几个复选框及“我确认以上的选择”复选框。单击“下一步”按钮。

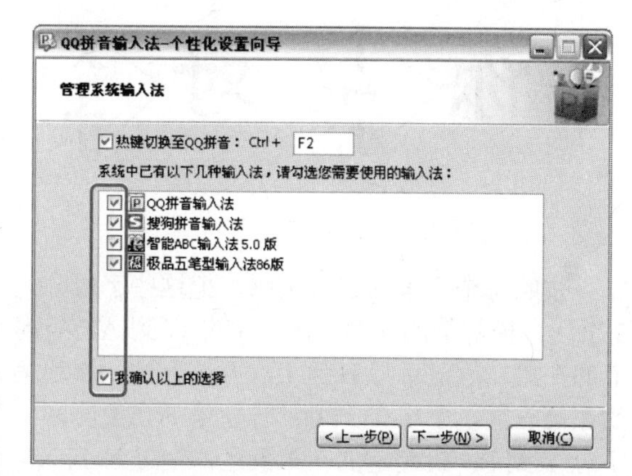

⑦ 在“请选择城市词库”列表框中选择“浙江-嘉兴”，在“推荐词库”列表框中选中自己想要添加的词库，单击“下一步”按钮。

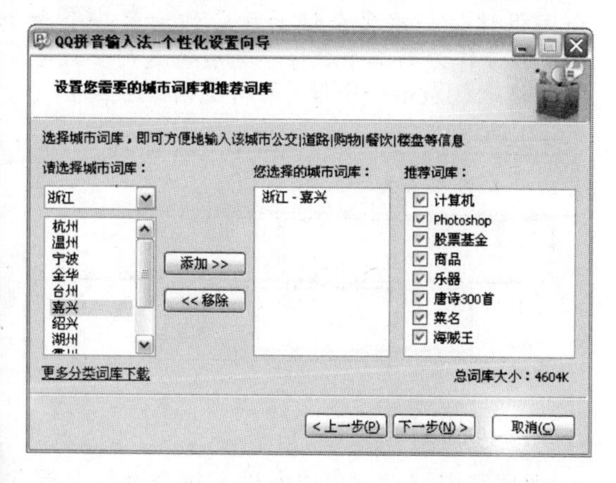

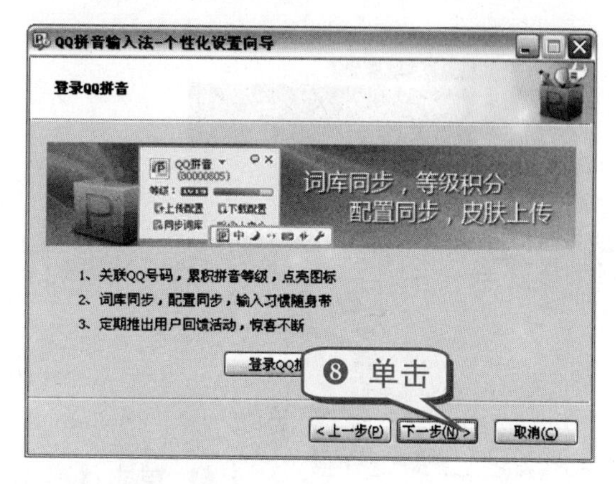

⑨ 最后单击“完成”按钮，完成各项操作。

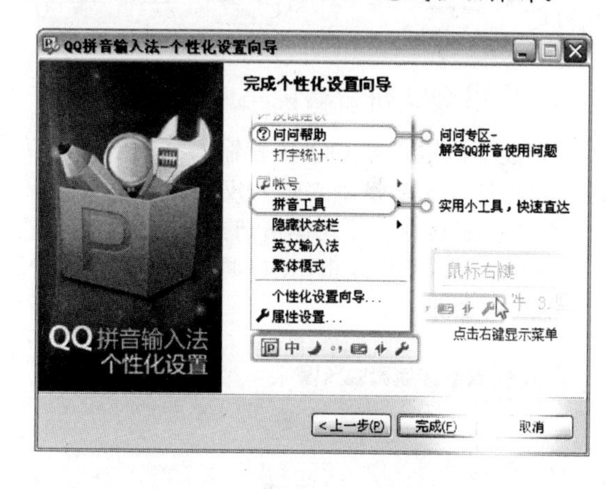

3. 巧换 QQ 拼音输入法的皮肤

QQ 拼音输入法也提供了多种皮肤供选择，用户可以根据自己的喜好来更换皮肤。

快速更换 QQ 拼音输入法皮肤的具体操作步骤如下。

❶ 单击设置按钮，在弹出的菜单栏中选择“换肤”命令。

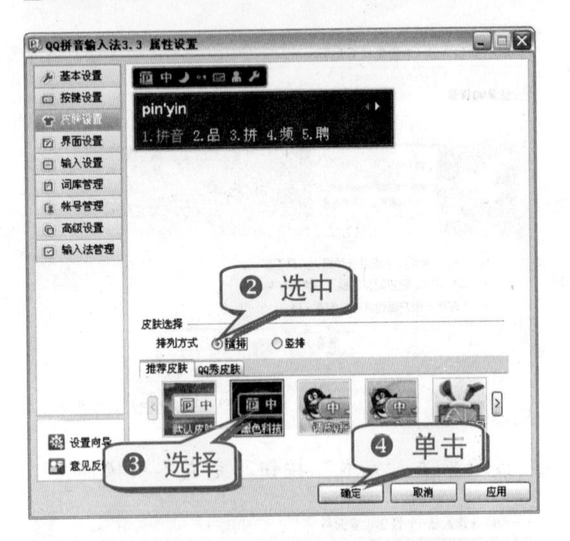

4. 巧用QQ拼音智能笔画输入

智能笔画输入是QQ拼音输入法的一项新功能，可按照汉字的笔画来输入汉字。

❶ 单击设置按钮，在弹出的菜单栏中选择“笔画”命令，然后弹出“QQ拼音智能笔画输入器”对话框。

❷ 在用户想输入汉字，如“娇”字时，使用其智能笔画输入功能就能简单实现。

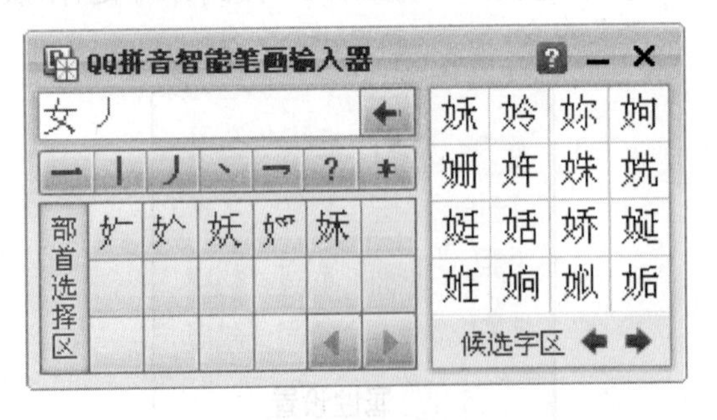

技巧74 巧用五笔字型输入法

陈桥五笔、万能五笔和王码五笔等都是五笔输入软件，它们的编码规则基本一致。在本技巧中，主要讲述常见五笔输入法的使用方法。

1. 了解五笔字根

汉字是由笔画或部首组成的。在输入这些汉字时按照一定的规则拆成一些最常用的基本单位，这些基本单位叫做字根。字根可以是汉字的偏旁部首(日、月、亻、氵、攵、廴)，也可以是部首的一部分(ア、勹、厶)，甚至是笔画(丨、一)。

专家坐堂

在五笔字型中，把一些组字能力很强，而且是在日常汉语文字中出现次数很多的字根，称作基本字根；而把所有非基本字根一律按“单体结构拆分原则”拆分成彼此交连的几个基本字根。

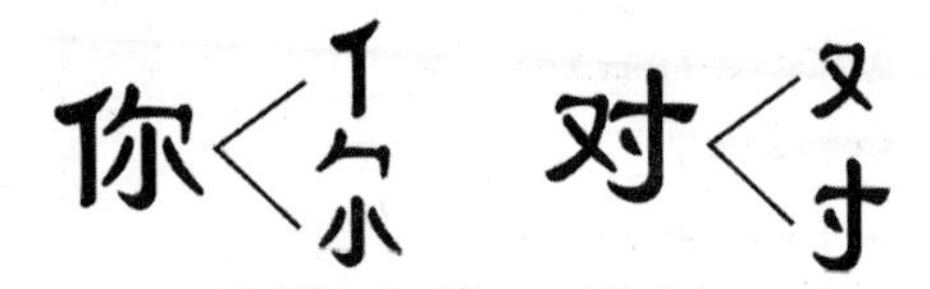

2. 了解字根的区和位

按照每个字根的起笔笔画，把这些字根分为5个区。横起笔的在第一区，字母G到A；竖起笔的在第二区，字母H到L，再加上M；撇起笔的在第三区，字母T到Q；捺起笔的在第四区，字母Y到P；折起笔的在第五区，字母N到X。

注意事项

每一区占键位是5个，也就是一共有25个字根键位。将每个键的区号作为第一个数字，位号作为第二个数字，然后将这两个数字组合起来就表示一个键，即所说的“区位号”。

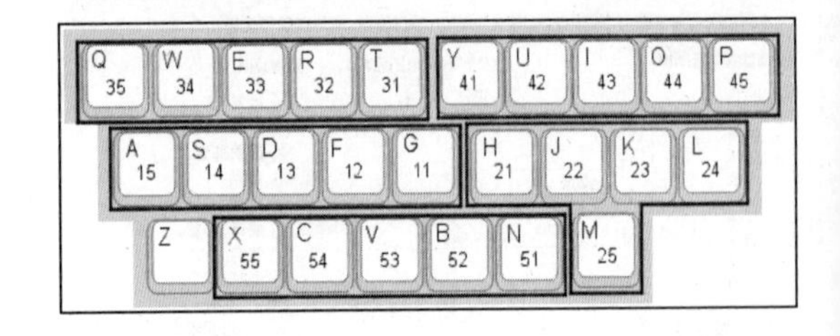

3. 了解键名汉字

观察字根键盘，可以发现在每个键位上都有一个黑体字，这就是键名汉字。

键名汉字是这个键位的键面上所有字根中最具有代表性的字根，而这个字根本身也是一个有意义的汉字(X 键上的“纟”除外)，键名汉字共有 25 个。

4. 了解认识成字字根

在五笔字型键盘字根中，除键名汉字外，凡是由单个字根组成的汉字都叫做成字字根。

如在“G”键中包括的字根有“王、一、五、戋、𤣩”，其中的单个字根汉字有“王、一、五、戋”，由于“王”是键名汉字，“𤣩”又是非独立的一个汉字，所以成字字根就有“一、五、戋”。

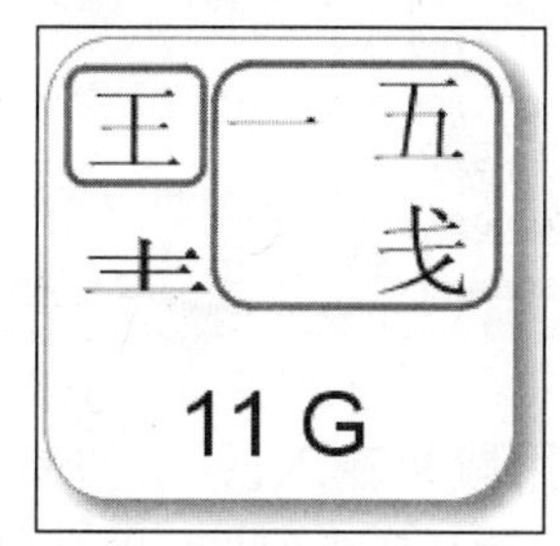

5. 了解字根在键盘上的分布

在五笔字型中，将字根在形、音、意方面进行归类，同时兼顾计算机标准键盘上 25 个英文字母(不包括 Z 键)的排列方式，将其合理地分布在键位 A～Y 共计 25 个英文字母键上，这就构成了五笔字型的字根键盘。

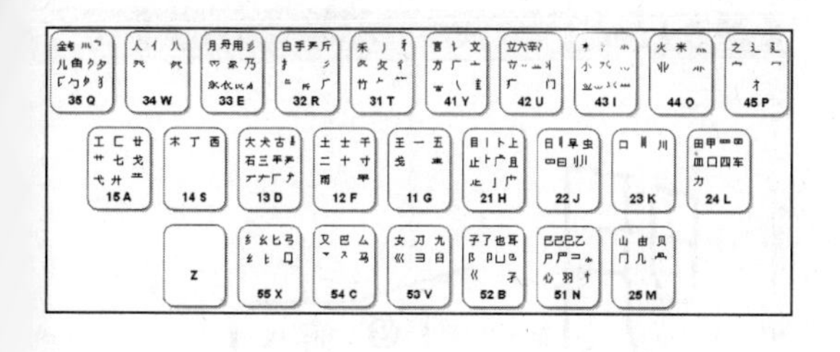

技巧75　巧用最方便的手写输入

如果用户觉得使用键盘打字过于麻烦，或者不习惯使用中文输入法的话，就可以选择手写输入。

1. 手写输入类别

手写输入的类别主要有两类，即硬件输入和软件输入。

常见的硬件输入设备是手写板，作用和键盘类似，通常都具有输入文字和绘画功能，有些手写板还具有鼠标功能。

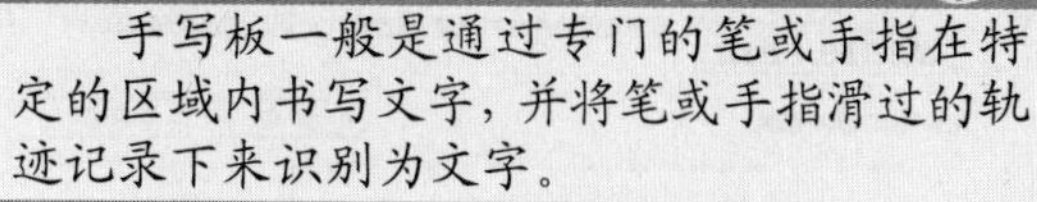

手写板一般是通过专门的笔或手指在特定的区域内书写文字，并将笔或手指滑过的轨迹记录下来识别为文字。

目前市场上的手写板有集成式和独立式两种。集成式的手写板是集成在键盘上的，而独立式的手写板一般使用 USB 接口或串口连接到电脑主机上。

软件输入即是指手写输入软件，只要安装了该软件，就可以使用触摸板或是鼠标进行手写操作，灵活又方便。

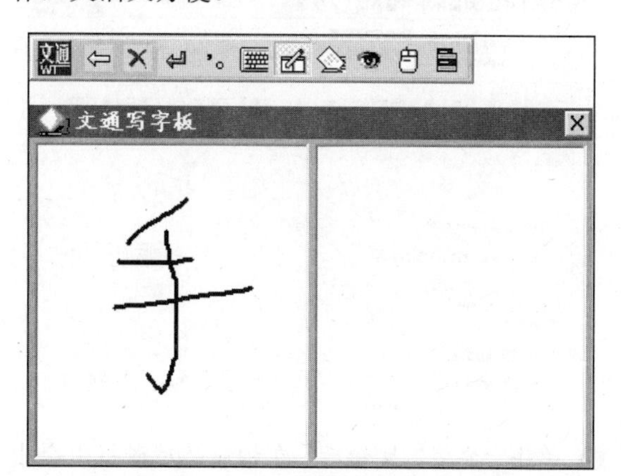

要使用该软件首先要进行安装，具体安装步骤如下。

❶ 双击安装软件图标，弹出“慧视小灵鼠(用鼠标手写输入法) 安装”对话框，单击“下一步”按钮。

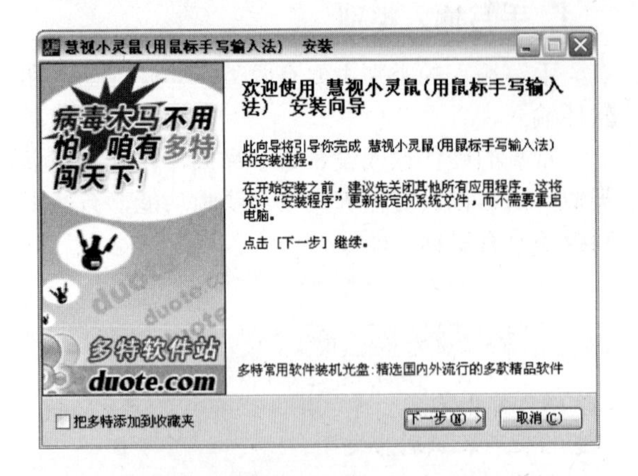

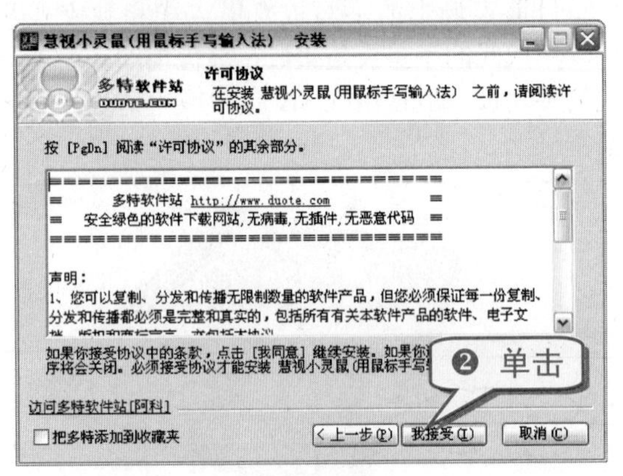

❸ 在“目标文件夹”下输入要保存到的位置路径，或是单击“浏览”按钮选择确切的路径。单击“安装”按钮。

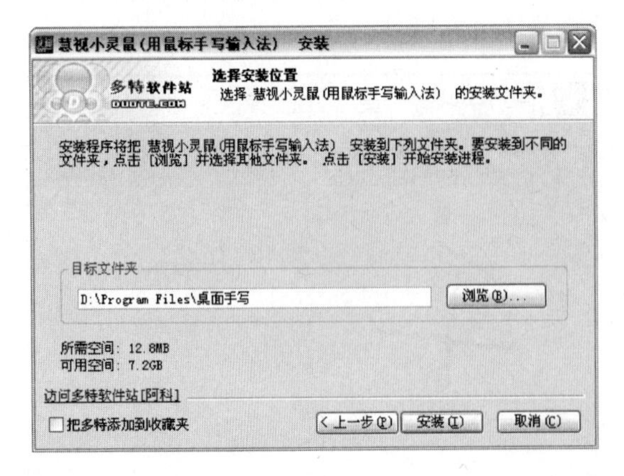

❹ 单击“安装”按钮后，在相应的对话框中会出现安装过程。

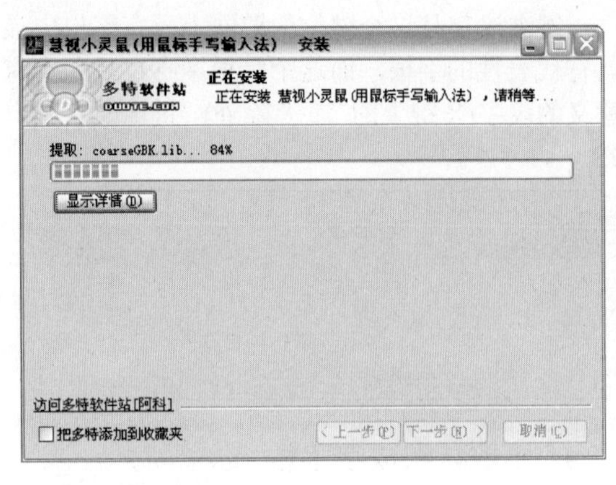

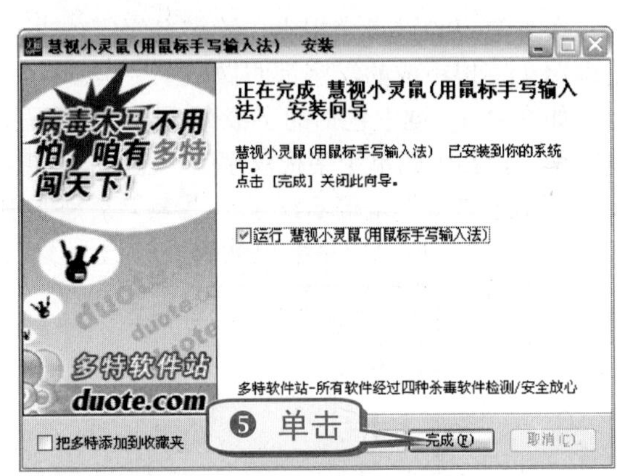

2. 使用鼠标输入

使用手写软件输入文字时，一般是直接使用鼠标或画笔工具在特定的区域内写入文字，操作比较简单。使用鼠标输入的具体步骤如下。

❶ 双击桌面上的图标。

❷ 单击“写字板”按钮。

如果要写文章，那么最好是提高软件的文字输入速度和准确率，具体操作步骤如下。

❶ 单击按钮，选择"设置"命令。

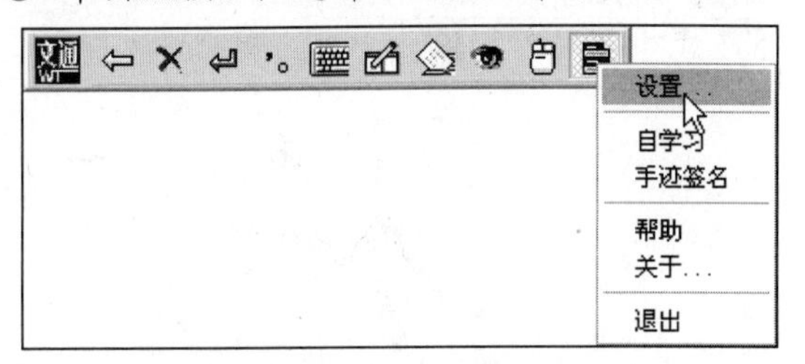

❷ 在弹出的"设置"对话框中设置鼠标和笔的区分度、移动速度和抬笔等待时间，设置完成后单击"确定"按钮。

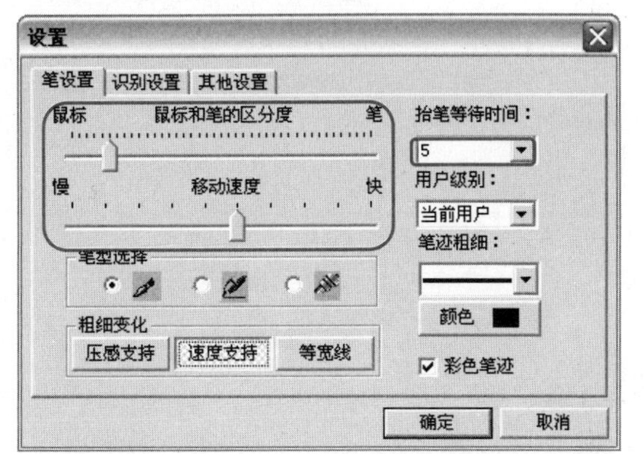

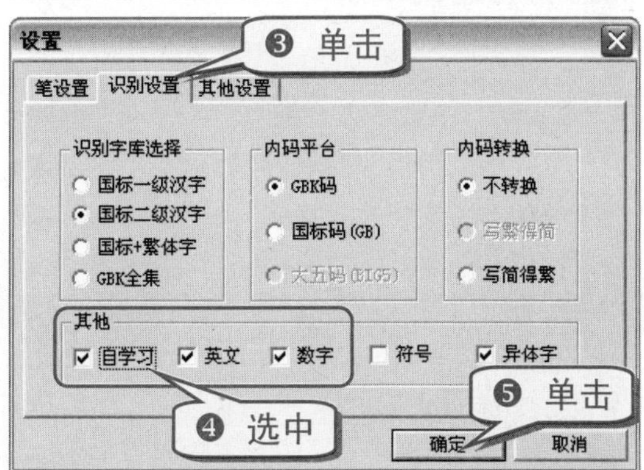

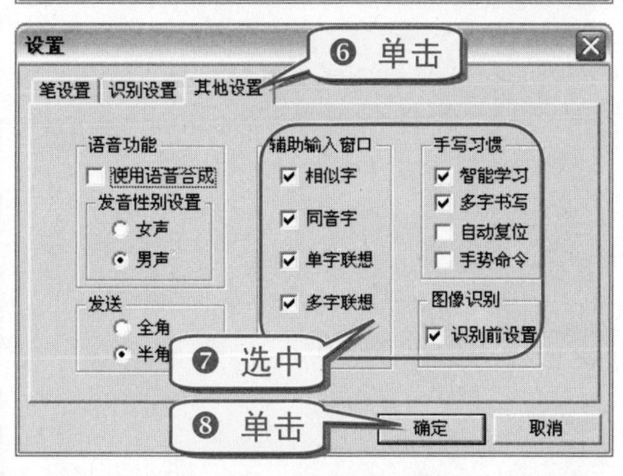

完成设置后便可以开始写文章了，具体操作步骤如下。

❶ 打开一个空白文档，将光标停在文档中，在"写字板"上书写文字。

❷ 要输入标点符号时，单击常用标点按钮打开标点菜单，从中选择即可。或是单击"打开软键盘"按钮弹出软键盘，从中选择。

❸ 当要换行时单击"回车"按钮即可。

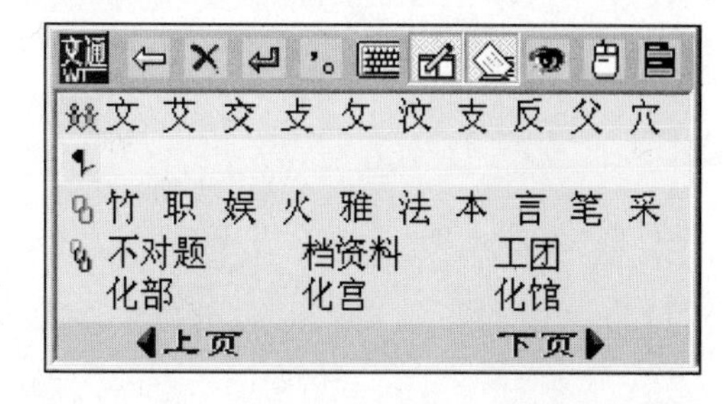

知　识　补　充

如果输入的文字不是用户要写的文字，可以单击"候选字窗口"按钮，在弹出的下拉菜单中选择正确的文字即可。也可以从中选择该字的搭配词。

3. 使用画笔输入

使用画笔工具在桌面上书写，与鼠标输入差不多，只是将整个桌面都当成写字板。

使用画笔输入的具体操作步骤如下。

❶ 单击“切换鼠标与笔”按钮将其转换成按钮。

❷ 将光标停在文档中，用鼠标在桌面上写字。

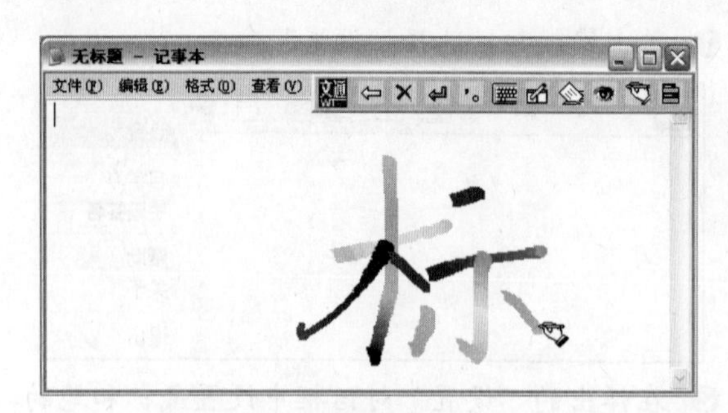

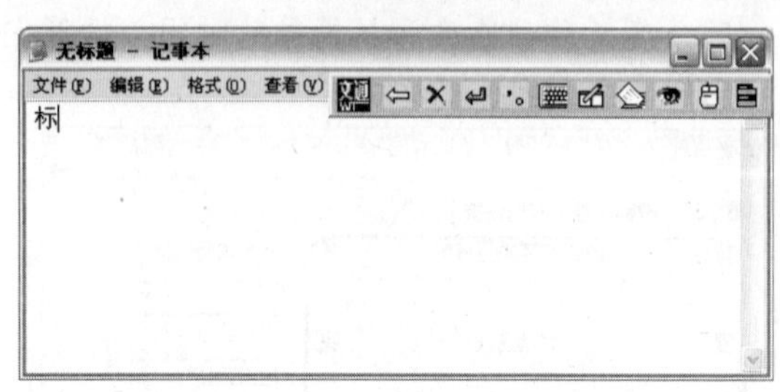

专题五　网上冲浪——谁说只有年轻人可以玩

通过网络，用户可以便捷地了解天下事，可以在网上进行资料查询、文件信息的传送、聊天或娱乐等操作，网上冲浪为用户的生活带来了方便和快乐。

热点快报

- 快速启动 IE 浏览器
- 快速关闭 IE 浏览器
- 快速保存 IE 网页
- 下载网络资源

技巧76　快速启动 IE 浏览器

启动 IE(Internet Explorer)浏览器，用户就可以进行各种网上操作。启动方法主要有以下几种。

- 双击桌面上的 IE 浏览器快捷方式图标启动 IE 浏览器。
- 选择开始按钮中的 Internet Explorer 命令启动 IE 浏览器。
- 单击“快速启动”栏中的图标快速启动 IE 浏览器。

技巧77　快速关闭 IE 浏览器

关闭 IE 浏览器有下面几种方法。

- 单击 IE 浏览器窗口右上角的按钮关闭 IE 浏览器。
- 双击 IE 浏览器窗口左上角的图标关闭 IE 浏览器。
- 单击 IE 浏览器窗口左上角的图标，或右击 IE 浏览器窗口的标题栏，在弹出的快捷菜单中选择“关闭”命令关闭 IE 浏览器。

- 在 IE 浏览器窗口菜单栏中选择“文件”→“关

闭”命令关闭 IE 浏览器窗口。

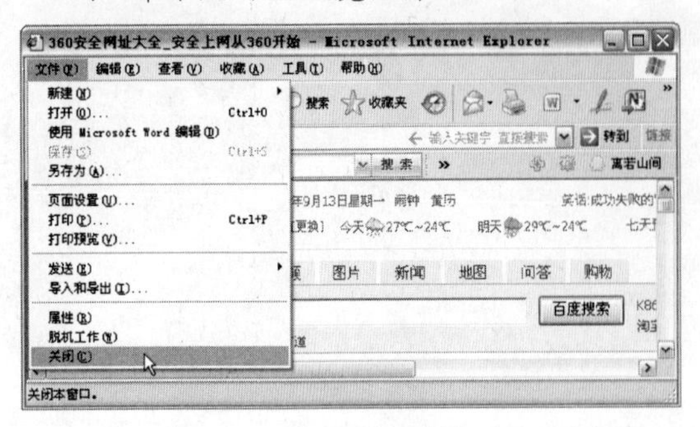

技巧78　巧用 IE 浏览器

IE 浏览器具有强大的搜索功能，用户在地址栏中输入网站的网址即可快速访问该网站。

❶ 启动 IE 浏览器。

❷ 在地址栏中输入要浏览网页的网址。

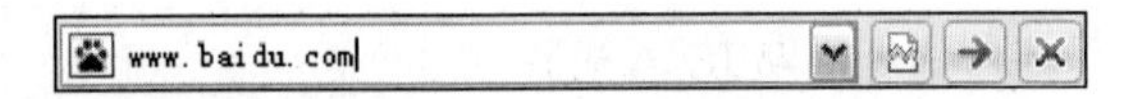

❸ 单击➔按钮，或按下 Enter 键，开始搜索页面。IE 会自动搜索并转到搜索结果页面。

技巧79　巧设 IE 主页

设置 IE 主页的具体操作步骤如下。

❶ 在 IE 浏览器中打开要设置主页的网页。

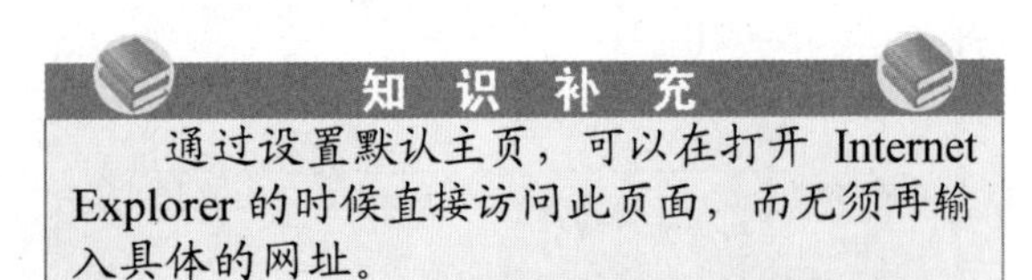

知　识　补　充

通过设置默认主页，可以在打开 Internet Explorer 的时候直接访问此页面，而无须再输入具体的网址。

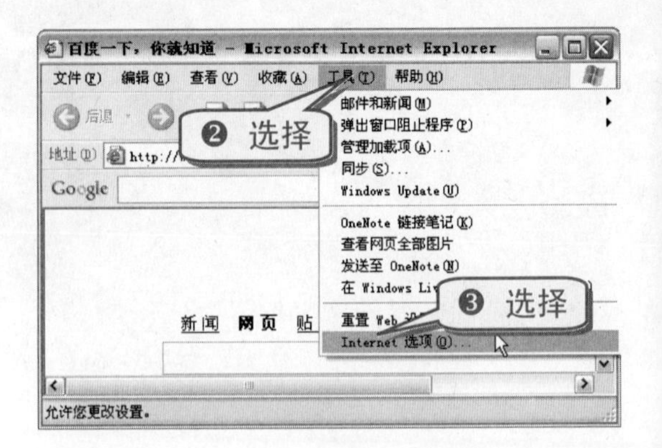

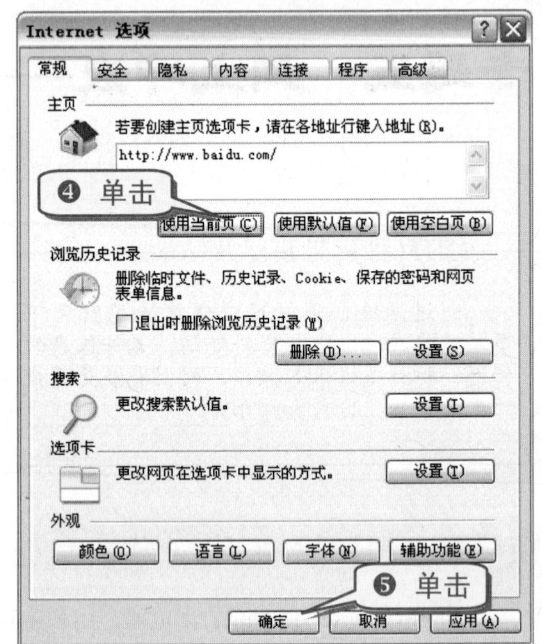

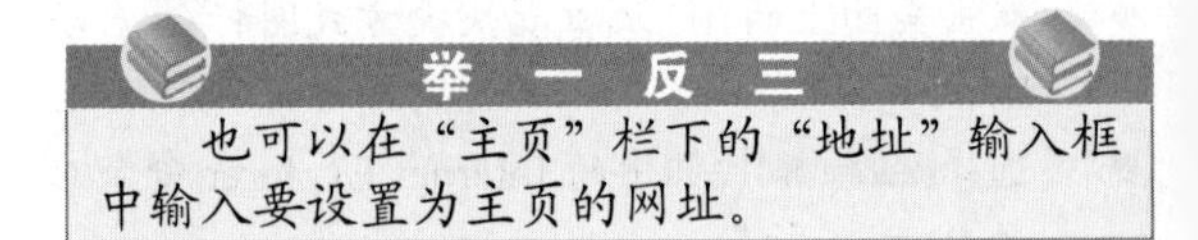

举　一　反　三

也可以在“主页”栏下的“地址”输入框中输入要设置为主页的网址。

技巧80　巧用历史记录

如果用户在浏览网页时，需要再次访问之前的页面，可以单击“后退”按钮，返回到刚才浏览过的网页。但该方法只限于返回到本次启动浏览器时打开过的网页。

如果要访问上次启动浏览器时打开过的网页，或是上个星期打开过的网页，可以通过 IE 浏览器提供的“历史记录”功能进行访问，具体操作步骤如下。

❶ 打开 IE 浏览器，选择“查看”命令。

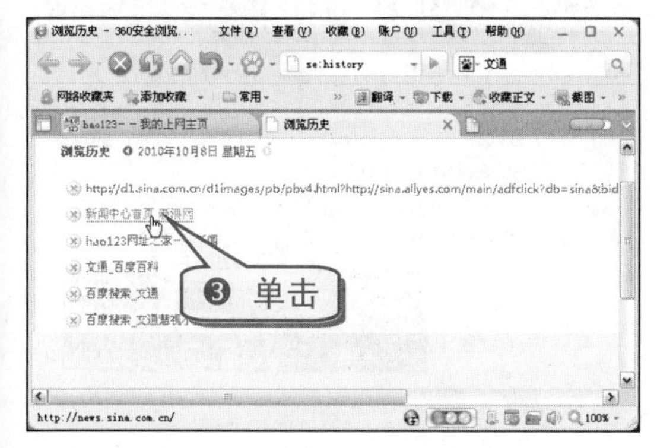

知 识 补 充

查看历史记录的方式主要有五种：按日期查看、按站点查看、按访问次数查看和按今天的访问顺序查看。

技巧81　快速删除 IE 浏览器的历史记录

上网时浏览器都会留下浏览记录等涉及个人隐私的数据，出于安全方面的考虑，及时清除浏览器中的历史记录是很有必要的。

❶ 打开 IE 浏览器，选择“工具”→“IE 选项”命令。

❷ 弹出“Internet 属性”对话框，单击“常规”标签。

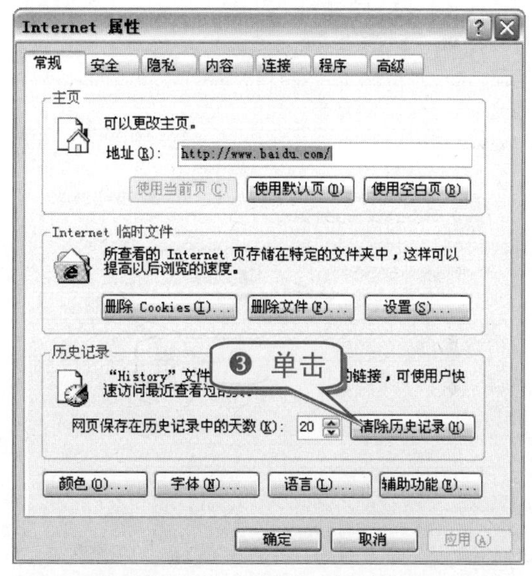

技巧82　快速设置限制访问对象的网站

用户如果想设置限制访问对象网站，可根据下面的步骤进行操作。

❶ 打开 IE 浏览器，选择“工具”→“IE 选项”命令，弹出“Internet 属性”对话框，单击“安全”标签。

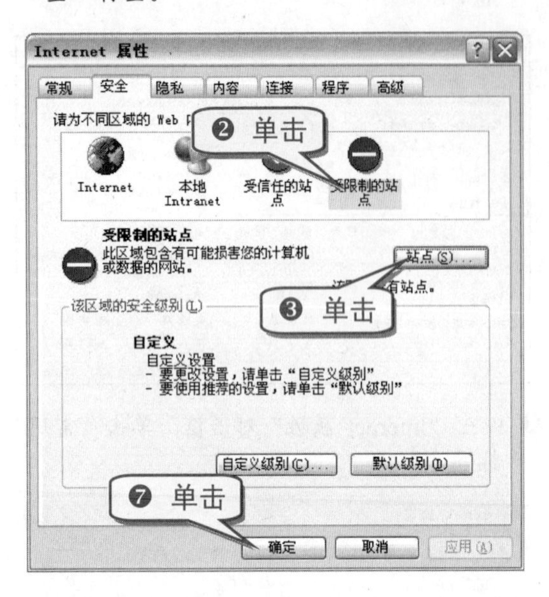

举一反三

当用户需要解除网站限制时，只需单击该网站，然后再单击“删除”按钮即可。

技巧83 妙用 IE 查找内容

有时网页上的内容太多不容易找到自己想要的内容，此时可使用浏览器的“查找”功能来快速找到某个角落中的信息。

❶ 打开 IE 浏览器。

专家坐堂

当所浏览的页面较长时，按下空格键可以向下翻页，按下 Shift+Space 组合键可以向上翻页。

技巧84 巧妙阻止弹出窗口

用户在浏览网页的过程中，有时会碰到各种弹出的窗口干扰用户浏览网页，为避免这些干扰用户可将这些进行屏蔽。

❶ 打开IE浏览器，选择“工具”→“Internet选项”命令，弹出“Internet选项”对话框，单击“隐私”标签。

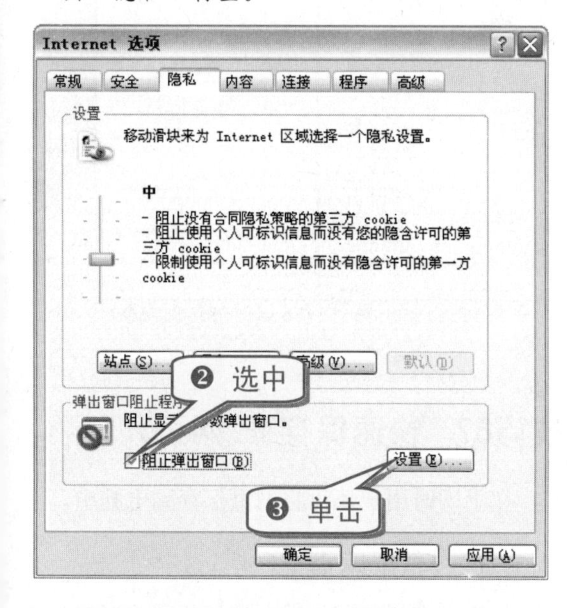

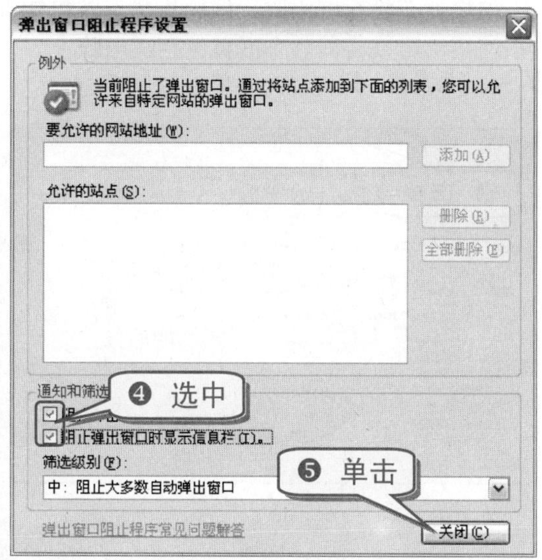

❻ 返回“Internet选项”对话框，单击“应用”按钮，最后单击“确定”按钮完成操作。

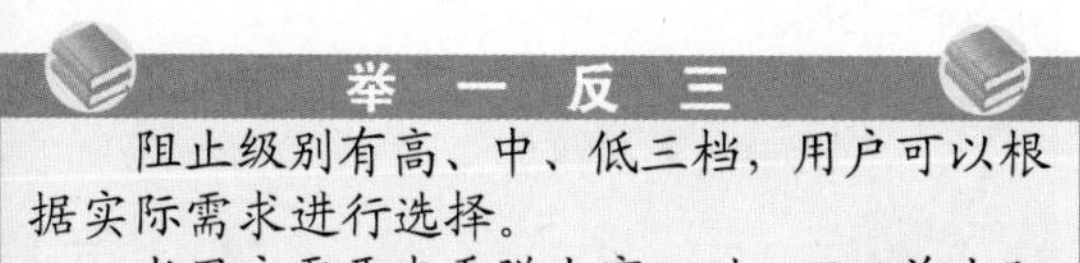

阻止级别有高、中、低三档，用户可以根据实际需求进行选择。

当用户需要查看弹出窗口时，可以单击阻止弹出窗口区域，选择“临时允许弹出窗口”命令。

技巧85　快速收藏实用网页

通过IE浏览器的“收藏夹”功能，可以把喜欢的网页收藏起来，以便日后能更快捷地再次打开该网页。其具体操作步骤如下。

❶ 启动IE浏览器。

❷ 打开要收藏的网页，选择“收藏”→“添加到收藏夹”命令。

❸ 在“名称”文本框中输入收藏网页的名字，然后单击“确定”按钮。

❹ 收藏完成后，在收藏夹中就能看到该网页。

技巧86　快速打印网页

如果用户打印网页，只需学会一个小的技巧即可。具体操作步骤如下。

❶ 打开IE浏览器，选择“文件”命令。

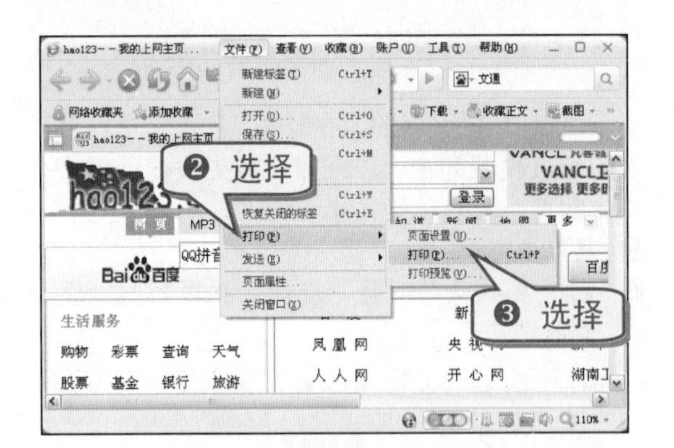

知 识 补 充

打印一般指将电脑或是其他电子设备中的图片或文字等可见数据，利用打印机等输出在纸张等记录物上。

为使打印出来的网页符合用户要求，可以在打印前进行预览打印，其具体操作步骤如下。

打开 IE 浏览器，选择“文件”→“打印”→“打印预览”命令。

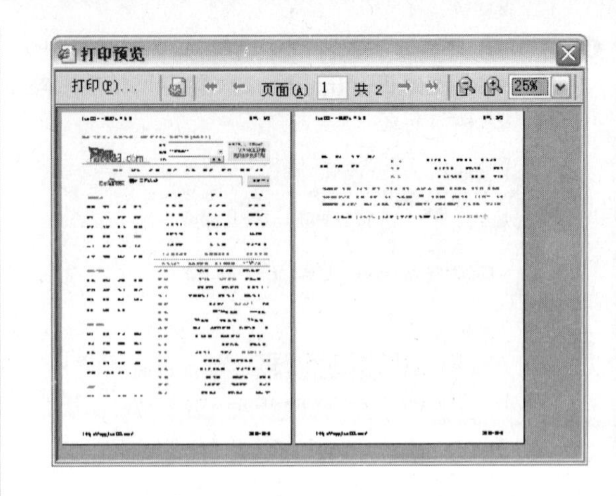

技巧87　快速保存 IE 网页

在上网时用户还可将网页保存到电脑中。

1. 保存整个网页

如果要在没有网络时，即脱机状态时也能查看该网页，可以将其整个网页保存在电脑中。

❶ 启动 IE 浏览器，打开要保存的网页。

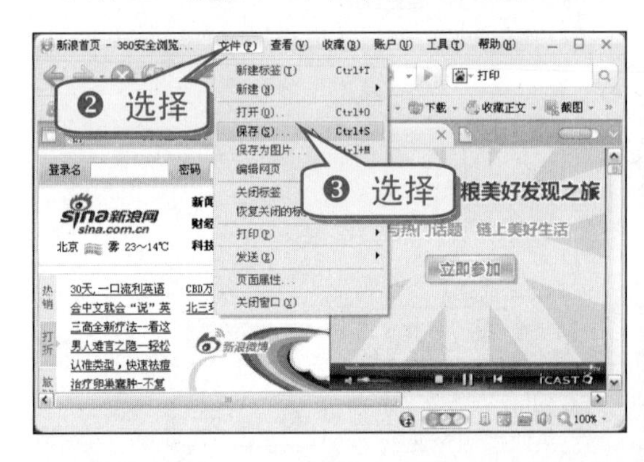

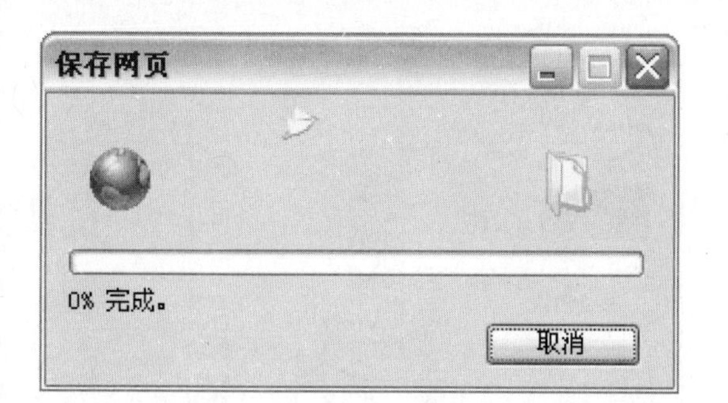

专 家 坐 堂

如果网页中全是文字，为了便于查看，用户也可以在“保存网页”对话框中的“保存类型”下拉列表框中选择“文本文件”格式，将其保存为文本文档。

2. 保存图片

用户在网上遇到喜欢的图片，可以将其保存起来，具体操作步骤如下。

❶ 在 IE 浏览器中打开图片所在的网页。

❷ 右击要保存的图片。

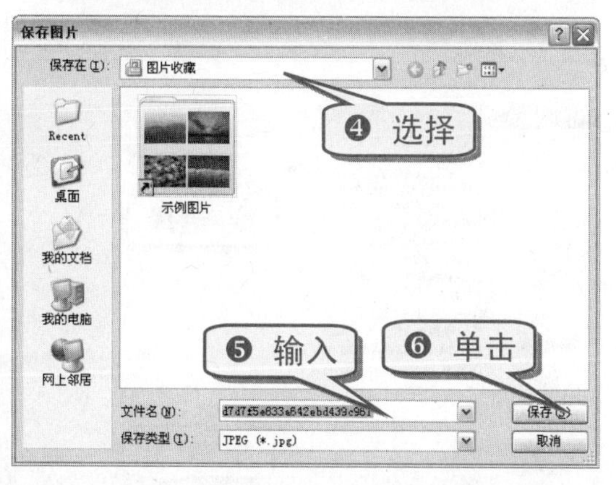

3. 保存文字

网页中的文字包含了很多重要的信息，是网页的重要组成部分。用户可以将有用的信息保存起来，具体操作步骤如下。

❶ 在 IE 浏览器中打开要保存文字的网页。

❸ 右击该段文字，选择“复制”命令。

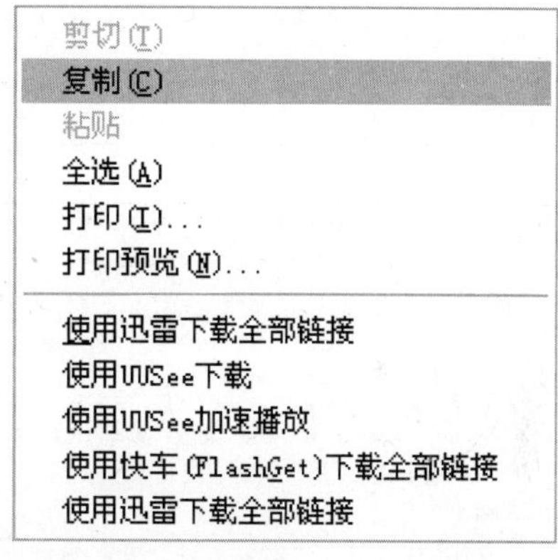

❹ 打开保存文字的程序，如文本文档。

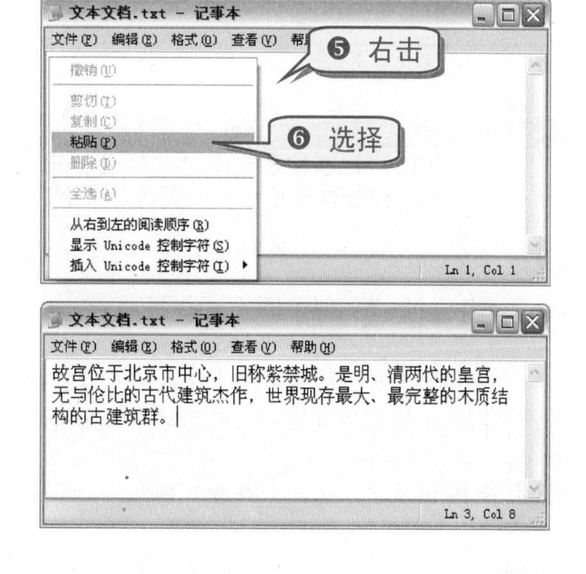

技巧88 快速放大IE网页

老年人的视力通常都不太好，这时就需要放大网页，以便看得更加清楚。

知 识 补 充

IE可以对网页的大小进行设置，与更改字体大小不同，缩放将放大或缩小页面上的包括文字和图像在内的所有内容。

❶ 打开IE浏览器，选择“查看”命令。

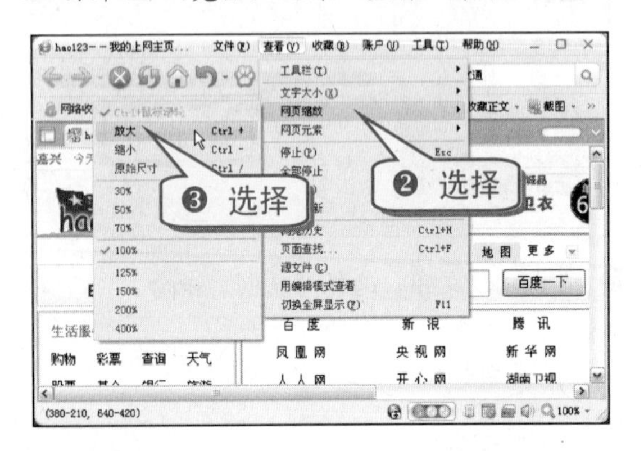

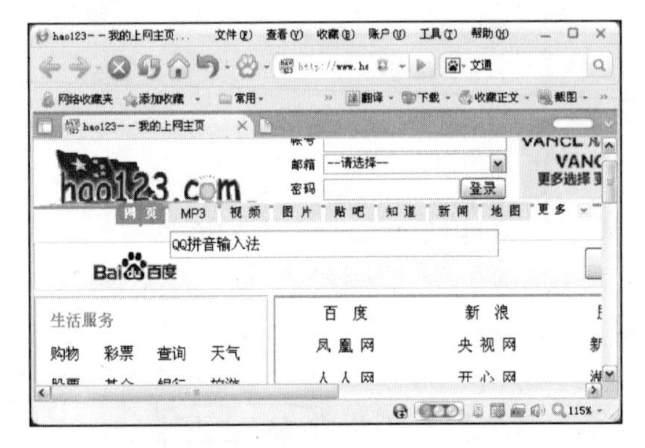

按下Ctrl++组合键也可以对网页进行放大，按下Ctrl+-组合键也可以对网页进行缩小。

技巧89 快速全屏显示网页

全屏显示网页可将视野最大化，从而方便用户浏览网页。快速全屏显示网页的具体操作步骤如下。

❶ 打开IE浏览器，选择“查看”命令。

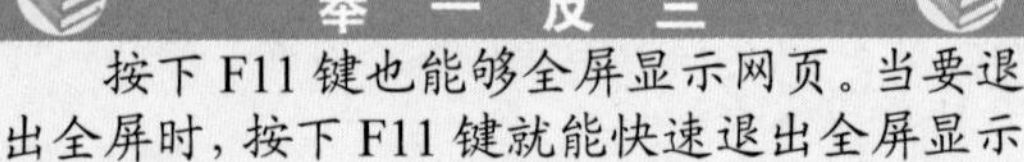

按下F11键也能够全屏显示网页。当要退出全屏时，按下F11键就能快速退出全屏显示状态。

技巧90 下载网络资源

使用IE浏览器可以直接下载软件、图片、音乐、电影等资源，其具体操作步骤如下。

❶ 在IE浏览器中打开下载软件的网页。

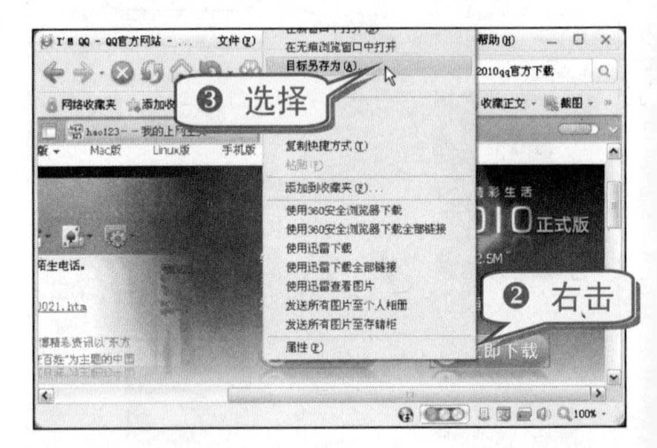

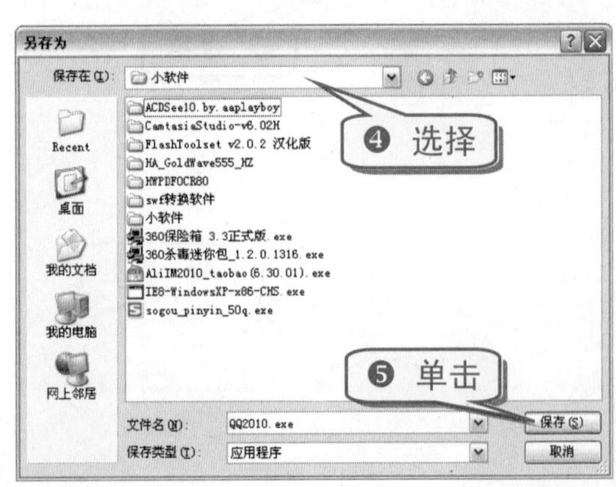

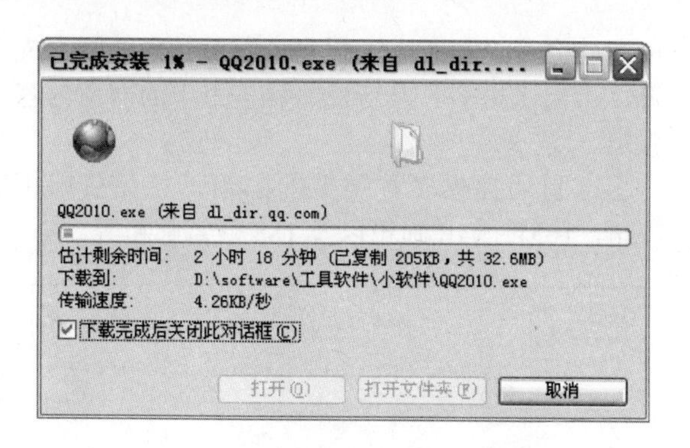

技巧91　安装傲游浏览器

用户可以使用系统自带的浏览器，也可以使用从网上下载的浏览器，如傲游浏览器。在使用前要先安装，具体操作步骤如下。

❶ 双击傲游浏览器安装程序图标，弹出“傲游浏览器 2 安装程序”对话框。

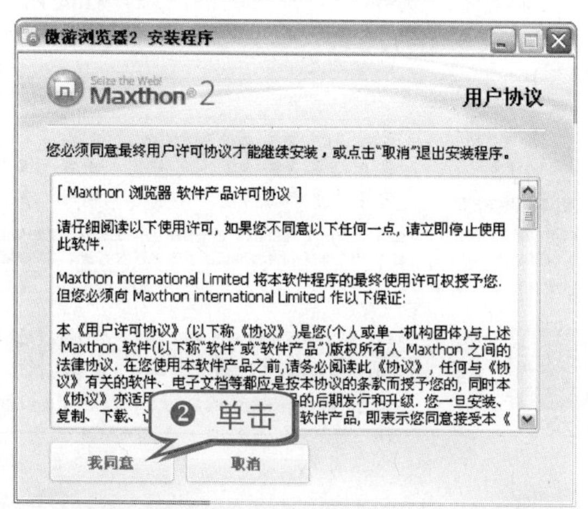

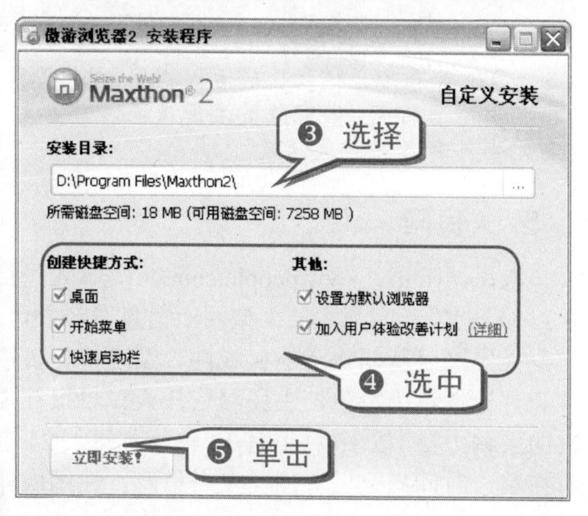

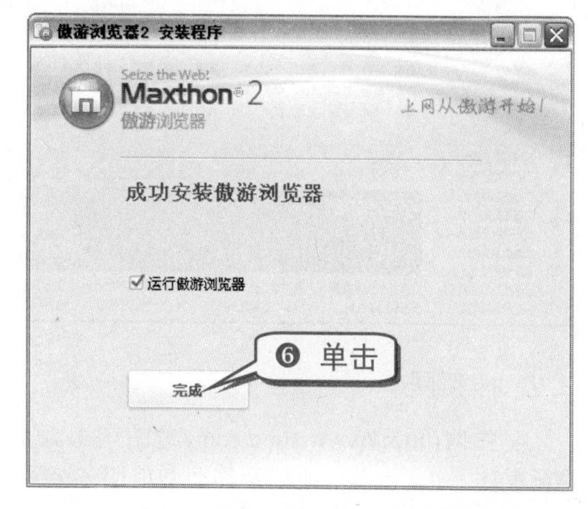

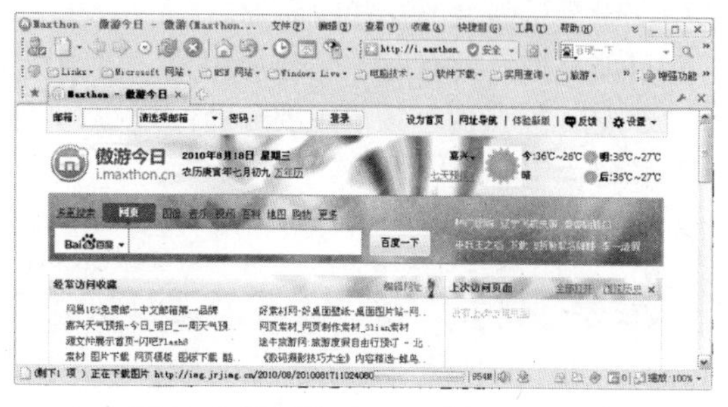

技巧92　推荐主流网站

现在的网站有很多，推荐几个主流网站，便于用户快速地从互联网上获取信息。

1. 新浪网

新浪网(http://www.sina.com.cn)是一家服务于中国及全球华人社群的领先在线媒体及增值资讯服务提供商。

知识补充

新浪网拥有多家地区性网站，以提供网络新闻及内容服务的新浪网、提供移动增值服务的新浪无线、提供搜索及企业服务的新浪企业服务以及提供网上购物服务的新浪电子商务这 4 大业务。

这些业务向广大用户提供包括地区性门户网站、搜索引擎及目录索引、兴趣分类与社区建设型频道、免费及收费邮箱、博客、影音流媒体、网络游戏、分类信息、电子商务和企业电子解决方案等在内的一系列服务。

2. 搜狐网

搜狐网(http://www.sohu.com)是中国最领先的新媒体、电子商务、通信及移动增值服务公司，是中文世界最强劲的互联网品牌。

目前，搜狐拥有近1亿注册用户，日浏览量达2.5亿。搜狐内容频道主要分新闻中心、财经中心和时尚中心三大版块。

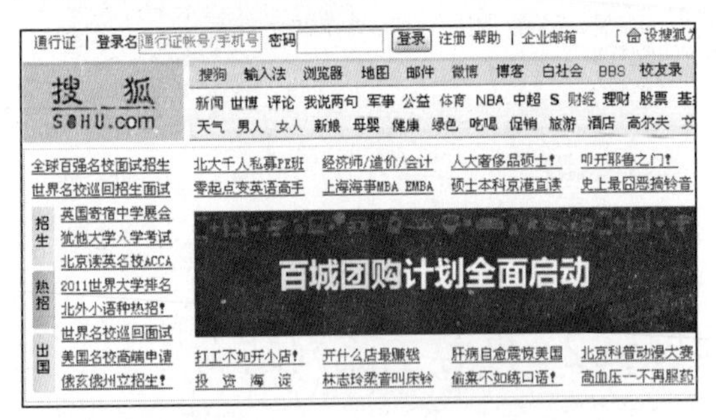

3. 网易网

网易(http://www.163.com)是中国最有成就的互联网门户，与新浪网、搜狐网以及腾讯网并称为“中国四大门户”。

网易网站为互联网用户提供了以内容、社区和电子商务服务为核心的中文在线服务。

网易内容频道为用户提供新闻、信息和在线娱乐服务，同时网易同国内外上百家网上内容供应商建立了合作关系，提供全面而精彩的网上内容，推出了很多各具特色、涵盖万千的网上内容频道。

网易还提供多种类型的邮箱，如免费邮箱(126、163)、VIP邮箱以及188财富邮箱等。

4. 新华网

新华网(http://www.xinhuanet.com)是国家通讯社新华社主办的中央重点新闻网站，在海内外具有重大影响力。

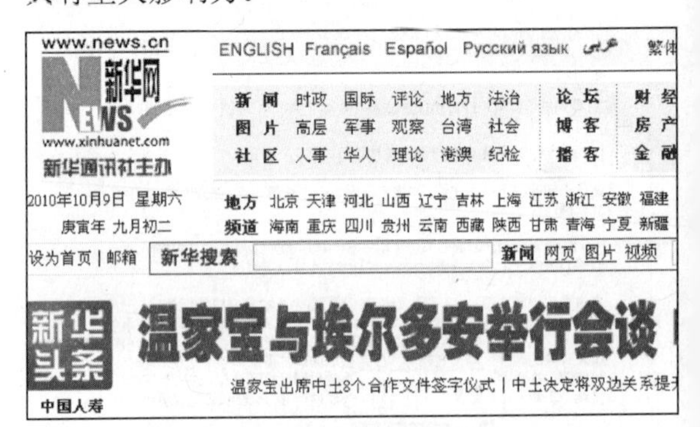

知识补充

新华网依托新华社的综合优势，以多媒体、多语种和多方位拓展的方式在第一时间播报国内重要新闻、国家政策法规及国内外重大突发事件和各种重大活动。

5. 人民网

人民网(http://www.people.com.cn)是《人民日报》建设的以新闻为主的大型网上信息发布平台。

人民网以新闻报道的权威性、及时性、多样性和评论性等为特色，人民网依托人民日报社强大的采编力量，以10种语言11种版本每天24小时在第一时间向全世界网民发布信息，在国内外具有强大的影响力。

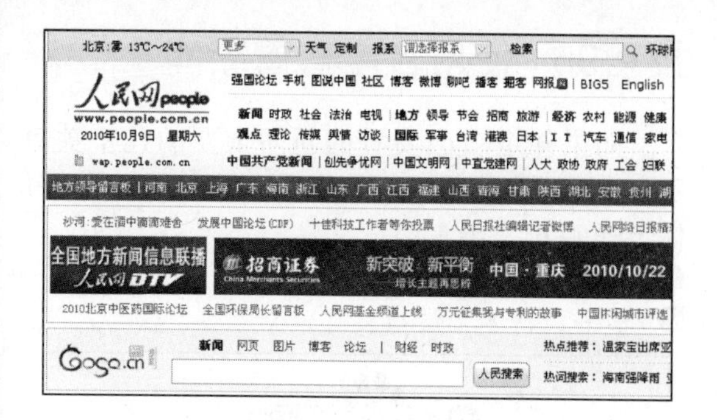

6. 天涯社区

天涯虚拟社区(http://www.tianya.cn)以开放、自由、宽松和充满人文关怀的特色受到了全球华人网民的喜爱。

经过多年的发展，天涯社区已经发展成为以论坛、部落和博客为基础交流方式，综合提供个人空间、相册、音乐盒子、分类信息、站内消息、虚拟商店以及企业品牌家园等一系列功能服务，并以人文情感为核心的综合性虚拟社区和大型网络社交平台。

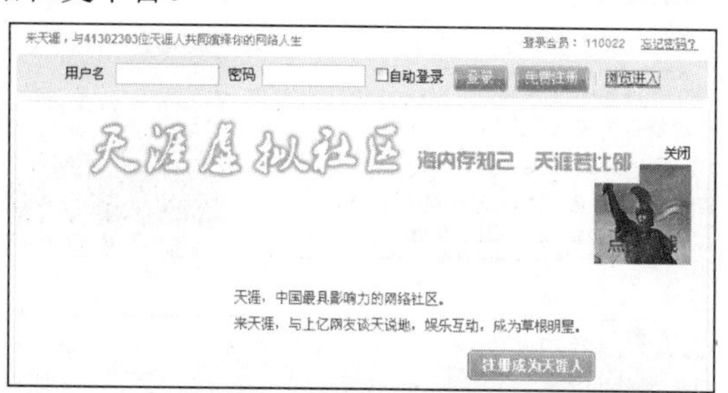

技巧93　登录新闻网站

新闻网站是指以经营新闻业务为主要生存手段的网站。包括国家大型新闻门户(如新华网、人民网等)，商业门户(网易、新浪等)，地方新闻门户(长江网、大江网、大洋网等)，还有各种行业门户网站(湖北美食网、中国化工网)也充当了该行业的新闻网站。

> **专家坐堂**
>
> 登录各专业新闻门户的方法很简单，只要在 IE 浏览器地址栏中输入网址即可。

技巧94　快速在新浪网查看新闻

新浪网在新闻方面涵盖了国内外突发新闻、体坛赛事、娱乐时尚、财经及 IT 产业资讯等内容。在新浪网查看新闻的具体操作步骤如下。

❶ 登录新浪网首页。

❷ 单击分类栏目中的“新闻”链接。

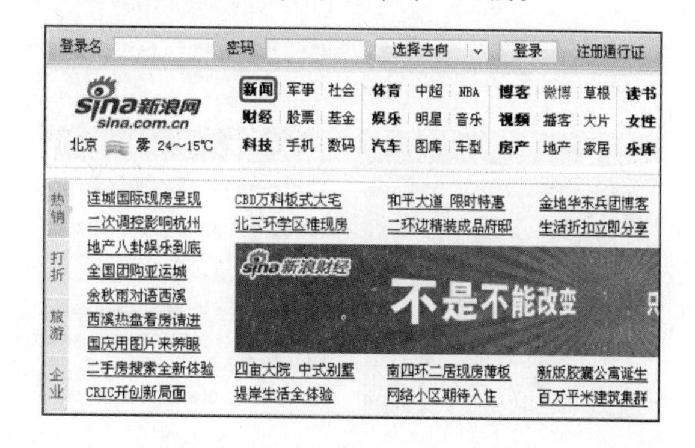

❸ 弹出新浪网的“新闻中心”首页，单击要看的新闻链接，便能直接查看新闻内容。

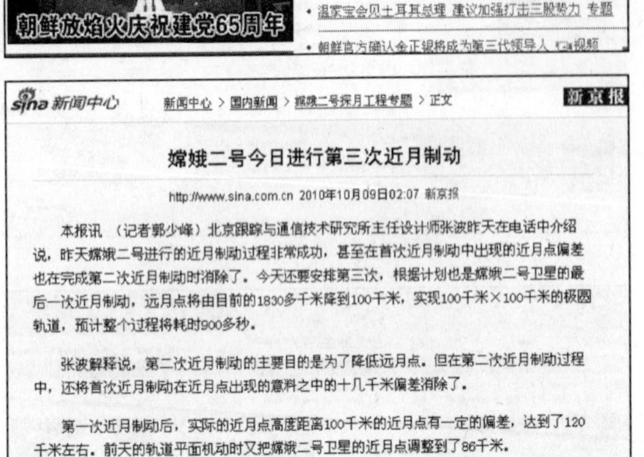

新闻中心 > 国内新闻 > 嫦娥二号探月工程专题 > 正文

嫦娥二号今日进行第三次近月制动

http://www.sina.com.cn 2010年10月09日02:07 新京报

本报讯 （记者郭少峰）北京跟踪与通信技术研究所主任设计师张波昨天在电话中介绍说，昨天嫦娥二号进行的近月制动过程非常成功，甚至在首次近月制动中出现的近月点偏差也在完成第二次近月制动时消除了。今天还要安排第三次，根据计划也是嫦娥二号卫星的最后一次近月制动，远月点将由目前的1830多千米降到100千米，实现100千米×100千米的极圆轨道，预计整个过程将耗时900多秒。

张波解释说，第二次近月制动的主要目的是为了降低远月点。但在第二次近月制动过程中，还将首次近月制动在近月点出现的意料之中的十几千米偏差消除了。

第一次近月制动后，实际的近月点高度距离100千米的近月点有一定的偏差，达到了120千米左右。前天的轨道平面机动时又把嫦娥二号卫星的近月点调整到了86千米。

举一反三

另外，也可以直接在地址栏中输入http://news.sina.com.cn/进入新浪新闻中心。

技巧95 在搜狐网查看新闻

搜狐网是业界首屈一指的新闻平台。囊括国内、国际、财经、科技、体育、社会、评论、军事、文化以及教育等频道与栏目，每日新闻更新数千篇。全面、纵深，国内外新闻即时传真，每天24小时滚动播报，足不出户，一网打尽天下事。

新闻中心精品栏目“点击今日”、“视觉联盟”、“世界观”等都提供了众多新闻，另外还致力于新闻的深度策划和多角度解读，用观点传递价值。

技巧96 使用百度查看新闻

如果知道自己要看的新闻主要的几个关键字，也可以运用搜索引擎查看。以百度为例，具体步骤如下。

❶ 登录百度首页。

❷ 单击“新闻”链接。

❸ 单击要看的新闻链接，便能查看新闻内容。

中国广播网 www.cnr.cn 新闻中心

首页 > 新闻中心 > 全新闻

传海南琼海一水库泄洪冲死几十人 政府紧急辟谣

2010-10-09 07:00 来源：人民网 打印本页 关闭

“琼海潭门镇的合水水库野蛮开闸放水造成十多条渔船倾覆，几十人死亡。”10月8日上午起，此条手机短信在社会上盛传，并引发到网络议论，此举引起大家诸多猜测。10月8日晚，人民网海南视窗记者独家联系到琼海市潭门镇镇委书记苏才渊，他表示：“这些纯属谣言！”

“合水水库的泄洪是根据河水水位、下雨强度、来水量等确定，一但准备泄洪需上报琼海市三防办批准、省三防办备案。排洪前，我们都已通知各个村委会组织疏散转移群众，根本不可能在没发通知的情况下就开闸放水。”苏才渊说，针对泄洪一事，潭门镇已于10月7日下午召开干部大会，并向群众说明情况。潭门镇的合水水库于10月5日下午7点40分她多次分批泄洪。当天在排洪前，由于一天848mm的强降雨量使不少抛锚停靠在潭门港的船只就被洪水冲离，并不是排洪后造成的。而且，在排洪时，镇政府领导、边防派出所、渔民协会等均到潭门港港口进行指挥。

技巧97 使用Google查看新闻

与百度一样，Google也能查看新闻，具体操作步骤如下。

❶ 登录Google首页。

❷ 单击“新闻”链接。

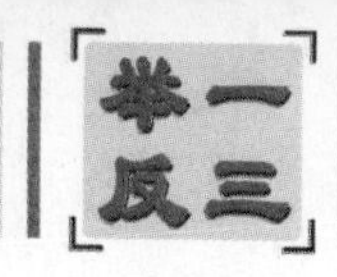

❸ 单击要看的新闻链接，便能查看新闻内容。

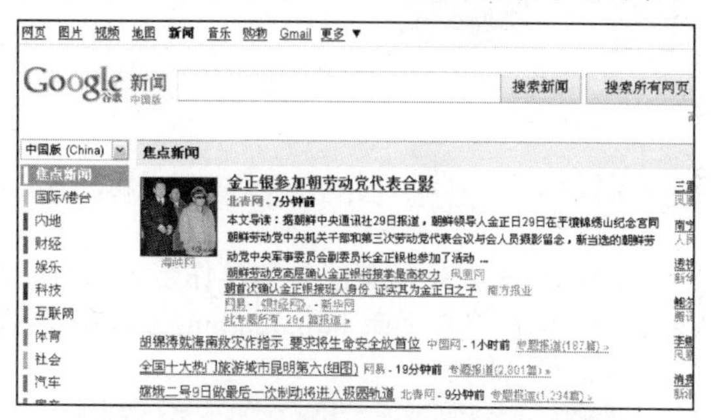

Google 新闻收集了其他网站的众多新闻，且都分类放好，看起来也很容易，单击链接即可直接打开某个新闻。

技巧98 使用 Bing 新闻搜索

Bing 是微软公司推出的一款用以取代 Live Search 的搜索引擎，中文名被叫做“必应”，“有求必应”的意思。

❶ 打开 Bing 搜索页面 http://cn.bing.com/。

知 识 补 充

近来微软推出了 Bing 的移动版本，手机与其他移动设备用户能够登录 m.bing.com 享受移动搜索服务。

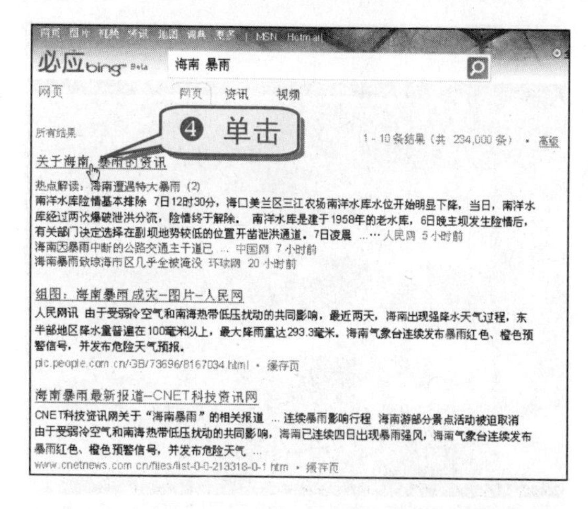

举 一 反 三

Bing 的音乐搜索目前还没有像百度和 Google 那样完善。当用户需要搜索音乐时，建议使用百度和 Google。

技巧99 使用百度视频搜索

用户使用百度视频搜索能轻松搜索到自己感兴趣的视频。具体操作步骤如下。

❶ 打开百度搜索页面 http://www.baidu.com，单击“视频”链接。

❷ 转入“百度视频”页面。

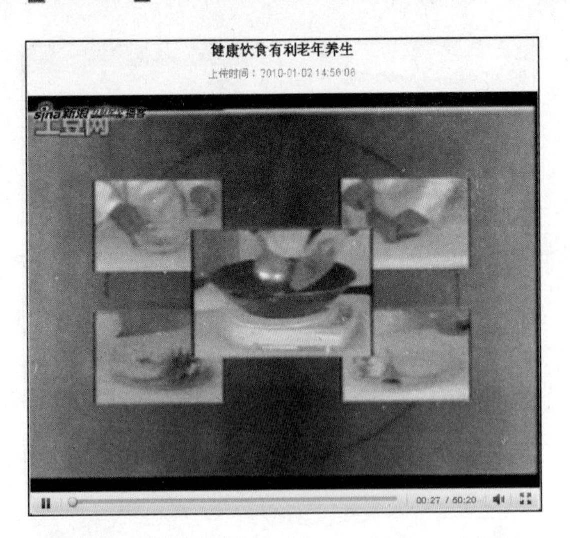

技巧100　使用 Google 视频搜索

使用 Google 视频搜索的具体操作步骤如下。

❶ 打开 Google 搜索页面，单击“视频”链接。

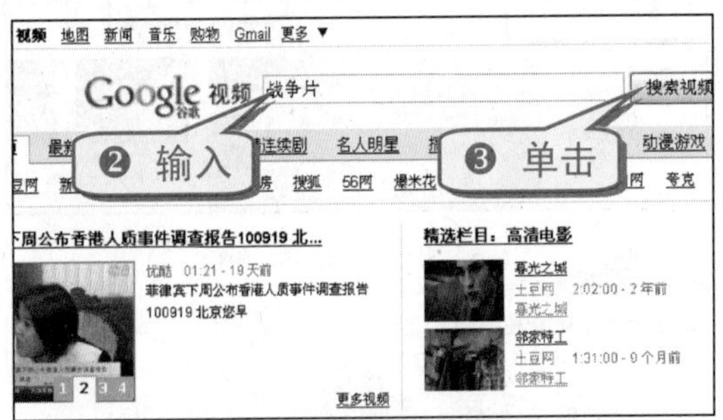

❹ 单击要观看的视频链接，即可开始观看视频。

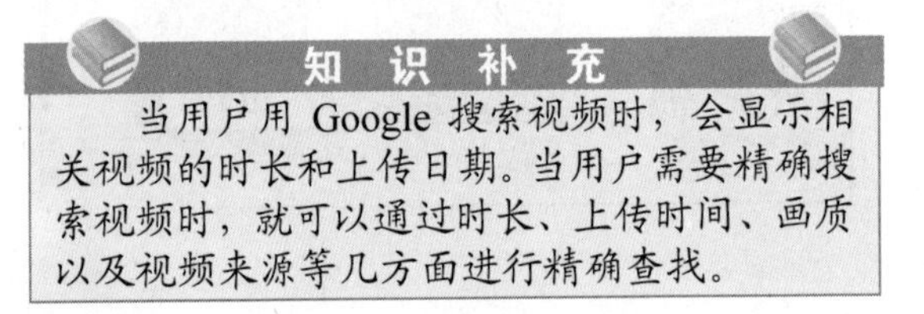

知 识 补 充

当用户用 Google 搜索视频时，会显示相关视频的时长和上传日期。当用户需要精确搜索视频时，就可以通过时长、上传时间、画质以及视频来源等几方面进行精确查找。

技巧101　使用 Bing 视频搜索

使用 Bing 视频搜索的具体操作步骤如下。

❶ 打开 Bing 搜索页面 http://cn.bing.com/，单击“视频”链接。

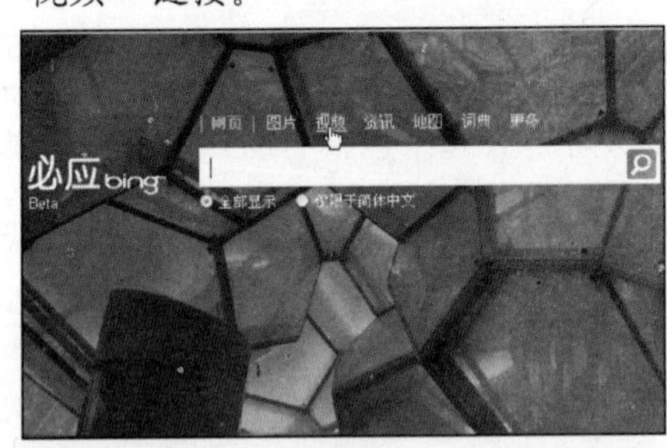

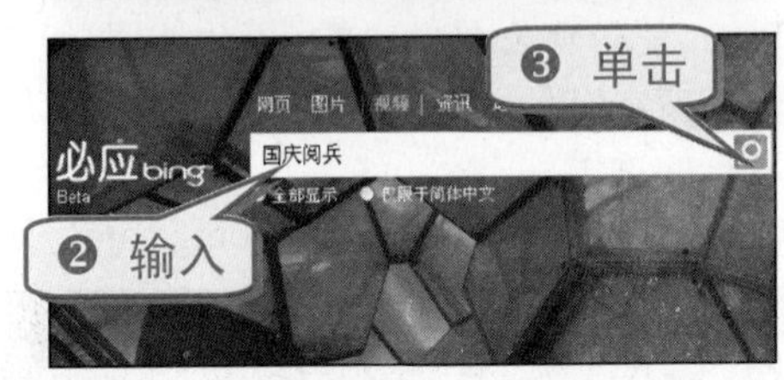

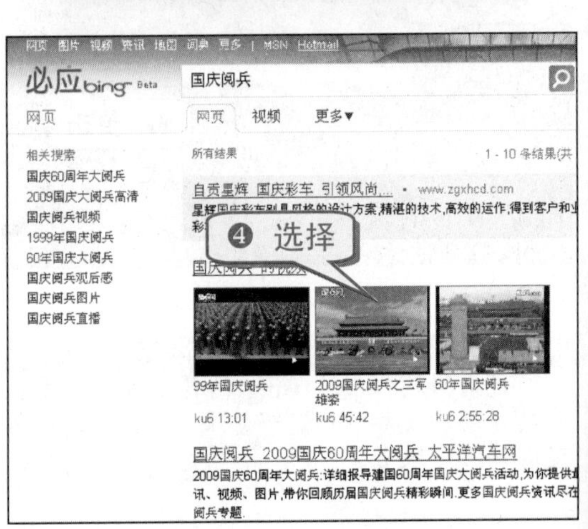

举一反三

如果用户需要精确搜索视频，可以通过时长、屏幕类型、分辨率以及视频来源等几方面进行精确查找。

专题六　回忆金色年华——听民歌看经典老电影

人们在网上可以做很多事情，如在线听音乐、看电影。本专题主要通过对在线听音乐、看电影的介绍，以及讲述下载音乐与电影的方法，来丰富人们的娱乐生活。

- 轻松在线听音乐
- 轻松在线看电影
- 下载音乐
- 播放视频

技巧102　巧用百度 MP3 在线听音乐

网上在线听音乐不仅方便，而且种类丰富，很受网友的欢迎。能够在线听音乐的网站有很多，如百度 MP3、QQ 音乐、一听音乐网等。

百度 MP3 不仅可以搜索音乐，也可以在线听音乐。具体操作步骤如下。

❶ 登录百度首页，单击 MP3 链接。

❷ 进入百度 MP3 搜索页面。在搜索框内直接输入要搜索的歌曲或歌手名，单击“百度一下”按钮。

❸ 在搜索到的音乐页面，单击“试听”链接。

	歌曲名	歌手名	专辑名	试听
1	夕阳红	佟铁鑫		试听
2	夕阳红	佟铁鑫		试听
3	夕阳红	佟铁鑫		试听
4	夕阳红	佟铁鑫		试听
5	夕阳红	佟铁鑫		试听
6	夕阳红	佟铁鑫		试听
7	夕阳红	佟铁鑫		试听
8	夕阳红	佟铁鑫		试听

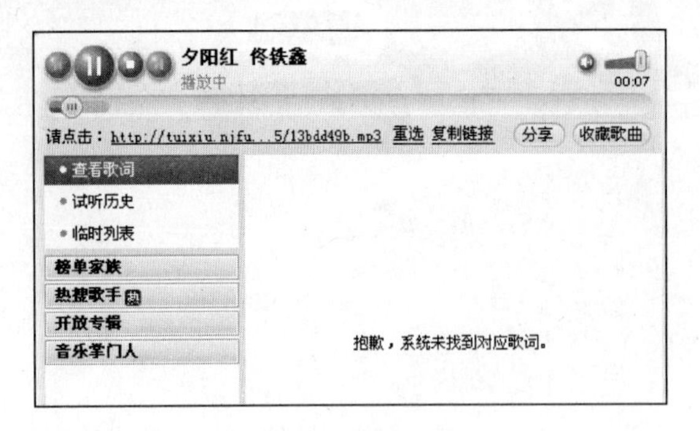

❹ 也可直接在搜索页面查找相关音乐，比如要听经典老歌，可以在相关页面中单击“经典老歌”标签。

歌曲TOP500	经典老歌	影视金曲	热门对唱	歌手TOP200
1 爱	小虎队	11 朋友	谭咏麟	1 周杰伦
2 说谎	温兆伦	12 约定	王菲	2 凤凰传奇
3 至少还有你	林忆莲	13 彩虹	羽泉	3 S.H.E
4 红豆	王菲	14 我只在乎你	邓丽君	4 欢子
5 大海	张雨生	15 情人	杜德伟	5 郑源
6 后来	刘若英	16 真的爱你	Beyond	6 刘德华
7 海阔天空	beyond	17 童年	罗大佑	7 张学友
8 勇气	梁静茹	18 新不了情	万芳	8 许嵩
9 听海	张惠妹	19 黄昏	周传雄	9 王菲
10 再回首	姜育恒	20 水手	郑智化	10 王力宏
更多>>			试听全部	更多>>

❺ 单击歌曲前的⊙按钮即可在“百度音乐盒”中试听一首歌曲，而单击“试听全部”按钮则可试听“经典老歌”标签下的20首歌曲。

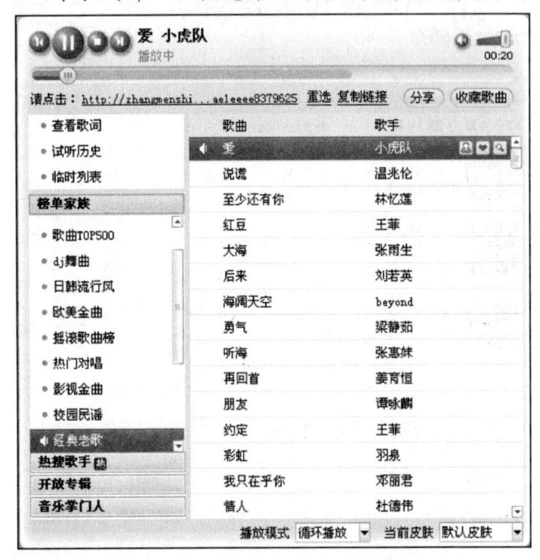

❻ 单击“更多”链接，打开“经典老歌”页面，单击“试听全部歌曲”按钮则可试听百度中330首经典老歌。

知 识 补 充

在线听音乐不比听下载到电脑中的音乐，需要先缓冲，缓冲完成后才能开始播放，缓冲时间的长短取决于当时的网速。

技巧103 巧用一听音乐网在线听音乐

一听音乐网(http://www.1ting.com)是中国最大的在线音乐网站，集正版音乐、原创歌曲平台、网络电台于一体，拥有丰富的正版音乐库、原创歌曲展示平台(可乐频道)和精彩纷呈的电台节目(一听音乐台)。

❶ 登录一听音乐网首页。

❷ 在搜索框中输入歌曲名或歌手名，单击“搜索”按钮即可搜索想听的歌曲。

❸ 也可以在网站的导航栏中选择感兴趣的分类链接，如单击“华语女歌手”链接。选择一位女歌手，如“邓丽君”。

首字母索引：推荐 A B C D E F G H I J K L M N O

D		
达坡玛吉	大芭	大灿(jojo)
戴玲	戴梅君	戴梦梦
代青塔娜	戴娆	戴辛尉
丹丹	单伟平	单艺
德德玛	德乾旺姆	邓丽君
邓妙华	邓容	邓颖芝
邓紫衣	迪里拜尔	丁当

❹ 在歌曲列表中选中想要试听的歌曲，单击“播放”按钮。或是单击其下显示的专辑上的▶按钮，播放整张专辑。

邓丽君歌迷最喜欢的歌曲

□我只在乎你	□夜来香	☑又见炊烟
☑小城故事	□千言万语	□漫步人生路
□夜来香	□在水一方	□小村之恋
□路边的野花不要采	□一帘幽梦	□北国之春
□美酒加咖啡	□甜蜜蜜	□南海姑娘
□我只在乎你	☑何日君再来	□美酒加咖啡
☑泪的小雨	□甜蜜蜜	□小路
□你在我心中	□月亮代表我的心	□昨夜梦魂中

□ 全/反选　▶ 播放　＋ 加入列表

举 一 反 三

除了前面介绍的音乐网外，还有一些常用的在线音乐网站，例如中国音乐网(http://www.cnmusic.com)、搜刮音乐网(http://www.sogua.com)、音乐mp3网(http://www.yymp3.com)、可可西音乐网(http://www.cococ.com)以及中国音乐在线(http://www.mtvtop.net)等。

❺ 等待缓冲后即可试听音乐，页面中间还有所听歌曲的歌词。

技巧104　巧用优酷网在线看电影

在线看电影是常见的娱乐方式之一，而且也很方便。现在有许多网站可以在线看电影，如优酷网、土豆网、酷6网以及m1905电影网等。

优酷网是一家领先的视频分享网站，并以其独特的产品特性充分满足了用户日益增长的多元化的互动需求，最终成为中国视频网站中的领军势力。在优酷网中看电影的具体操作步骤如下。

❶ 登录优酷网首页 http://www.youku.com/。

❸ 进入电影页面，可以看到在该页面中有多种影片可供选择，单击“华语片”标签。

❹ 转入“华语电影”页面，用户可在该页面中寻找自己想要观看的影片，如“永不消逝的电波”，单击该链接。

❺ 进入“电影：永不消逝的电波”页面，单击“永不消逝的电波(The Eternal Wave)”后面的按钮，开始播放影片。

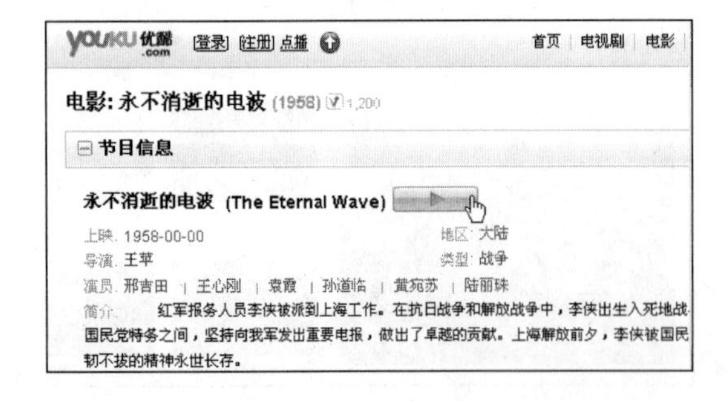

技巧105 巧用土豆网在线看电影

土豆网是一家大型视频分享网站，用户可通过土豆网上传、下载、观看和分享各类电影。

在土豆网中看电影的具体操作步骤如下。

❶ 打开土豆网主页 http://www.tudou.com/。

❹ 在弹出的页面中选择需要观看的内容，如单击“鸡毛信”链接，即可开始观看影片。

知识补充

土豆网是中国最大、最早的视频分享平台，用户可利用该平台轻松分享、浏览以及发布视频作品。

技巧106　巧用酷 6 网在线看电影

酷 6 网是一家基于用户产生内容(UGC)基础上的视频网站，上传视频用户与网站共同分享广告分成。其所取得的成就为行业所瞩目，被业界评为上升速度最快的互联网公司，同时也是百度独家视频战略合作伙伴。

在酷 6 网在线看电影的具体操作步骤如下。

❶ 打开酷 6 网主页 http://www.ku6.com/。

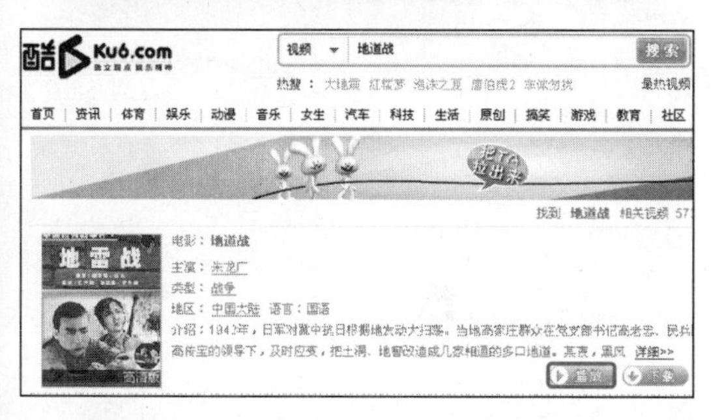

❹ 在弹出的页面中选择需要观看的内容，单击 播放 按钮，即可在线观看影片。

技巧107　巧用 m1905 电影网在线看电影

m1905 电影网是国家广播电影电视总局电影卫星频道节目制作中心投资建立的电影行业门户网站。自创立以来，m1905 电影就凭借优质的服务与专业的内容，备受广大网民欢迎。

在 m1905 电影网在线看电影的具体操作步骤如下。

❶ 打开 m1905 电影网主页 http://www.m1905.com/vod/。

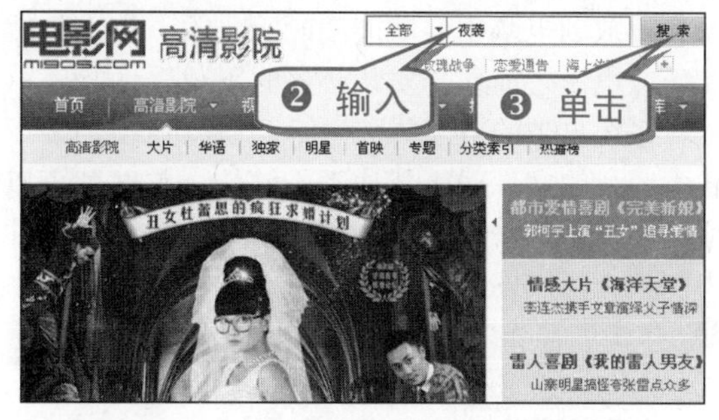

❹ 在弹出的页面中选择需要观看的内容，单击“《夜袭》”或“(2007)”链接，转到影片播放页面，待缓冲完成后即可在线观看影片。

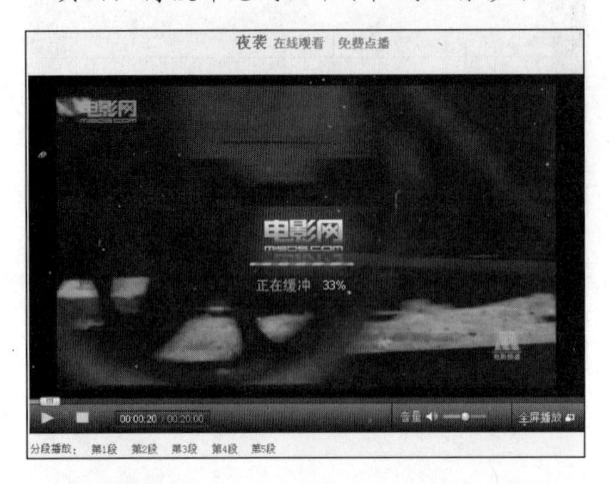

专 家 坐 堂

m1905 电影网选择了当下最具深度与广度的电影内容提供方，包括顶级网络娱乐内容提供商网易娱乐频道、《中国电影年鉴》、《中国荧幕》、《大众电影》以及《电影》等。

技巧108 安装迅雷下载软件

网上听音乐、看电影很方便，但需要缓冲，网速慢时缓冲的速度也非常慢。而将音乐或电影下载存放到电脑中，就能随时听、看。但在下载音乐或电影之前要先安装必备的下载软件。

系统自带的 IE 浏览器具有下载功能，但要下载大容量的文件时下载速率不够快，这时就可以使用下载软件来克服这个困难。下面以迅雷软件为例来介绍操作步骤。

❶ 双击迅雷安装程序图标。

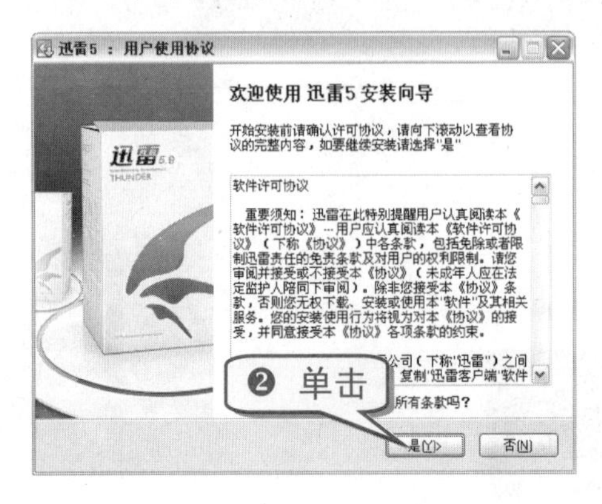

❻ 取消选中“安装百度工具栏”复选框，接着单击“下一步”按钮。

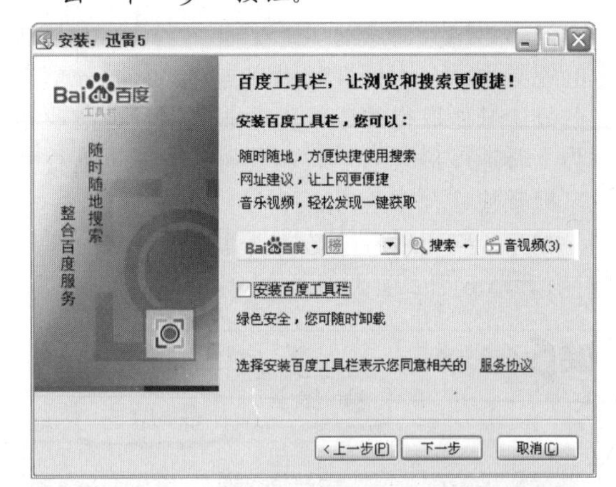

专 家 坐 堂

在安装某些软件时，会有如“百度工具栏”这样的插件，用户可以选择装或不装，建议还是不装的好。

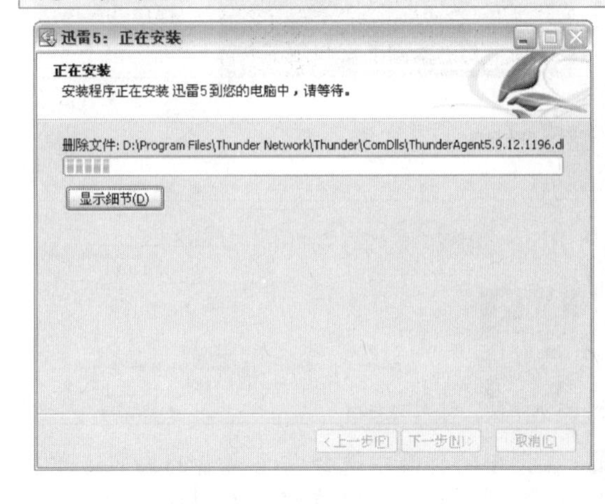

技巧109　巧妙下载音乐

用户在许多网站上都可以下载音乐，现以在百度上下载音乐为例，具体操作步骤如下。

❶ 在百度中输入要下载的音乐名称，单击 MP3 链接。进入"Bai du MP3"页面。

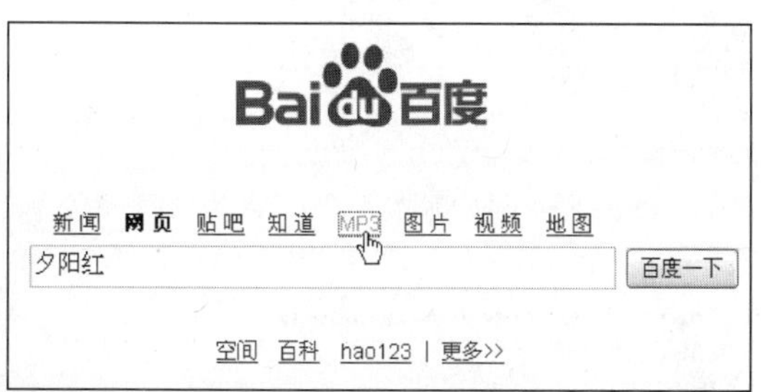

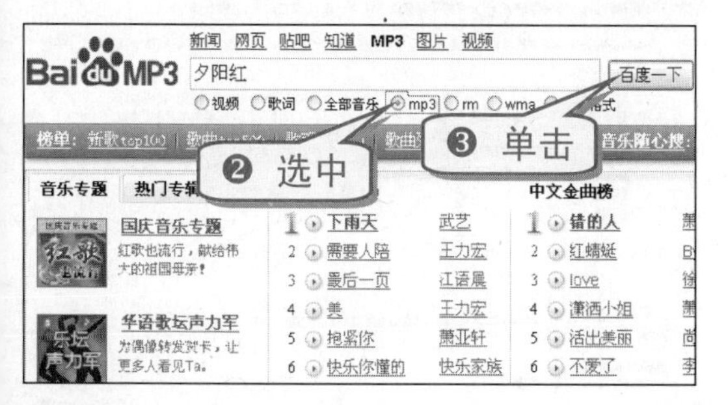

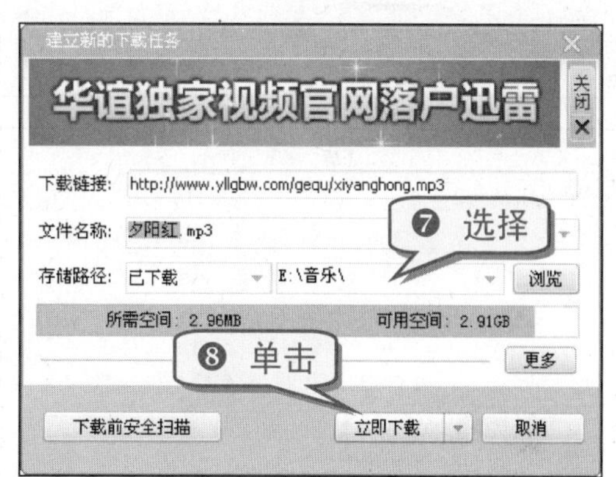

技巧110　巧妙下载电影

与下载音乐一样，使用迅雷软件能很快将几百兆的电影下载到电脑中。为了方便，用户可以在"迅雷"软件中使用狗狗搜索。具体操作步骤如下。

❶ 启动迅雷软件。

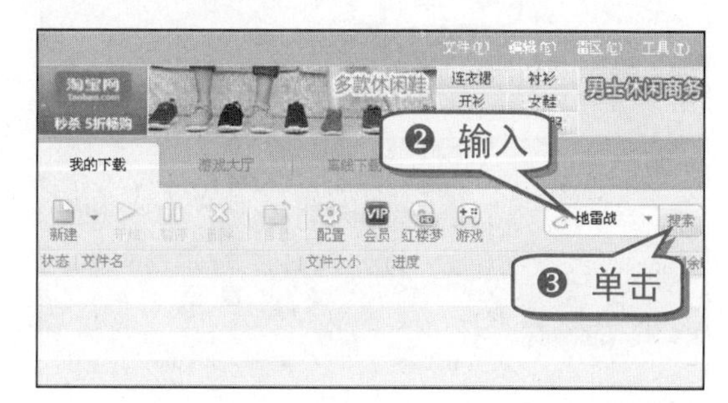

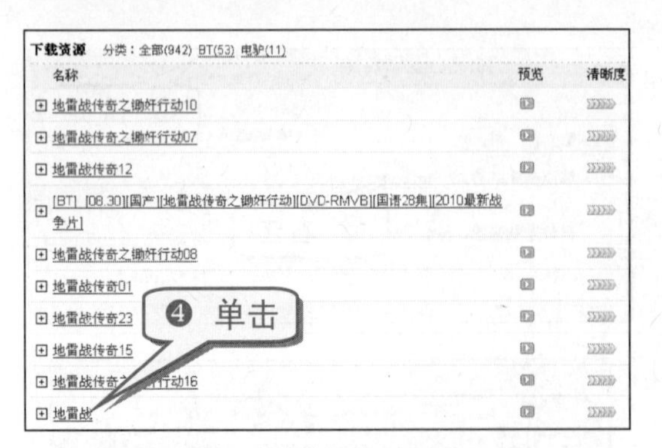

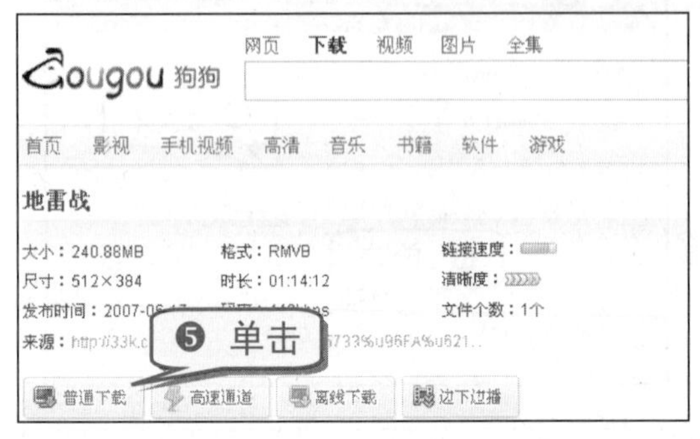

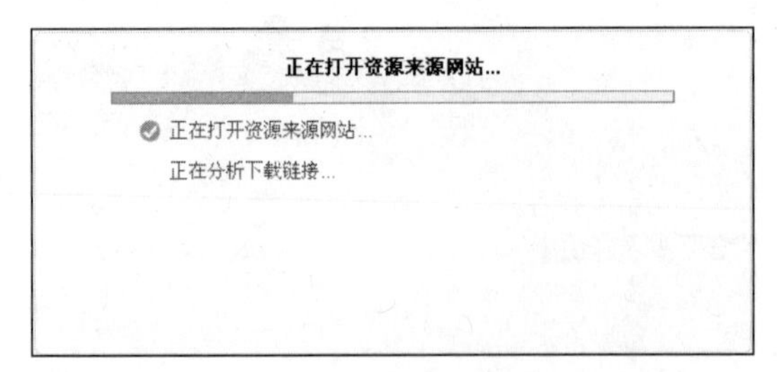

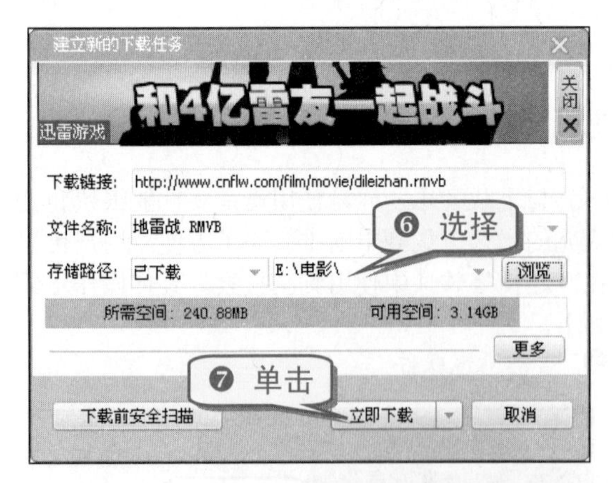

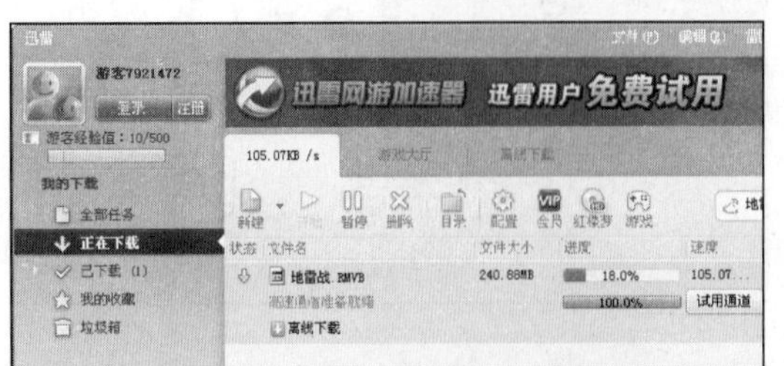

下载完后即可使用视频播放软件播放电影。

技巧111 安装酷狗音乐播放软件

在电脑上播放音乐，就是用电脑上的音乐软件播放音乐。现在的音乐软件也有多种选择，如酷狗音乐、千千静听等。

要在电脑上听音乐，可以使用系统自带的“Windows Media Player”，也可以自己下载一个音乐播放软件，比如酷狗音乐。

❶ 双击“酷狗音乐”软件图标。

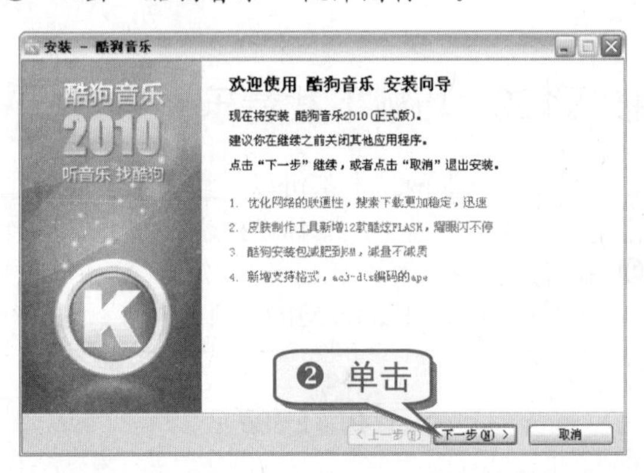

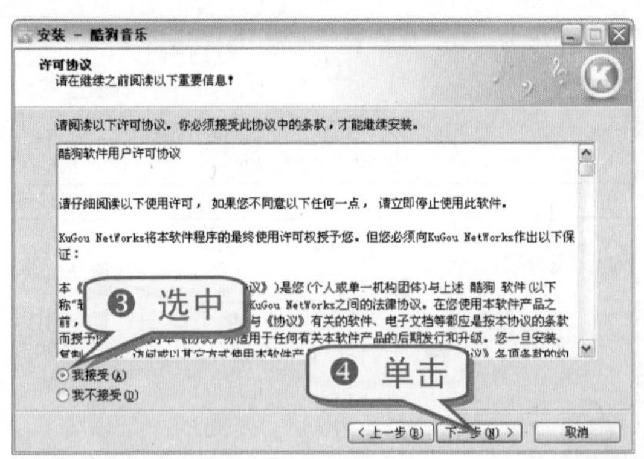

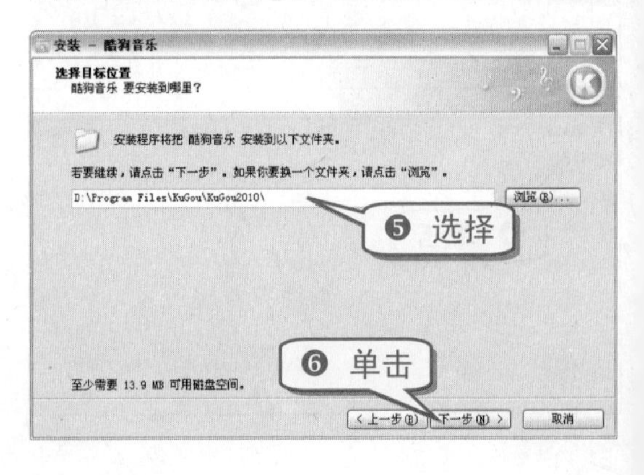

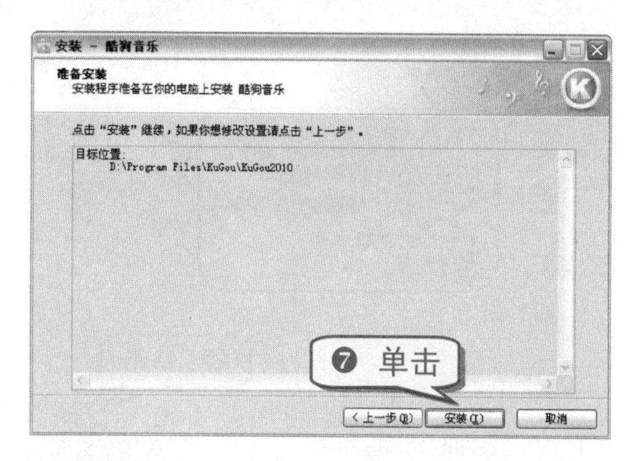

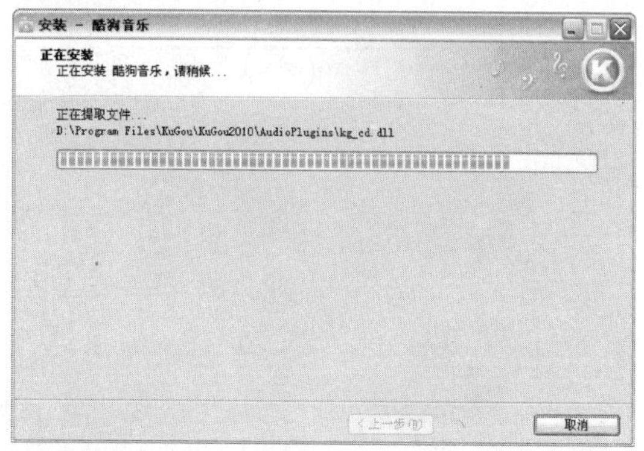

技巧112　巧用酷狗播放音乐

使用酷狗音乐软件播放音乐的具体操作步骤如下。

❶ 打开酷狗音乐软件，单击软件左下角的"添加"按钮。

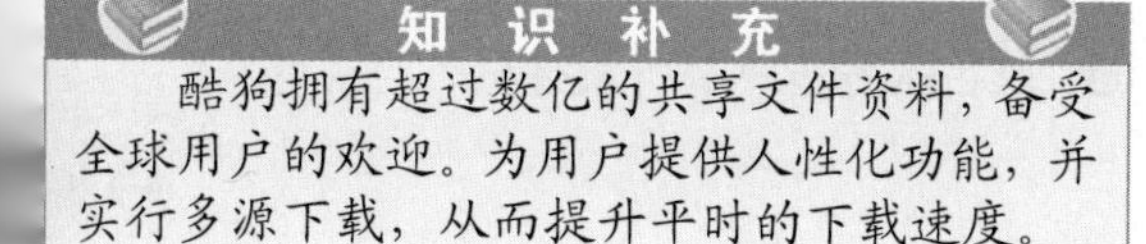

酷狗拥有超过数亿的共享文件资料，备受全球用户的欢迎。为用户提供人性化功能，并实行多源下载，从而提升平时的下载速度。

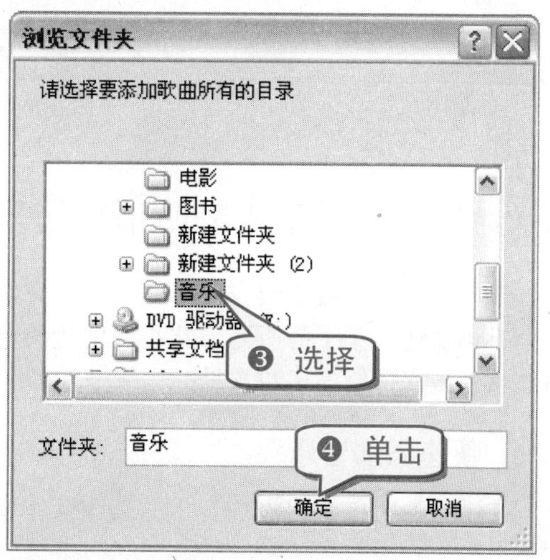

❺ 歌曲添加成功后，双击第一首歌曲即可按顺序播放所添加的歌曲。

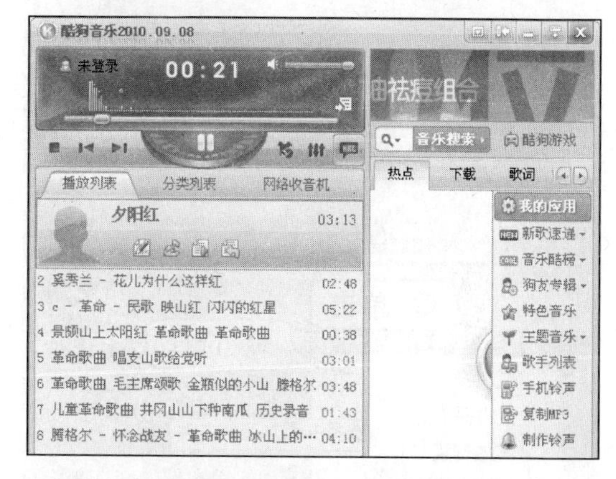

在听音乐时酷狗还会自动下载歌词。

单击按钮会变为最小状态，再单击按钮即可变回正常大小。

技巧113 巧用千千静听播放音乐

千千静听的下载安装方式与酷狗音乐类似，这里不再赘述。千千静听是一款小巧便捷的音乐播放软件，支持绝大多数常见的音频格式。

1. 快速添加音乐

在千千静听中快速添加音乐的具体操作步骤如下。

❶ 双击运行千千静听软件。

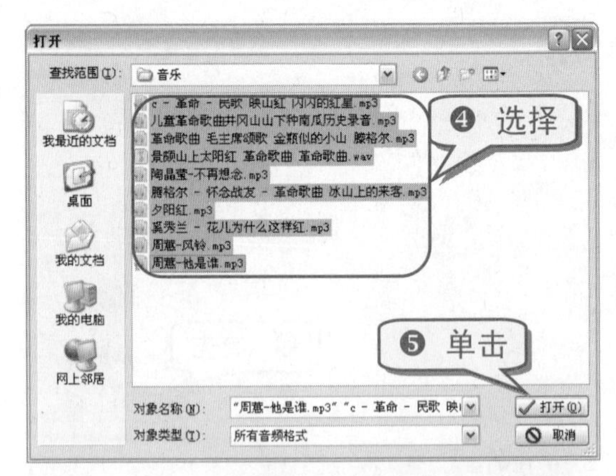

专家坐堂

在添加歌曲的时候，按住 Ctrl 键不放，依次单击需要添加的歌曲，可以同时添加多首歌曲。

按住 Shift 键不放，选中第一首歌曲，再选中任意一首歌曲，则两首歌曲中的所有歌曲将被同时选中。

按下 Ctrl+A 组合键，将全选该文件夹中所有的歌曲。

2. 快速添加文件夹音乐

添加文件夹音乐可将某个文件夹中所有的音频文件添加到千千静听的播放列表中。

在千千静听中快速添加文件夹的具体操作步骤如下。

❶ 双击运行千千静听软件。

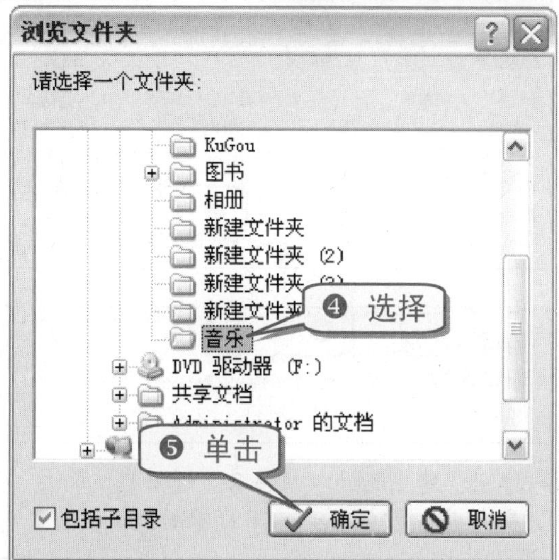

3. 本地搜索添加音乐

使用千千静听的“本地搜索”功能可以很方便地添加不同目录下的音频文件，具体操作步骤如下。

❶ 双击运行千千静听软件。

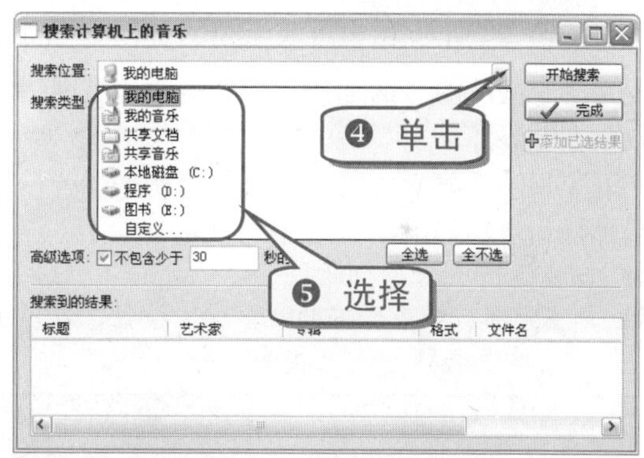

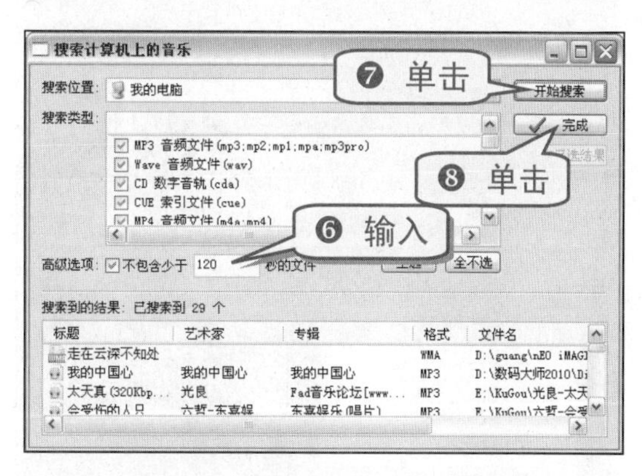

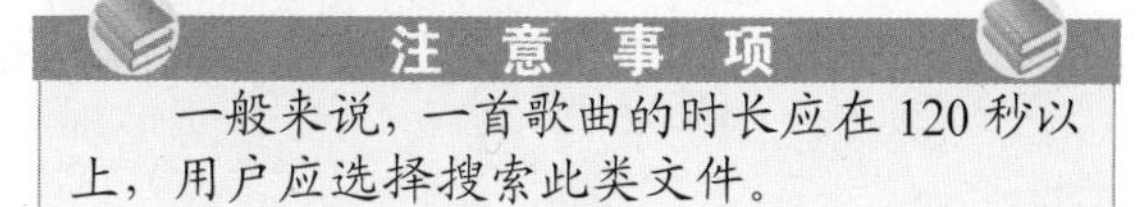

一般来说，一首歌曲的时长应在 120 秒以上，用户应选择搜索此类文件。

专家坐堂

单击“完成”按钮，则搜索到的所有音频文件将被添加到千千静听中。

(4) 网上搜索添加音乐

当用户的电脑中没有要添加的歌曲时，可以使用千千静听的“网上搜索”功能，通过网络查找歌曲并添加。

使用千千静听“网上搜索”功能添加音乐的具体操作步骤如下。

❶ 双击运行千千静听软件。

❷ 单击“播放列表”下的“添加”按钮，在弹出的菜单中选择“网上搜索”命令。

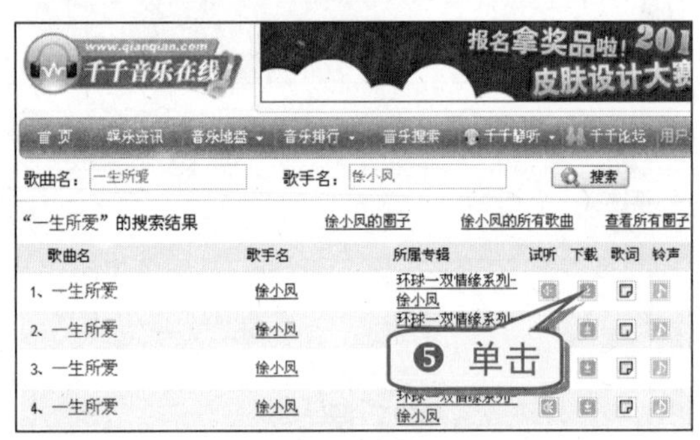

❼ 弹出“建立新的下载任务”对话框，单击“立即下载”按钮，开始下载歌曲。

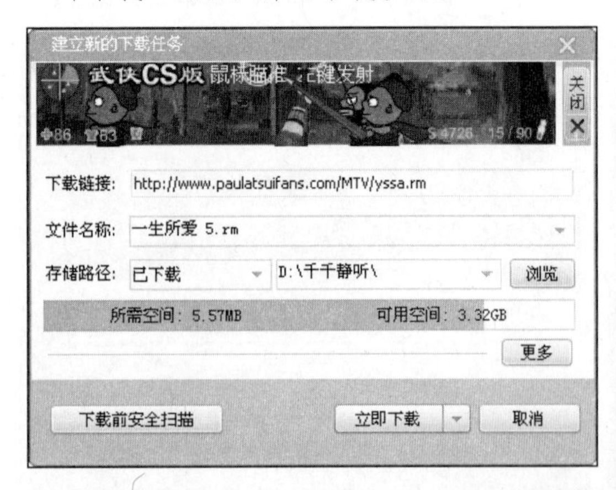

知识补充

当歌曲下载完成后，用户只需要将其添加到千千静听即可。

技巧114　巧设千千静听播放模式

千千静听有多种播放模式，如有单曲播放、单曲循环、顺序播放、循环播放和随机播放等。用户可根据自己的喜好选择播放模式。

知识补充

单曲播放即只播放一首歌，放完即止。

单曲循环即重复播放一首歌。

顺序播放即按由上至下的顺序播放歌曲，到最后一首歌完毕即止。

循环播放即按由上至下的顺序循环播放歌曲。

随机播放即无规则地播放歌曲。

巧妙设置千千静听播放模式的具体操作步骤如下。

❶ 双击运行千千静听软件。

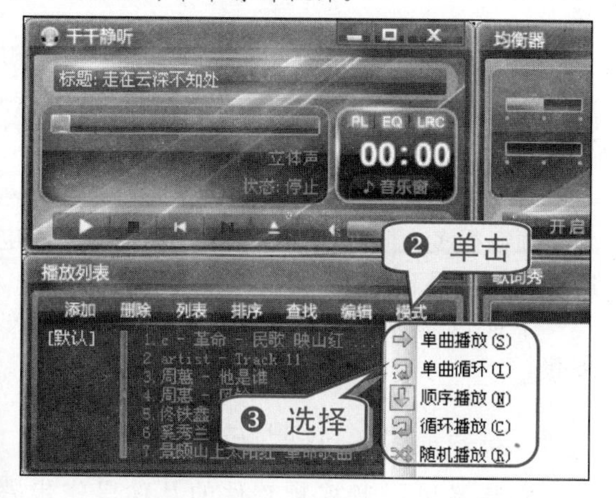

技巧115　巧设千千静听桌面歌词

千千静听提供了多种桌面歌词显示样式，默认有3套颜色方案，还提供了部分自定义功能以及其他十分绚丽、实用的功能。

1. 自定义歌词颜色

千千静听自带三套歌词色彩方案，分别为千千物语、盛夏果实与桃之夭夭，用户若对这三套方案都不满意，可设置属于自己的方案。

在千千静听中，用户自定义歌词颜色的具体操作步骤如下。

❶ 双击运行千千静听软件。

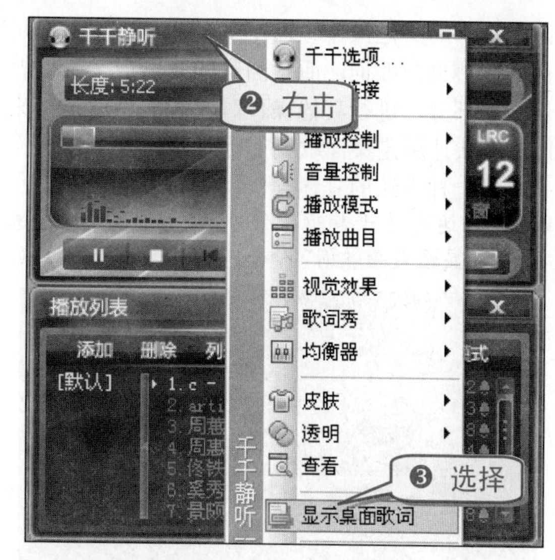

❹ 将鼠标移动到桌面歌词上。

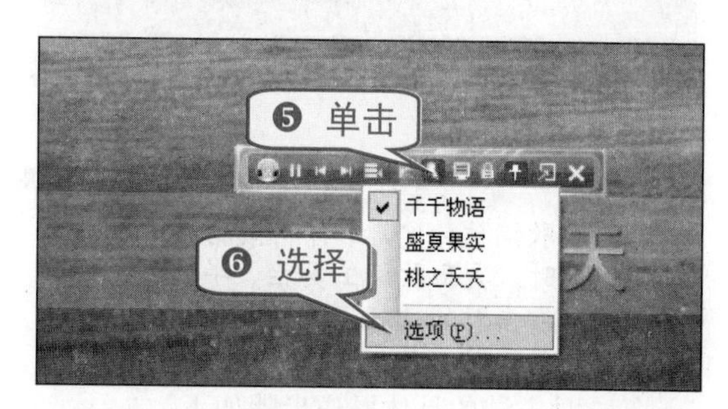

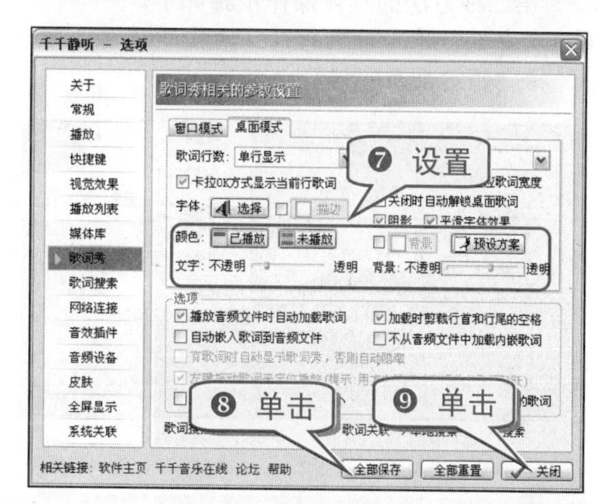

专家坐堂

如果想改回默认的颜色设置，可以在“修改预设方案”对话框中单击“恢复默认”按钮。

2. 快速锁定桌面歌词

虽然桌面歌词模式很实用，但可能会挡住歌

词区域下的其他操作。锁定桌面歌词后鼠标便可自由穿透桌面歌词，而桌面歌词就变成了桌面背景的一部分，进行其他操作时也无需将歌词挪来挪去。快速锁定桌面歌词有下面两种方法。

第一种方法的具体操作步骤如下。

❶ 双击运行千千静听软件。右击千千静听，选择“显示桌面歌词”命令，歌词显示在桌面上。

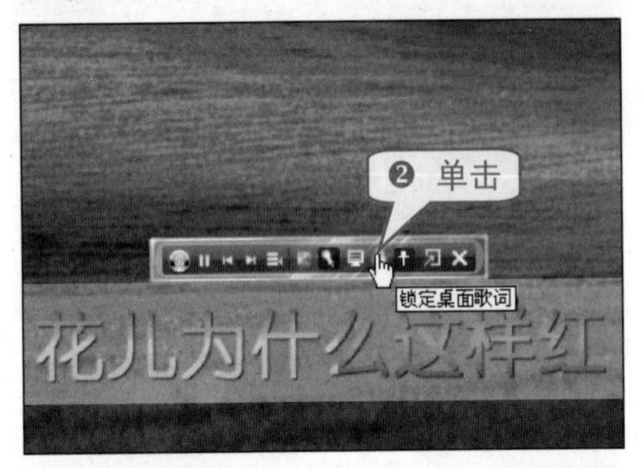

知 识 补 充

桌面歌词被锁定后，再将鼠标移动到桌面歌词位置时，桌面歌词工具栏、半透明的歌词背景以及右击时的快捷菜单都不会出现，完全和桌面背景融为一体。

第二种方法的具体操作步骤如下。

❶ 双击运行千千静听软件。右击千千静听，选择“锁定桌面歌词”命令。

举 一 反 三

要想恢复被锁定的桌面歌词，则需要解锁桌面歌词。右击电脑任务栏中的千千静听图标，在弹出的快捷菜单中选择“解锁桌面歌词”命令即可。

(3) 巧设桌面歌词背景穿透

桌面歌词的背景穿透功能是介于锁定与未锁定之间的一个功能，开启背景穿透功能后歌词将与桌面背景融合，但桌面歌词的工具栏依然会出现。此时，可自由拖动工具栏从而达到移动歌词位置的目的。

巧妙设置桌面歌词背景穿透的具体操作步骤如下。

❶ 双击运行千千静听软件。右击千千静听，选择“歌词背景穿透”命令。

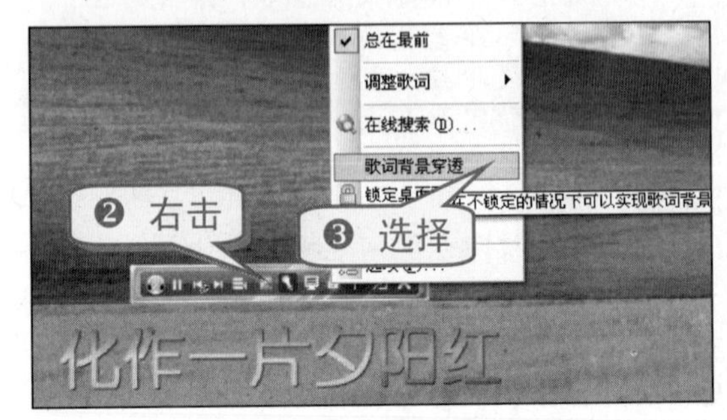

技巧116 在本地电脑上看电影

与听音乐一样，在本地电脑上看电影要比网上看顺畅得多。同样的，要想在本地电脑上看电影，首先也要下载适合播放电影的视频软件。

下面以暴风影音视频软件为例介绍操作步骤。

1. 安装暴风影音视频软件

安装暴风影音视频软件的具体操作步骤如下。

❶ 双击“暴风影音”安装程序图标。

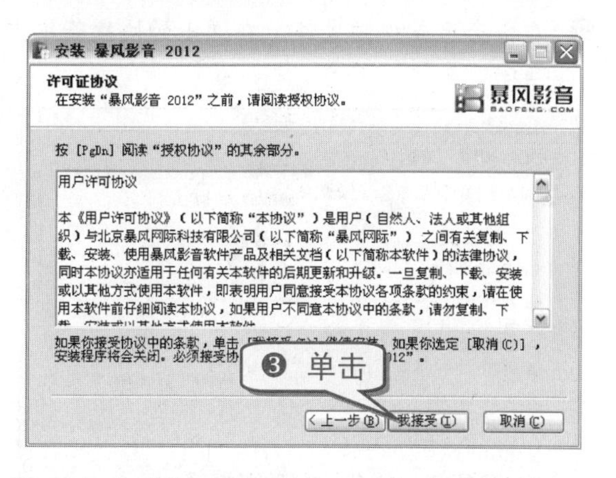

❹ 根据相关提示依次单击“下一步”按钮。

❺ 取消选中“安装百度工具栏”复选框，单击“安装”按钮。

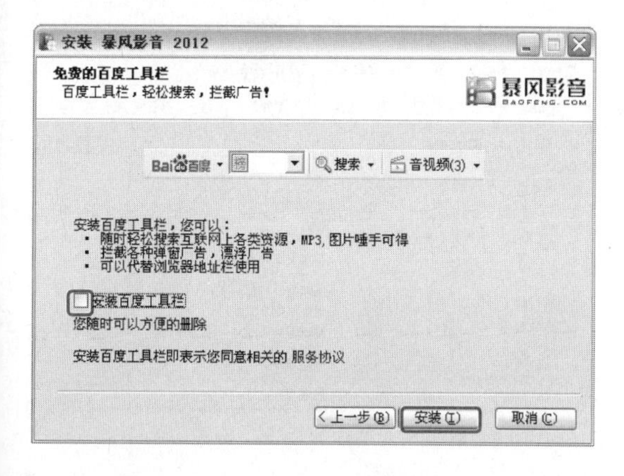

❻ 最后对话框中会显示“暴风影音[3.10.08.13]安装完成”，单击“完成”按钮。

完成安装后会立即弹出“暴风影音 2012 新特性”对话框，用户可通过这个对话框快速了解该软件的新功能。

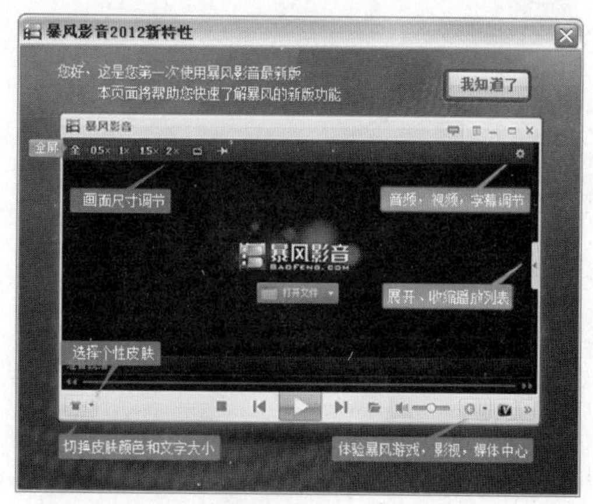

在“暴风影音 2012 新特性”对话框中单击“我知道了”按钮，即可打开“暴风影音”播放器。

2. 快速播放电影

暴风影音软件安装完成后，用户即可在自己的电脑上看电影了，播放电影的具体操作步骤如下。

❶ 双击运行暴风影音软件。

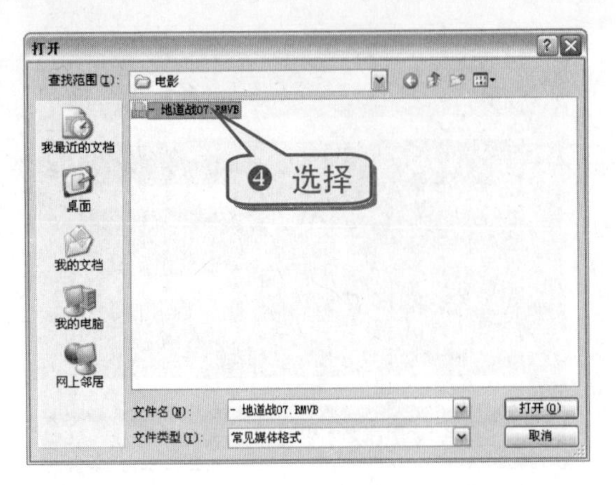

❺ 单击“打开”按钮，即可开始观看影片。

技巧117 快速在电脑上看碟片

如果用户有现成的碟片(即光盘，比如 CD、VCD 或 DVD 等)，也可以在电脑上观看。具体步骤如下。

❶ 在主机上按下出仓键，弹出光驱。
❷ 将碟片插入光驱，按下出仓键，光驱自动读取碟片内的数据。
❸ 成功读取后，电脑会自动播放音乐或视频。

如果要保存到电脑上观看，可进行如下操作。

❶ 打开碟片所在的盘符。

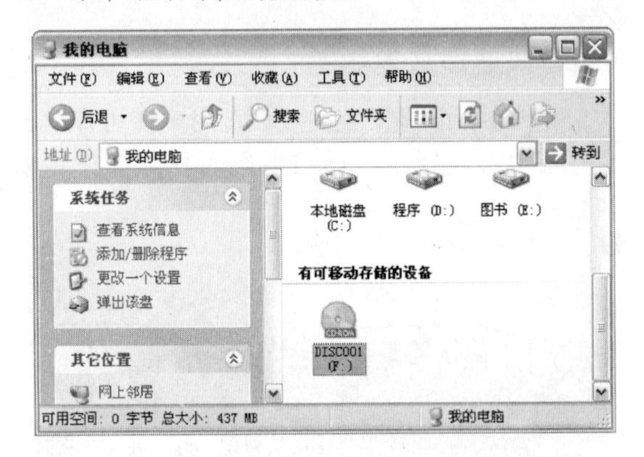

❷ 右击音乐或视频文件，在弹出的快捷菜单中选择“复制”命令。

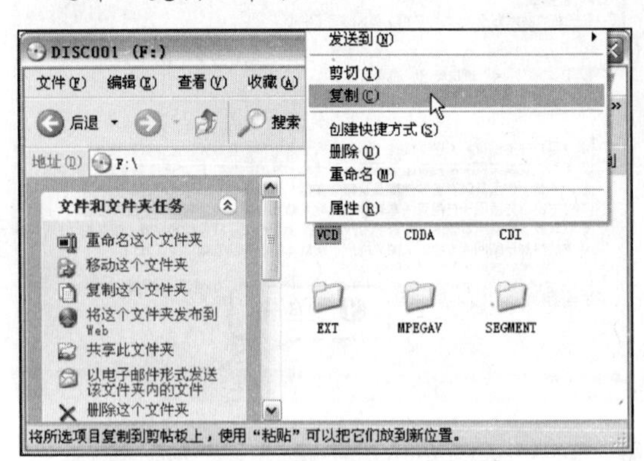

❸ 打开要保存文件的位置，右击空白处，在弹出的快捷菜单中选择“粘贴”命令即可。

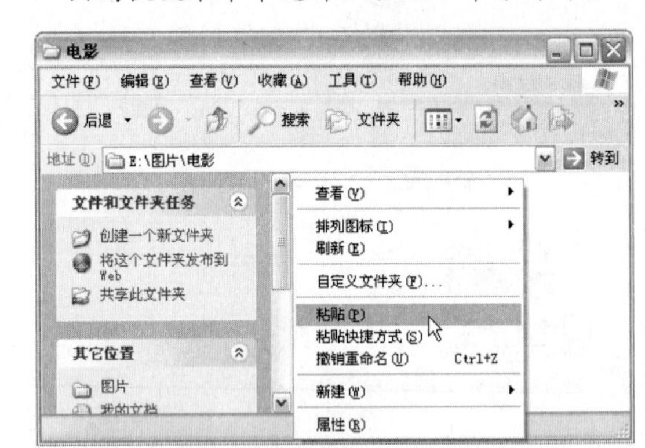

专题七 天涯共此时——与子女亲朋在网上交流

网上有很多聊天软件，最常见的就是QQ和电子邮件了。其中电子邮件(E-mail)是一种基于电脑和通信网络的信息传递技术，极大地方便了人们生活和工作上的交流。本专题主要介绍各类聊天软件的应用。

- 安装QQ聊天软件
- 快速申请免费QQ号码
- 快速收发电子邮件
- 快速添加163邮箱的联系人

技巧118 下载QQ聊天软件

QQ是当前国内一种主流的聊天工具，其覆盖人群非常广。在这个“全民皆Q”的时代，用户应该拥有一个属于自己的QQ。下载QQ聊天软件的具体操作步骤如下。

❶ 打开QQ软件的下载页面 http://im.qq.com/qq/2010/standard/。

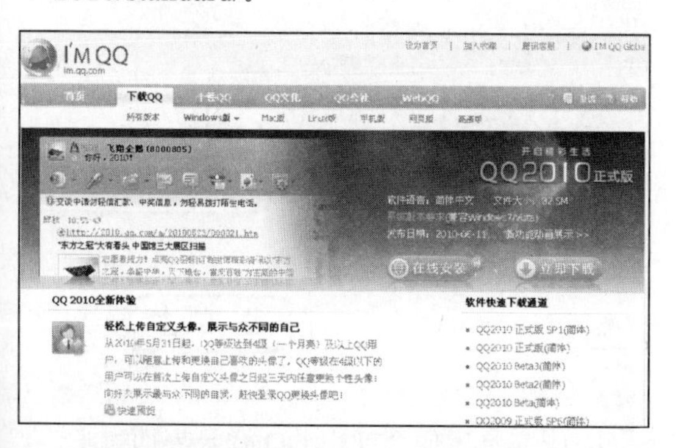

❷ 单击“立即下载”按钮，弹出“建立新的下载任务”对话框。

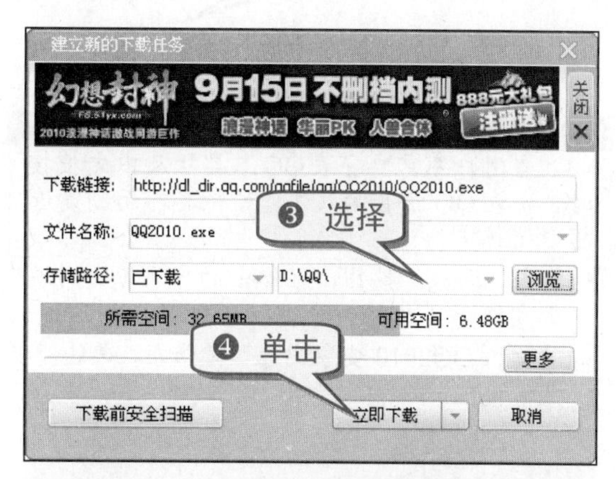

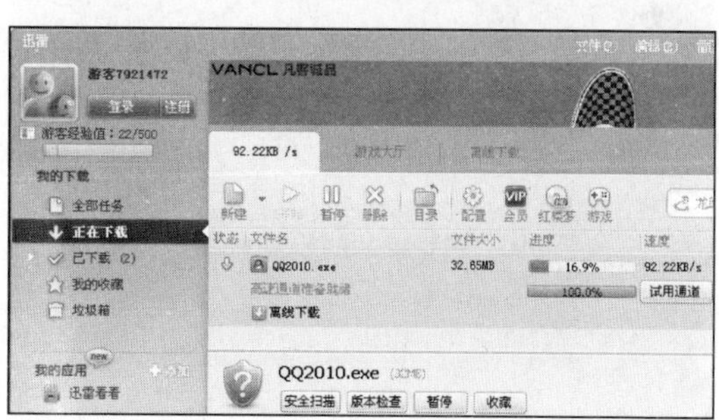

技巧119 安装 QQ 聊天软件

安装 QQ 聊天软件的具体操作步骤如下。

❶ 双击 QQ 聊天软件图标。

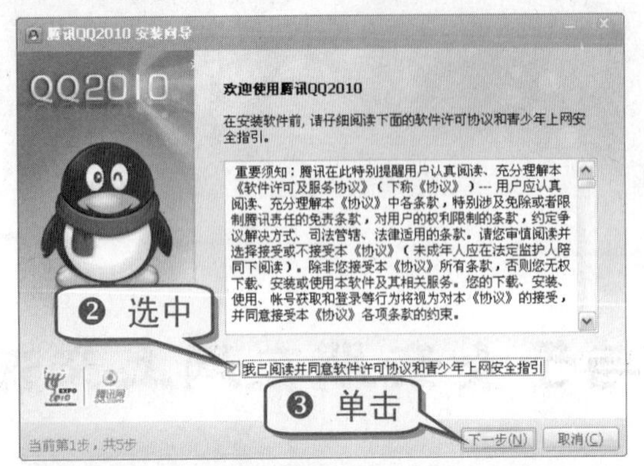

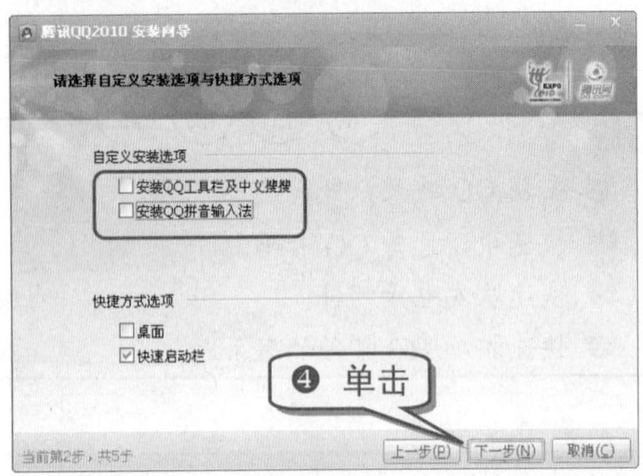

注 意 事 项

当用户不需要安装 QQ 工具栏及中文搜搜时、安装 QQ 拼音输入法，可将其前面的复选框取消选中。

❺ 单击“浏览”按钮，在弹出的“浏览文件夹”中选择安装路径，单击“确定”按钮。返回“腾讯 QQ2010 安装向导”对话框，单击“安装”按钮。

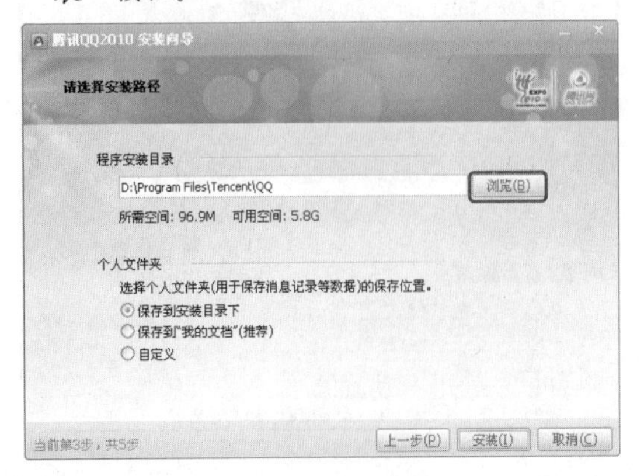

专 家 坐 堂

用户在选择 QQ 程序安装目录时，最好不要将其放在 C 盘。C 盘通常是作为系统盘使用的，若将安装程序放在 C 盘，很可能会影响系统的稳定性及其他性能。

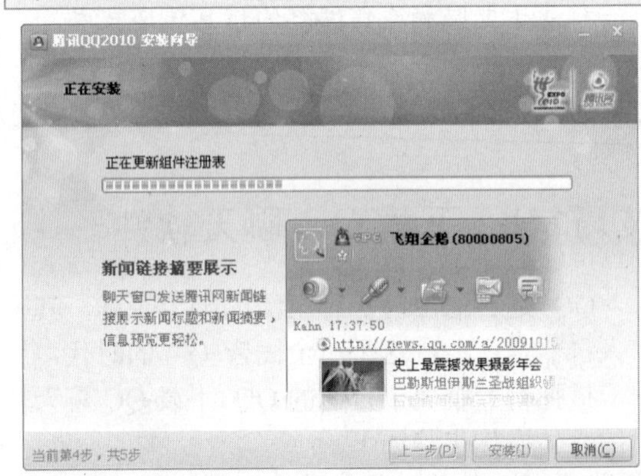

完成安装后便会弹出 QQ 登录界面。

技巧120　快速申请免费 QQ 号码

要使用 QQ 聊天软件，也要有 QQ 号码才行。用户可以在 QQ 登录界面上单击“注册新账号”链接，也可以在网上申请免费的 QQ 号码，具体操作步骤如下。

❶ 打开腾讯首页 http://www.qq.com/。

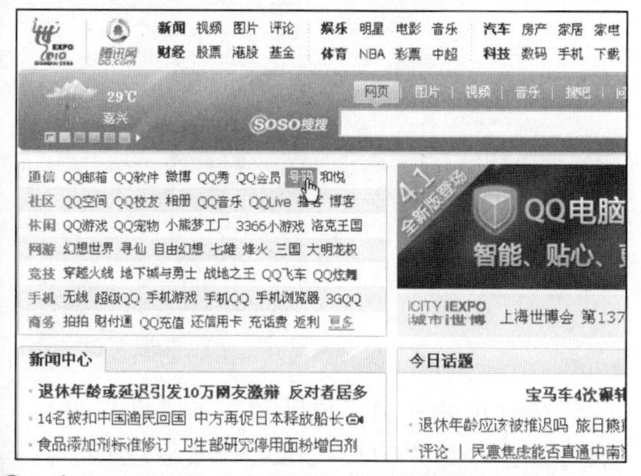

❷ 单击“通信”一栏中的“号码”链接，进入“I'M QQ”页面。

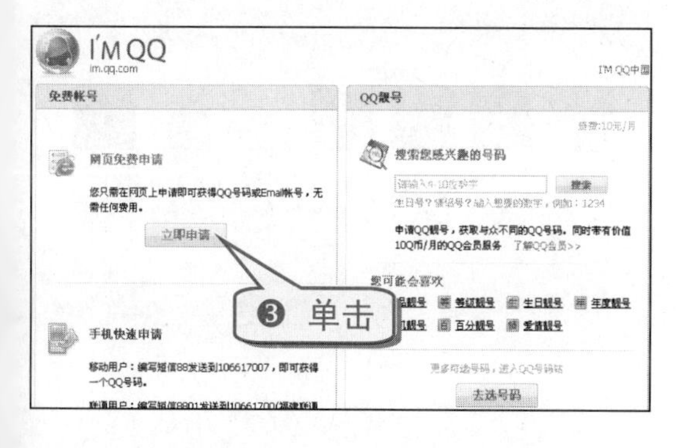

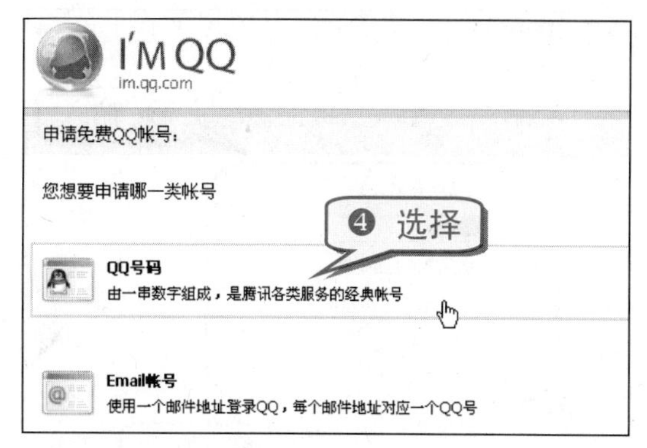

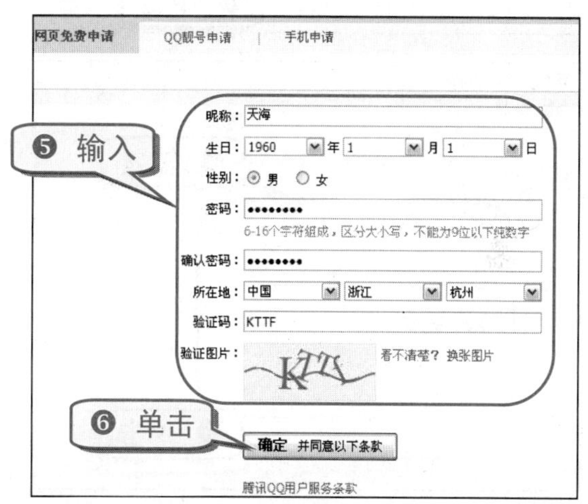

QQ 号码申请成功后，为了 QQ 号码的安全性，应为其设置密码保护。

快速给 QQ 号码设置密码保护的具体操作步骤如下。

❶ 在申请成功页面中单击“立即获取保护”按钮。

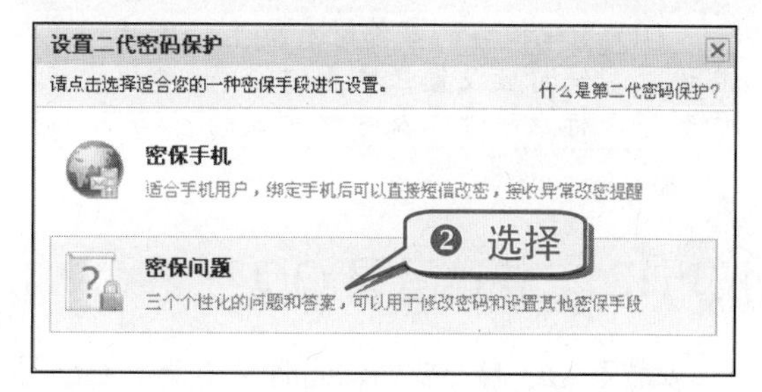

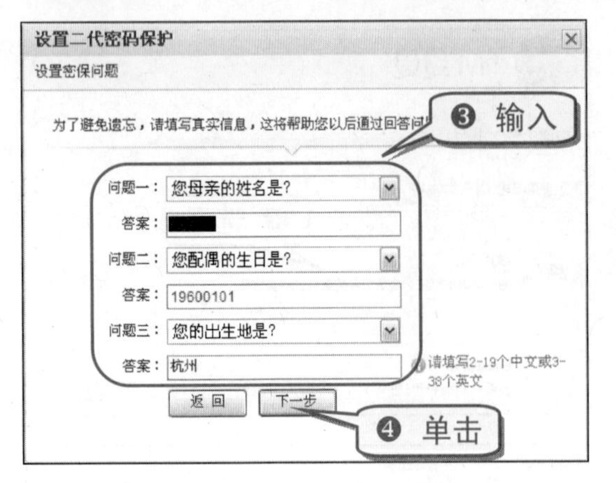

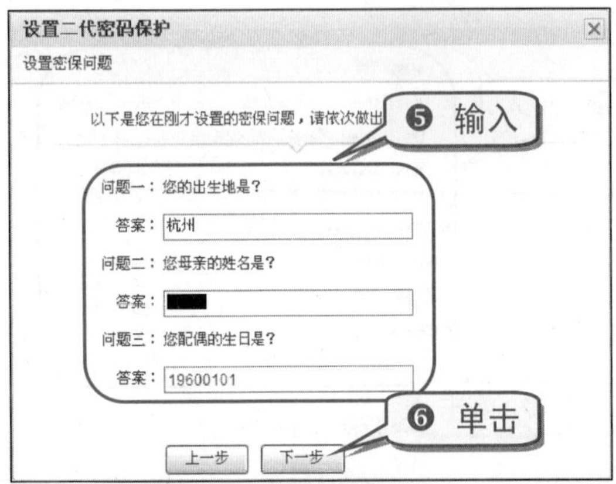

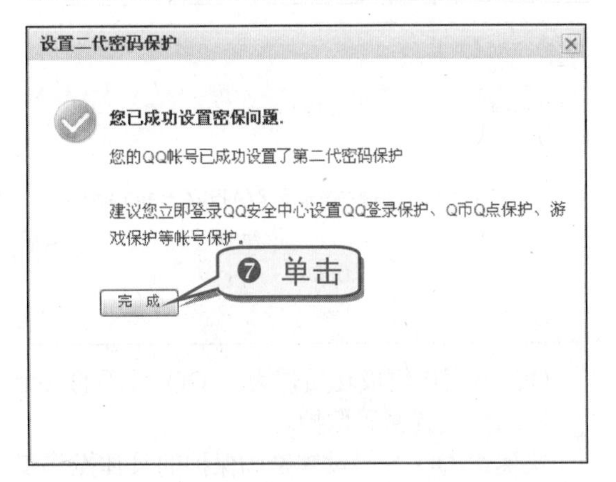

举 一 反 三

QQ号码被盗的事件时有发生，因此用户在设置密码时应设置强度高的密码。建议设置由数字、标点符号以及字母构成的密码。

技巧121　快速登录 QQ

安装了QQ聊天软件，同时又申请了QQ号码后，用户就可以登录QQ了。登录QQ的具体操作步骤如下。

❶ 双击运行QQ聊天软件。

❹ 打开“正在登录”窗口，登录成功后弹出QQ面板。

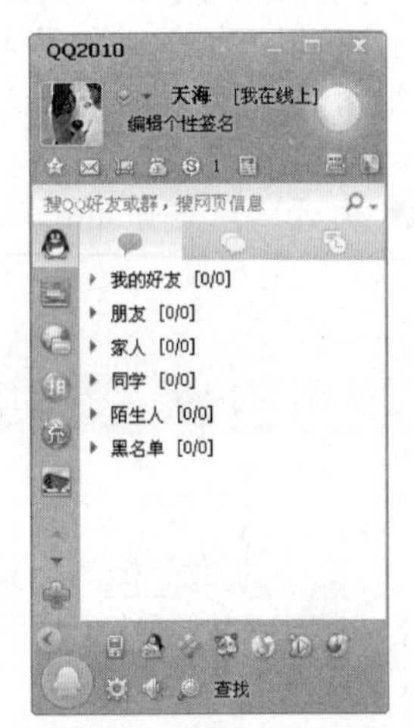

首次登录会弹出“皮肤自定义界面”窗口，默认为蓝色，如果要更改则选择其他色彩，再单击“确定”按钮即可。

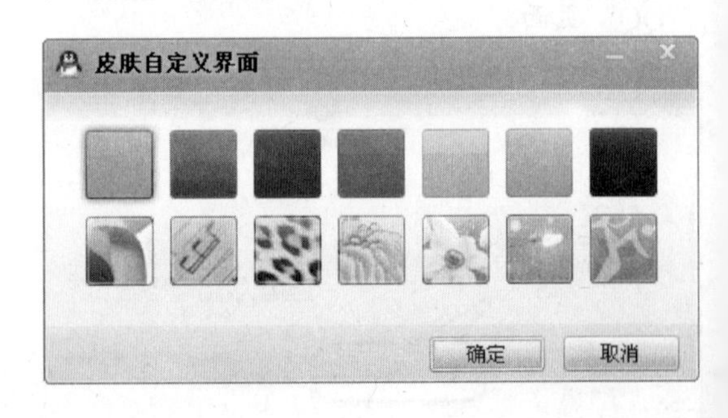

技巧122　快速查找和添加 QQ 好友

如果要和亲朋好友聊天，就要将他们的 QQ 号码添加到自己的好友中。

专 家 坐 堂

用户可利用 QQ 软件与他人进行聊天，但只有将对方加为好友后，才能进行聊天、发送文件和图片等操作。

QQ 为用户提供了多种查找好友的方式。用户如果知道对方的电子邮件、昵称或是 QQ 号码，就可进行“精确查找”；在基本查找中可查看当前在线人数与“看谁在线上”；按条件查找中可设置一个或多个条件来查询用户。用户可自由选择组合“在线”、“年龄”、“性别”、“城市”、“省份”、“国家”、“语言”以及“有摄像头”等多个查询条件。

查找和添加 QQ 好友的操作步骤如下。

❶ 单击 QQ 面板下的 查找 按钮。

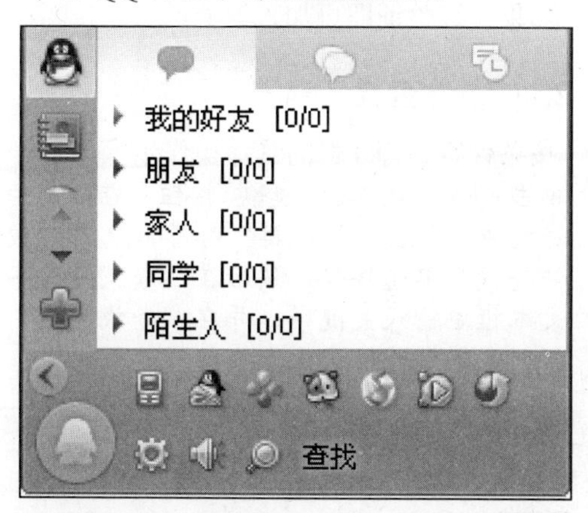

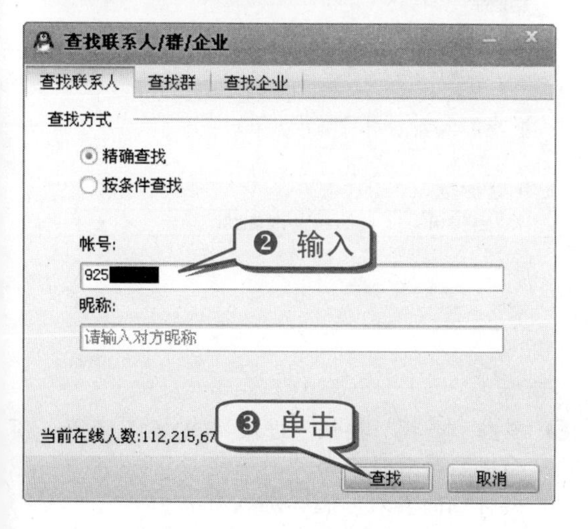

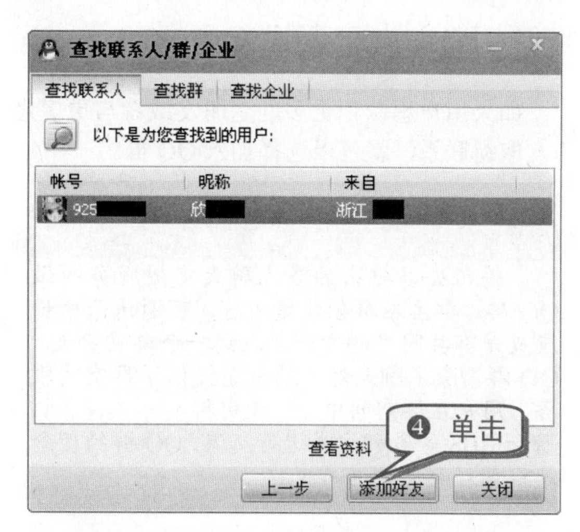

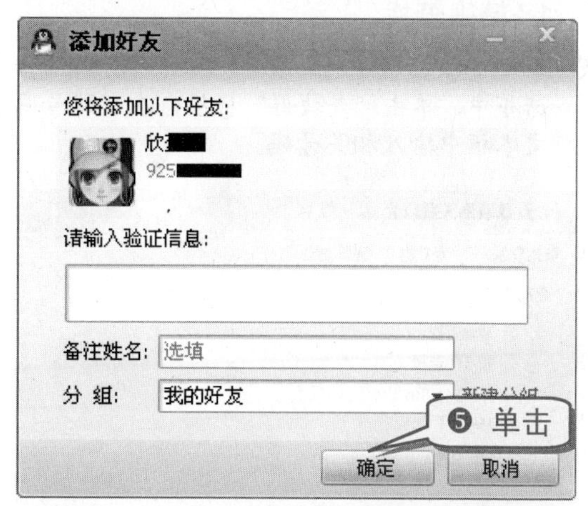

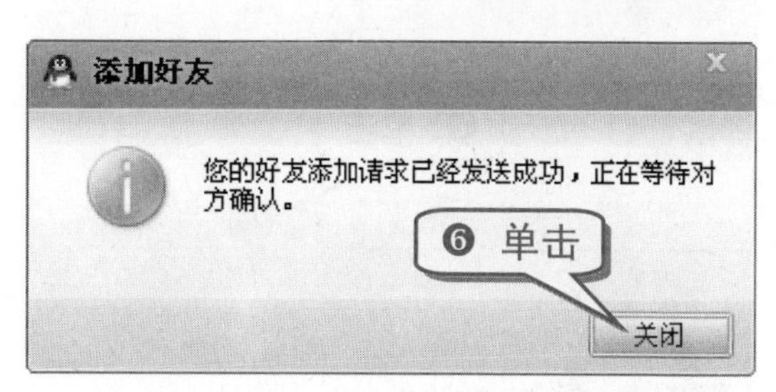

等对方收到消息，并同意添加好友的请求后就会弹出如下对话框。单击“完成”按钮即可。

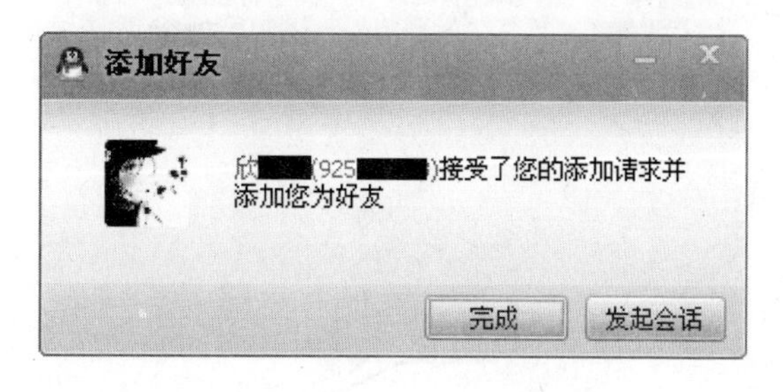

技巧123 快速查找 QQ 群

如果用户想认识更多的老朋友或者与更多老朋友取得联系，就可以选择加入 QQ 群。

专 家 坐 堂

腾讯公司推出的多人聊天交流服务叫做 QQ 群，群主在群创建完成后，可邀请亲朋好友或是有共同兴趣爱好的人到一个群里聊天。QQ 群内除了聊天外，腾讯还提供了群空间服务，用户在群空间中，可使用群共享文件、相册和 BBS 等多种方式进行交流。QQ 群的理念是群聚精彩，共享盛世。

1. 精确查找

❶ 单击 QQ 面板下的 查找 按钮。在弹出的对话框中，单击“查找群”标签，在“群号码”文本框中输入相关号码。

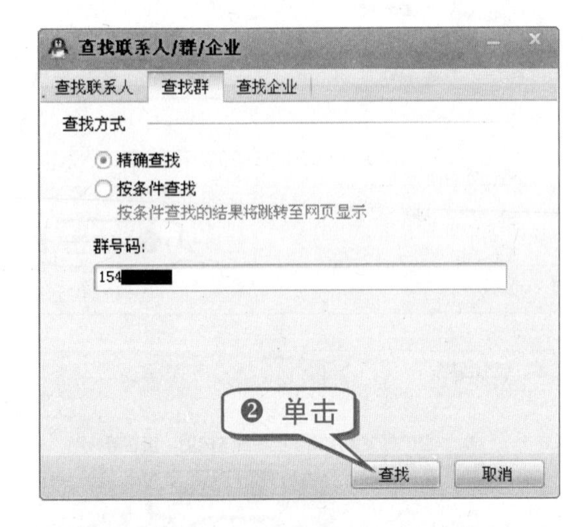

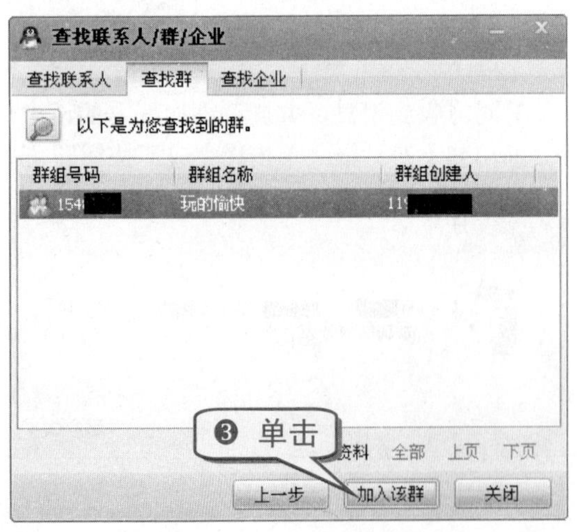

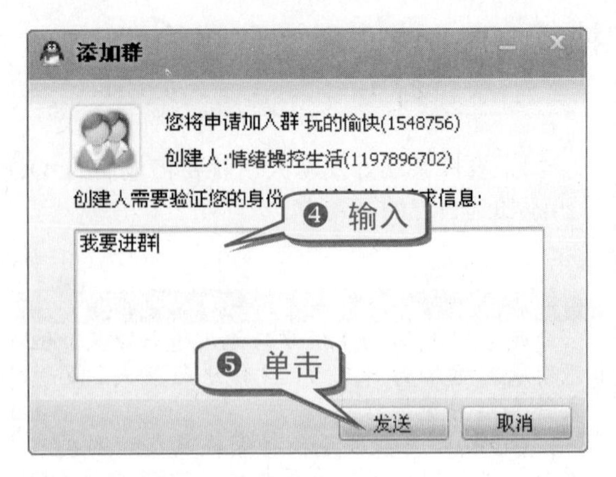

如果通过验证即可加入该群。

2. 按条件查找

按条件查找 QQ 群的具体操作步骤如下。

❶ 单击 QQ 面板下的 查找 按钮。在弹出的对话框中，单击“查找群”标签，选中“按条件查找”单选按钮。然后在“查找关键字”文本框中输入关键字，并在“查找范围”下拉列表框中进行设置。

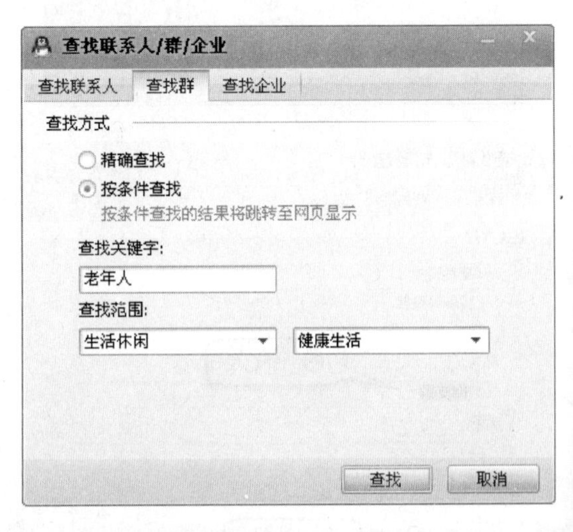

❷ 单击“查找”按钮，进入“QQ 群”页面，页面中显示着符合条件的一些 QQ 群。用户可根据自己的喜好，选择加入群。

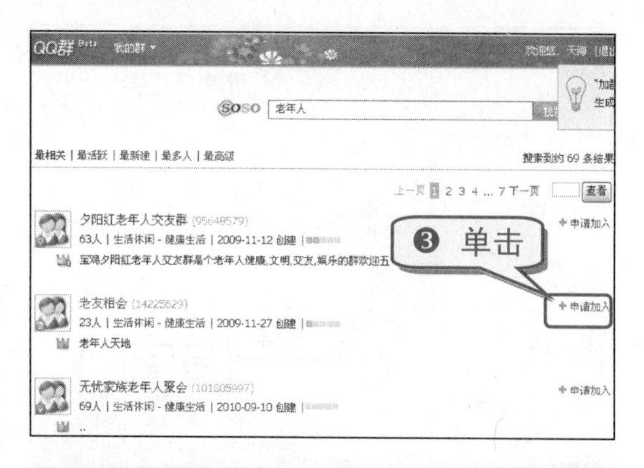

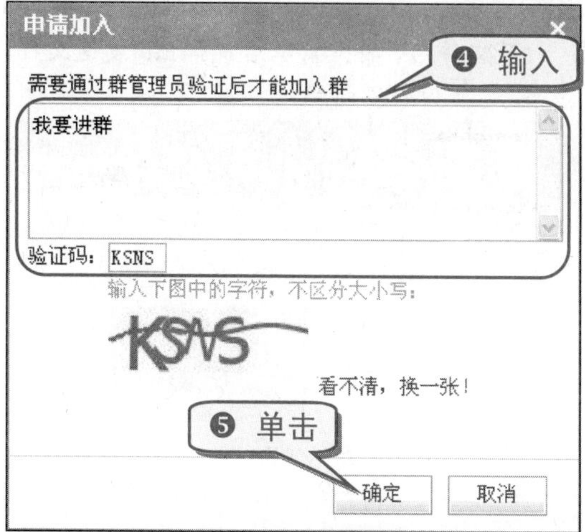

如果通过验证即可加入该群。

技巧124　快速使用 QQ 与好友聊天

添加好友成功后即可开始与好友聊天了，具体操作步骤如下。

❶ 双击好友的 QQ 头像，弹出聊天窗口。

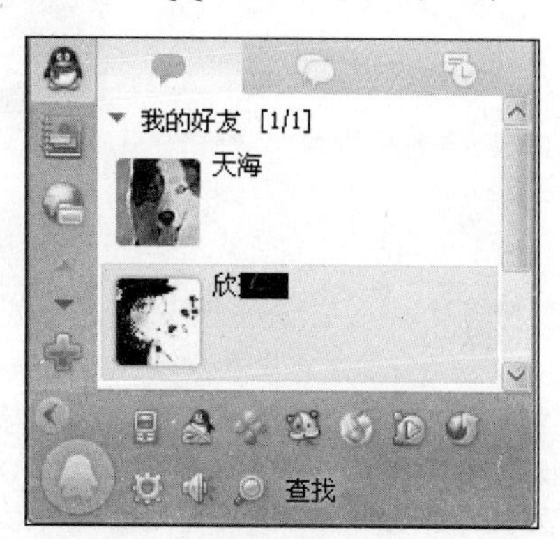

知　识　补　充

默认情况下，发送的快捷键是 Ctrl+Enter 组合键，用户可以在“发送”按钮的下拉菜单中选择“按 Enter 键发送消息”命令。

用户可以对文字的字体、字号和颜色等进行修改，具体操作步骤如下。

❶ 在聊天窗口中单击文字按钮A，弹出文字框。

❷ 在字体和字号下拉列表中分别进行选择。

❸ 单击颜色按钮，在弹出的“颜色”对话框中选择其中一种，单击“确定”按钮。

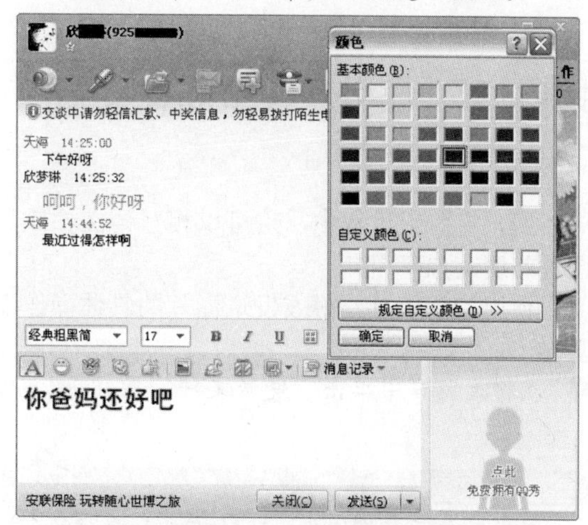

再次单击A按钮，就会将文字框收回去。

用户还可以在聊天时发送 QQ 表情，既形象又传神，具体操作步骤如下。

❶ 在聊天窗口中单击表情按钮，弹出“QQ表情”对话框。

❷ 选择其中一种表情，如“微笑”就选择，“调皮”就选择。

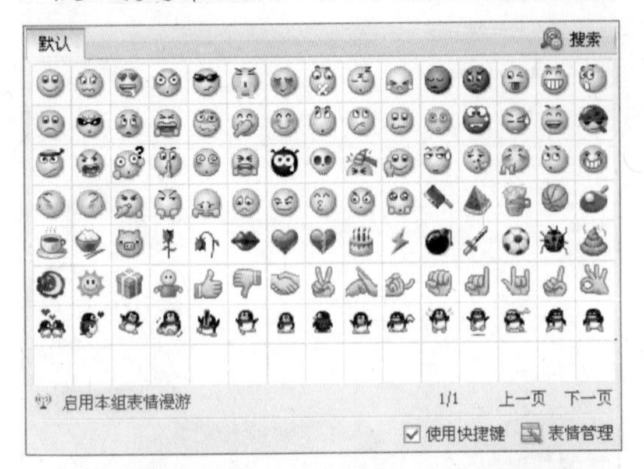

技巧125 使用QQ给好友发送图片

用户在聊天过程中，也可以相互传文件或是图片与朋友分享。

使用QQ软件给好友发送图片的具体操作步骤如下。

❶ 在聊天窗口中单击“发送文件”按钮。

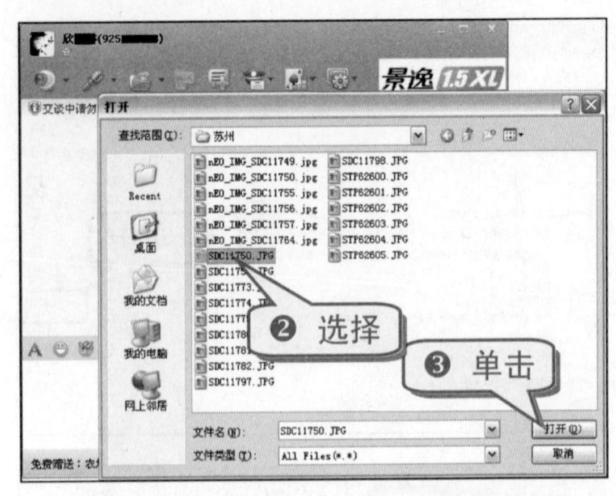

❹ 打开文件后，聊天窗口右侧弹出“发送文件请求”，等待对方接收。

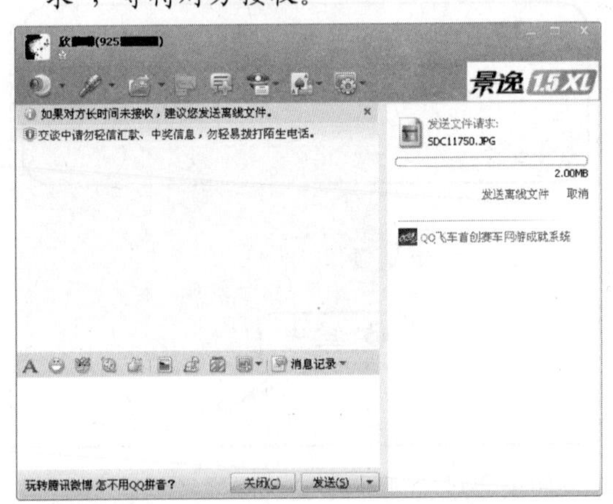

❺ 待对方接收成功后，用户的聊天窗口就会提示成功发送文件。

举 一 反 三

用户在传输图片时，可以按下Ctrl键选择任意多张图片同时进行传输，或是按下Shift键选择连续的多张图片同时进行传输。

知 识 补 充

文件夹发送成功或者失败后，在窗口中会有相关提示。除用按钮发送图片外，也可使用按钮发送图片。

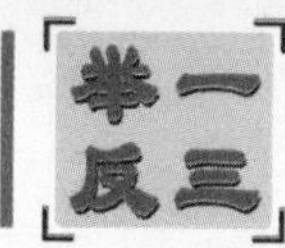

技巧126　使用 QQ 与子女语音或视频聊天

使用 QQ 软件除了可以进行文字聊天外，也可以进行语音或视频聊天。

1. 进行语音通话

语音通话，就像用手机聊天一样。用户只要在电脑上装上麦克风即可进行语音通话，具体操作步骤如下。

❶ 将带有麦克风的耳机接上电脑，并打开对方的 QQ 聊天窗口。

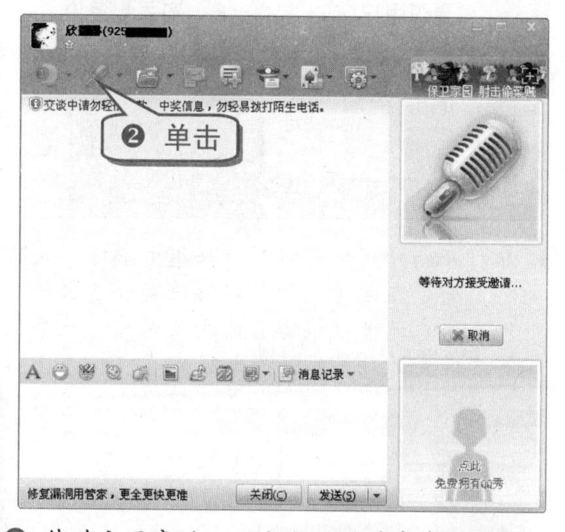

❸ 待对方同意后，双方即可通过麦克风对话。

❹ 如果要结束语音通话，单击 挂断 按钮就会弹出中止语音通话提示。

2. 使用视频聊天

视频聊天就如同双方面对面进行交流。具体操作步骤如下。

❶ 打开好友的聊天窗口。

❸ 如果要结束视频通话，单击 挂断 按钮弹出“提示”对话框，单击“是”按钮即可。

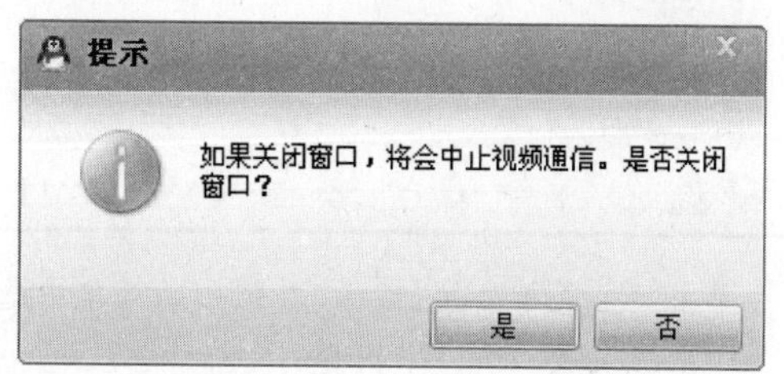

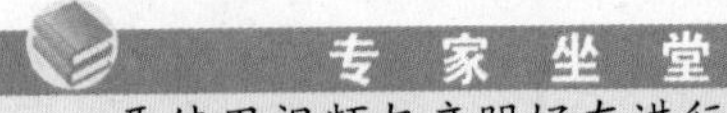

要使用视频与亲朋好友进行聊天，得满足以下三个条件。

(1) 其中一方具有摄像设备。
(2) QQ 好友在线。
(3) 网路通畅。

技巧127　快速编辑 QQ 个人资料

用户登录 QQ 后，可以对自己的个人资料进行编辑，具体操作步骤如下。

❶ 在 QQ 面板中打开“我的资料”对话框，其方法主要分为四类。

- 单击 QQ 面板最上面的头像即可打开“我的资料”对话框。
- 右击“我的好友”列表中自己的头像，在弹出的快捷菜单中选择“个人资料”命令。
- 将光标定位在自己的头像上，会弹出信息框，在信息框中单击用户名即可打开“我的资料”对话框。

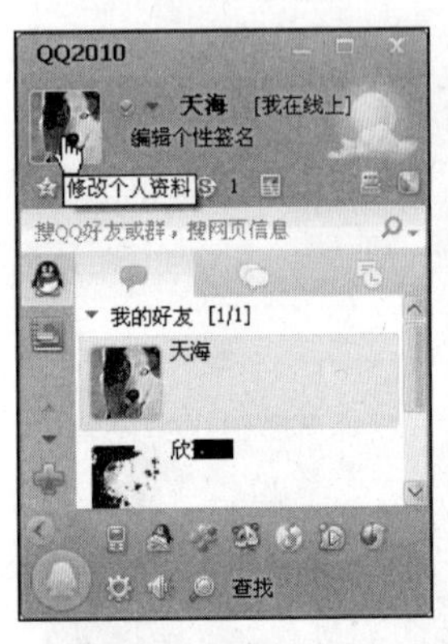

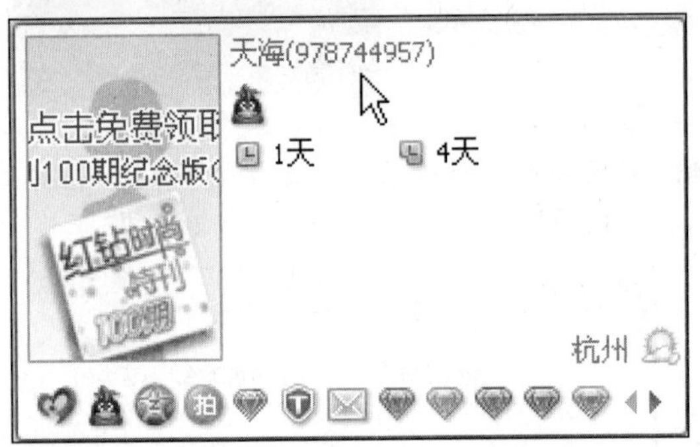

- 单击“主菜单”按钮，在弹出的菜单中选择“系统设置”→“个人资料”命令。

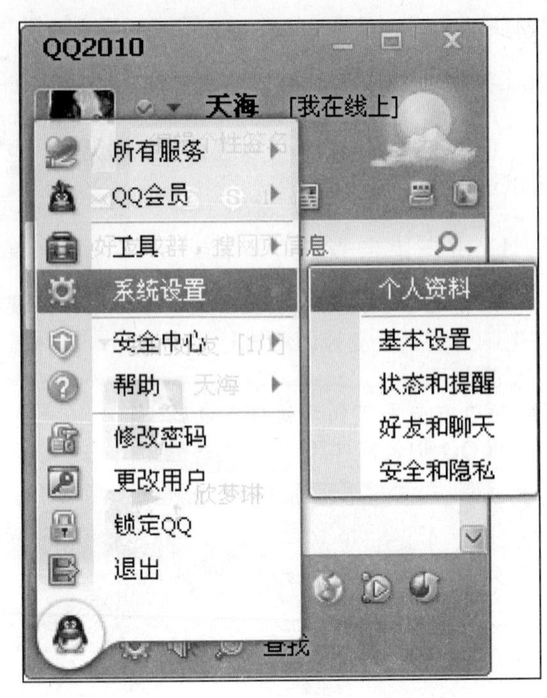

❷ 在打开的“我的资料”对话框中编辑个人资料。除了在申请免费号码时填写的基本信息外，用户还可以编辑其他几项内容，如个性签名、生肖、星座以及血型等。

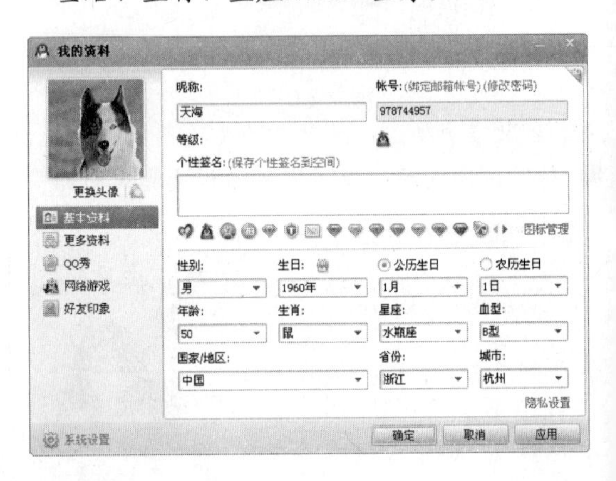

专 家 坐 堂

如果觉得某些内容属于隐私，用户可以单击“隐私设置”链接，将隐私项设为“所有人可见”、“仅好友可见”或是“仅自己可见”。

❸ 选择“更多资料”标签，在“请选择以下联系资料的显示范围”下拉列表框中选择“完全公开”、“仅好友可见”或“完全保密”选项。按自己的意愿选填其余项目。

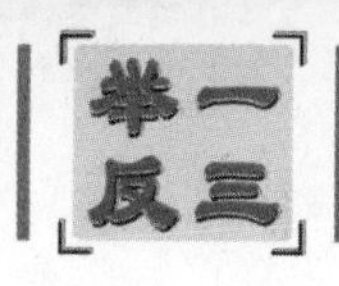

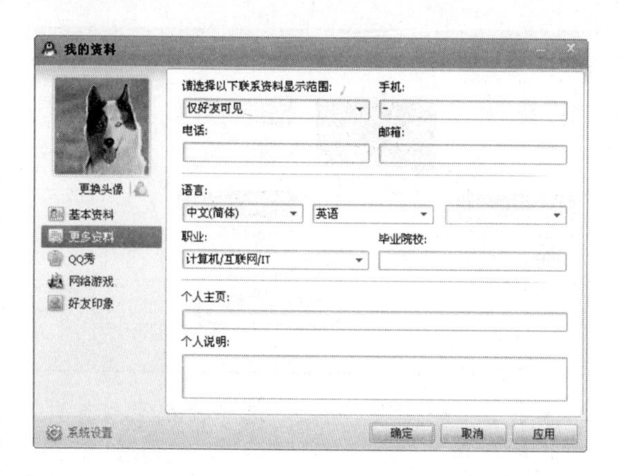

❹ 单击头像或“更换头像”链接，弹出“更换头像”对话框。在“自定义头像”选项卡下单击“本地照片”按钮即可将电脑中的图片设置为头像。

❺ 另外也可单击“系统头像”标签，在系统头像中选择一个。

❻ 依次单击“确定”按钮即可保存设置。

技巧128　快速开通和装扮 QQ 空间

QQ 空间具有博客的功能，在 QQ 空间里可以写日记、写心情、上传自己的图片和听音乐等。

1. 开通 QQ 空间

开通 QQ 空间的具体操作步骤如下。

❶ 登录 QQ，在 QQ 面板中单击按钮。进入“QQ 空间”页面，单击“立即开通 QQ 空间”按钮。

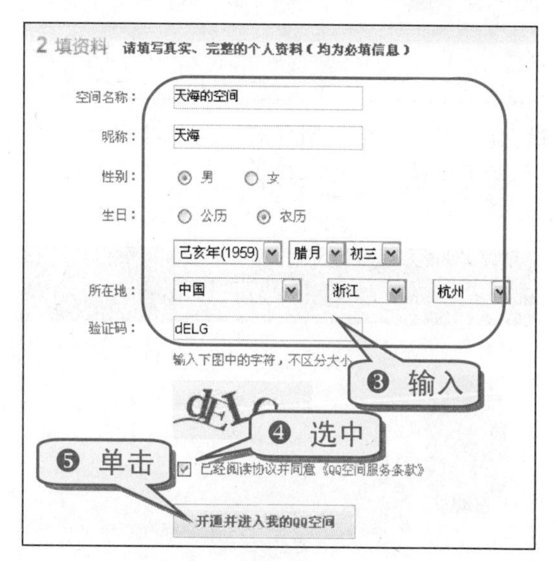

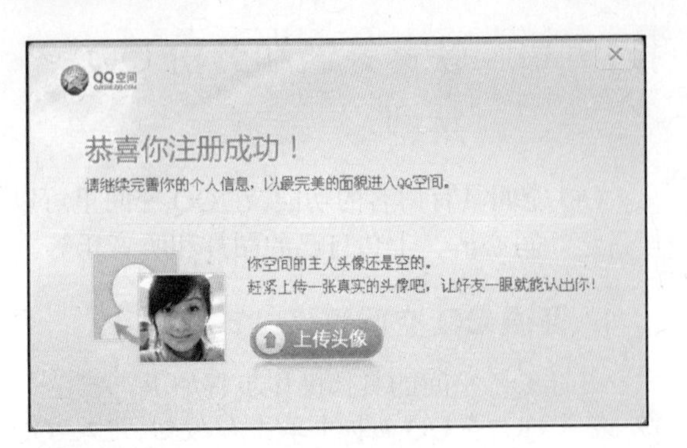

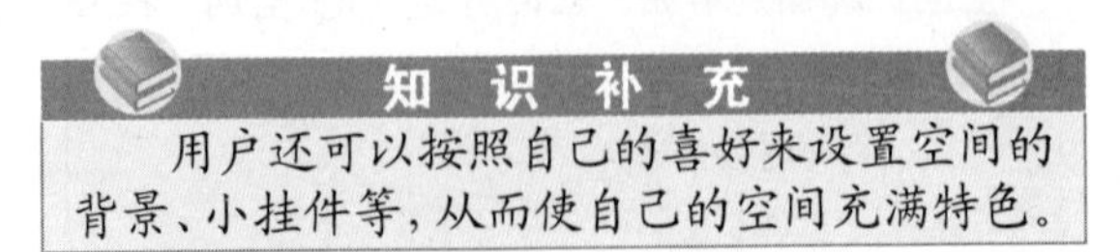

知 识 补 充

用户还可以按照自己的喜好来设置空间的背景、小挂件等，从而使自己的空间充满特色。

2. 装扮 QQ 空间

开通 QQ 空间后，就可以开始装扮了。具体操作步骤如下。

❶ 单击按钮，进入“天海的空间”。单击“设置个人形象”按钮，制作个人形象。

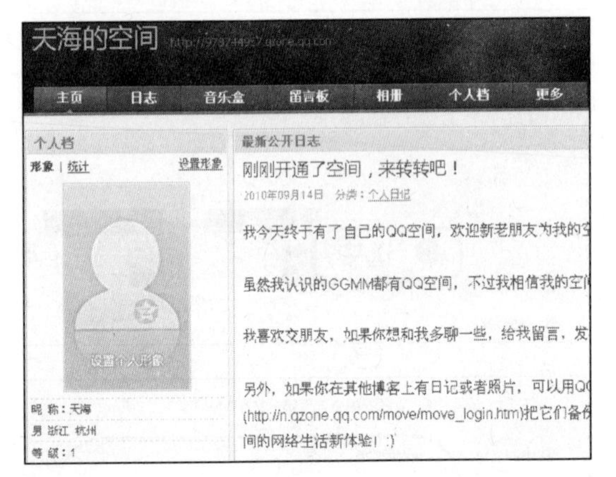

❷ 完成个人形象的制作后，就可以开始对空间的其他项目进行装扮了，单击“装扮空间”链接。

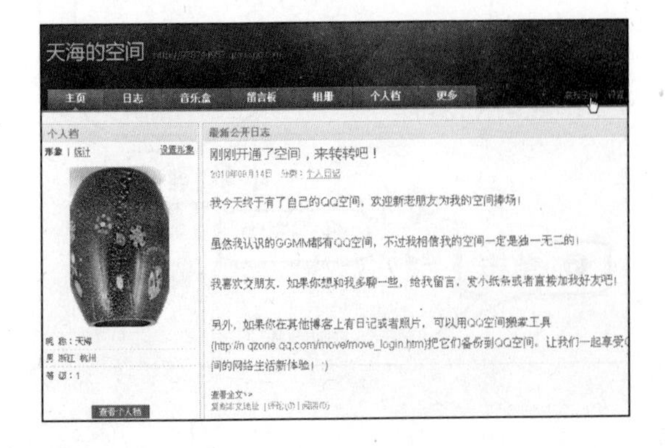

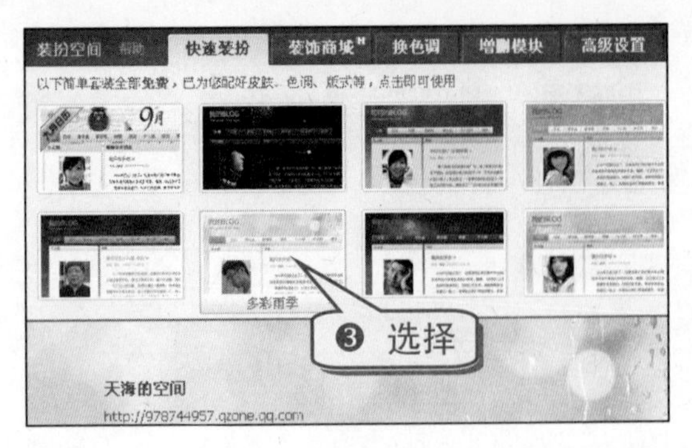

❹ 单击“增删模块”标签，选中要在空间首页显示的模块。

❺ 单击“高级设置”标签，根据自己的喜好设置“版式布局”、“模块透明度”、“皮肤(背景)”、“标题栏”和“自定义导航”。

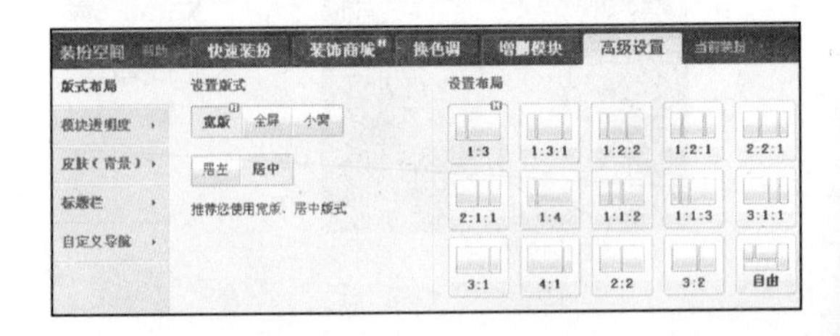

❻ 完成各项设置后单击“保存”按钮，完成 QQ 空间装扮。

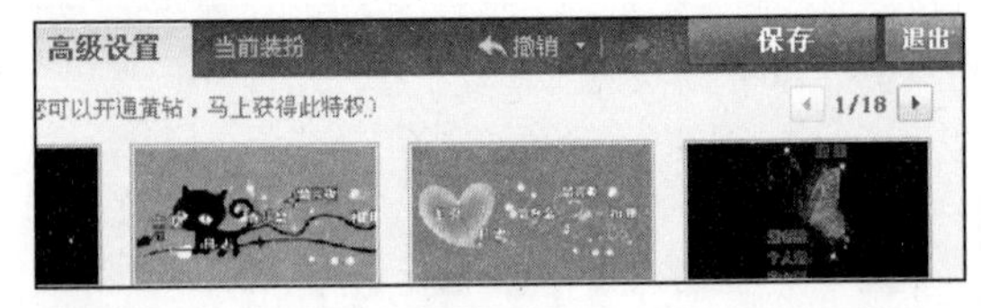

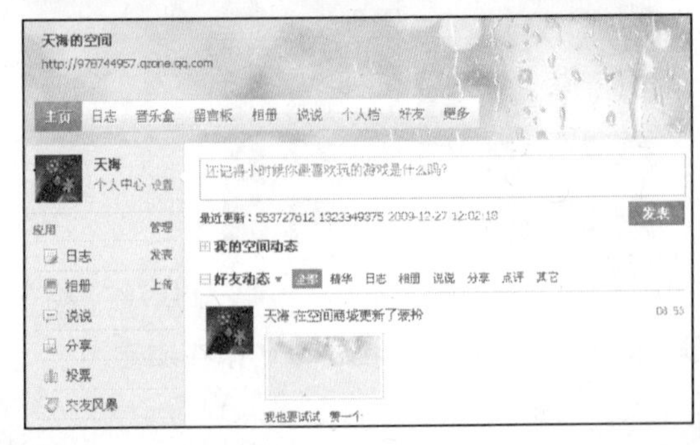

技巧129　快速申请免费电子邮箱

电子邮箱是专门用于管理和存放电子邮件的网络空间，有免费电子邮箱和收费电子邮箱两种。收费电子邮箱主要用于企业商务联系，一般用户使用免费电子邮箱即可。目前很多网站都提供了免费电子邮箱服务。以申请网易 163 邮箱为例，具体步骤如下。

❶ 打开 IE 浏览器。

❷ 在地址栏输入网易网址 http://www.163.com/，按下 Enter 键进入网易网页。

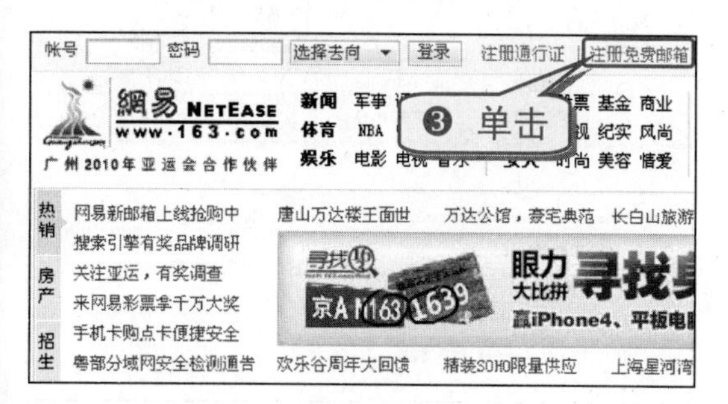

❹ 根据需要填写创建帐号信息。

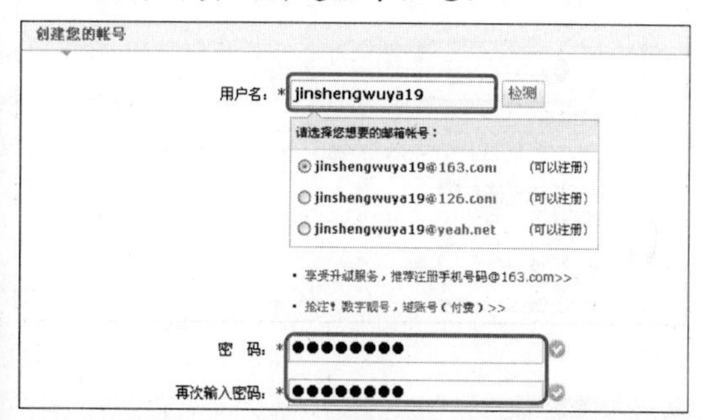

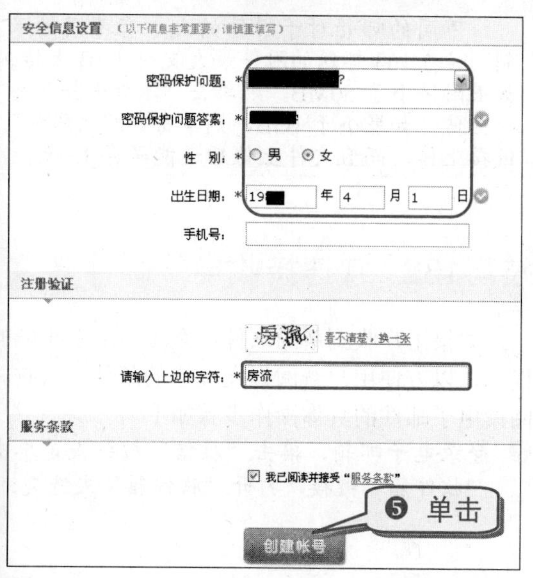

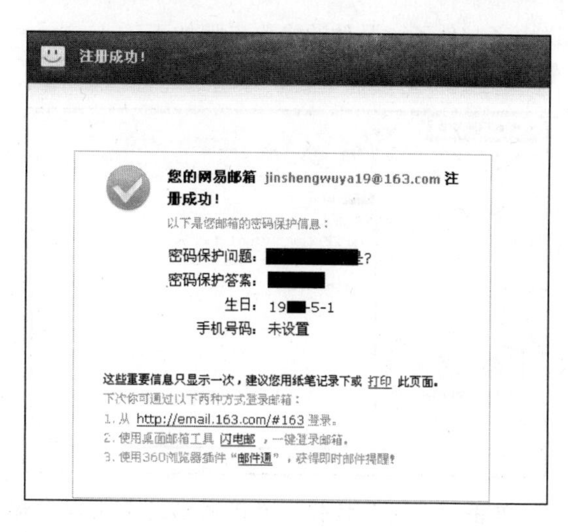

技巧130　快速登录免费电子邮箱

电子邮箱申请成功后，就可登录该邮箱了，具体操作步骤如下。

❶ 打开 IE 浏览器。

❷ 在地址栏中输入网易网址“http://mail.163.com/”，按下 Enter 键进入网易 163 邮箱登录窗口。

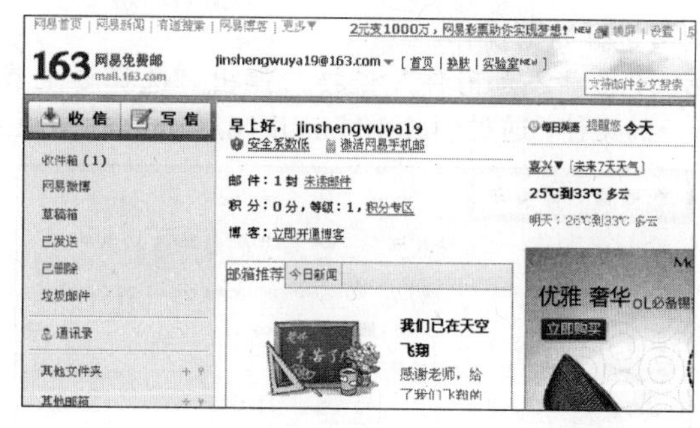

技巧131　快速发送电子邮件

登录电子邮箱后，用户就可以开始给朋友发

送电子邮件了，具体的操作步骤如下。

❶ 登录电子邮箱，单击“写信”按钮。

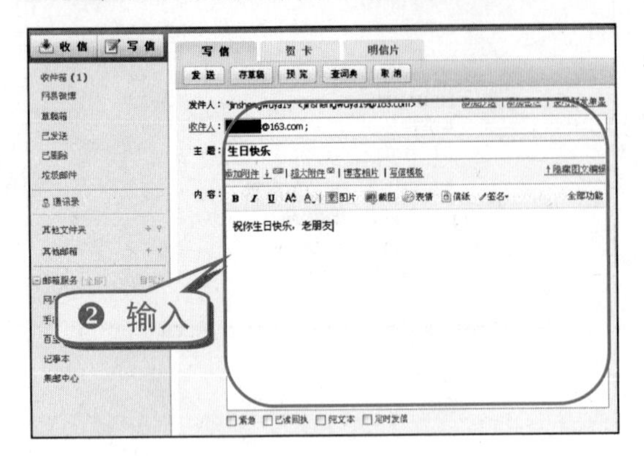

❸ 单击“发送”按钮，发送成功后会出现“邮件发送成功！”的相关提示。

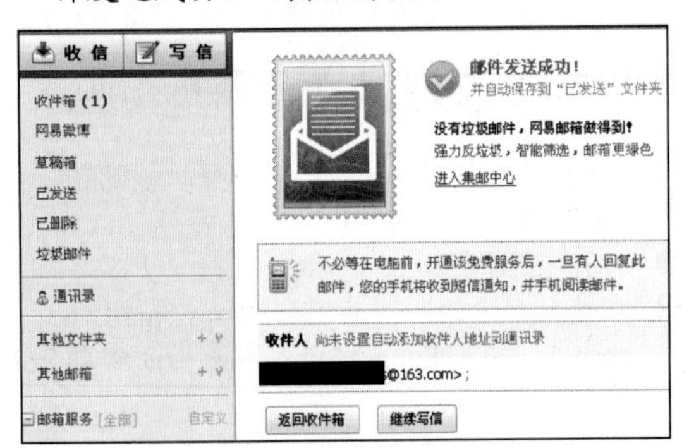

知识补充

由于电子邮件收费低廉、投递迅速、使用简易，且全球畅通无阻、易于保存，使其被广泛应用，同时也使人们的交流方式有了极大的改变。

如果需要添加其他文件(如文档、图片等)，则可进行如下操作。

❶ 单击“添加附件”链接，弹出“选择要上载的文件，通过：tgla104.mail.163.com”对话框。

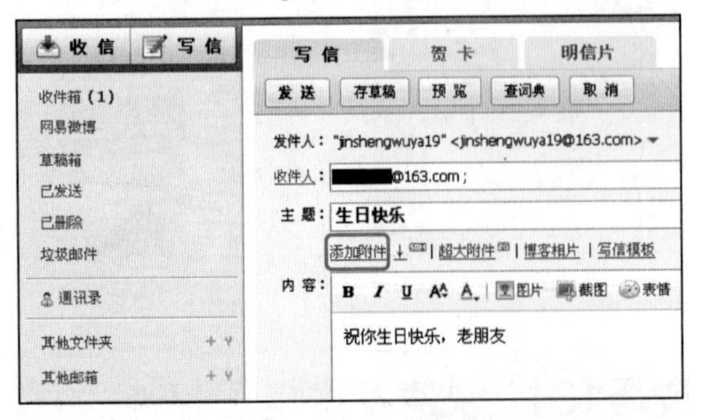

❷ 在弹出的“选择要上载的文件，通过：tgla104.mail.163.com”对话框中选择要发送的图片或文档。

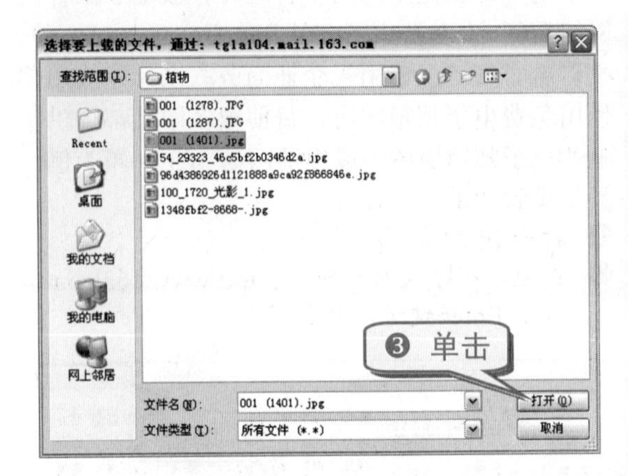

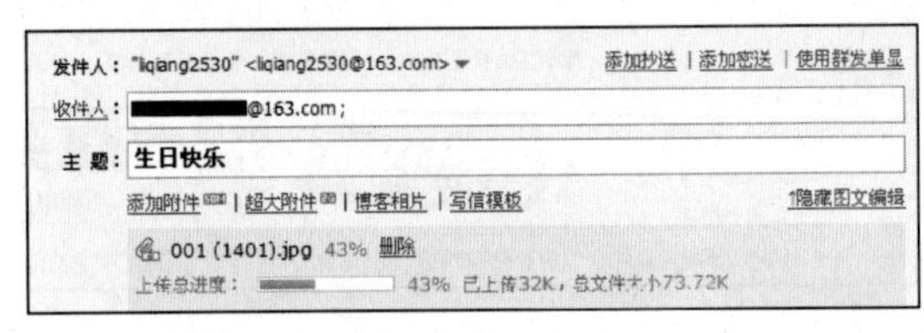

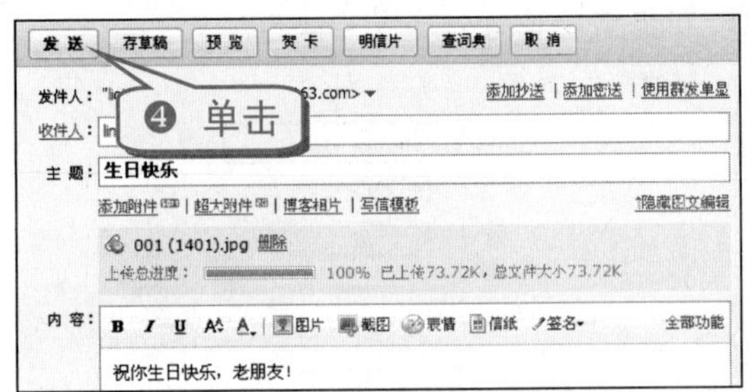

注意事项

不同的邮箱对于附件的大小有不同的限制，网易163邮箱的附件最大支持1GB上传。如果附件小于50MB，则单击“添加附件”链接上传；如果小于1GB，则单击“超大附件”链接上传，而且文件上传后还能保存15天。

技巧132 快速接收电子邮件

如果用户收到新的邮件，系统会给出相应的提示，以方便用户查阅好友发送的邮件。接收并阅读电子邮件的具体操作步骤如下。

❶ 登录电子邮箱，单击“收信”按钮或是单击“收件箱”链接，打开“收件箱”文件夹。

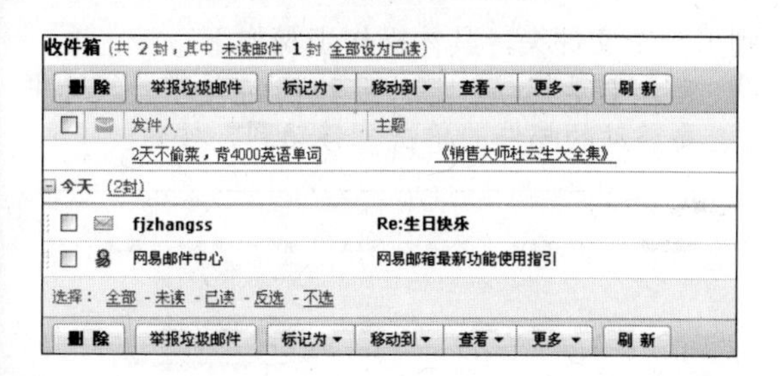

❷ 在“收件箱”的邮件列表中单击要阅读的邮件的文字链接。

❸ 显示邮件的内容，此时用户就可以查阅该邮件了。

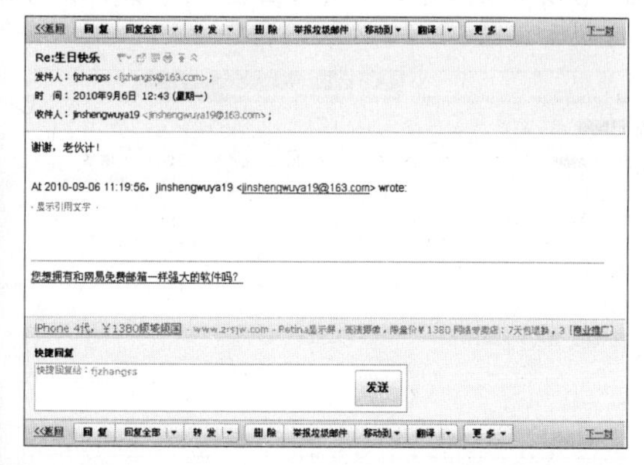

❹ 如果要回复该邮件，可以直接在邮件下的“快捷回复”文本框中输入要写的文字，然后单击“发送”按钮即可。

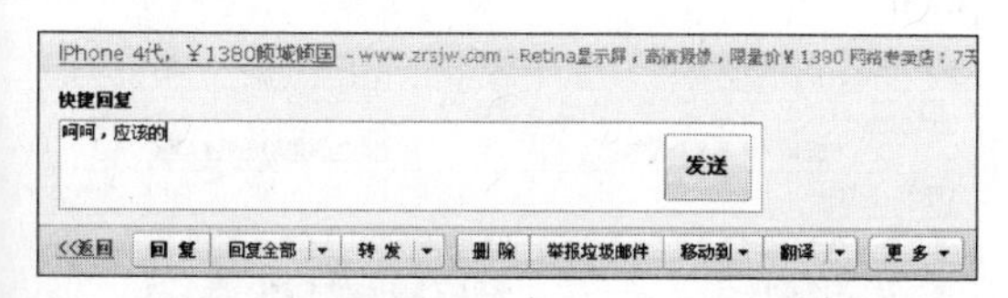

❺ 也可以单击“回复”按钮，打开“回复”页面，在文本框中输入要回复的话，单击“发送”按钮。

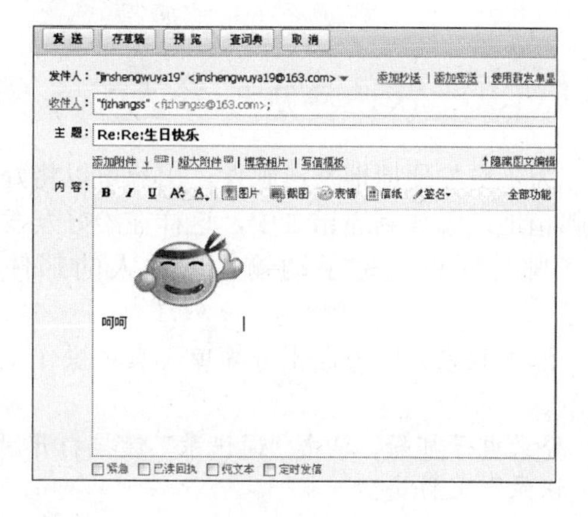

知 识 补 充

单击“邮件发送成功”页面下“收件人”中的“添加”链接，即可将收件人添加进通讯录中。

技巧133 快速转发电子邮件

用户可以将收到的电子邮件转发给其他人，具体操作步骤如下。

❶ 登录电子邮箱，单击“收信”按钮打开收件箱。

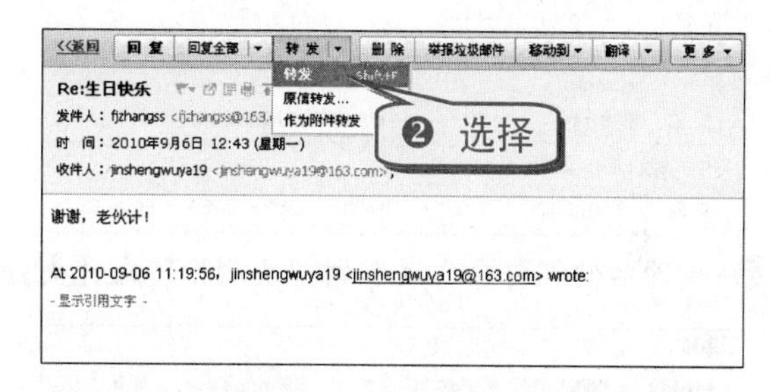

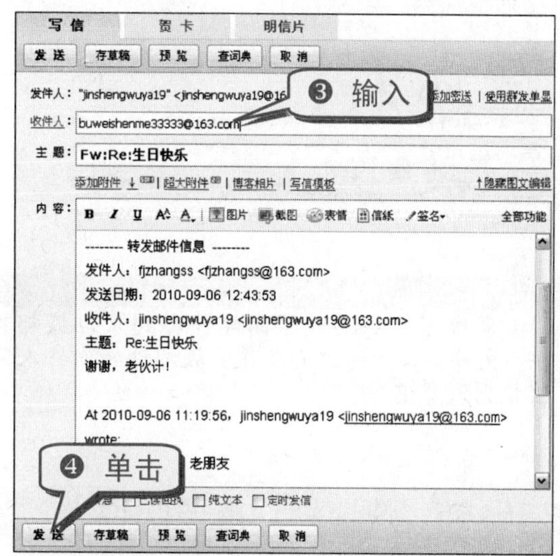

❺ 发送成功后会出现提示信息，此时该邮件即被成功发送到收件人的电子邮箱中。

技巧134 快速删除电子邮件

当电子邮件太多妨碍用户查看时，可以将一些不重要的邮件删除。删除邮件的具体步骤如下。

❶ 登录电子邮箱，单击“收信”按钮打开收件箱。

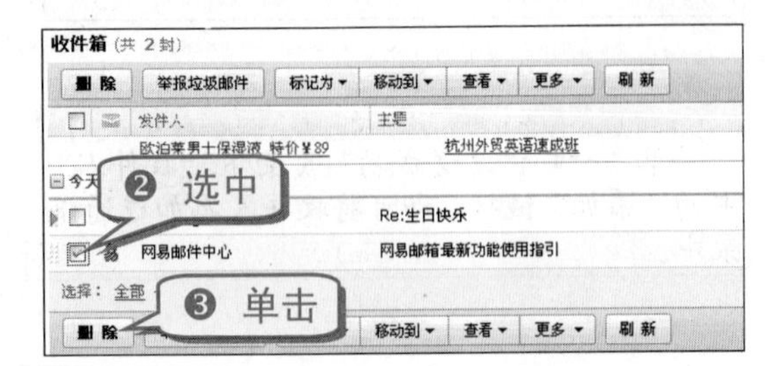

❹ 删除后会出现“成功移动”的提示信息。

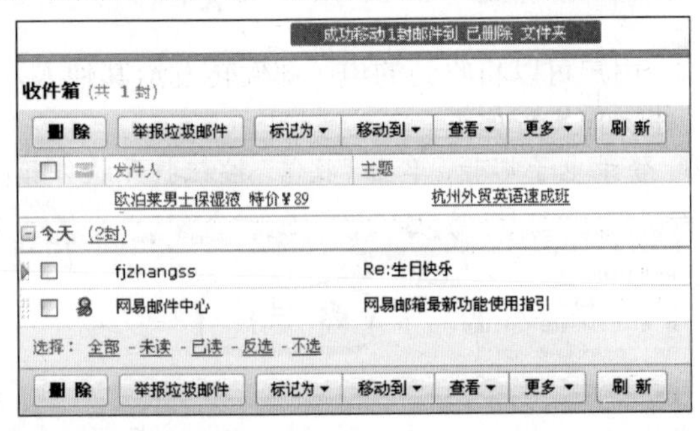

❺ 删除后的邮件会自动移到“已删除”文件夹。

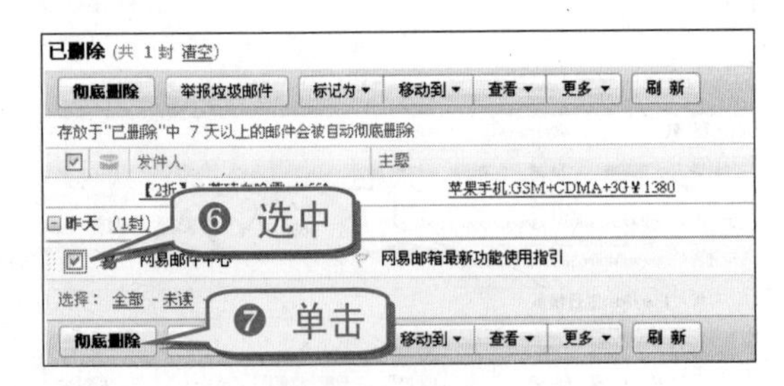

举 一 反 三

同样可以将要删除的邮件移到“垃圾邮件”文件夹，但同时要注意垃圾邮件的发件人将被列入黑名单。

技巧135 快速移动电子邮件

如果需要，用户可以将邮件从一个文件夹移到另一个文件夹，具体操作步骤如下。

❶ 登录电子邮箱，打开要移动的文件夹。选中要移动的邮件，单击“移动到”按钮。

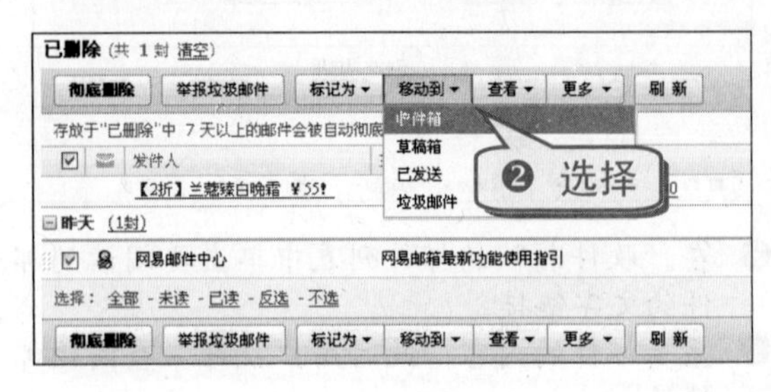

❸ 移动成功后原文件夹会出现“成功移动”的提示信息。

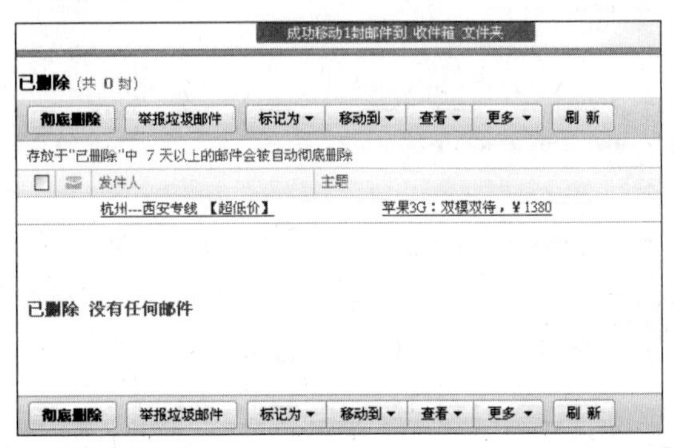

❹ 选择“收件箱”文件夹，便可看到移动邮件成功。

技巧136 快速添加联系人

为了更加便捷地发送邮件，用户可以将好友的邮箱地址添加到通讯录中，这样在给好友发送电子邮件时就无需手动输入联系人的邮件地址了。

添加联系人的方法十分简单，具体操作步骤如下。

❶ 登录电子邮箱，单击“通讯录”链接打开“通讯录”文件夹。

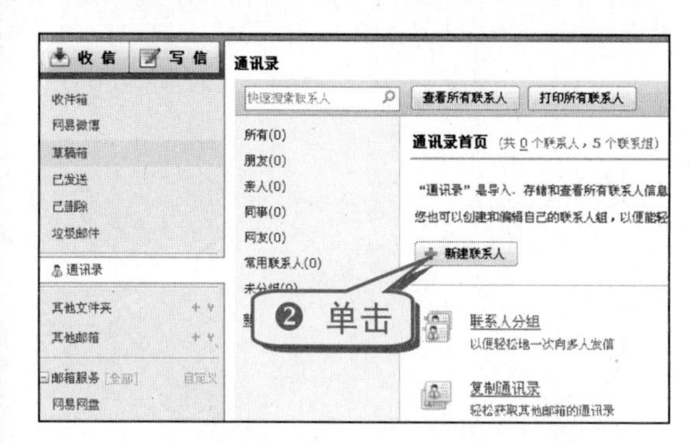

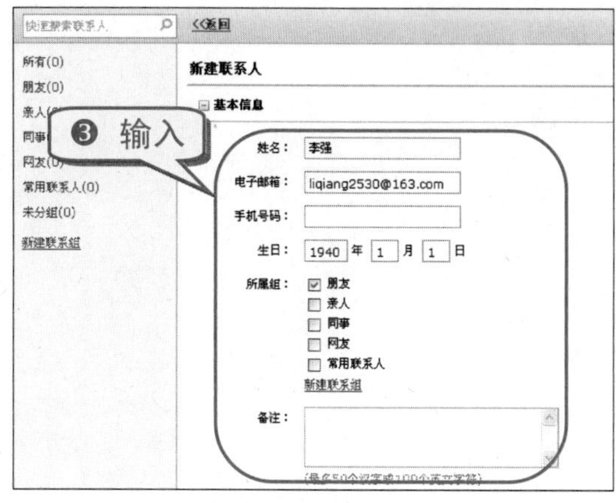

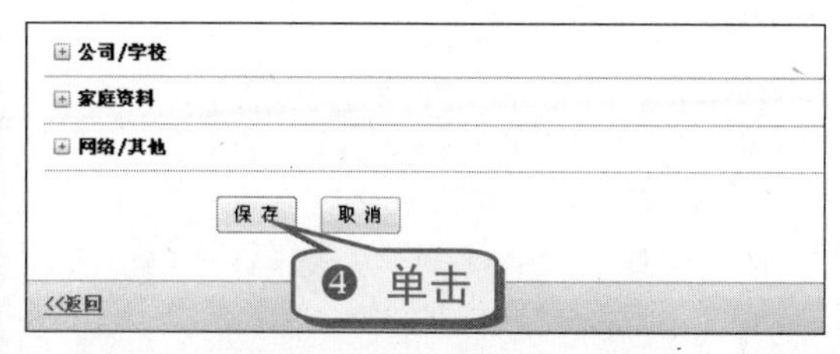

专家坐堂

根据需要可以单击⊞按钮展开所选项目，分类填写相关信息。

❺ 保存完成后进入“基本信息”页面，添加联系人成功。

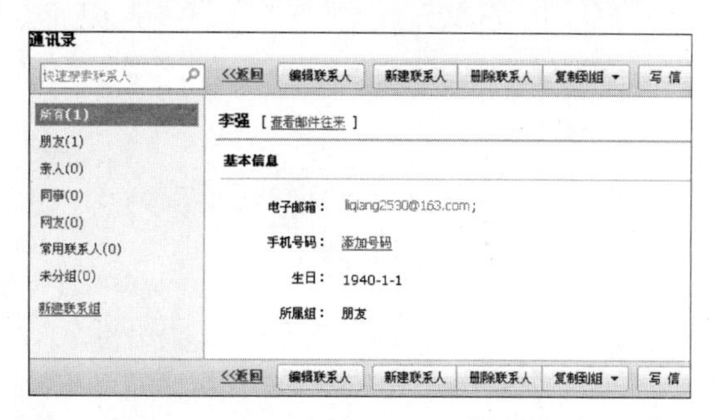

知识补充

在“基本信息”页面中，单击“编辑联系人”按钮可以对该联系人的信息进行重新编辑。

在“复制到组”下拉列表中可以为该联系人重新选择一个分组。

单击“删除联系人”按钮可以删除该联系人。

单击姓名旁的“查看邮件信息”链接可以查看邮箱中与该联系人有关的所有电子邮件。

单击“写信”按钮可以给该联系人写信。

❻ 建立了通讯录之后，在邮件编辑页面的右侧就是联系人列表，单击联系人所在的组别选择联系人姓名，即可直接添加到收件人地址栏中。

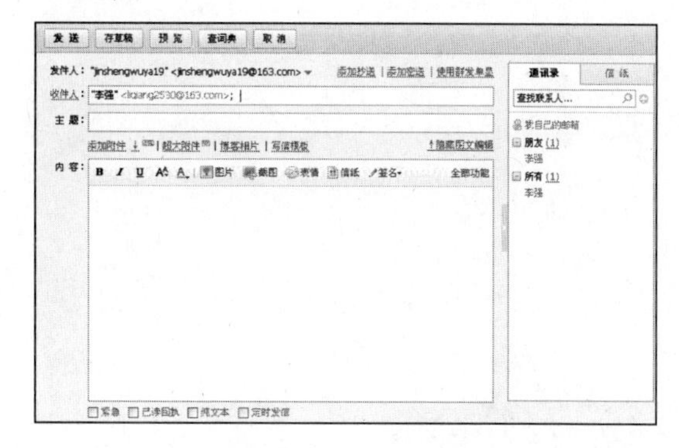

专题八　老人也时尚——网上购物交易

网上购物是指通过 Internet 在网上店铺逛街、购物、付款的一种快捷便利的购物方式，即坐在家中就可以买到最新的各种商品，极大地方便了忙碌的都市人群。本主题针对网购所需掌握的必备知识进行详细介绍。

- 快速申请购物网站账户
- 快速激活支付宝
- 快速开通网上银行
- 快速在淘宝网上购买商品

技巧137　快速申请购物网站账户

用户若想在网上进行购物交易，就要先申请一个购物网站的账户，如淘宝网的淘宝账户、易趣网的易趣账户等。

知识补充

当前比较知名的购物网站除了淘宝网与易趣网外，还有拍拍网和百度有啊。

1. 快速申请淘宝账户

❶ 登录淘宝网首页 http://www.taobao.com/。

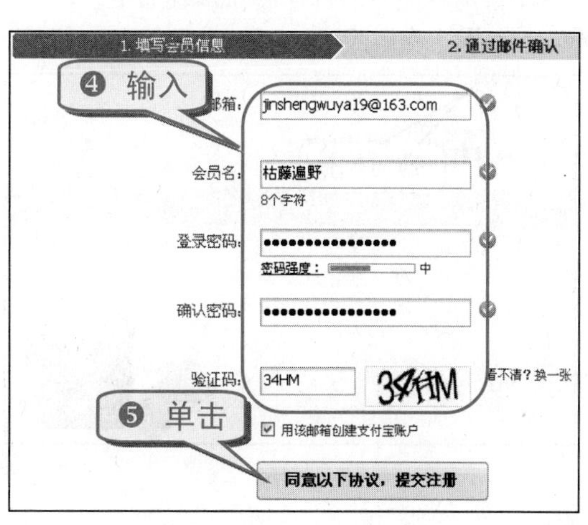

❻ 进入“通过邮件确认”页面，单击“登录邮箱”按钮。

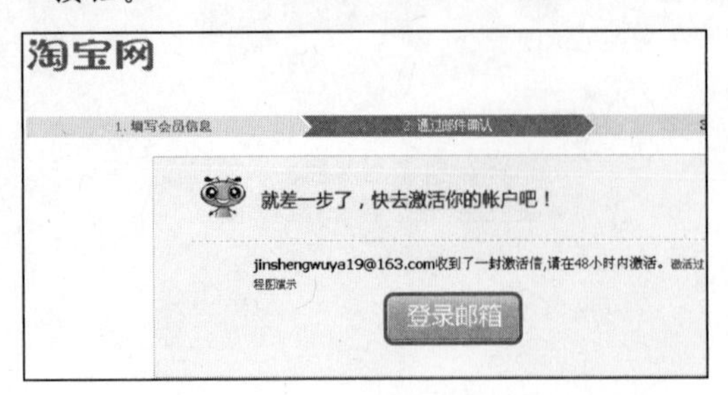

❼ 登录邮箱后，打开收到的“新用户确认通知信”邮件。

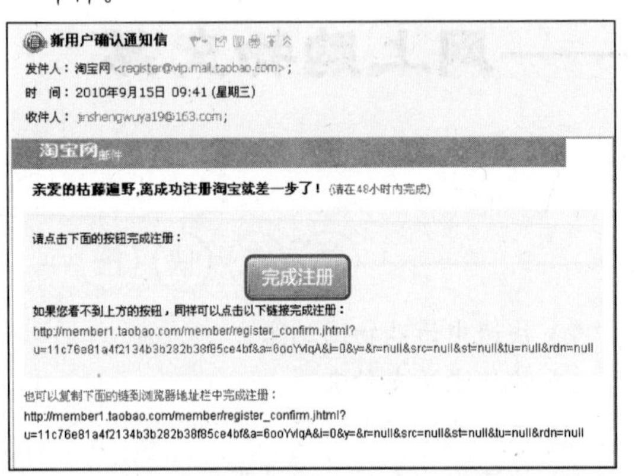

❽ 单击“完成注册”按钮，出现“恭喜，注册成功！”提示。完成注册操作。

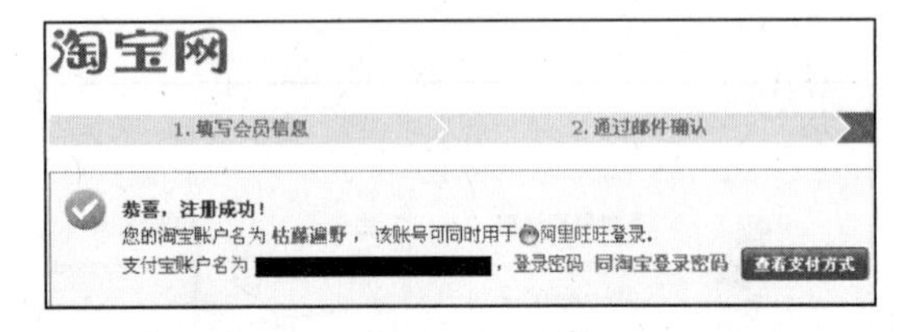

2. 快速申请易趣账户

申请易趣账户的具体操作步骤如下。

❶ 登录易趣网首页 http://www.eachnet.com/。

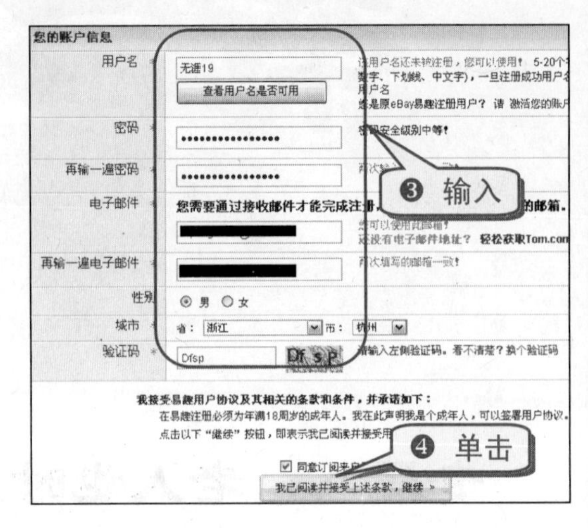

❻ 登录邮箱，打开收到的确认注册邮件。

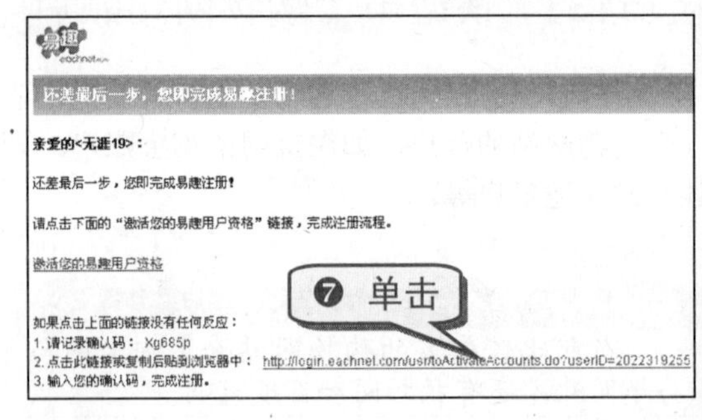

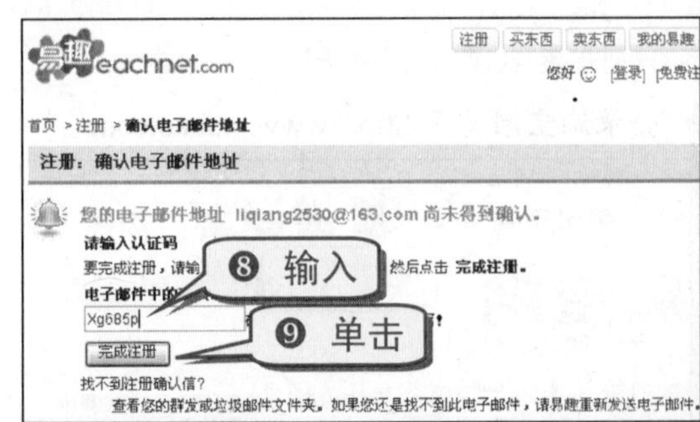

知 识 补 充

拍拍网、百度有啊等其他购物网站账户的申请方式与淘宝网、易趣网的账户申请方式类似，这里就不再一一赘述了。

技巧138　快速激活支付宝

申请淘宝账户时获得的支付宝账户要经过激活后才可以使用，快速激活支付宝的具体操作步骤如下。

❶ 登录支付宝网站 https://www.alipay.com/。

❷ 在“用户登录”下输入账户名以及登录密码，单击“登录”按钮。

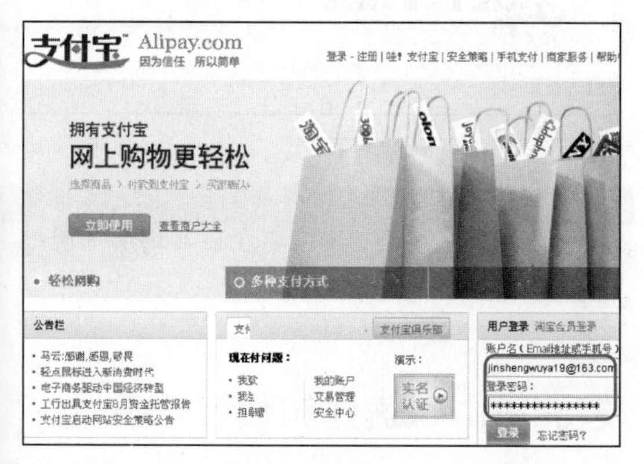

❸ 转入填写注册信息页面，在“用户类型”一栏中选中“个人”单选按钮，在“真实名字”后输入姓名，选择“证件类型”(如身份证)，并输入证件号。

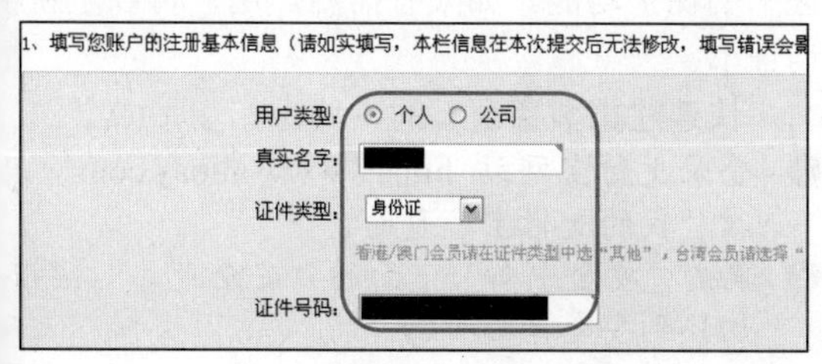

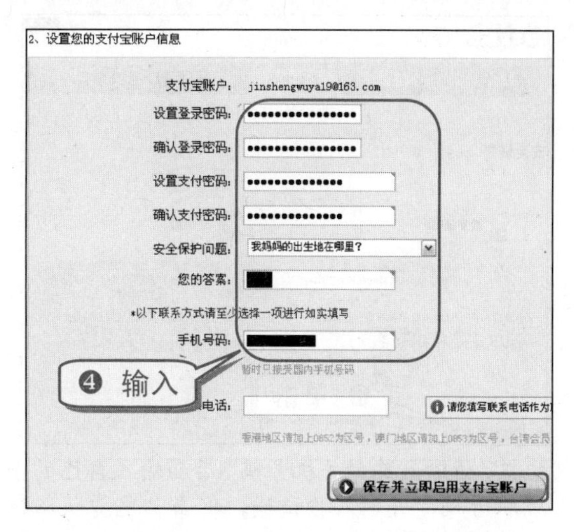

❺ 单击“保存并立即启用支付宝账户”按钮，进入“账户激活”页面，并出现相关成功提示。

技巧139　快速申请数字证书

支付宝会员可以通过申请数字证书，以增强账户的安全使用性。

快速申请数字证书的具体操作步骤如下。

❶ 进入支付宝网站 https://www.alipay.com/，登录支付宝。

❷ 单击“我的支付宝”选项卡下面的“我的账户”按钮，单击“申请证书”链接。

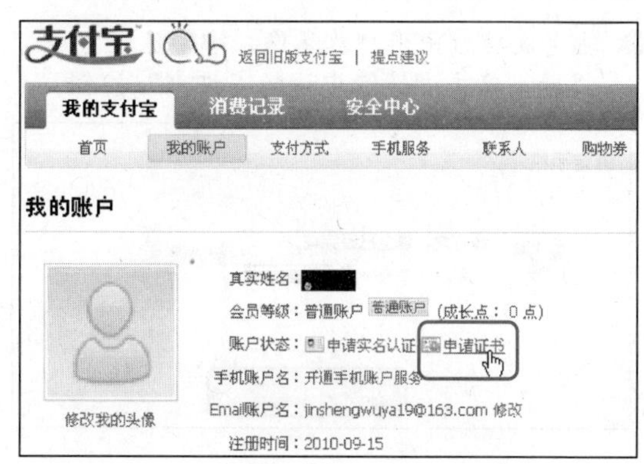

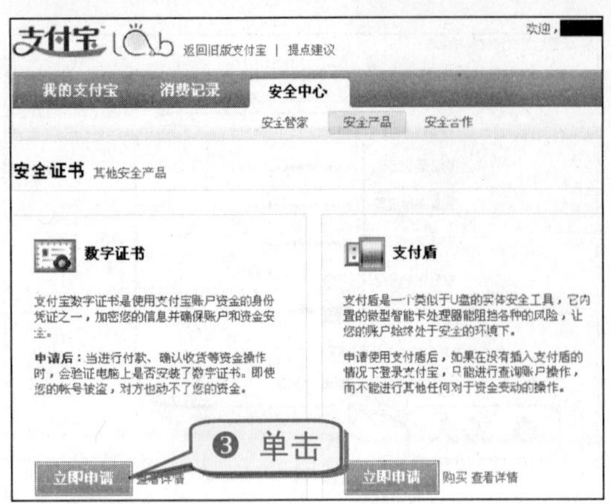

❹ 在“请输入您的手机号码”后面输入自己的手机号码，并输入验证码。单击“免费获取校验码”按钮。

❺ 输入支付宝密码和短信中的校验码，单击“确认绑定”按钮。

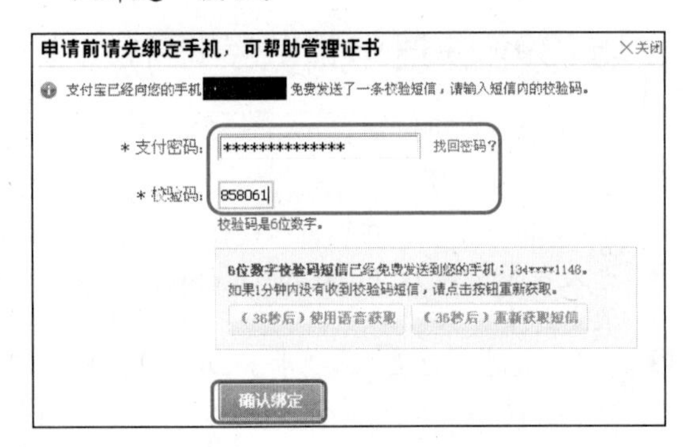

❻ 绑定成功后出现“恭喜您，绑定已经完成。”提示，单击“继续申请数字证书”按钮。

❼ 在打开的“安全中心”页面中输入身份证号码和验证码。

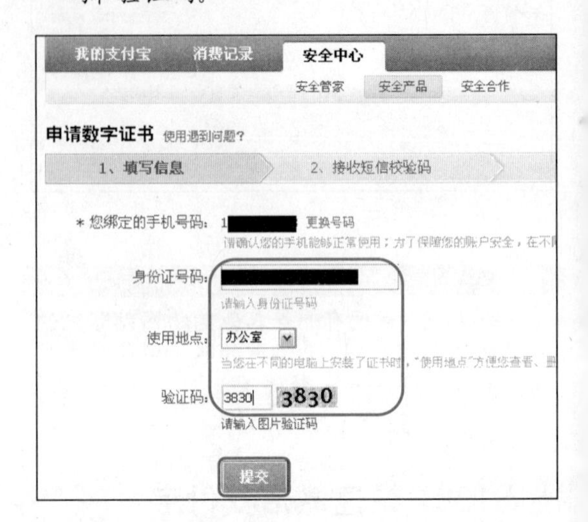

❽ 单击“提交”按钮，出现“恭喜您，数字证书已经安装成功。”的提示，完成操作。

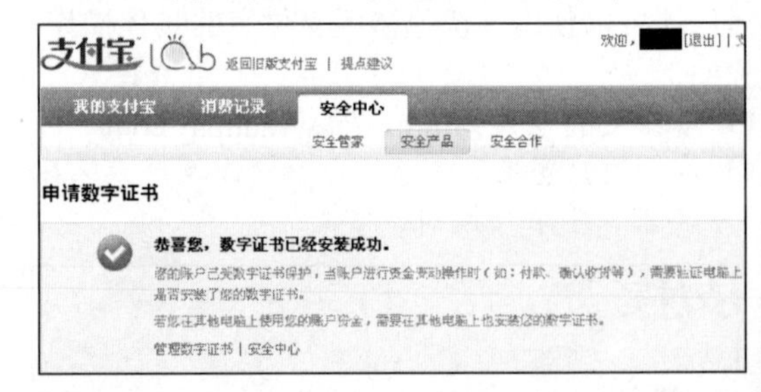

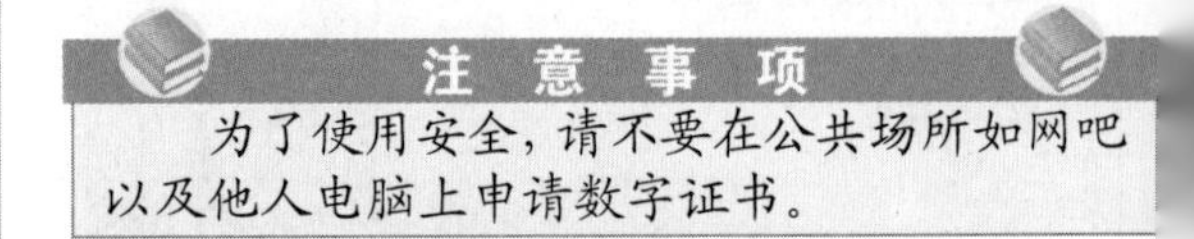

为了使用安全，请不要在公共场所如网吧以及他人电脑上申请数字证书。

技巧140 快速注销数字证书

如果数字证书丢失了，用户可以申请注销数字证书。数字证书注销不会影响该证书在银行系统的使用，但是用户的支付宝账户将会失去数字证书的保护功能。如果有需要，用户可以重新申请证书。

快速注销数字证书的具体操作步骤如下。

❶ 登录支付宝网站 https://www.alipay.com/，进入“我的支付宝”页面。

❷ 单击“安全中心”下面的“安全产品”按钮，切换到安全产品页面。

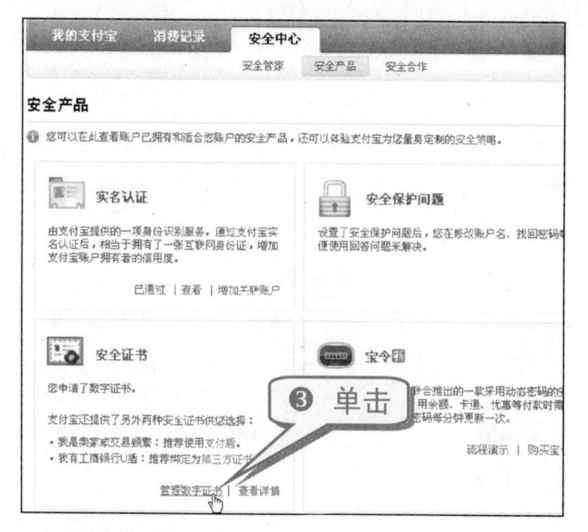

❹ 单击“取消数字证书”按钮，出现取消数字证书的提示。

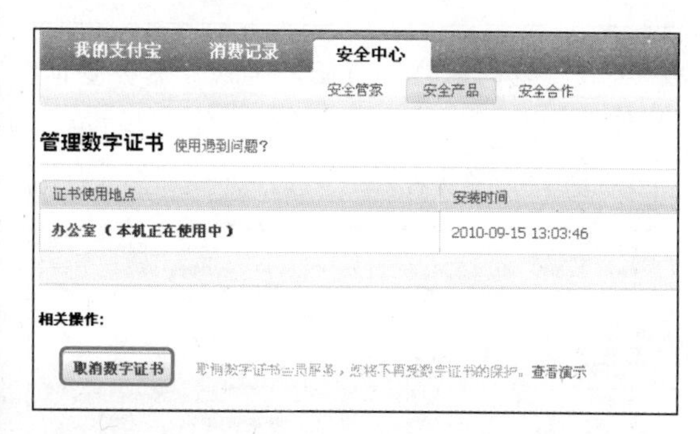

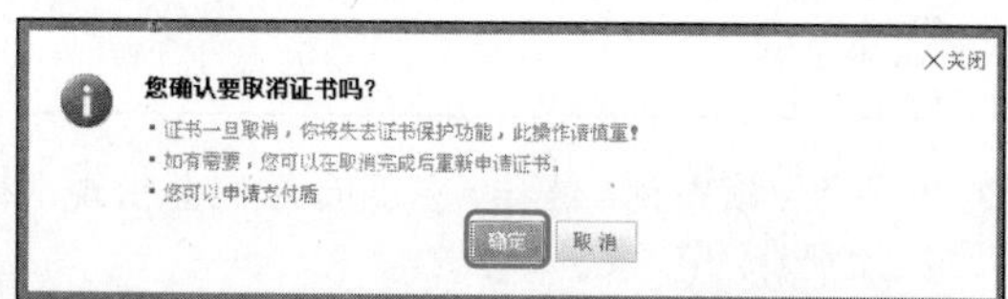

❺ 单击“确定”按钮，出现“证书取消成功。”提示，完成操作。

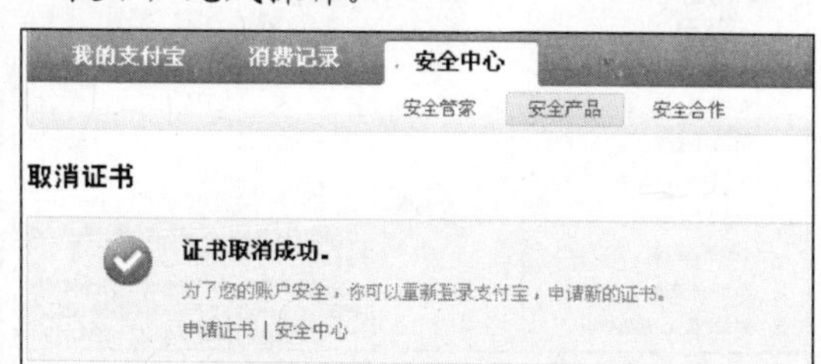

技巧141 快速开通网上银行

开通网上银行是网上开店的必要前提，也是在网上购物的必要条件。网上银行可以实现随时充值和取现功能，方便交易。

开通中国工商银行的网上银行的具体操作步骤如下。

❶ 进入中国工商银行网站http://www.icbc.com.cn，单击“个人网上银行登录”下方的“注册”链接。

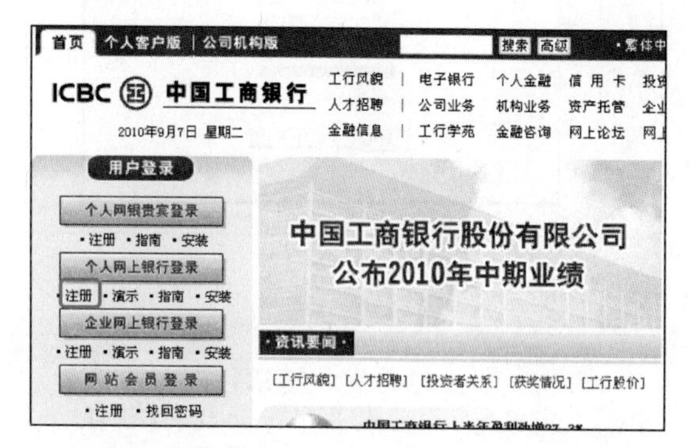

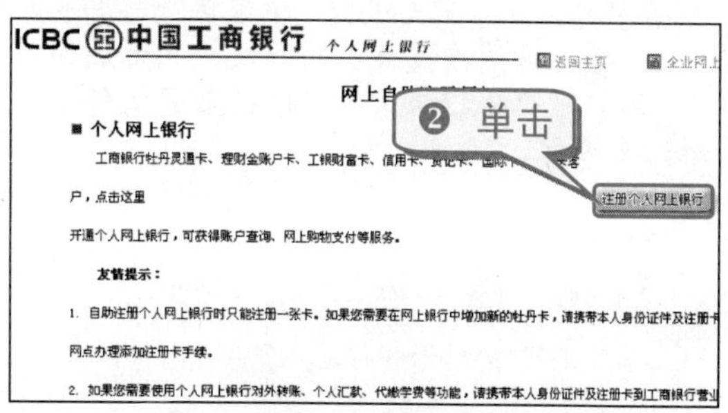

❸ 输入注册卡号(银行卡号)、密码和验证码，单击“提交”按钮。

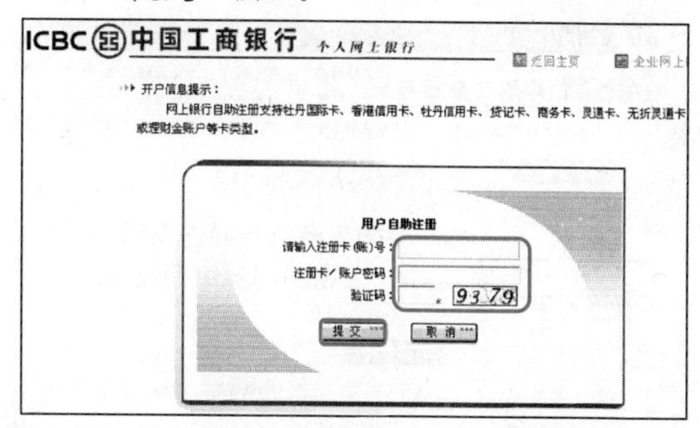

❹ 填写注册信息，单击“提交”按钮。

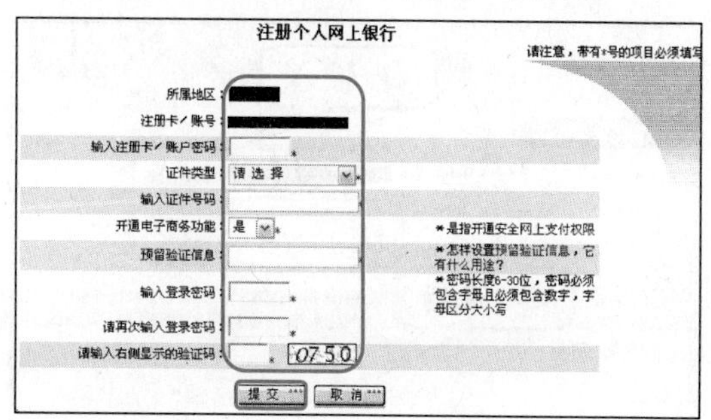

❺ 在“用户自助注册确认”页面中单击“确定”按钮，即可成功注册。

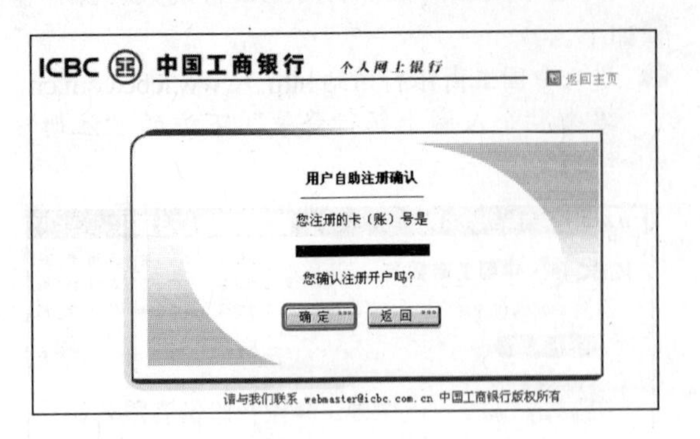

知 识 补 充

目前，网上银行有招商银行、中国银行、中国工商银行、中国农业银行、中国建设银行、交通银行、中国光大银行、中国民生银行、兴业银行、上海浦东发展银行以及广东发展银行等。用户可以根据自身情况选择最方便的一家银行去办理。

技巧142　快速登录网上银行

开通网上银行后就可以使用了。

❶ 登录中国工商银行网站，单击“个人网上银行登录”按钮。

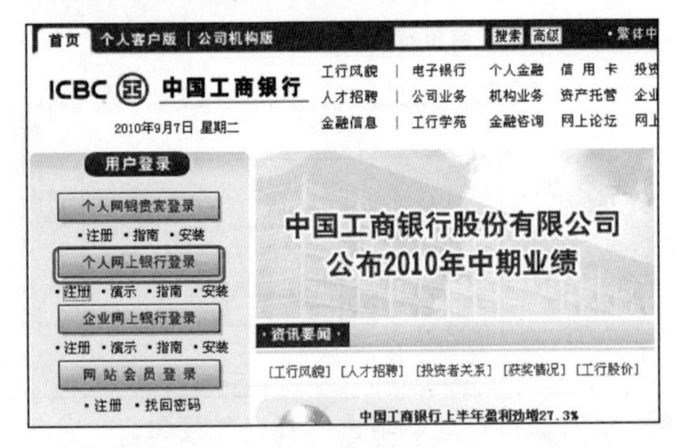

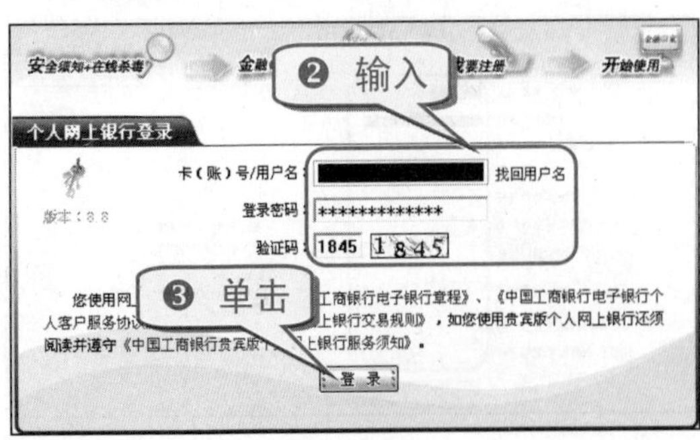

技巧143　巧妙查询个人账户余额

在登录了网上银行后即可进行各种操作，如查询个人账户余额。具体操作步骤如下。

❶ 登录“个人网上银行”，进入“个人网上银行”欢迎页面。

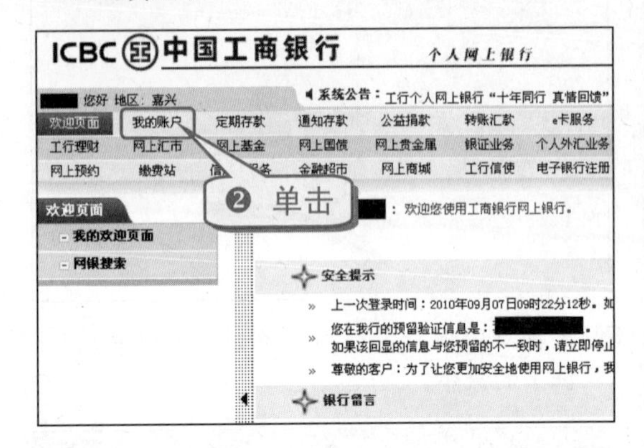

❸ 进入“我的账户”页面，单击“账务查询”标签。

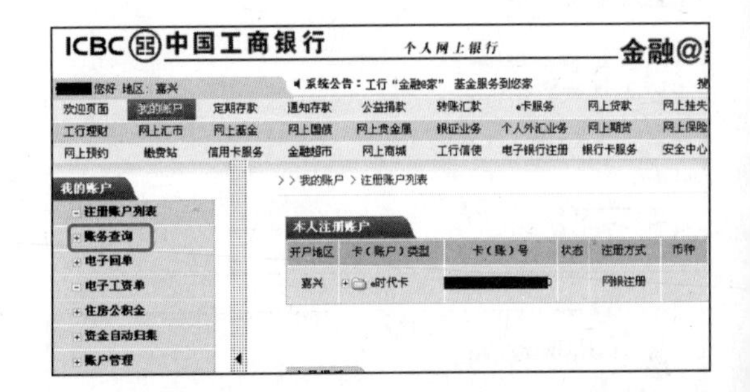

❹ 单击“余额查询”链接，在页面右侧会出现“本人注册账户”表。

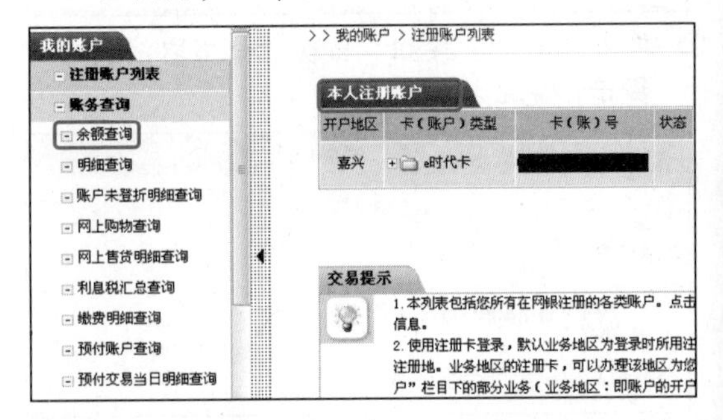

❺ 单击“余额”链接，在“可用余额”下就会显示出余额数目。

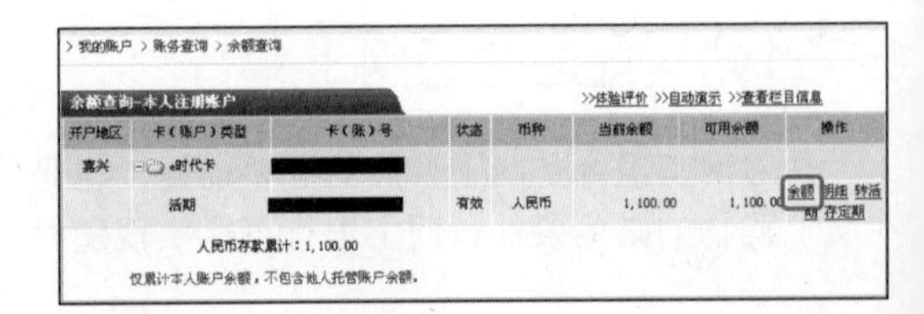

技巧144　快速给支付宝账户充值

开通网上银行后，就可以直接给支付宝充值了。快速给支付宝账户充值的具体操作步骤如下。

❶ 进入支付宝网站 https://www.alipay.com/，登录支付宝账户后，单击“立即充值”按钮。

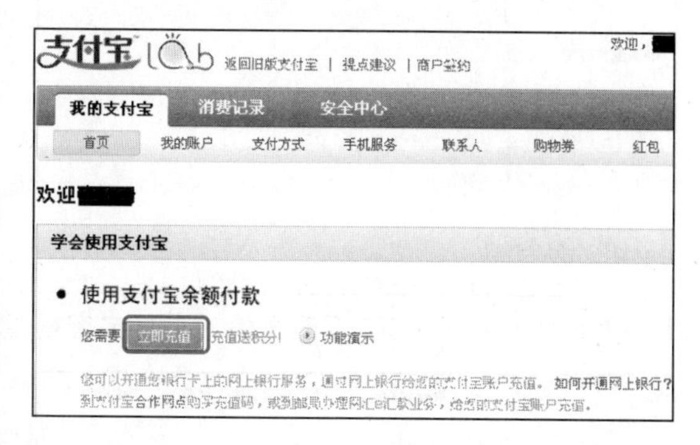

❷ 切换到“网上银行”选项卡，输入需要充值的金额，单击“下一步”按钮。

❸ 在打开的“使用网上银行充值”页面中，单击“去网上银行充值”按钮。

使用网上银行充值

充值金额：

100.00 元

选择网上银行：

中国工商银行

去网上银行充值

将会在新窗口中打开网上银行页面。

❹ 进入“客户订单支付服务”页面，输入支付卡(账)号，即该银行的卡号，输入验证码，单击“提交”按钮。

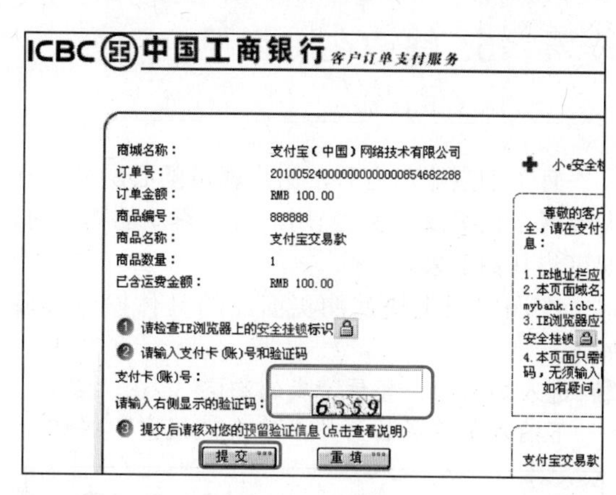

❺ 确认预留信息，如果显示的信息与在该银行中实际预留的信息不一致，应立即停止交易，如果信息一致，则单击“确定”按钮。

❻ 进入“确认支付信息”页面，输入口令卡密码、网银登录密码和验证码。

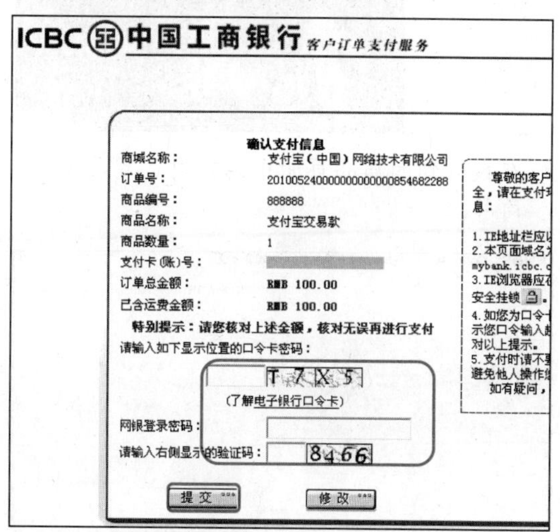

❼ 单击“提交”按钮，出现“支付成功”提示，完成操作。

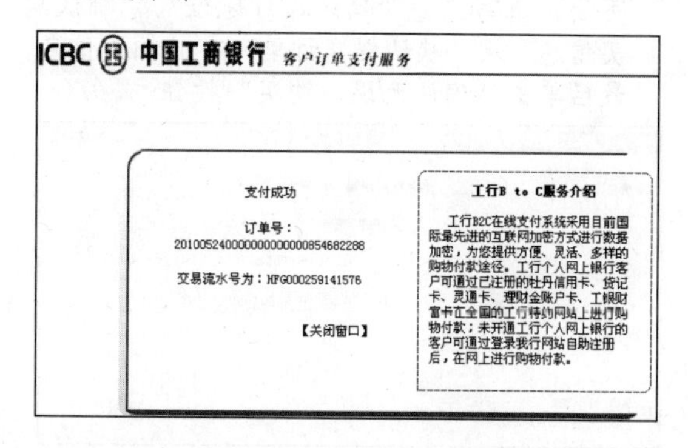

技巧145　快速在淘宝网上购买商品

有了淘宝账户之后，用户就可随心所欲地在淘宝网上购买商品了，当用户看上喜欢的物品时，即可将其拍下来。

在淘宝网上快速购买商品的具体操作步骤如下。

❶ 进入淘宝网，登录“我的淘宝”，在“宝贝”下输入要购买的商品，单击“搜索”按钮。

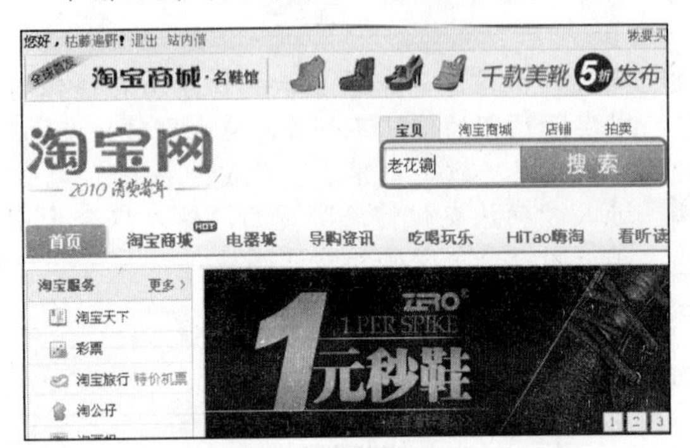

❷ 在搜索到的商品页面中选择自己想要购买的商品。

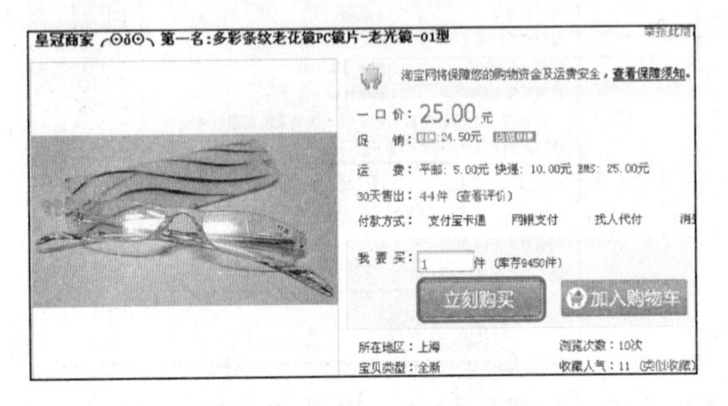

❸ 单击“立即购买”按钮，进入“确认订单信息”页面，填写完整“确认收货地址”、“确认购买信息”及“确认提交订单”下的相关信息，最后单击“确认无误，购买”按钮。

确认购买信息

购买数量：1 (可购 9450 件)

运送方式：平邮：5.00　快递：10.00　EMS：25.00

给卖家留言：选填，可以告诉卖家您对商品的特殊要求，如：颜色、尺码等

确认提交订单

匿名购买（选择后，您对该宝贝的出价、留言和评价都将匿名。）

找人代付（选择后，您可以指定朋友帮您付款。）

实付款(含运费)：25.00 元

确认无误，购买

若有价格变动（包括运费），您可以在点击该按钮后，联系卖家修改

❹ 在“支付宝余额付款”页面中输入支付宝密码。

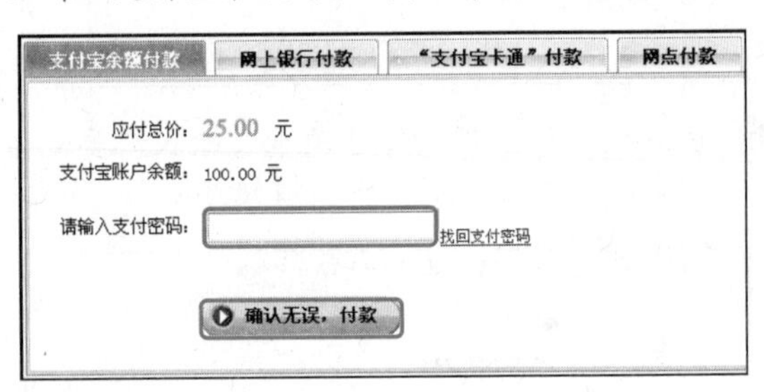

❺ 单击“确认无误，付款”按钮，出现“支付宝已收到您的付款25.00元!”提示。

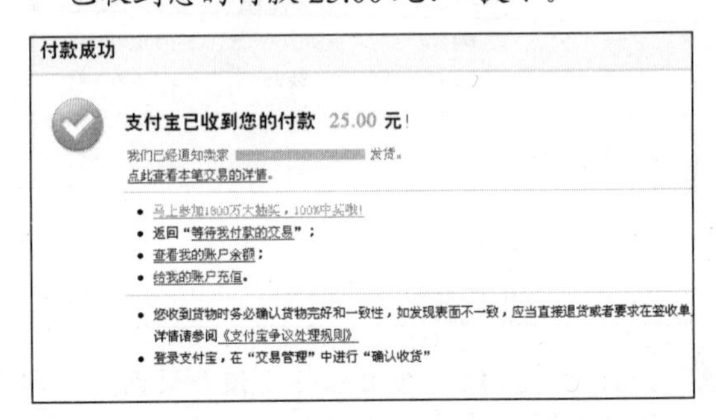

技巧146　巧用支付宝付款

如果买家对收到的商品比较满意，则需要确认收货使支付宝中的钱能够顺利到达卖家的支付宝账户中。

使用支付宝付款的具体操作步骤如下。

❶ 登录我的淘宝页面，在“支付宝专区”中将会显示“您有1笔交易，卖家已经发货，等待您确认收货”的信息，单击“等待您确认收货”链接。

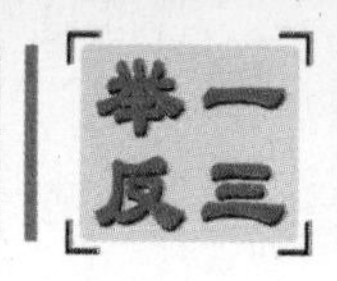

❷ 在“最近买到的宝贝”页面中，找到相应的宝贝，单击“确认”按钮。

❸ 在“我已收到货，同意支付宝付款”页面中，输入支付宝账户支付密码，并单击“确认”按钮。

❹ 在打开的对话框中单击“确定”按钮，显示交易成功。

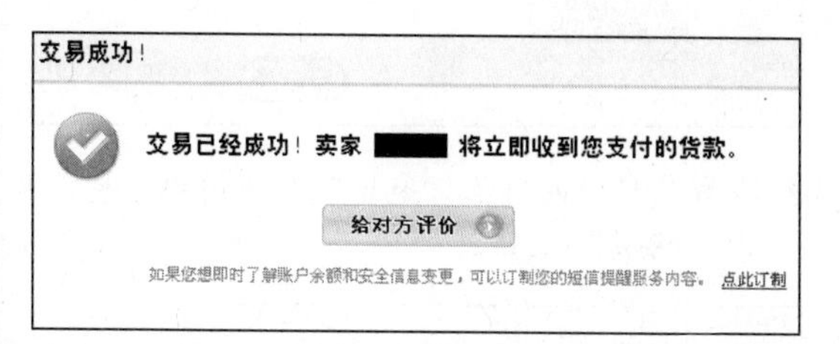

❺ 单击“给对方评价”按钮，在评价页面中的“发表评论”文本框中输入评价内容。

❻ 根据购物体验，给予对方好评、中评或差评。

技巧147　快速实现支付宝提现

如果支付宝有余额，用户可将余额取出，即将支付宝中的资金转到银行账号中。

注 意 事 项

在进行提现操作时，要先设置银行卡账户信息，银行账号的开户人姓名必须与支付宝绑定的用户名一致。

❶ 进入“我的支付宝”页面，单击“提现”链接，进入“添加银行账户”页面，选择银行并输入相应的银行卡号，单击“保存账户”按钮。

支付宝 | 提现

添加银行账户

您还没有可用于提现的银行卡，请先添加银行卡。

• 提现目前仅支持工行、农行等 13家银行 的 借记卡 。

* 银行账户类型：借记卡

* 开户人真实姓名：

* 开户银行所在城市：

如果找不到所在城市，可以选择所在地区或者上级城市。

* 选择银行：----请选择银行----

* 银行卡号：

此银行卡的开户名必须为 ，否则提现会失败。

保存账户

❷ 在打开的“申请提现”页面中输入提现金额，单击“下一步”按钮。

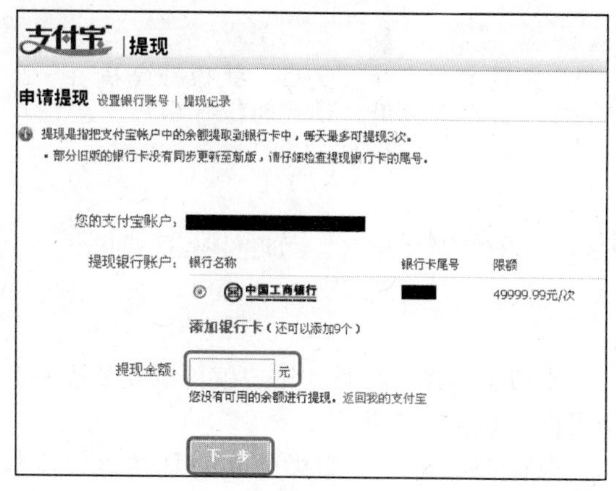

❸ 进入“提现确认”页面，输入支付密码，单击“确认提现”按钮。

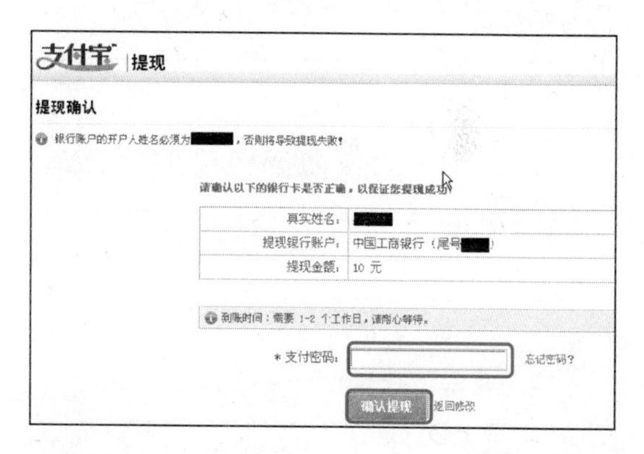

❹ 提现申请正确提交后，会出现“您的提现申请已提交成功。”的提示。如果希望设置的提现账户为提现优先方式，则单击“保存设置”按钮。

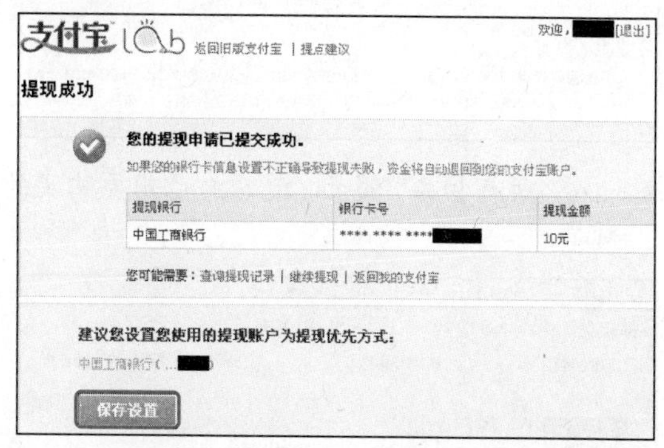

❺ 页面将出现“提现优先方式设置成功”提示。

支付宝

返回旧版支付宝 | 提点建议

欢迎， [退出] | 支付宝首页

提现成功

提现优先方式设置成功

提现优先账户：中国工商银行（ ）

您已经设定 提现优先方式 成功。

您可能需要：继续提现，或者管理支付方式

知识补充

提现申请正确提交后，款项将会在 1~2 个工作日内到达用户设置的银行账户中。

技巧148 快速在易趣网上购买商品

申请了易趣账户后，用户就可以在易趣网上购买自己想要的商品了。

快速在易趣网上购买商品的具体操作步骤如下。

❶ 进入易趣网，登录“我的易趣”，单击“买东西”链接。

❷ 在“全球集市”右侧的搜索框中输入商品名称，单击“搜索”按钮。

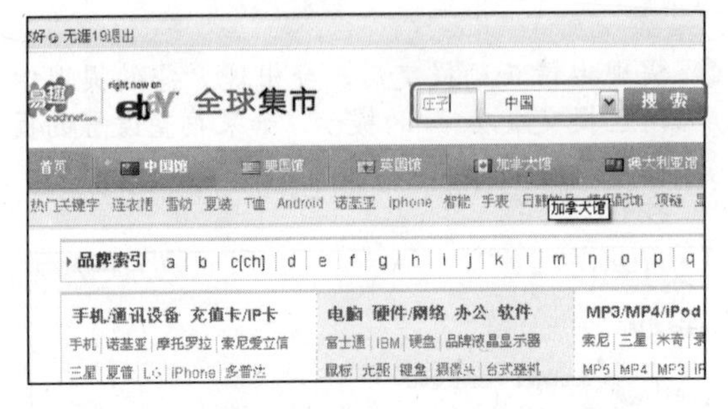

❸ 进入“所有物品”页面，选择自己想要购买的商品。

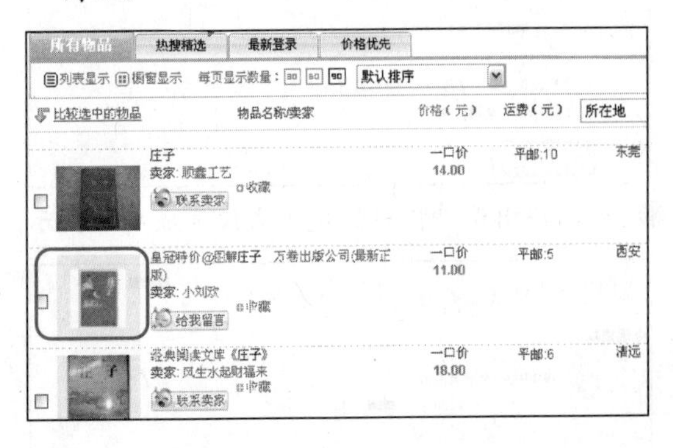

❺ 填写完整“编辑收货地址”下的相关信息，单击“购买”按钮。

❻ 进入“选择您的支付方式付款”页面，单击“网上银行支付”标签，选中“中国工商银行”单选按钮，单击“付款”按钮。

❼ 在新打开的网上银行页面根据相关提示步骤进行付款，完成付款后单击“已完成付款”按钮，完成操作。

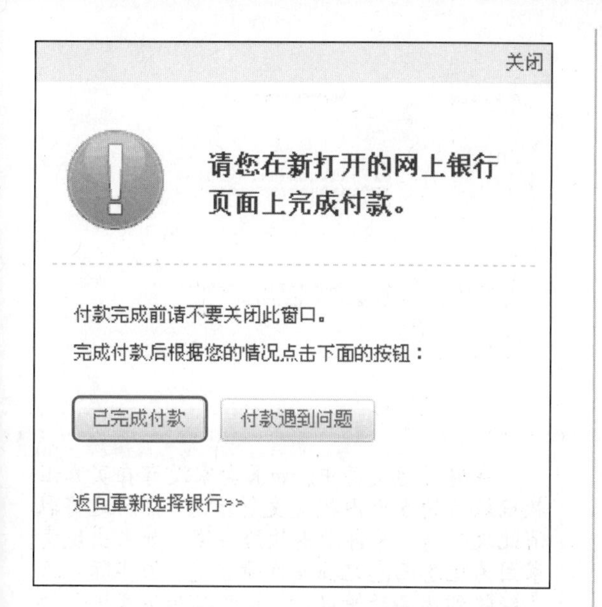

技巧149 了解安付通的使用流程

安付通作为易趣网唯一认定的安全交易方式，在交易时一定会用到它，因此用户只有对安付通有全面的了解才能熟练运用它进行交易。

使用安付通的具体操作步骤如下。

❶ 卖家在易趣网出售支持安付通的商品。

❷ 买家确认购买安付通商品，并付款给易趣。

❸ 卖家接到易趣的到款通知后立即发货并提交发货信息。

❹ 买家收到货物确认，并通知易趣发放货款给卖家。

❺ 卖家收到易趣发放的货款。

技巧150 快速为安付通充值

安付通是易趣网提供的安全交易支付手段，买家可通过安付通放心地付钱给卖家。此外，易趣为减轻卖家的后顾之忧，还推出了安付通保障基金，为用户提供全额保障。

接下来介绍为安付通充值的方法，具体操作步骤如下。

❶ 进入易趣网，打开“我的易趣”页面。

❷ 进入安付通页面，单击“我要充值”按钮。

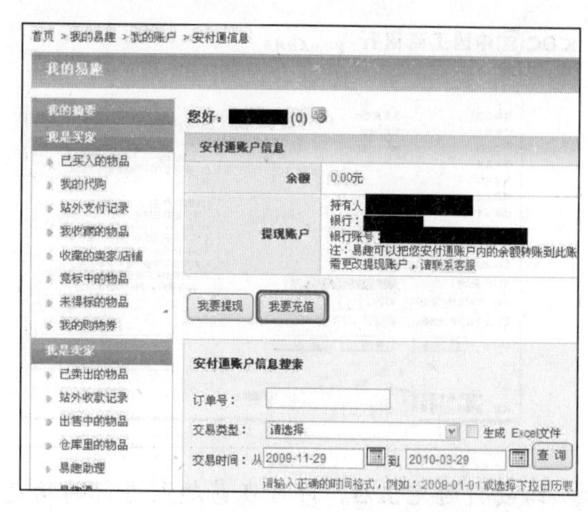

❸ 进入“为安付通账户充值”页面，输入充值金额。选择充值方式，如“网上银行充值”，选中“中国工商银行”单选按钮，单击“充值”按钮。

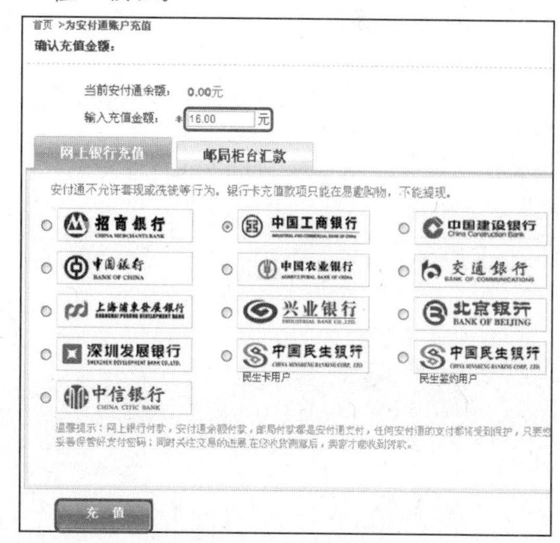

❹ 进入“确认充值”页面，单击“进入网上银行充值”按钮。

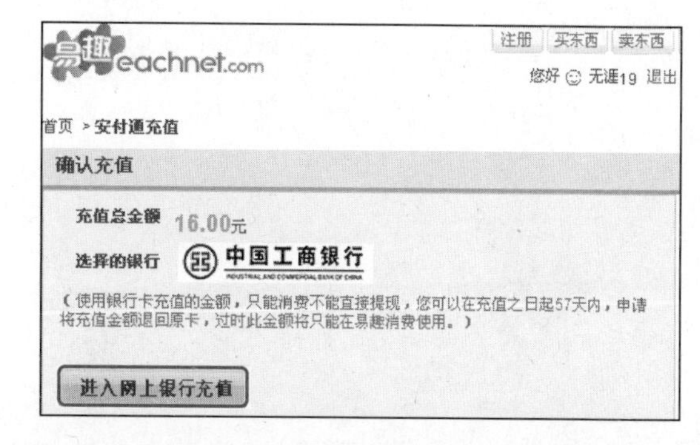

❺ 进入“客户订单支付服务”页面，输入“支付卡(账)号”和“验证码”。

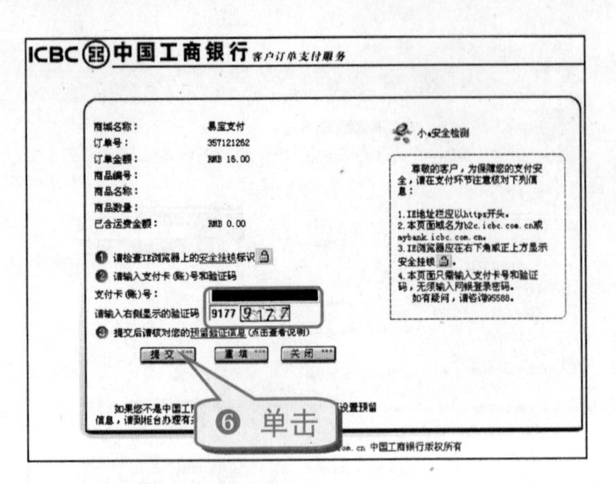

❼ 给安付通充值后，即可在易趣网进行购物交易了。

安付通的支付方法主要有：安付通余额支付、网上银行支付以及银行/柜台汇款支付。

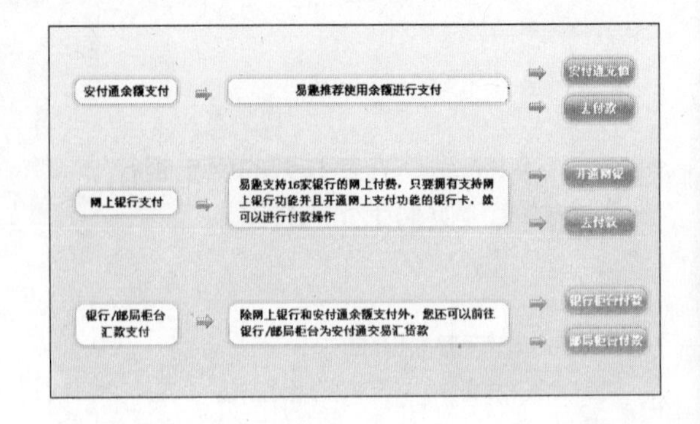

举 一 反 三

在安付通交易中，如果卖家没有在买家汇款确认后的5天内提交发货信息，安付通将取消此次交易，并自动退款给买家。如果出现卖家因为疏忽而忘记提交发货信息，但实际买家已经收到物品的情况，卖家可以和买家进行协商，通过其他方式收回货款。

专题九　全民开博——我的 Blog 我做主

由于网络的普及，博客已经成为人们与外界交流的另一种重要方式。本章通过介绍博客与微博的申请方法、发表博文的方式以及其他一些内容的讲述，让人们更加了解博客的作用。

- 申请 Blog 与微博
- 快速发表博文
- 快速上传照片
- 巧妙为微博添加音乐

技巧151　轻松申请 Blog

在开通网易邮箱时自动附有一个博客，开通后就能使用，具体操作步骤如下。

❶ 登录网易免费邮箱。

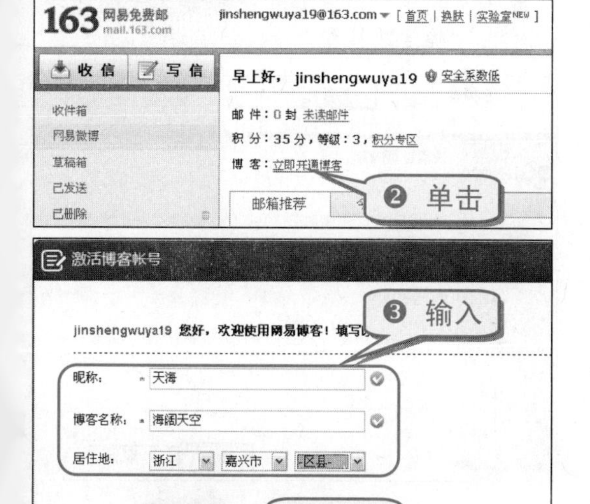

❺ 单击“立即激活”按钮后会出现提示信息激活成功!，之后会自动跳转到“注册成功”页面。

❻ 注册成功的同时，邮箱会收到网易博客发来的“欢迎加入网易博客”邮件。

知识补充

除了网易有博客外，其他许多网站也都设有自己的博客，如新浪博客、搜狐博客、腾讯博客等，用户可以根据自己的喜好来选择开通博客的网站。

技巧152 快速装扮 Blog

博客开通后，就可以开始装扮自己的博客了。装扮博客的具体操作步骤如下。

❶ 在“注册成功”页面单击“快速设置博客(获得积分)”按钮。

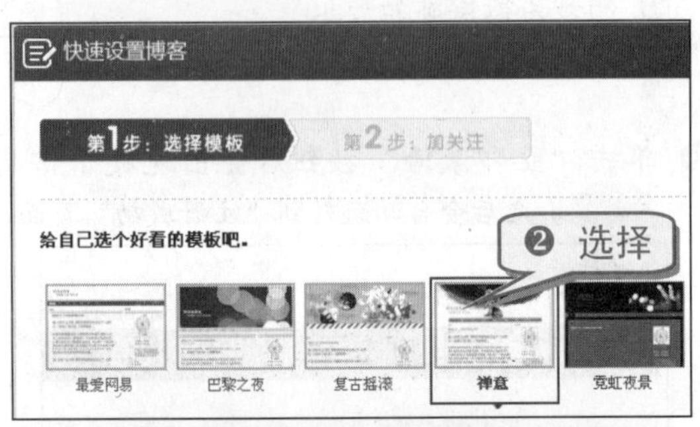

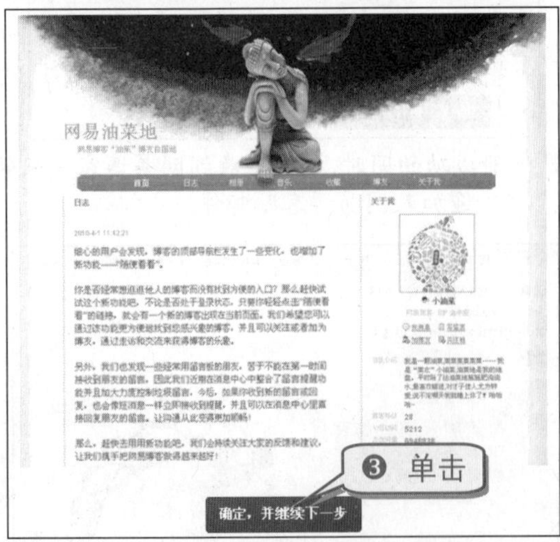

❺ 完成设置后，可进入博客页面，如果不喜欢所选风格，可单击“换风格”链接。

❻ 选择其中一种风格模板，单击“确定”按钮。

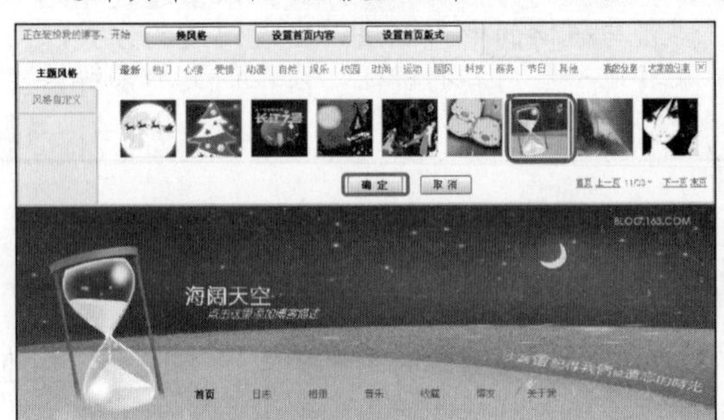

❼ 单击“设置首页内容”按钮，在打开的“设置首页内容”对话框中选择要显示的模块，单击“确定”按钮。

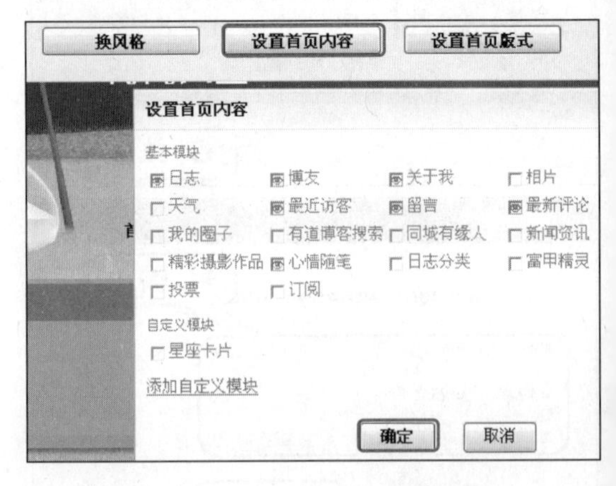

❽ 单击“设置首页版式”按钮，选择一种版式，单击“确定”按钮。

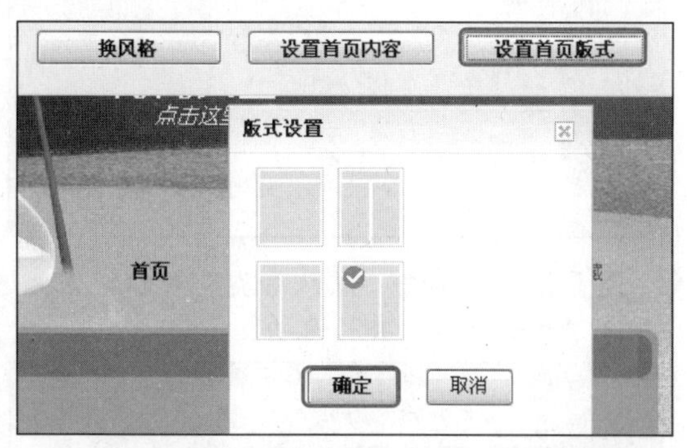

博客的风格设置完成后，还可以对博客的细节部分进行修改。具体操作步骤如下。

❶ 在“点击这里添加描述”文本框中输入描述，单击“确定”按钮。

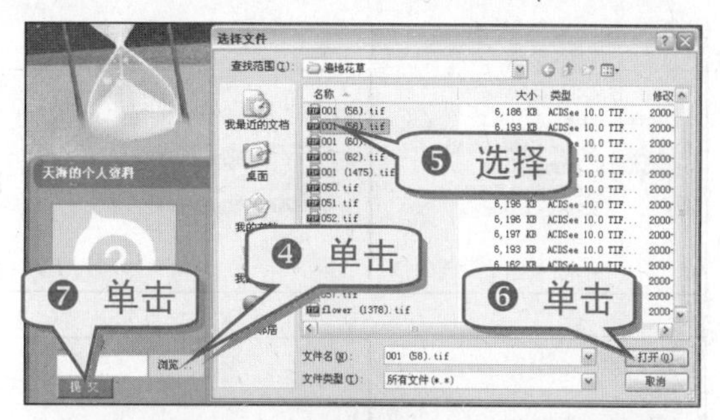

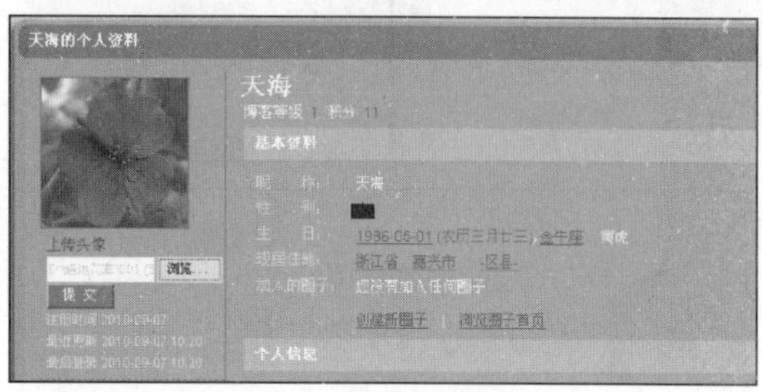

另外，用户还可以通过编辑个人信息、个人经历和联系方式等来完善个人资料。

技巧153　撰写博客文章

设置好 Blog 风格后，就可开始写博文了。

1. 发表博文

在博客中发表博文的具体操作步骤如下。

❶ 在博客标题栏单击“日志”链接，打开“日志”页面。

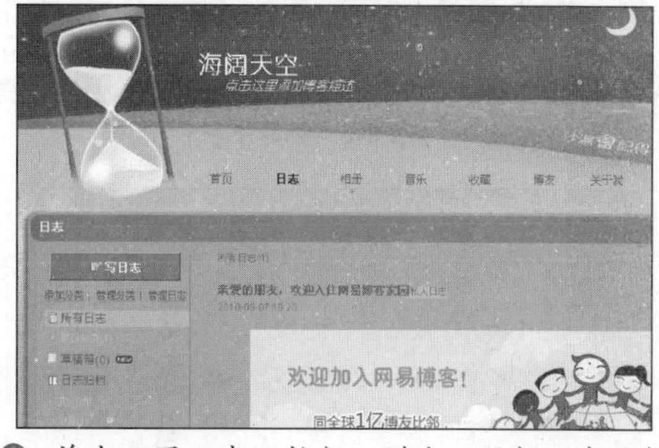

❷ 单击“写日志”按钮，弹出“了解日志编辑器，只需要 30 秒”对话框，根据提示依次单击“下一条”按钮了解编辑器的相关内容。

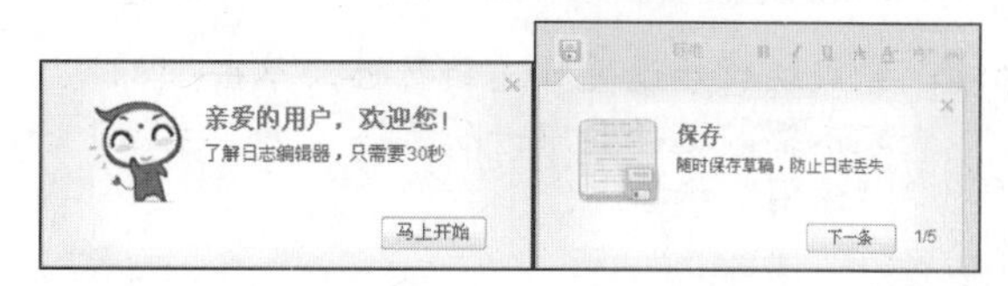

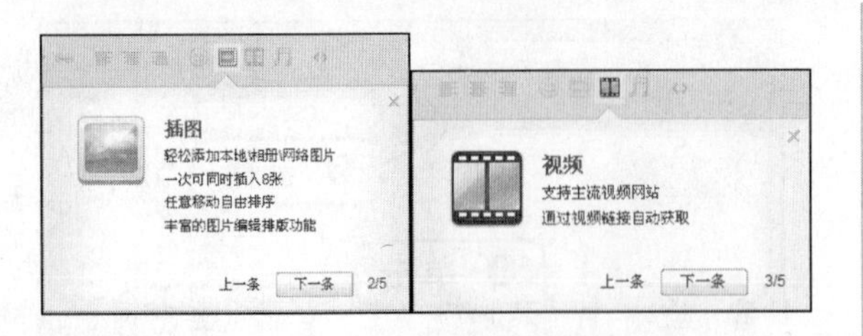

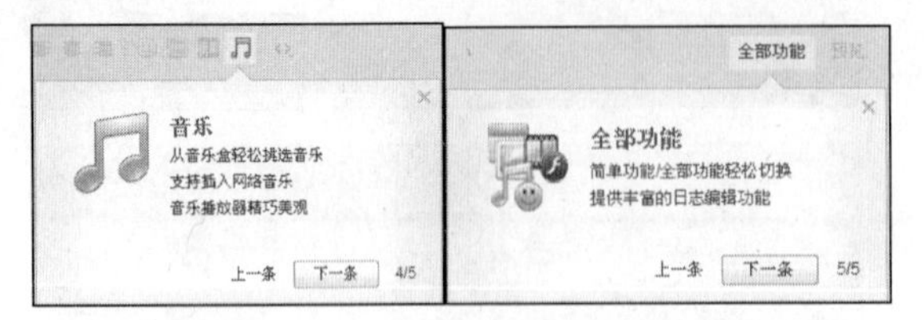

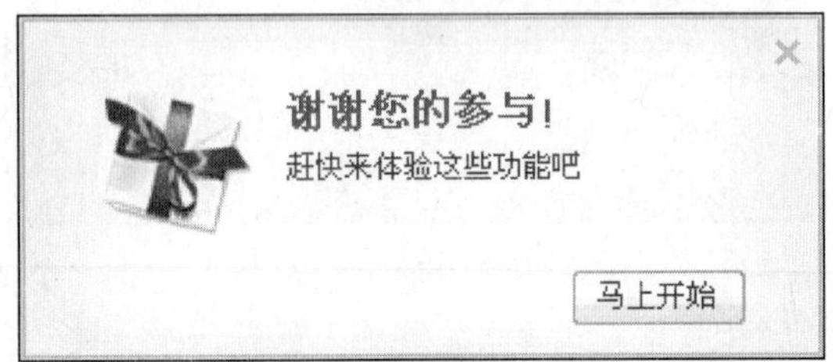

❸ 单击“马上开始”按钮。在编辑器中输入日志标题和日志内容，默认情况下，标题的字体格式不能被修改，用户只能对日志内容进行各项操作。

❹ 如果要输入表情，可单击“表情”按钮，弹出“表情”对话框，在其中选择表情。

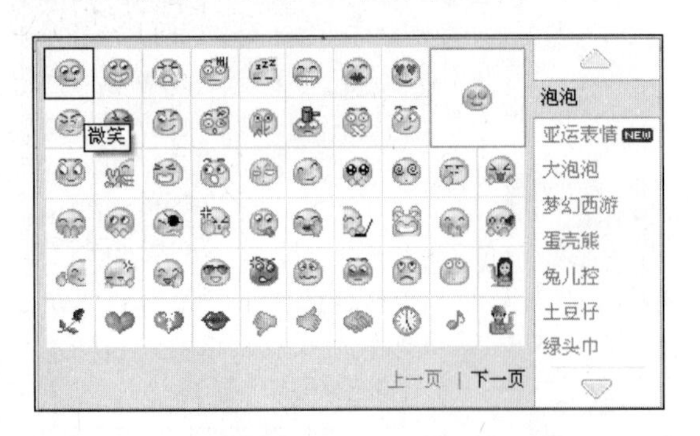

❺ 完成编辑后设置日志的属性，单击“标签”文本框，选择其中一项标签，如“生活”→“休闲”标签。

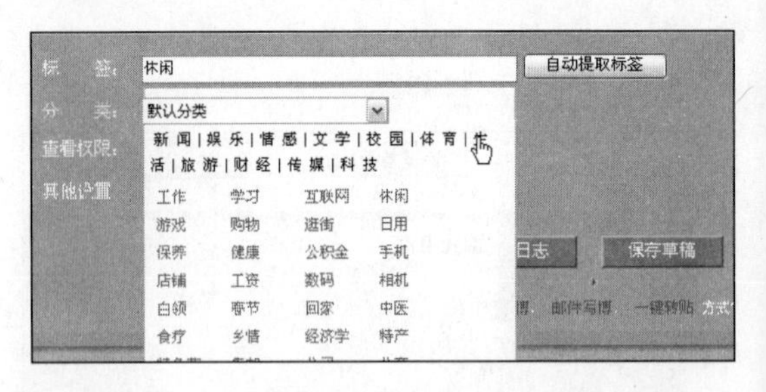

❻ 设置分类。单击“默认分类”下拉按钮，选择“点击添加分类”选项。

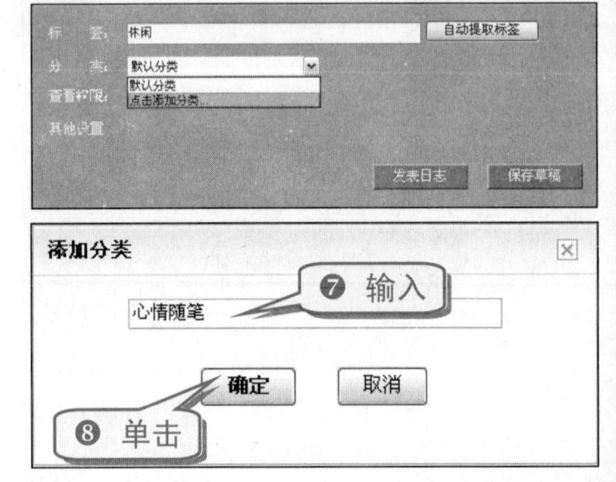

❾ 在“查看权限”中选择其中一项，单击“发表日志”按钮，会自动转到“日志”页面。

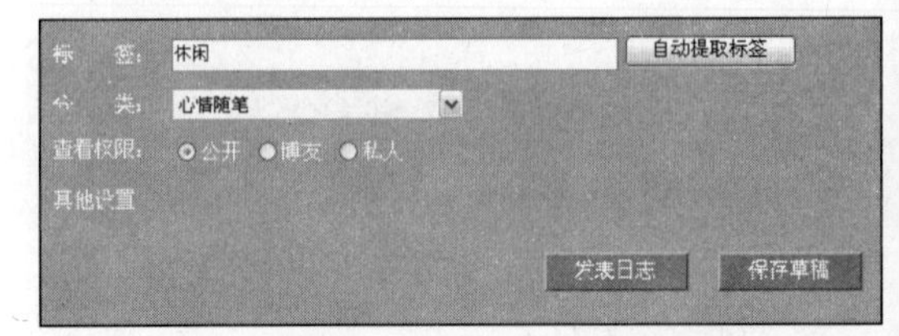

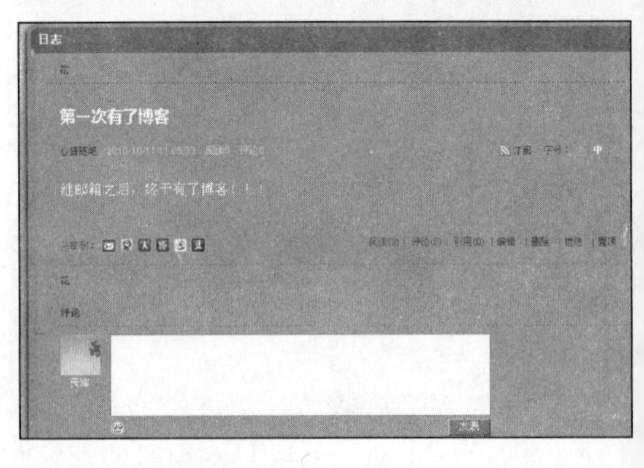

2. 将图片插入博文中

如果想让自己的博文生动吸引人，可在博文中插入相关的图片。将本地电脑中的图片插入博文的具体操作步骤如下。

❶ 打开“写日志”页面，在正文框中输入博文内容。

❷ 将鼠标指针定位到要插入图片的位置，接着单击正文框上的“插入图片”按钮。

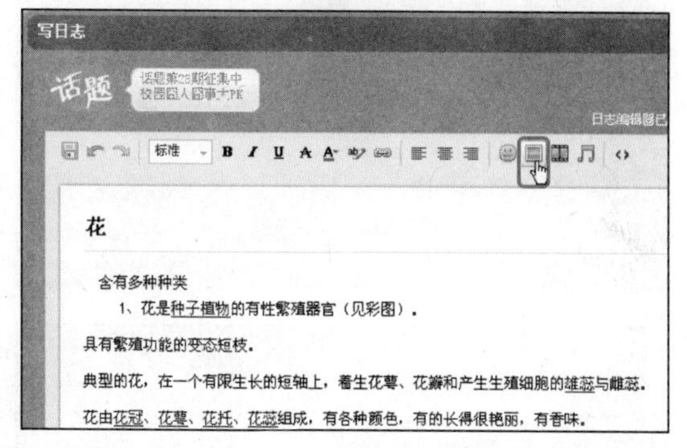

❸ 弹出“插入图片”对话框，单击“添加相片”按钮。

❹ 弹出“选择要上载的文件自 jinshengwuya19.bolg.163.com”对话框，选择需上传的图片文件，然后单击“打开”按钮。

❺ 在返回的“插入图片”对话框中将显示所添加图片的缩略图。

❻ 单击“插入图片”按钮，就可以把图片插入到博文中，然后根据前面介绍的方法发表博文即可。

技巧154 快速上传照片

除了发表博文，用户还可以在博客中上传照片，具体操作步骤如下。

❶ 在博客标题栏单击“相册”链接，进入“博客相册”页面。

❷ 单击“创建相册”链接。

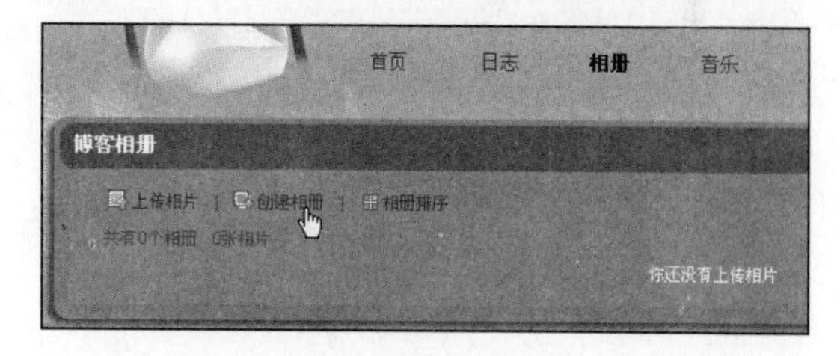

❸ 在“创建相册”对话框中输入相册名称和描述，选中“访问权限”中的一个单选按钮，并单击“创建”按钮。

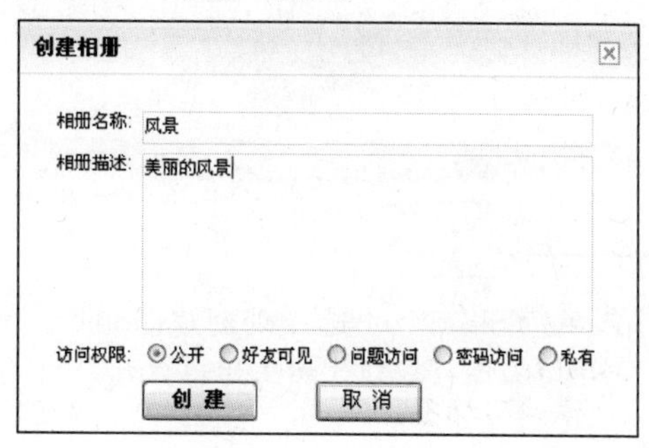

❹ 新相册创建完成后，单击“上传相片”链接。

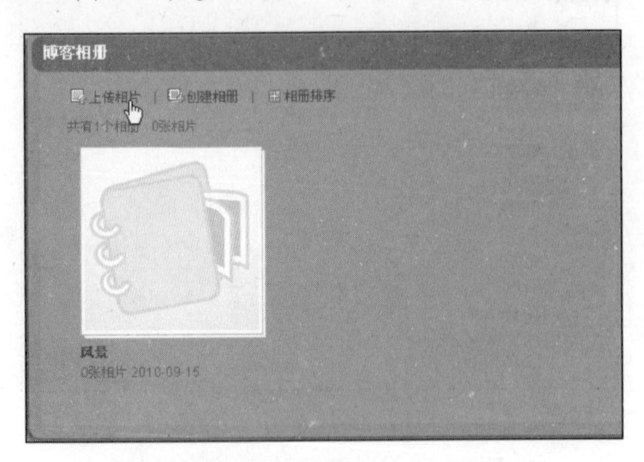

❺ 单击“普通上传”标签，单击“添加相片”按钮。

❻ 弹出“选择要上载的文件 jinshengwuyu19.blog.163.com”对话框，选择图片所在文件夹，选择要上传的图片，单击“打开”按钮。

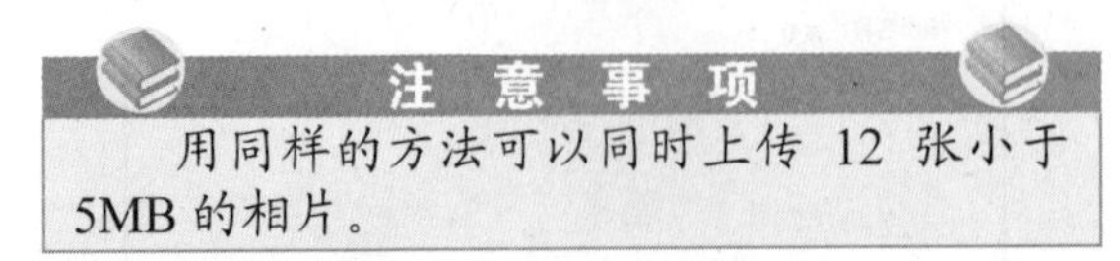

注 意 事 项

用同样的方法可以同时上传 12 张小于 5MB 的相片。

❼ 在“选择相册”中选择刚创建的相册，单击“开始上传”按钮开始上传。

❽ 上传完成后自动进入相片页面，为各相片添加名字，单击“完成”按钮。

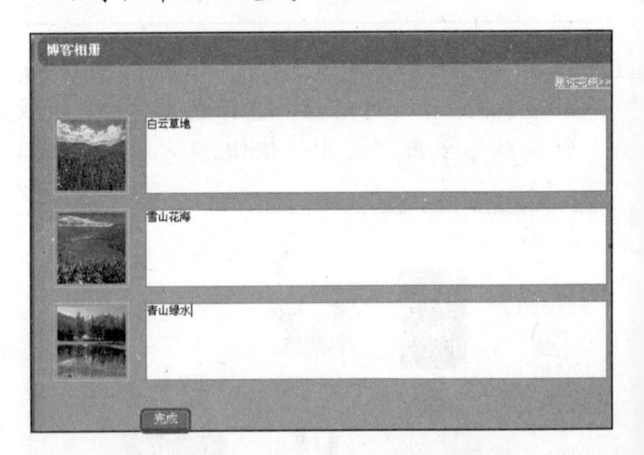

❾ 完成后会自动进入该相册，单击其中一张相片即可查看该相片。

⑩ 单击“返回所有相册”链接，可以看到新相册的左上角有个“新”字。

专　家　坐　堂

通常而言，默认以首张照片为该相册的封面，用户如果不喜欢该封面可以进行更改。

更改封面的方法十分简单，其具体操作步骤如下。

❶ 打开要设置成封面的照片，然后选择“管理相片”→“设为封面”命令即可将该照片调到第一张的位置并设为封面。

❷ 设置完成后，单击“所有相册”链接，即可看到相册新设置的封面。

技巧155　巧妙添加音乐

网易博客还提供了音乐播放器模板，用户可以添加自己想听的音乐。具体操作步骤如下。

❶ 单击“音乐”链接，单击“找音乐”按钮。

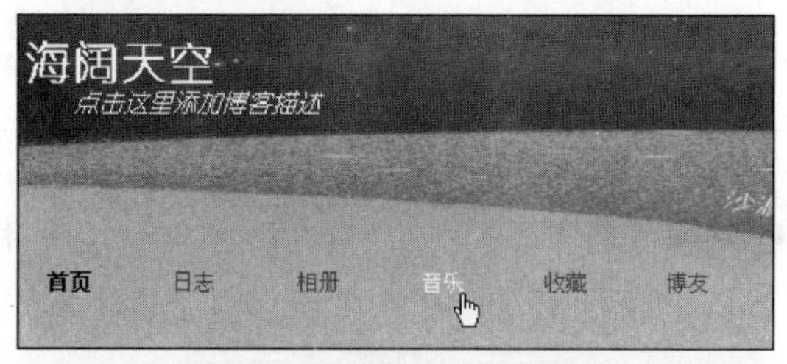

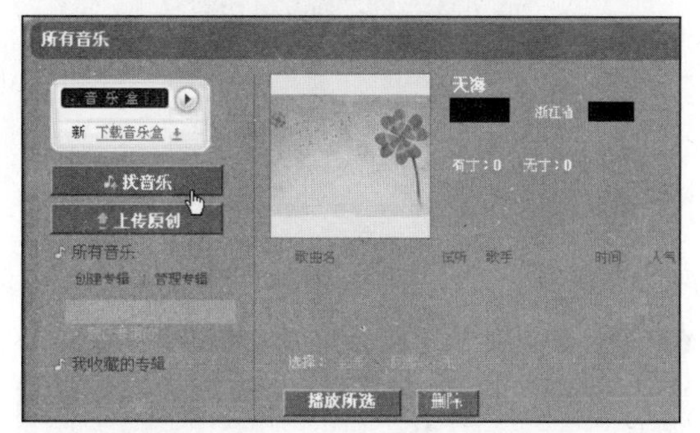

❷ 在打开的“网易音乐”页面搜索框中输入要搜索的音乐，单击“音乐搜索”按钮。

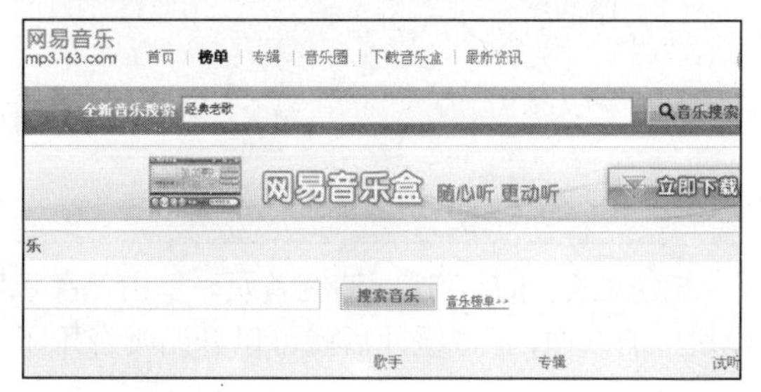

❸ 进入“搜索音乐”页面，单击歌曲后的“收藏”按钮，弹出“收藏音乐”对话框。

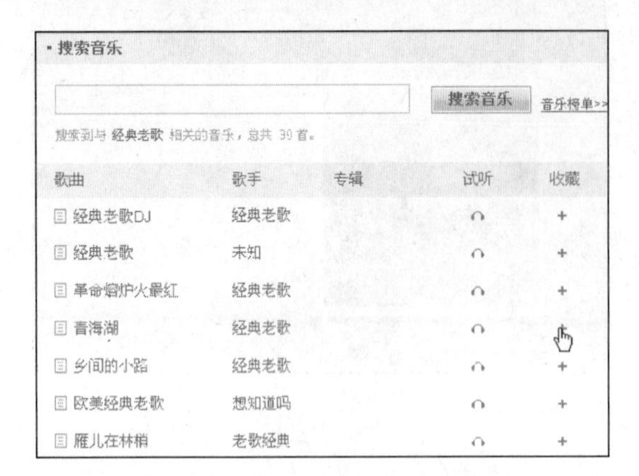

❹ 在“收藏音乐”对话框中选择“默认专辑”，单击“确定”按钮。

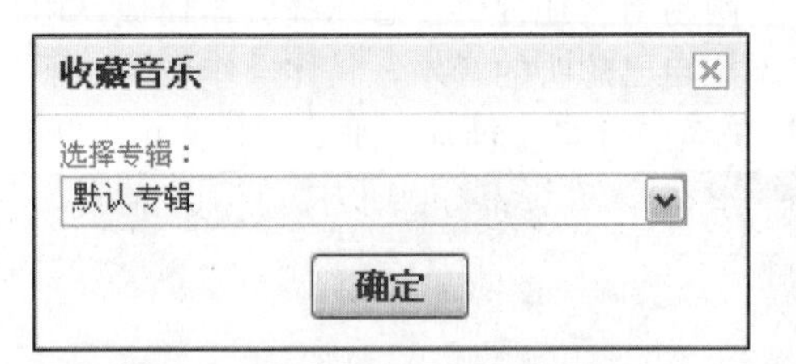

❺ 在弹出的“来自网页的消息”对话框中，单击“确定”按钮。

❻ 依次用同样的方法添加几首歌曲。

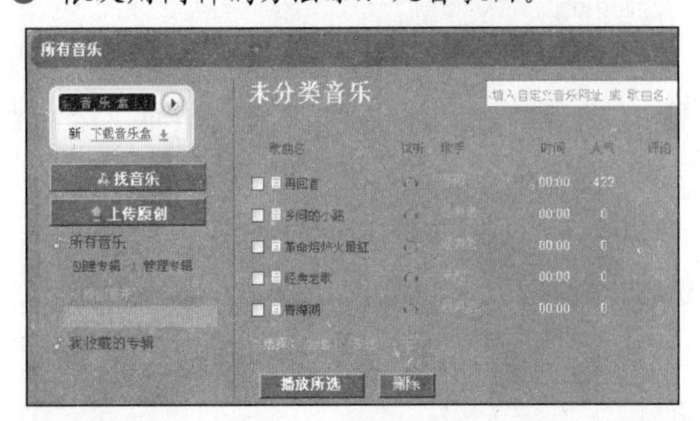

添加完音乐后，返回博客首页，单击“音乐”模块中的歌曲，经过缓冲后就可以开始听音乐了。

技巧156 快速申请新浪微博账户

新浪网在 2009 年推出了提供微型博客服务的类 Twitter 网站，即新浪微博。

知 识 补 充

用户可通过手机彩信/短信、WAP 页面、网页等发布消息或上传图片，可将微博理解为“一句话博客”或是“微型博客”。

如今，许多人都拥有自己的微博，老年人也可以申请一个微博来丰富自己的生活。申请新浪微博账户的具体操作步骤如下。

❶ 登录新浪网首页 http://www.sina.com.cn/。

❷ 单击“微博”链接，进入“新浪微博”页面，单击“立即注册微博”按钮，转入微博注册页面。

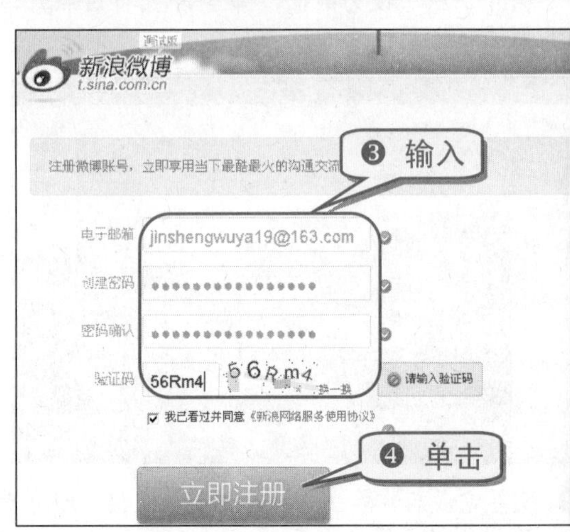

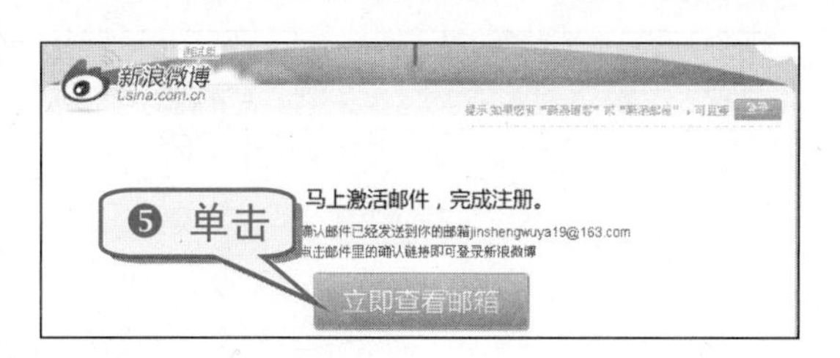

⑥ 登录邮箱，查看邮件。

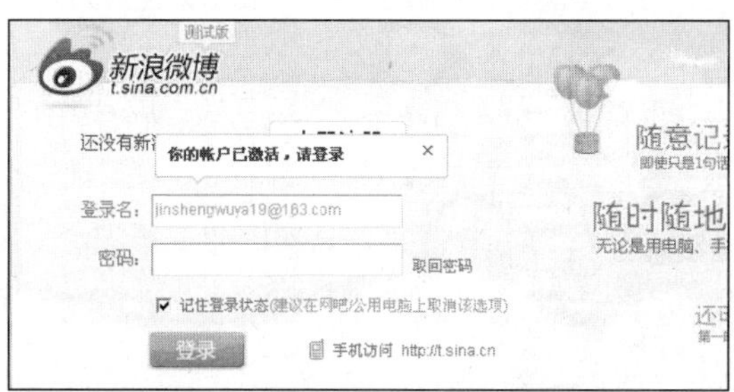

专 家 坐 堂

通过微博用户可将自己想到、看到以及听到的事情写成一句话或发一张图片，利用手机或电脑随时随地与朋友分享。

而微博用户的朋友可以在第一时间看到用户发表的信息，随时随地与用户一起讨论、分享；另外，用户还可以关注自己的朋友，即时看到朋友们发布的信息。因此，微博一经推出就备受欢迎。

技巧157 快速开通微博

有了微博账户后，还要将其激活，才能真正地开通微博。

开通微博的具体操作步骤如下。

❶ 在账户激活页面输入密码，单击“登录”按钮，进入“填写基本信息”页面。

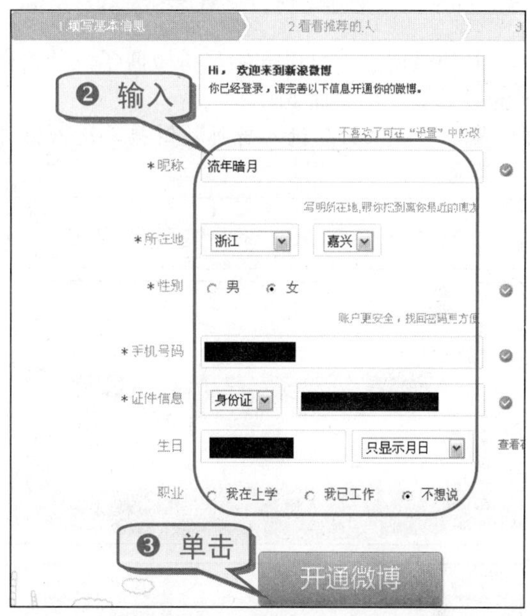

❹ 出现“注册成功，欢迎使用微博”提示，选中要关注的用户。

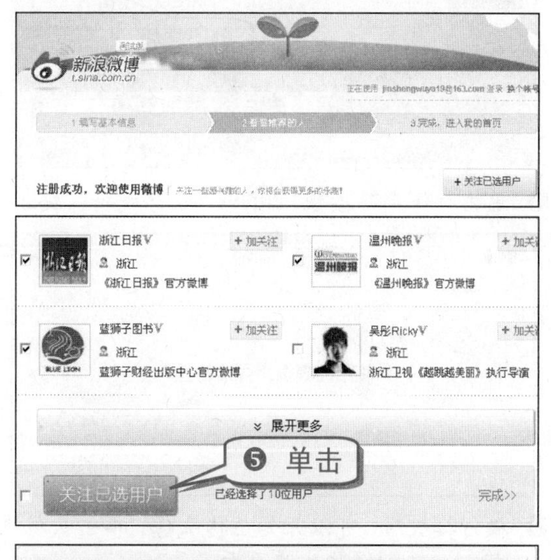

知识补充

微博的草根性比博客更强，而且广泛分布在移动终端、浏览器、桌面等多个平台上，有形成多个垂直细分领域，或多种商业模式并存的可能，但不管是哪种商业模式，都离不开用户体验的特性与基本功能。

技巧158 快速装扮微博

开通微博后就可以开始装扮微博了，装扮微博的具体操作步骤如下。

❶ 单击“结束引导进入首页”链接，进入微博首页。

❹ 单击“保存”按钮，出现“保存成功”提示。

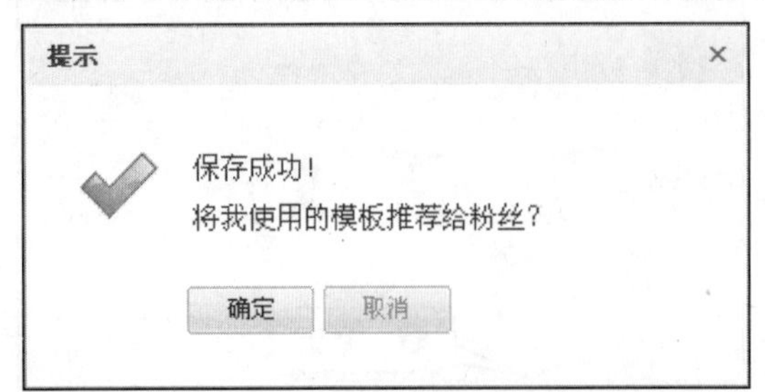

❺ 换好模板后，可以开始上传头像，单击头像图标，转到修改头像页面。

❻ 单击“浏览”按钮，弹出“选择要上载的文件自 tjs.sjs.sinajs.cn”对话框，选择要上传的图片，单击“打开”按钮。

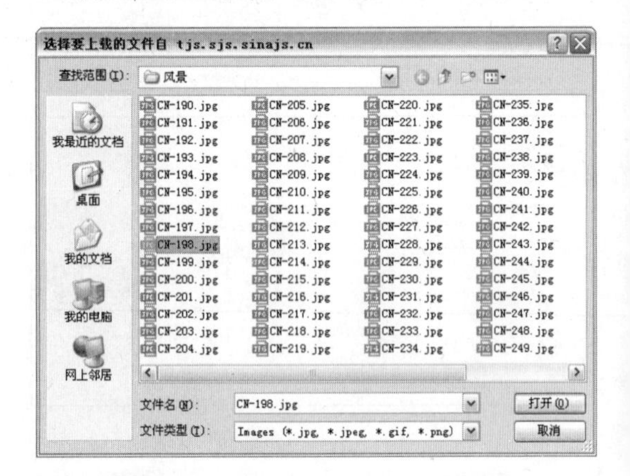

❼ 用户可对上传的图片进行适当的修剪，完成后单击“保存”按钮。

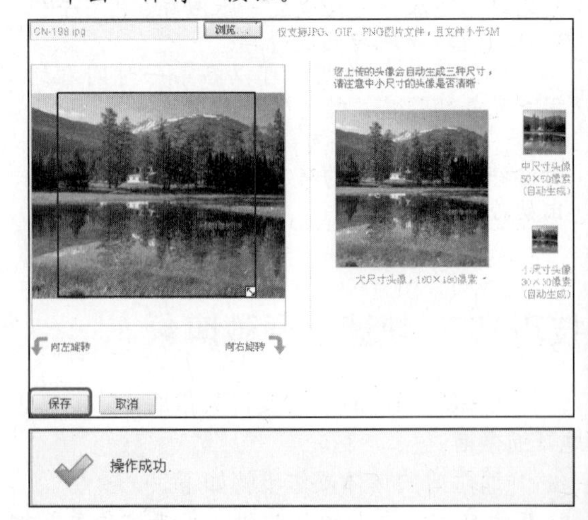

技巧159 快速发表微博文章

很多微博平台每次只能发送 140 个字符，其具体发表步骤如下。

❶ 单击“我的微博”链接。

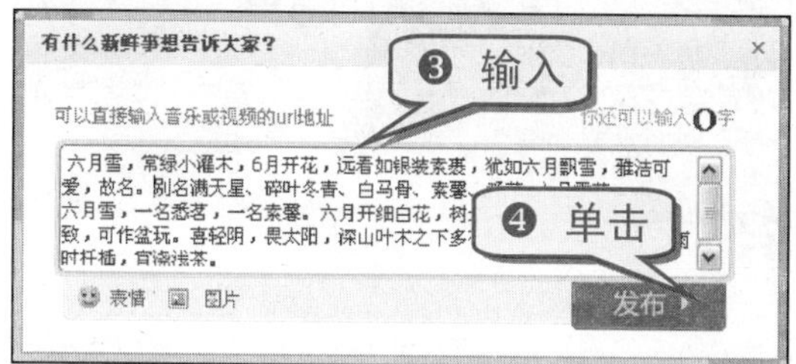

知识补充

如果想让微博更加生动有趣，也可在微博中插入表情符号与图片等内容。

❺ 发布成功后，文章显示如下。

技巧160 巧为微博上传图片

为了让微博文章显得更加生动也可上传图片，具体操作步骤如下。

❶ 登录微博，进入“我的首页”，单击“图片”链接。

❷ 弹出“上传图片”对话框，单击“从电脑选择图片”按钮。

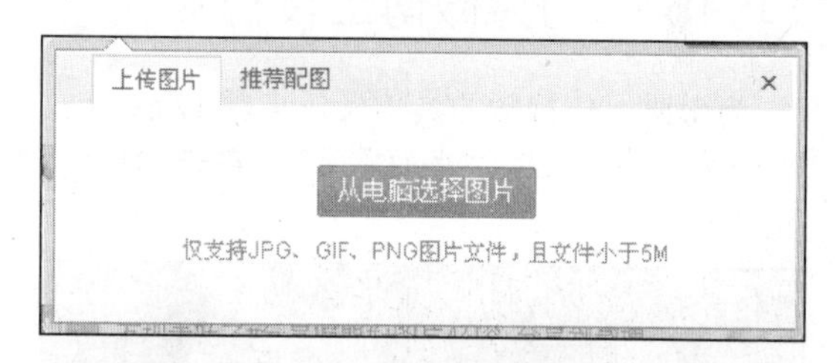

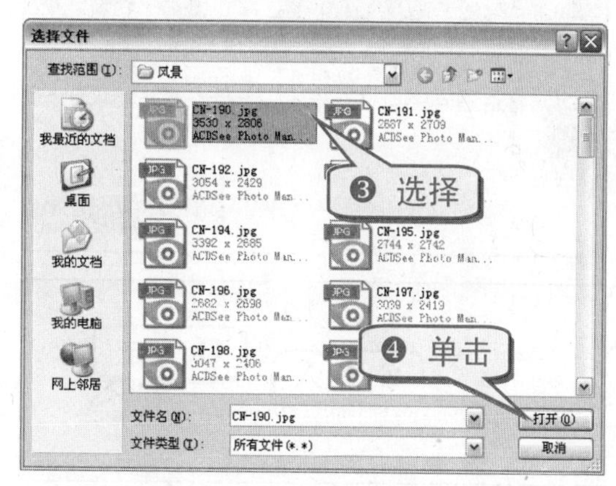

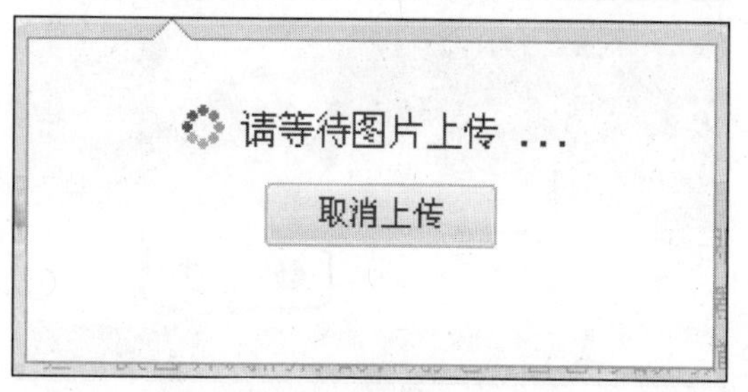

技巧161　巧为微博上传视频

为微博上传视频的具体操作步骤如下。

❶ 登录微博，进入“我的首页”，单击“视频”链接。

技巧162　巧为微博添加音乐

为微博添加音乐的具体操作步骤如下。

❶ 登录微博，进入“我的首页”，单击“音乐”链接。

❷ 单击“输入歌曲名”标签，在搜索框中输入歌曲名称。

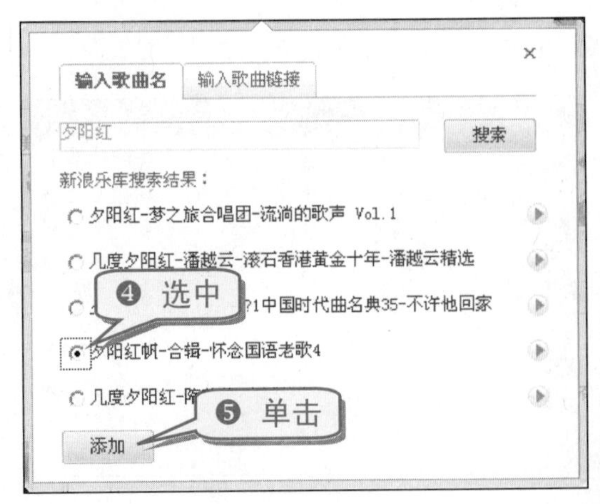

技巧163　快速删除微博的相关内容

微博首页有原创、图片、视频和音乐等的链接，而且新发表的相关内容也会在首页出现。用户如果对已发布的图片、音乐或视频不满意，可直接在首页删除，具体操作步骤如下。

❶ 在“我的首页”页面，单击要删除的视频或其他项目下的“删除”链接。

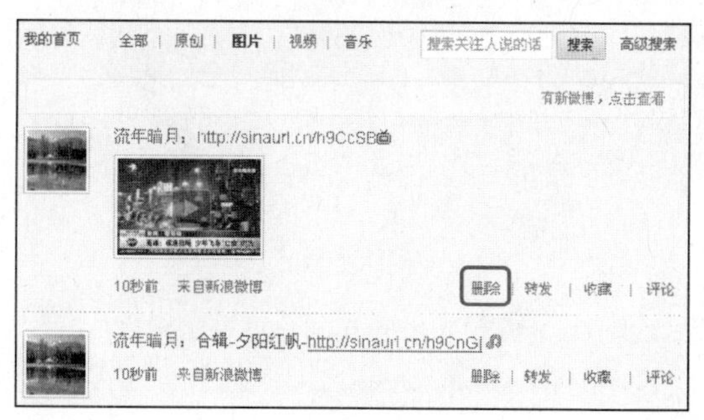

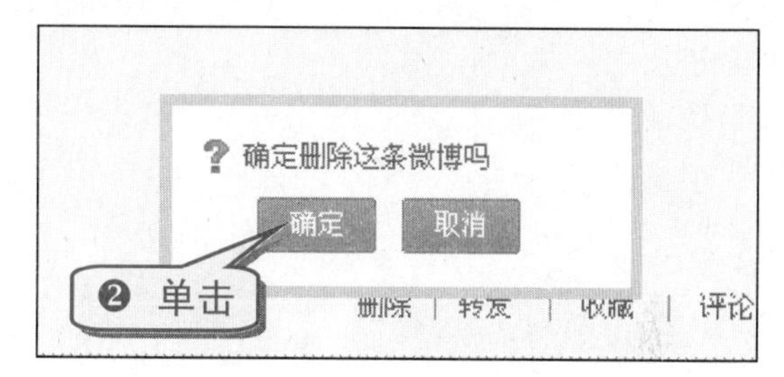

专题十 你想玩什么——网上娱乐大搜索

网络上的内容包罗万象，用户可以在网络上寻找自己喜好的各种娱乐方式，如在网上搜索美食、观光旅游，或是尽情地在网上游戏等。本专题通过介绍网上的一些娱乐方式，让用户深入了解网络的用途。

- 网上搜索营养美食
- 在网上观光旅游
- 巧用网络寻医问药
- 玩转 QQ 游戏

技巧164 网上搜索营养美食

当今社会，人们不再只追求吃饱，更在意的是如何吃好，吃出健康。因而，网上推出的各种美食、药膳层出不穷。老年人在退休后有了更多休闲娱乐的时光，可以在网上搜索美食的做法为家人和自己选择正确的饮食方式。

在网上搜索营养美食的具体操作步骤如下。

❶ 进入百度首页，输入“美食”两字，单击“百度一下”按钮。

❷ 会出现许多与美食有关的网站，用户可以选择自己信任或是感兴趣的网站进行查看、学习。

当然，用户也可以选择在专门的美食网上进行搜索。

技巧165 在网上观光旅游

许多景区为加大宣传力度、扩大自身的影响力都推出了自己的网站，另外还有一些专门的旅游类网站为游客提供了大量的景点信息和咨询服务。用户如果没有时间或在近期内不能出远门，但又想了解某一景区的信息，就可以试试在网上提前“旅游”一下想去的景区。

知识补充

通过访问与景区相关的网站可以了解到景区的景点、交通、购物、餐饮及住宿等信息，方便了想要旅游的人。

下面以西藏旅游网为例介绍如何进行网上旅游，具体操作步骤如下。

❶ 登录西藏旅游网网站。

❷ 单击“景点大全”按钮，打开景点大全页面。

❸ 单击自己感兴趣的景点链接，如“布达拉宫”，就进入了介绍“布达拉宫”的页面。

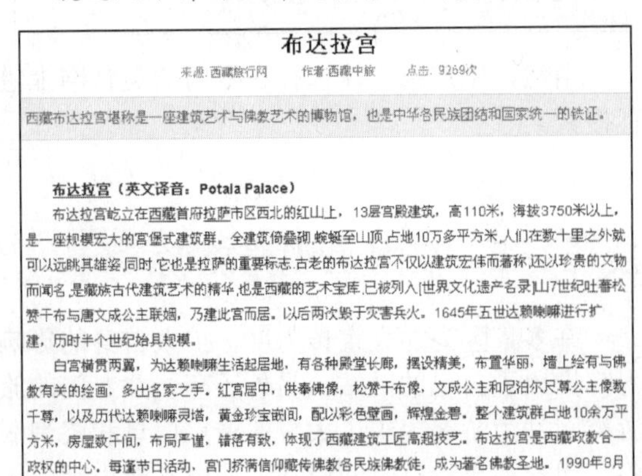

布达拉宫

来源:西藏旅行网　　作者:西藏中旅　　点击:9269次

西藏布达拉宫堪称是一座建筑艺术与佛教艺术的博物馆，也是中华各民族团结和国家统一的铁证。

布达拉宫（英文译音：Potala Palace）

布达拉宫屹立在西藏首府拉萨市区西北的红山上，13层宫殿建筑，高110米，海拔3750米以上，是一座规模宏大的宫堡式建筑群。全建筑倚叠砌,蜿蜒至山顶,占地10万多平方米,人们在数十里之外就可以远眺其雄姿,同时,它也是拉萨的重要标志.古老的布达拉宫不仅以建筑宏伟而著称,还以珍贵的文物而闻名,是藏族古代建筑艺术的精华,也是西藏的艺术宝库,已被列入[世界文化遗产名录]山7世纪吐蕃松赞干布与唐文成公主联姻，乃建此宫而居。以后两次毁于灾害兵火。1645年五世达赖喇嘛进行扩建，历时半个世纪始具规模。

白宫横贯两翼，为达赖喇嘛生活起居地，有各种殿堂长廊，摆设精美，布置华丽，墙上绘有与佛教有关的绘画，多出名家之手。红宫居中，供奉佛像，松赞干布像，文成公主和尼泊尔尺尊公主像数千尊，以及历代达赖喇嘛灵塔，黄金珍宝嵌间，配以彩色壁画，辉煌金碧。整个建筑群占地10余万平方米，房屋数千间，布局严谨，错落有致，体现了西藏建筑工匠高超技艺。布达拉宫是西藏政教合一政权的中心。每逢节日活动，宫门挤满信仰藏传佛教各民族佛教徒，成为著名佛教圣地。1990年8月后重修。

除了了解景区的景点，旅游网还能提供住宿、租车等服务。

技巧166　巧用网上旅游类网站

如今互联网上的旅游类网站可谓名目繁多、种类齐全。用户可按照自己的爱好选择不同的旅游类网站浏览。接下来介绍几个较全面、综合的网上旅游类网站。

1. 各景区官方网站

官方类网站是由景区管理局自己创建的，因而信息准确、针对性强，且网站上通常都会有全面的景区资料。用户可利用搜索引擎搜索要访问的景区网站的方法来找到这类网站。

2. 中国通用旅游

中国通用旅游(http://www.51766.com/)是以游客关心的各种旅游活动项目、各类旅游区和观光景点为宣传焦点，向游客全面展示各地旅游企业提供的旅游服务产品，涵盖了吃、住、行、娱、游、购等所有产品及企业信息。

专 家 坐 堂

中国通用旅游网以行政区划示意图的方式向游客直观展示旅游活动、旅游区、交通、订票、娱乐、餐饮、住宿和购物等服务企业的分布信息，使用户可以快速直接地获取需要的旅游信息。

3. 上海旅游网

上海旅游网(http://www.shanghaitour.net/)是上海旅游行业唯一的官方网站，以上海市旅游委为依托，横向整合了全国旅游资源，并汇集电子商务、旅游业、媒体等各方精英共同打造而成。

上海旅游网目前已建设完成了上海及长三角地区最全的旅游资源库，可以为消费者提供及时、全面、高保障的旅游信息及产品预订，同时也是旅游企业推广活动、进行市场调查、提升品牌形象的专业首选网站。

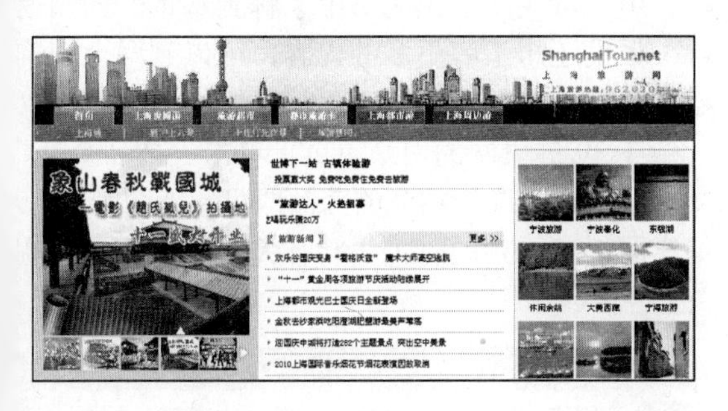

4. 其他常用旅游类网站

除了上述几种旅游网外，还有一些常用的网上旅游网站，用户可根据实际情况进行选择。

大多数旅游类网站除了介绍景区信息外，一般还提供了其他附带的服务，如组团、订房和订票等服务，用户只需按照前面介绍的方法在搜索引擎中搜索这些相关信息即可。

技巧167　巧查医院信息

互联网上的信息资源非常丰富，用户也可在网上找到相关的医院信息。

如果用户需要看病住院或是遇到一些轻微的疾病疼痛，可先到专业的医疗健康网站上了解一些基本情况。

一些健康类网站上也会有医院的相关资料。接下来以登录39健康网(http://www.39.net/)为例，介绍在网上查询医院信息的具体操作步骤。

注 意 事 项

许多医院都有自己的网站，用户可以使用搜索引擎搜索这些医院的网站，然后登录到这些网站了解医院的信息。

搜索医院网站的方法与搜索景区官方网站的方法一样，这里不再赘述。

❶ 启动浏览器，在地址栏输入网址 http://www.39.net/，单击“转到”按钮，进入网站首页。

❷ 单击网页上的“找医院”文字链接，转到医院点评页面。单击要查询医院的文字链接，如单击“广东省中医院”文字链接。

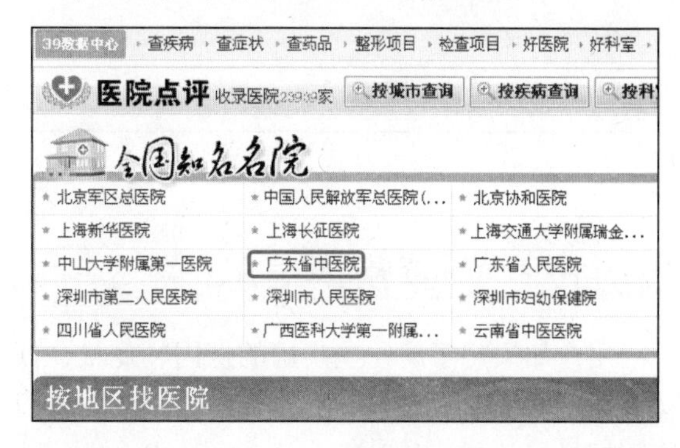

知 识 补 充

在这个页面的搜索框中输入要查询的医院名称，单击“搜索”按钮也可查询到相关的医院信息。

❸ 进入要查询的医院页面，查看医院信息。

技巧168　巧查专家信息

人们求医，不仅注重医院的实力，往往更注重主治医师的医术水平。用户可以在网上查询医院的信息，同样也可在网上查看专家的相应资料信息。

在 39 健康网上查看专家信息的操作步骤与查询医院信息的操作方法相似，这里就不再详细讲述。用户只需在网站主页上单击“找医生”文字链接，选择相应的专家姓名即可。

下图为在 39 健康网上查看到的专家信息。

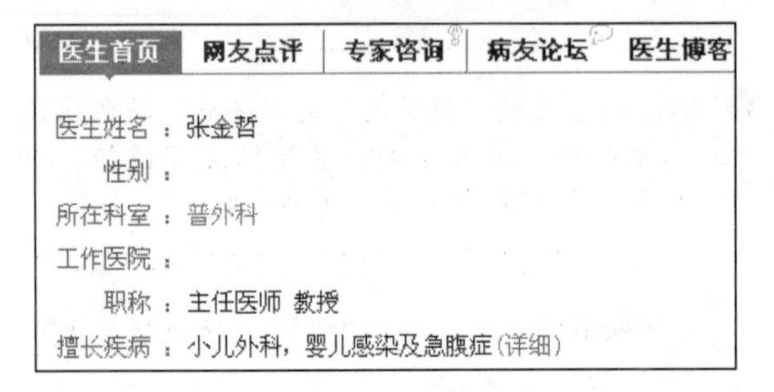

技巧169　巧查疾病信息

用户如果想了解一些疾病的病因、症状、预防和治疗的方法，也可以直接在网上查询相应的疾病信息。

在 39 健康网的网站主页上单击“查疾病”文字链接，再选择相应的疾病类型即可。

下图为在 39 健康网上查看到的有关“痛风”疾病的相关信息，单击相关链接即可查看相应的内容。

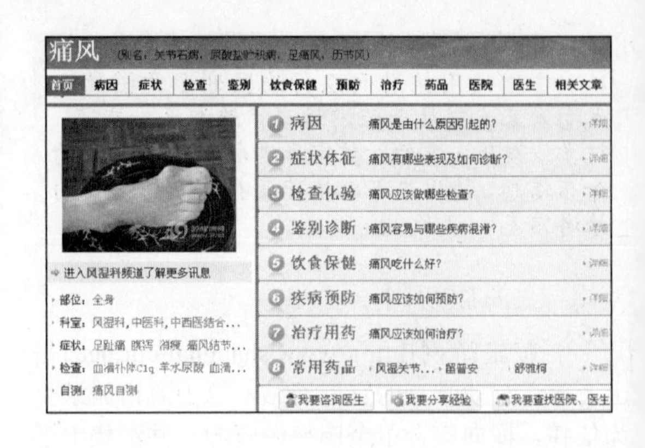

技巧170　巧查药品信息

用户在用药时，一定要对所用药品的药性、注意事项以及是否适合自己使用等有清楚的了解。用户可在产品说明书中了解到基本的药品信息，如果还想了解更多的内容，可以到网上查询相关的药品信息。

在 39 健康网的网站主页上单击“药品查询”文字链接，再选择相应的药品即可。下图为在 39 健康网上查看到的有关“壮骨关节丸”药品的相关信息。

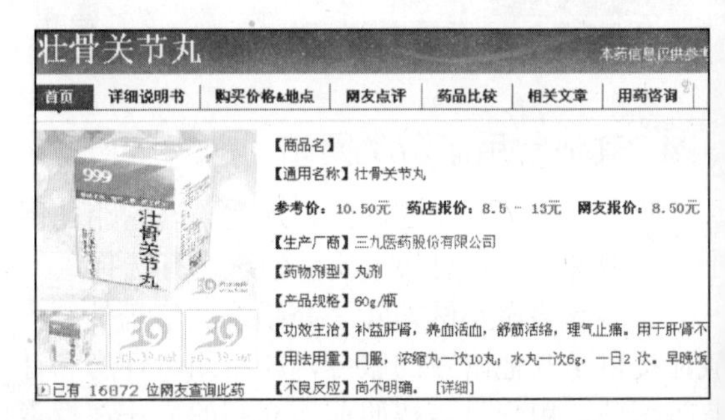

技巧171　快速下载安装 QQ 游戏软件

QQ 游戏软件是一款由腾讯公司自主研发的全球最大的休闲游戏平台，有着庞大的用户群。

QQ 游戏软件的下载和安装与 QQ 聊天软件类似，下面只做简单介绍。

❶ 登录 QQ 游戏的下载网站。

❸ QQ 游戏软件下载完成后，即可进行安装。双击图标开始安装。

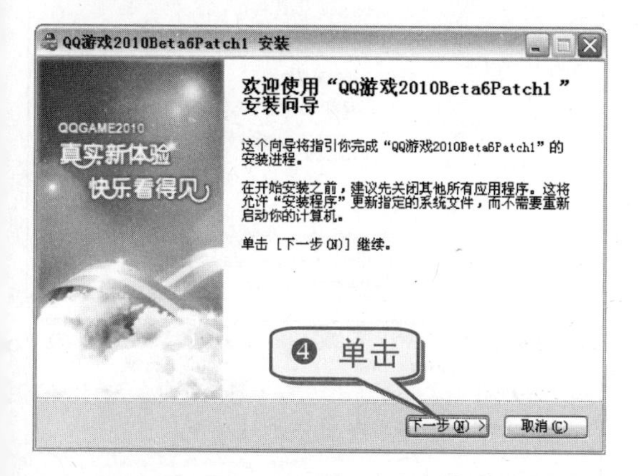

❺ 根据相关提示，依次进行相关操作，直至最后完成安装。

技巧172　轻松申请 QQ 游戏账号

用户玩 QQ 游戏之前必须得有一个属于自己的游戏账号，如果有 QQ 账号直接输入即可，如果没有则需要先申请。申请 QQ 游戏账号的具体操作步骤如下。

❶ 双击运行 QQ 游戏软件。

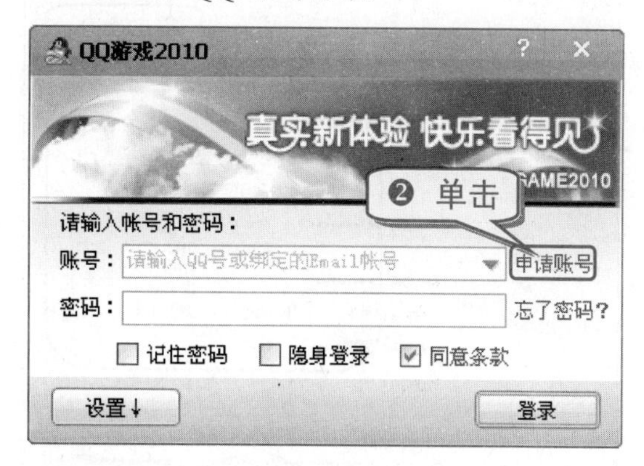

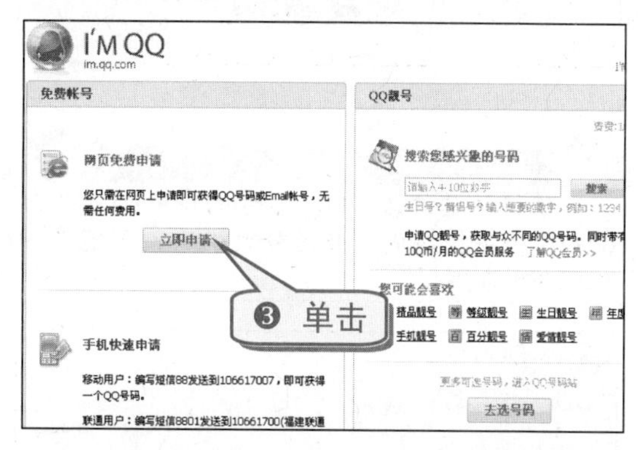

注　意　事　项

值得注意的是，手机快速申请是通过手机发送短信的方式获取QQ号码，虽然较为便捷，却要收取1元/条的资费。

实际上，用手机申请 QQ 号码的资费远不止 1 元，所以用户要慎重使用。

另外，如果用户仅仅只是玩 QQ 游戏，不建议用户申请 QQ 靓号。QQ 靓号虽然与众不同，但花费亦不菲。

注 意 事 项

值得注意的是，QQ账号的密码必须是由6～16个字符组成，并区分大小写，不能为9位以下纯数字。

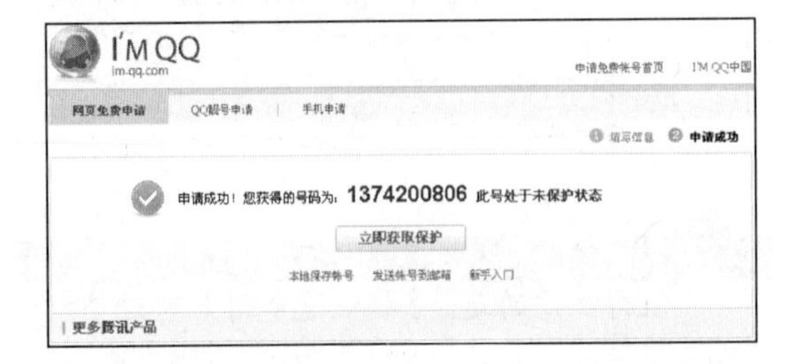

专 家 坐 堂

用户申请到账号后，不要马上关闭所在页面，还需要进行其他操作，如申请账号保护就需要在该页面进行操作。

技巧173 申请账号保护

为保证QQ账号的安全，用户在申请到QQ账号后，要对账号进行保护(如果只是用申请到的QQ账号玩游戏，不做其他用途，也可以不申请账号保护)。

申请账号保护的具体操作步骤如下。

❶ 在提示成功申请QQ账号的页面单击“立即获取保护”按钮。

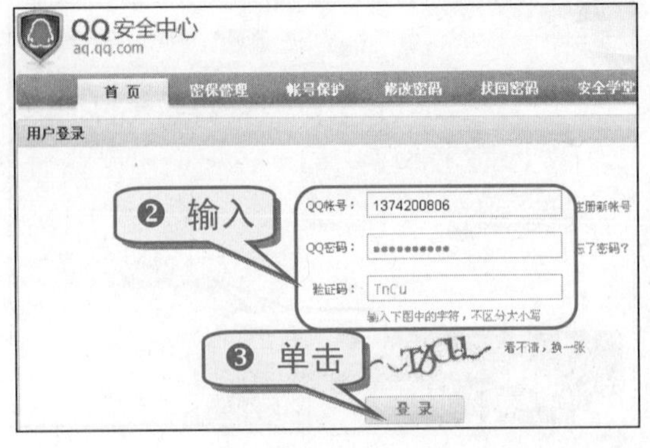

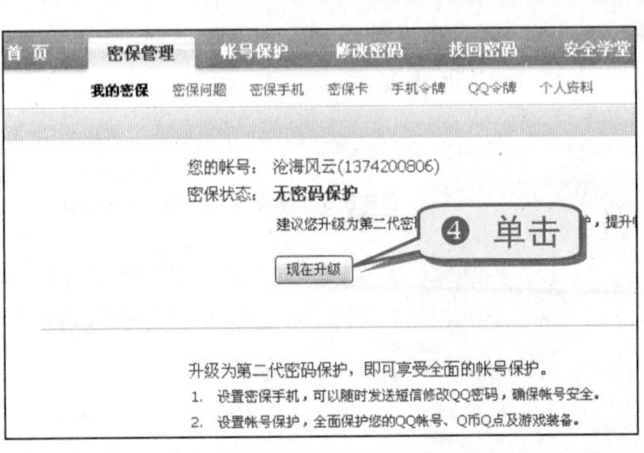

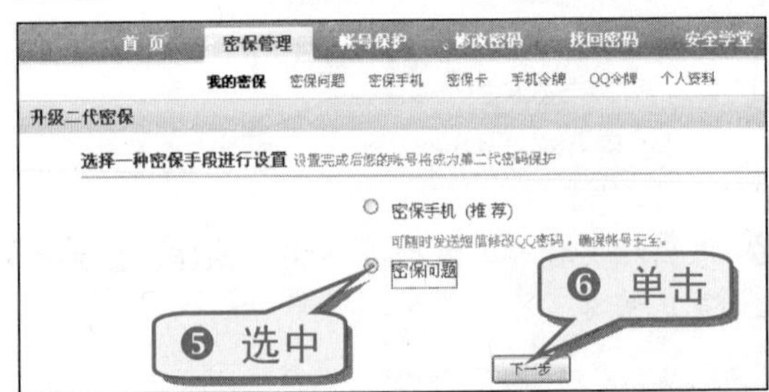

专 家 坐 堂

“密保手机”需要将手机与QQ账号绑定，相对较为麻烦，建议QQ游戏用户选择“密保问题”。

知识补充

用户应牢记三个问题及对应答案，在下一步骤将回答这三个问题，一旦出错，获取账号保护就会失败。

❾ 在“升级二代密保”页面，输入前面自己选择的问题的答案，并单击“下一步”按钮。完成操作，弹出设置成功提示页面。

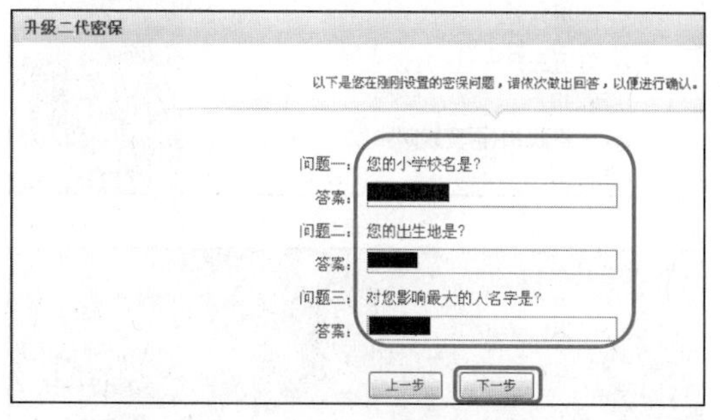

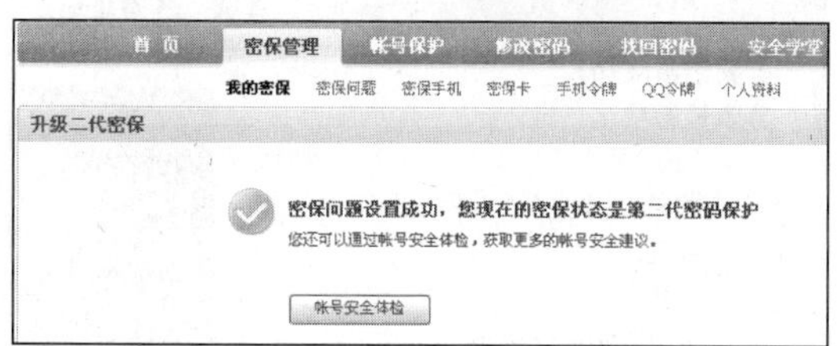

技巧174 快速登录 QQ 游戏大厅

用户拥有自己的 QQ 账号后，就可以登录 QQ 游戏大厅了。具体操作步骤如下。

❶ 双击运行 QQ 游戏大厅。

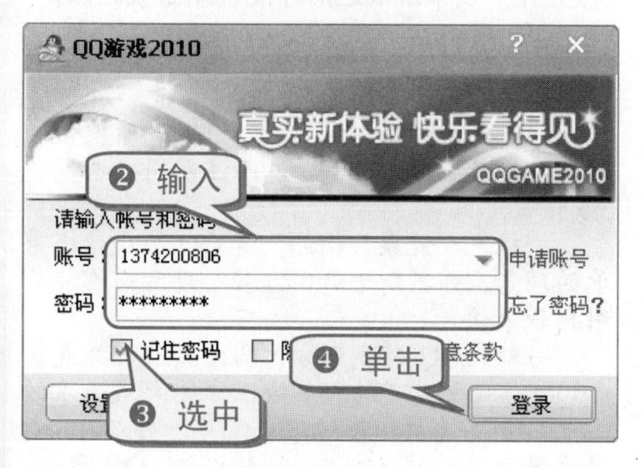

注意事项

如果在公共场所如网吧等区域上网时，请不要选中“记住密码”复选框，以防失窃。

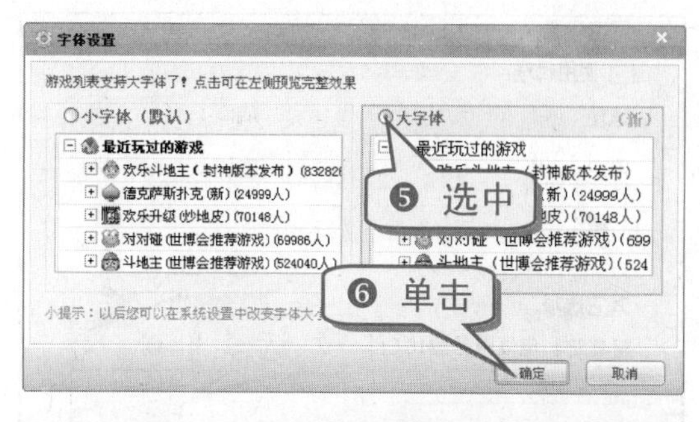

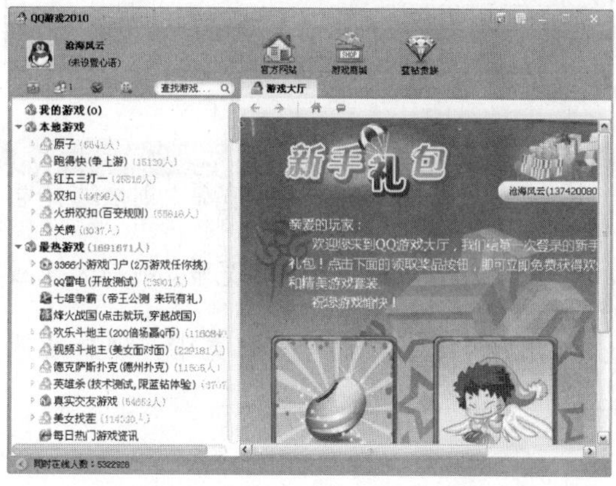

用户应该根据所处的网络环境选择合适的 QQ 游戏服务器，以便可以顺畅地玩 QQ 游戏。

❶ 双击运行 QQ 游戏大厅。

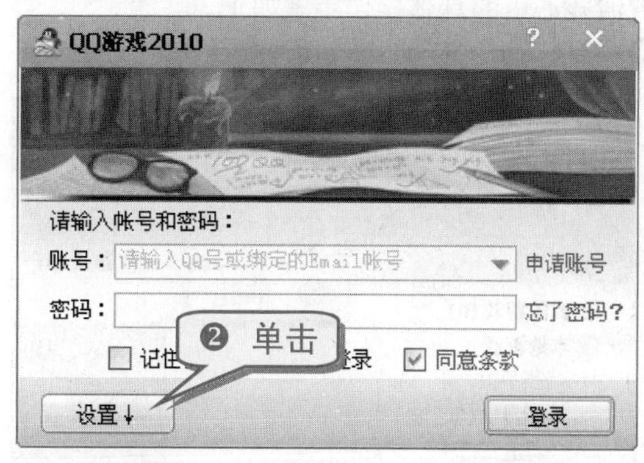

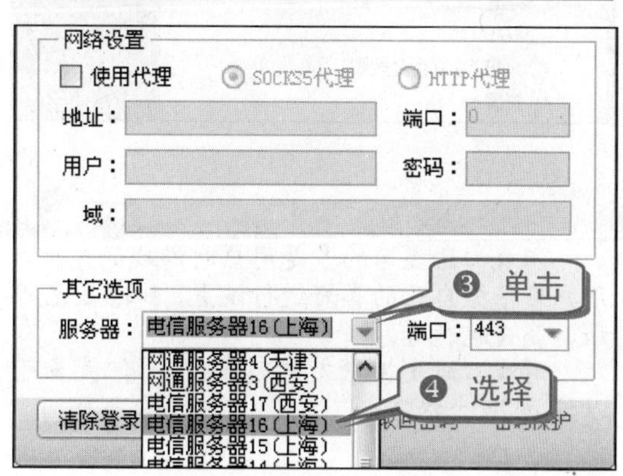

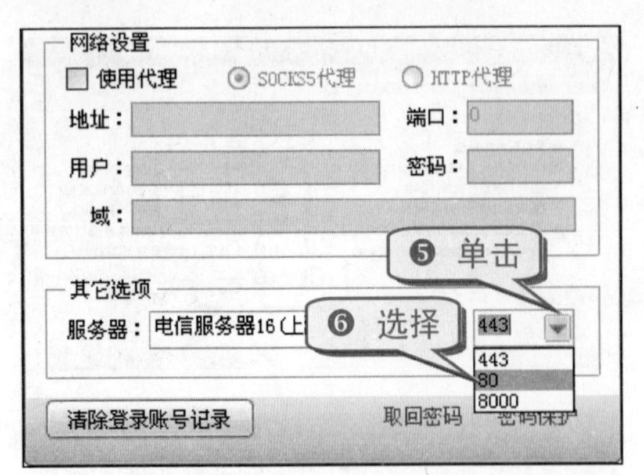

举 一 反 三

用户如果使用的是电信宽带，则应选择电信服务器。

用户如果使用的是网通宽带，则应选择网通服务器。

用户如果使用的是其他宽带，则应选择“自动选择”。

技巧175 巧设游戏心语

QQ 游戏的游戏心语与 QQ 个性签名类似，设置游戏心语的具体操作步骤如下。

❶ 双击运行 QQ 游戏大厅并登录。

专 家 坐 堂

游戏心语显示的多是用户对游戏的态度，用户可根据自己的喜好进行设置，如输赢无所谓、高兴就行等。

游戏心语支持中文也支持英文，但最多可以设置 25 个汉字。

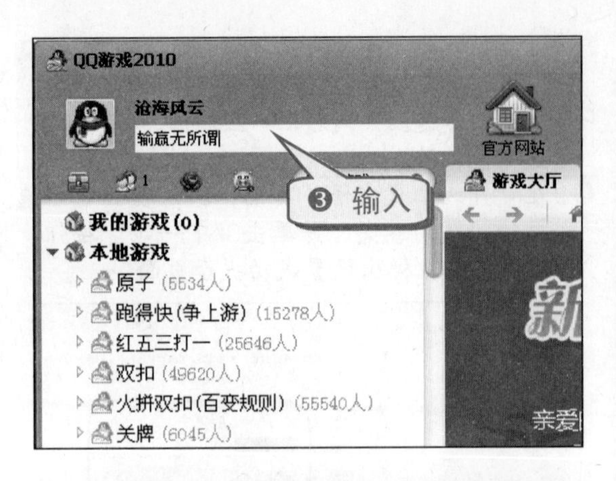

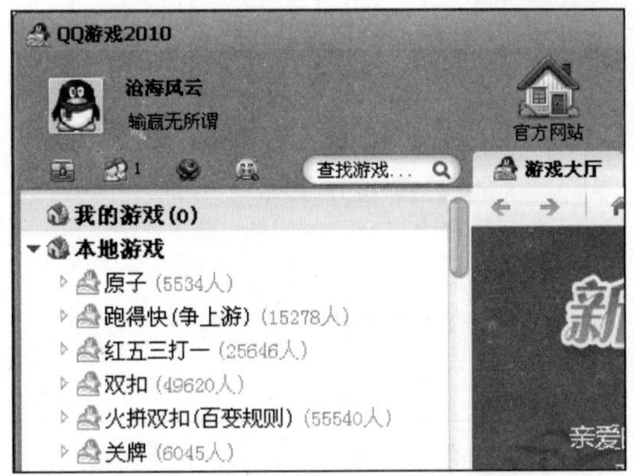

技巧176 快速安装 QQ 游戏

用户登录 QQ 游戏大厅后，要选择具体的游戏种类并安装该游戏之后才能开始游戏之旅。

知 识 补 充

QQ 游戏从 2003 年面市到现在，所提供的游戏类型已经超过 70 款，而注册用户也高达 3.5 亿。

“绿色、健康、精品”是 QQ 游戏始终秉承的理念，并不断创新，力求无时无刻都能为用户带来快乐。

另外，QQ 游戏可分为两大类：一类是基于 QQ 游戏平台下的大多数以休闲游戏为主的游戏，如连连看、对对碰等；另一类是非 QQ 游戏平台下的网络游戏，穿越火线、QQ 飞车、QQ 飞行岛。

接下来以“中国象棋”为例，详细讲述游戏的安装过程，具体操作步骤如下。

❶ 双击运行 QQ 游戏大厅并登录。

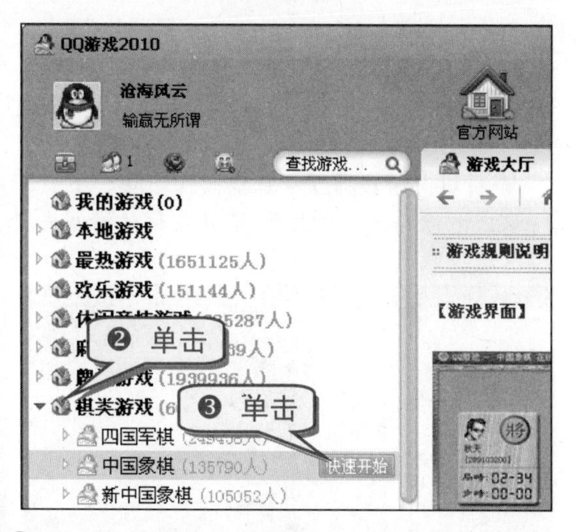

❹ 弹出“信息提示”对话框，单击“确定”按钮。

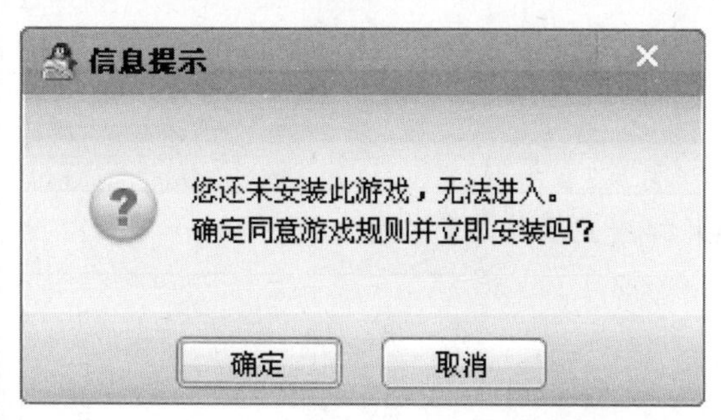

❺ 弹出“QQ 游戏更新”对话框，开始安装 QQ 游戏。

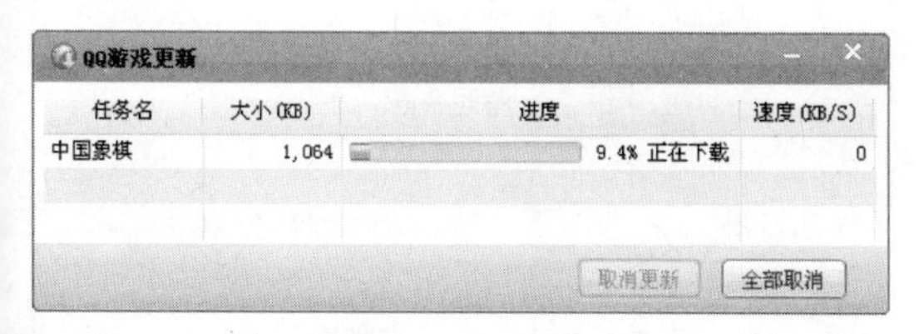

❻ 安装完成后，弹出“信息提示”对话框提示游戏安装成功。最后单击“确定”按钮，完成操作。

技巧177　玩转 QQ 游戏

喜欢的游戏安装好后，用户就可以尽情享受游戏带来的快乐了。

开始玩 QQ 游戏的具体操作步骤如下。

❶ 双击运行 QQ 游戏大厅并登录。

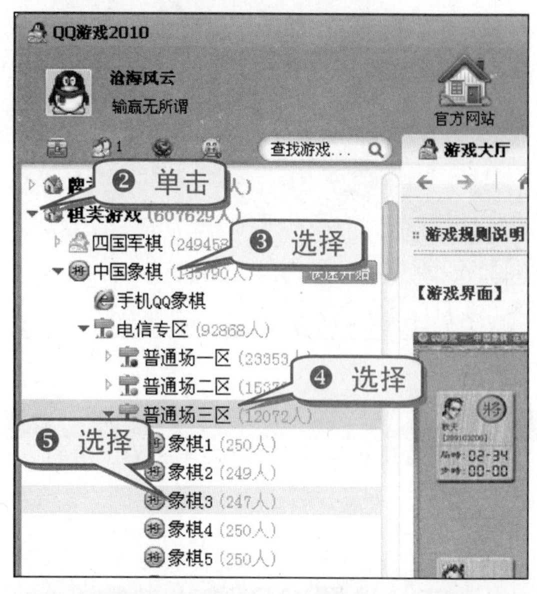

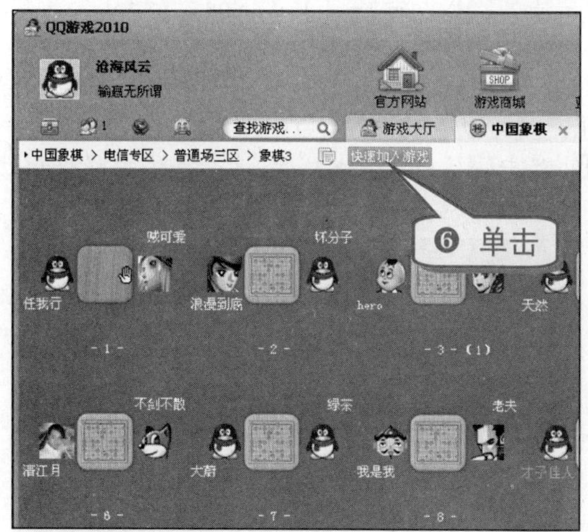

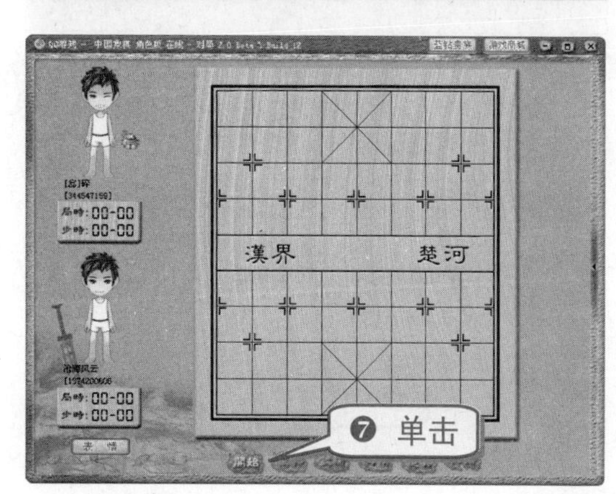

❽ 游戏开始，用户可与对手在棋盘上一决高下。

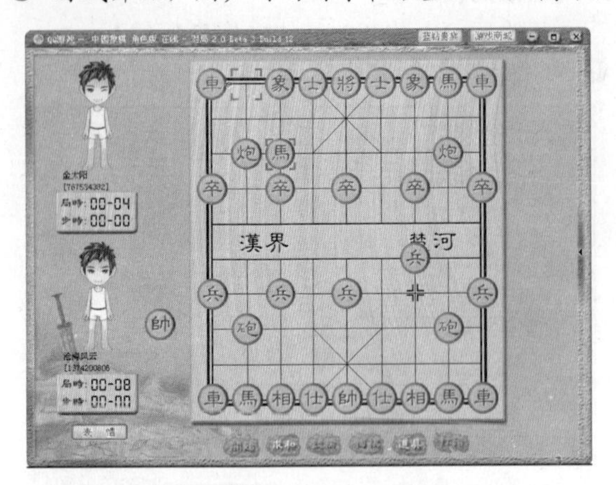

专家坐堂

当需要退出游戏时，只要单击右上角的关闭按钮即可。

技巧178 设置 QQ 游戏参数

在玩游戏时，用户如果不想听到游戏播放音乐，就可以通过设置 QQ 游戏参数来完成。

❶ 双击运行 QQ 游戏大厅，选择要玩的游戏并进入该游戏。

❸ 在弹出的“设置”对话框中，取消默认选中的“使用音效”、“播放表情动画”和“播放表情音效”复选框。

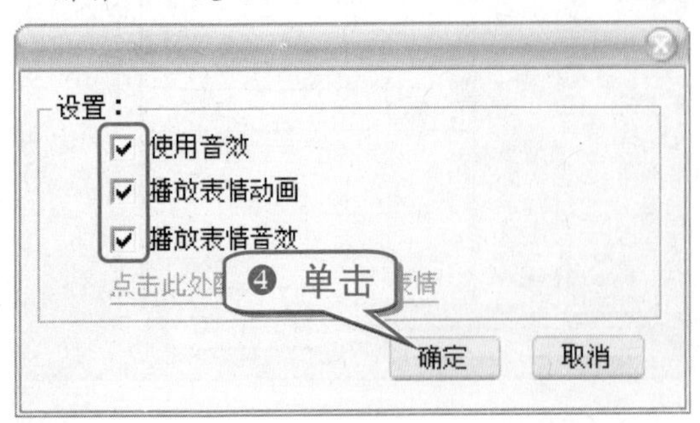

技巧179 查看对方游戏战绩

俗话说“知己知彼，百战不殆”，用户可在查看了对方的战绩后再决定是否和对方玩。

查看对方游戏战绩的具体操作步骤如下。

❶ 双击运行 QQ 游戏大厅，选择要玩的游戏并进入该游戏。

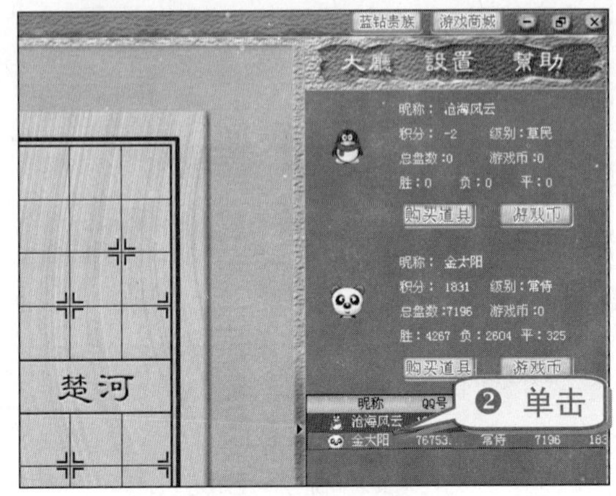

❸ 弹出显示对方资料的方框。

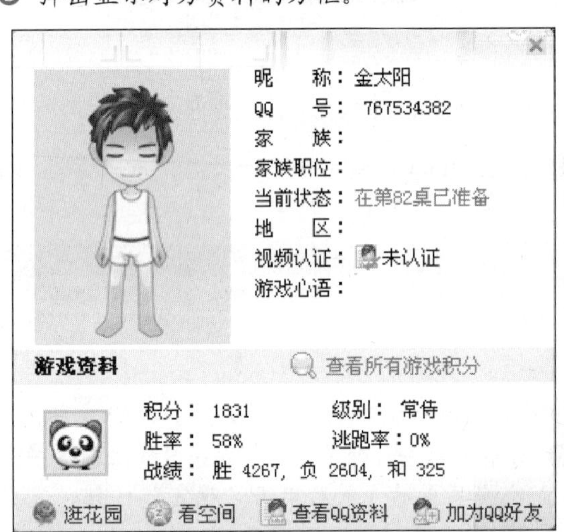

技巧180 巧测对方网速

游戏开始前测量对方的网速是相当有必要的，这可以及时避免因对方网速慢导致游戏卡住的问题。

测试对方网速的具体操作步骤如下。

❶ 双击运行 QQ 游戏大厅，选择要玩的游戏并进入该游戏。

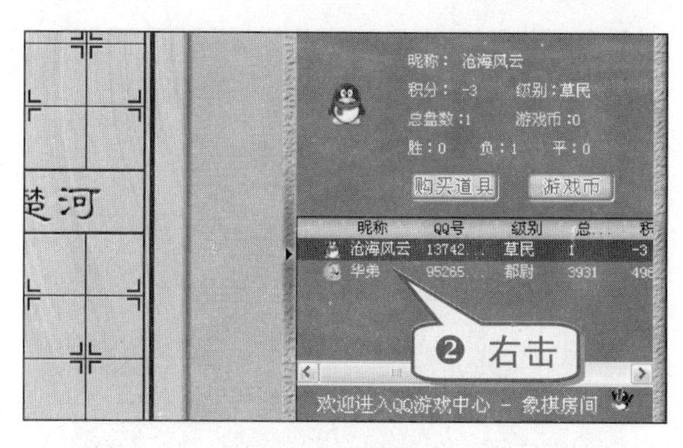

❸ 在弹出的快捷菜单中选择“测试他的网速”命令。

华弟[952658536]，普通权限

胜:2127 负:1563 平:241 局数:3931
胜率:53% 逃跑:1% 积分:498

请他离开 （蓝钻贵族特权）
加为游戏好友
添加关注人
添加到黑名单

注册蓝钻贵族

去游戏商城
赠送道具

测试他的网速

查看QQ资料
加为QQ好友

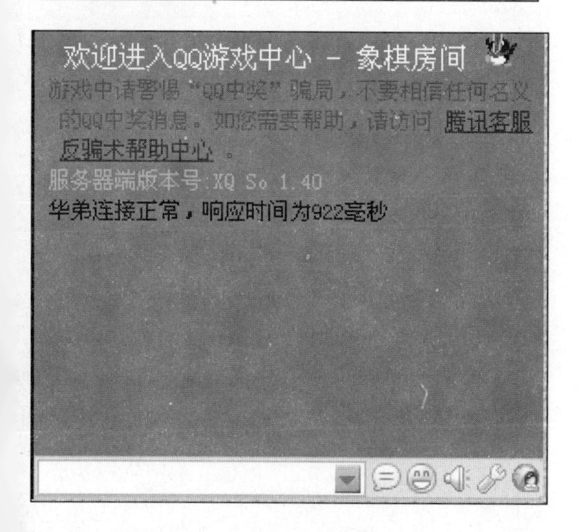

技巧181 巧用发言

在游戏过程中，用户有时会和对方打招呼、交流心得，这时就要用到发言，具体操作步骤如下。

❶ 双击运行QQ游戏，进入游戏大厅，然后开始游戏。

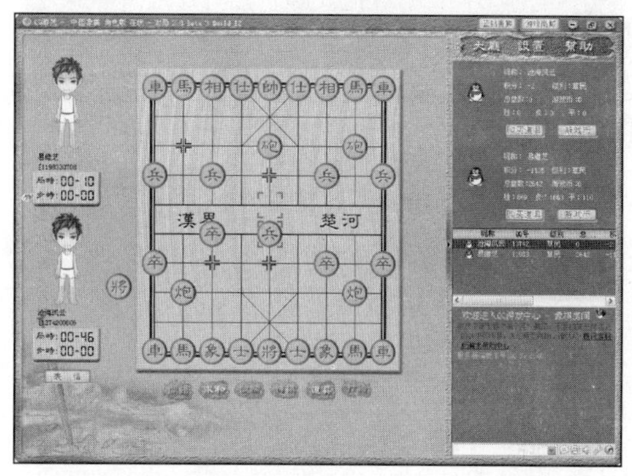

❷ 如果要与对方进行交流，可在文本框中输入相关内容，单击按钮。

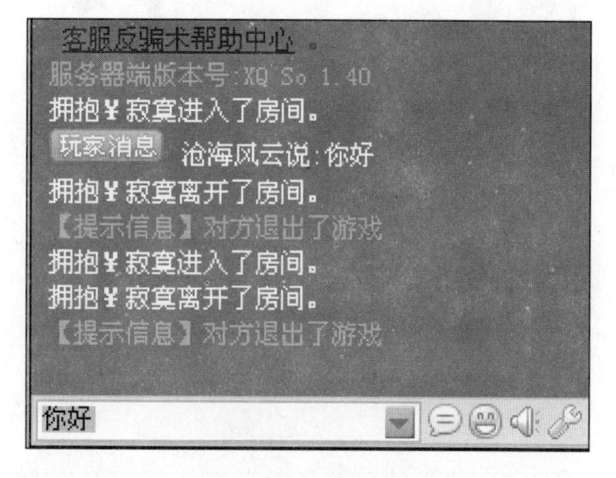

❸ 另外，也可直接选择系统信息。

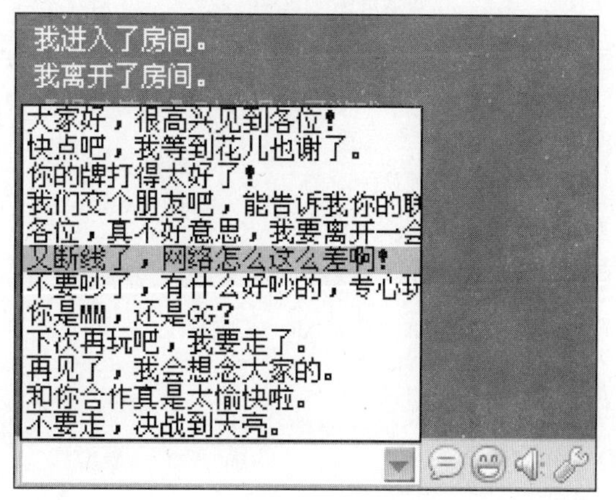

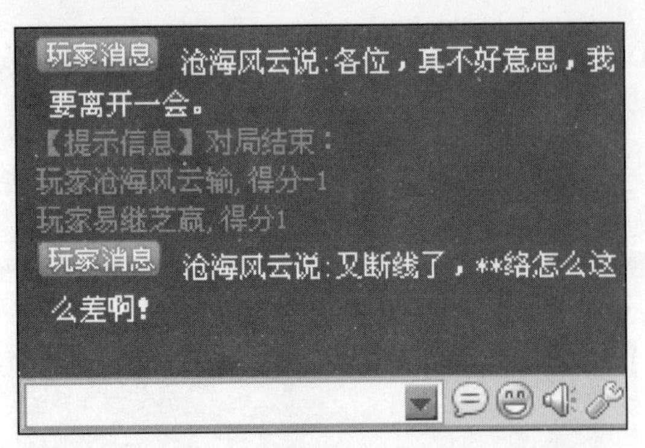

❹ 还可以选择使用表情符号与对方进行交流。

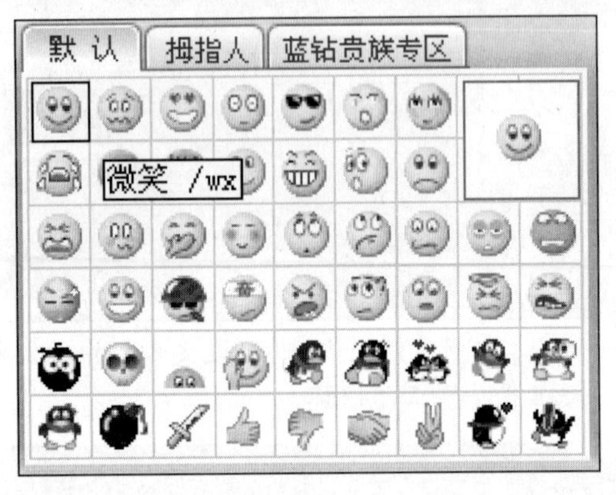

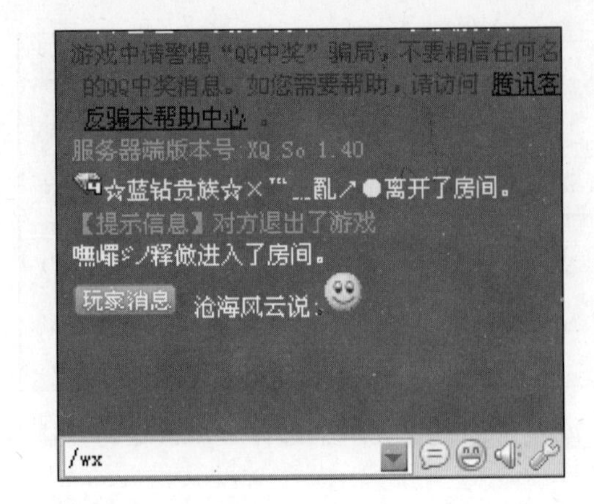

专 家 坐 堂

除了 QQ 游戏外，网络上还有许多其他的游戏，还有一些专门的游戏网站。用户可下载到自己的电脑上玩，也可直接在网上玩。

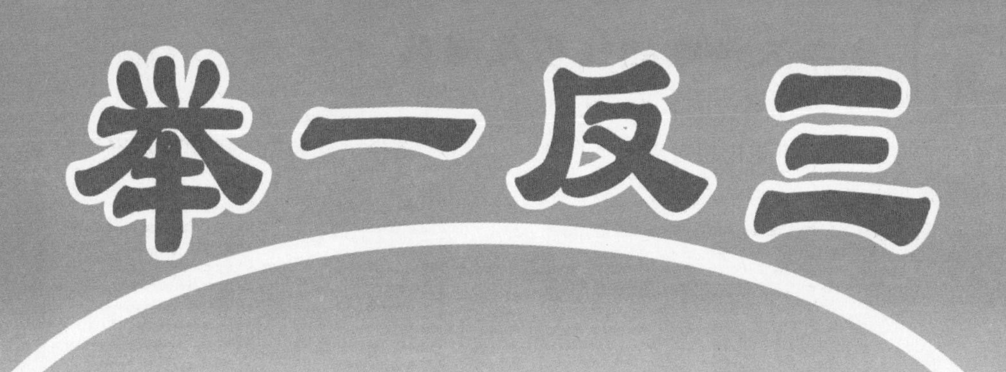

专题十一　你也来玩 PS——美化亲人的照片

Photoshop 软件的功能很强大，用户可利用其来美化人物照片。本专题通过调整曝光失误的照片、翻新老照片、制作怀旧照片和制作一寸照片等的介绍，让用户了解 Photoshop 软件，从而更加灵活地运用该软件。

热点快报

- 认识 Photoshop 软件
- 制作电视机扫描效果
- 巧为照片添加画框
- 快速处理闭眼的照片

技巧182　认识 Photoshop CS5 软件

Photoshop 是集图像输入与输出、图像制作、编辑修改、图像扫描和广告创意于一体的图形图像处理软件，功能强大。Photoshop CS5 是最新版。

Photoshop CS5 的工作界面包含标题栏、菜单栏、工具选项栏、工具箱、状态栏、图像窗口和控制面板组等几部分。

1. 了解标题栏

标题栏位于 Photoshop CS5 工作界面的顶端。右侧是 Photoshop CS5 新功能按钮：基本功能、设计、绘画和摄影，另外还有三个与 Windows 窗口作用完全相同的按钮，分别控制 Photoshop CS5 窗口的最小化、最大化和关闭。

Ps　基本功能　设计　绘画　摄影 »

2. 了解菜单栏

Photoshop CS5 的菜单栏里有 9 个菜单，分别是文件、编辑、图像、图层、选择、滤镜、视图、窗口和帮助。

文件(F)　编辑(E)　图像(I)　图层(L)　选择(S)　滤镜(T)　视图(V)　窗口(W)　帮助(H)

3. 了解工具选项栏

工具选项(属性)均显示在工具选项栏内，工具选项栏随所选工具的不同而变化着。选项栏内的部分设置(如绘画模式、不透明度等)对于许多工具来说都是通用的，而有些设置则专门用于某个工具(如用于铅笔工具的“自动抹掉”设置)。

4. 了解工具箱

第一次启动 Photoshop 应用软件时，工具箱出现在程序窗口(即屏幕)的左侧。

在个别工具按钮的右下方有一个小三角符号，表示这是一个工具组，该工具组中包含多个工具，只要用鼠标左键按下该工具按钮，或用鼠标右键单击工具按钮，即可弹出相对应的工具条，显示其他隐藏的工具。

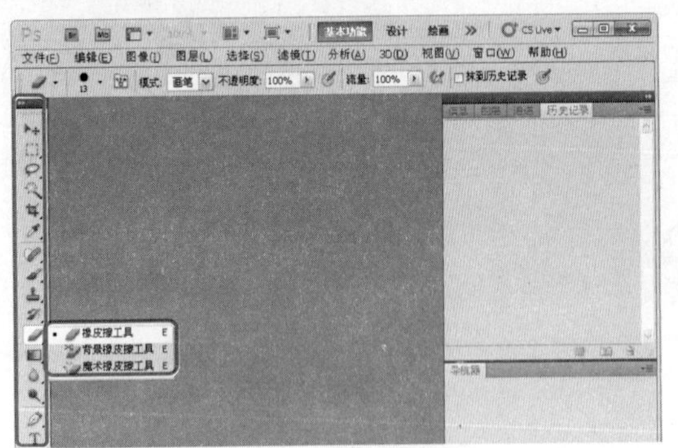

利用工具箱中的工具，可以执行选择对象、移动对象、绘图、取样、编辑、注释和查看图像等操作。另外，还可以更改背景色和前景色及切换不同的窗口模式。

5. 工具选项

大部分工具选项(属性)都显示在工具选项栏内，工具选项栏随着所选工具的不同而变化。选项栏内的部分设置(如画笔工具的模式、不透明度或流量等)对于许多工具来说都是通用的。

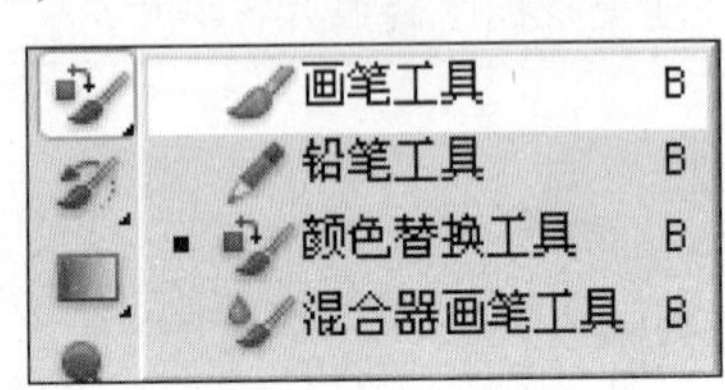

6. 了解浮动控制调板

Photoshop CS5 提供了调板和一个文件浏览器。调板通常浮动在图像的上面，不会被图像所覆盖，而且默认放在屏幕的右边，按住鼠标左键不放，可以将其拖动到屏幕中所需的位置。

技巧183 快速启动 Photoshop CS5 软件

Photoshop CS5 安装完成后，就可以通过以下方法快速启动 Photoshop CS5 软件。

与大部分应用程序一样，Photoshop CS5 也可以通过“开始”菜单来启动。

❶ 选择“开始”→“所有程序”命令。

 举 一 反 三 

双击电脑桌面上的 Photoshop CS5 快捷方式图标，也可快速启动 Photoshop CS5 应用程序。

技巧184 新建画布

新建画布是为在 Photoshop CS5 的应用程序中开始编辑新的图像文件建立模板，因此在编辑图像之前这一步骤是不可缺少的。

❶ 选择“文件”→“新建”命令或按下 Ctrl+N 组合键，弹出“新建”对话框。

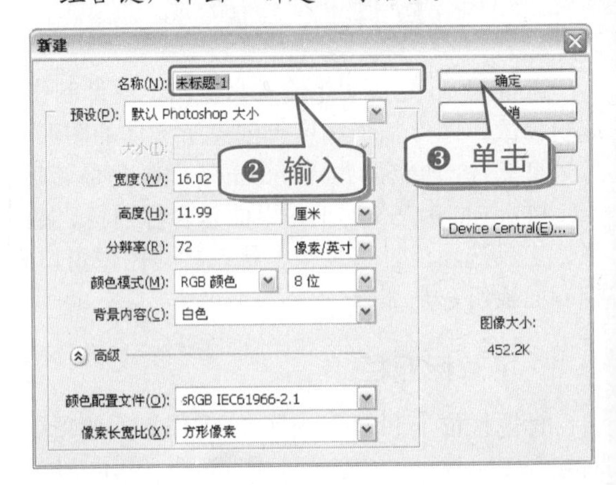

技巧185 打开图像文件

除了在新建的画布上绘制图形外，用户还可以在 Photoshop CS5 软件中打开已有的图片进行

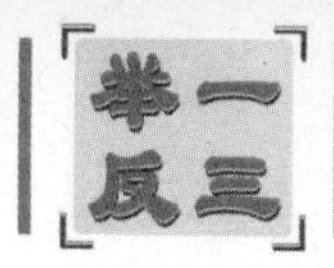

处理。下面介绍快速打开图像文件的方法。

❶ 打开 Photoshop CS5，选择"文件"→"打开"命令。

技巧186　存储图像文件

绘制或处理完一幅图像后，需要将该图像进行存储，下面介绍存储图像文件的技巧。

❶ 选择"文件"→"存储为"命令。

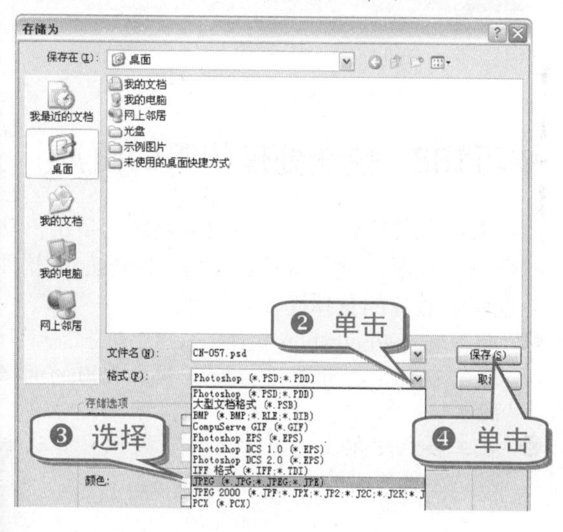

❺ 图像保存在相应的位置。

注　意　事　项

在"格式"下拉列表框中选择要保存为的文件格式，不同的文件格式对图像的保存大小有所不同，如 TIFF 格式就有提示该文件包含图层将增加文件的大小。

技巧187　调整曝光失误的照片

曝光失误分为曝光过度和曝光不足两种情况，在拍摄照片时，难免会出现曝光失误的情况。这时就可以用 Photoshop 软件来对照片进行适当的处理。

使用 Photoshop 软件调整曝光失误照片的具体操作步骤如下。

❶ 运行 Photoshop 软件，选择"文件"→"打开"命令，打开需要调整的曝光不足的照片。

❷ 选择"图像"→"调整"→"曝光度"命令。

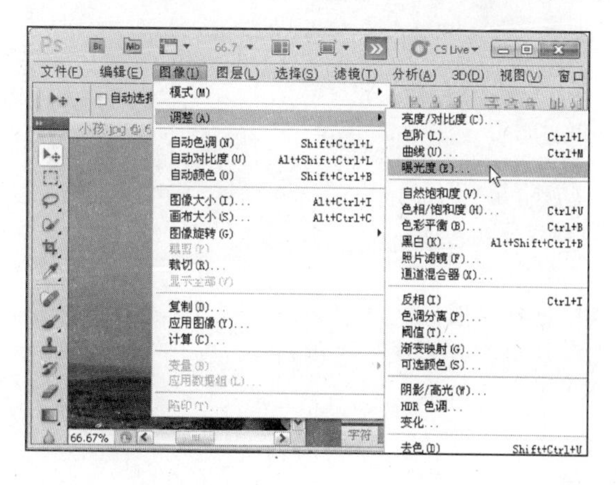

❸ 在弹出的“曝光度”对话框中调整曝光度，滑动条向右移动，能够增加照片的曝光度。

曝光度
预设(R): 自定 确定 取消
曝光度(E): +0.84
位移(O): +0.0020 ☑预览(P)
灰度系数校正(G): 1.28

❹ 调整好后，单击“确定”按钮，将照片保存为 JPG 格式就可以了。

❺ 打开另一张曝光过度的照片。

❻ 选择“图像”→“调整”→“曝光度”命令，弹出“曝光度”对话框。

曝光度
预设(R): 默认值 确定 取消
曝光度(E): 0.00
位移(O): 0.0000 ☑预览(P)
灰度系数校正(G): 1.00

知 识 补 充

在“曝光度”对话框中，“曝光度”用来调整色调范围的高光端，只会轻微影响极限阴影；“位移”能让中间调与阴影变暗，只会轻微影响高光；而“灰度系统”则是使用简单的乘方函数来调整图像灰度系数。

❼ 依照需要分别调整曝光度、位移与灰度系数，单击“确定”按钮完成图片调整，将照片保存为 JPG 格式就可以了。

技巧188 快速处理闭眼的照片

有时照片中会出现人物双眼紧闭的情况，这时可以对该照片进行修补。使用 Photoshop 软件处理闭眼照片的具体操作步骤如下。

❶ 双击运行 Photoshop 软件，选择“文件”→“打开”命令，打开要进行处理和要利用的两张照片。

❷ 在工具栏中单击“套索工具”按钮，选取眼睛张开照片中人物的眼睛部分。

注 意 事 项

在使用其他照片时，要注意利用同一个人的类似照片，这样制作出来的效果才会比较自然。

❸ 在工具栏中单击“移动工具”按钮，将人物眼睛部分拖至需要修改的图像中。

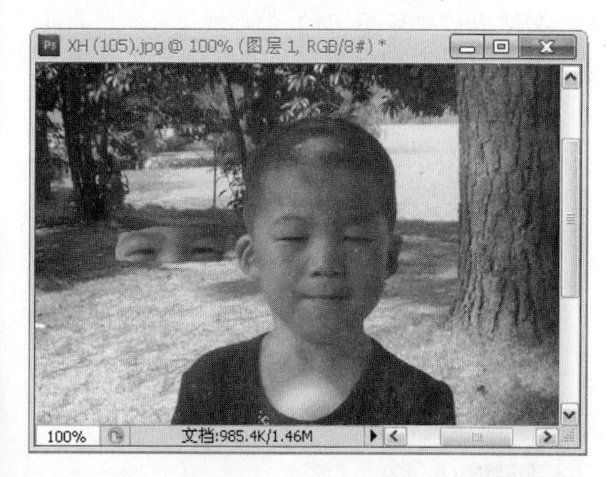

❹ 切换至图层面板，并将“图层 1”拖至人物脸上，在图层面板中改变“图层 1”的不透明度为 60%。

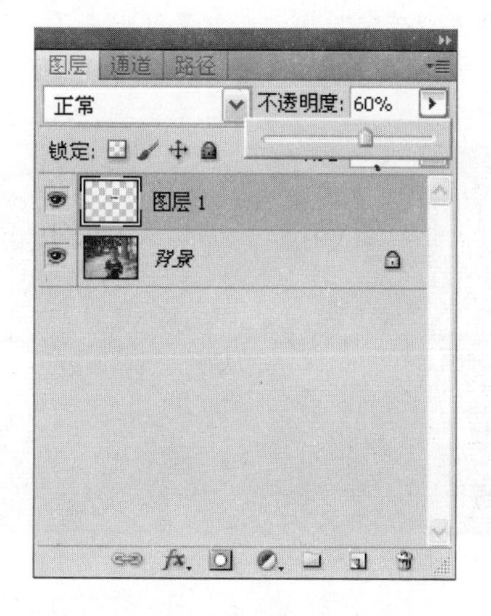

❺ 选择“编辑”→“自由变换”命令，调整“图层 1”，使其对齐下面的眼睛部分。

❻ 再切换至图层面板，调整“图层 1”的不透明度为 100%，选择“图像”→“调整”→“曲线”命令，弹出“曲线”对话框。

❼ 在对话框中进行调整，调整完成后单击“确定”按钮，使眼睛部分的颜色与脸的颜色比较符合。

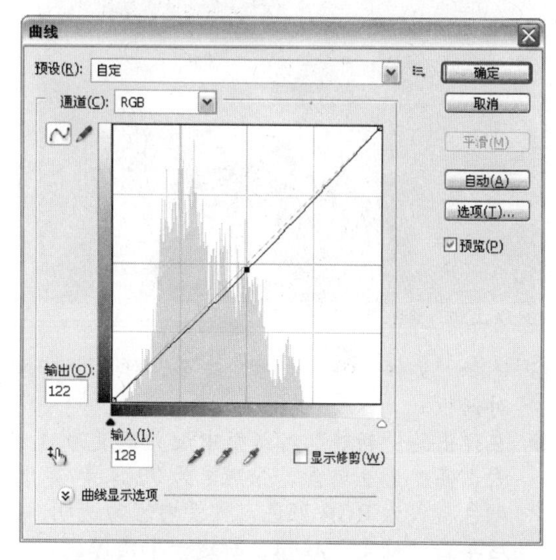

❽ 在工具栏中单击“橡皮擦工具”按钮，调整不透明度和大小，擦除眼睛边缘部分。完成眼睛调整，最终效果如下图所示。

技巧189 快速制作扫描线效果的照片

将照片制作成电视机扫描线效果会带给人一

种朦胧美，可以使照片中的人物变得神秘、美丽。

使用 Photoshop 软件制作电视机扫描效果的具体操作步骤如下。

❶ 运行 Photoshop 软件，选择“文件”→“打开”命令，打开需要进行处理的照片。

❷ 选择“文件”→“新建”命令，弹出“新建”对话框。

❸ 在弹出的“新建”对话框中设置宽度为 1 像素，高度为 2 像素，分辨率为 72 像素/英寸，颜色模式为 RGB 颜色，背景内容为透明。最后单击“确定”按钮，新建一个图像。

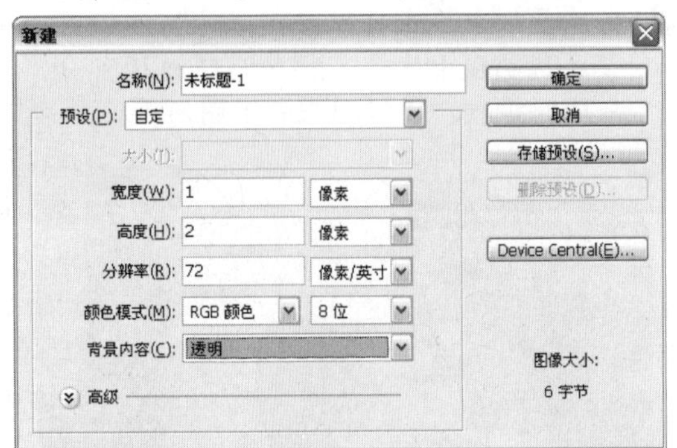

❹ 按下 Ctrl++组合键，并将新建的图像放大到 3200%。

❺ 在工具栏中单击“矩形选框工具”按钮，选取图像的上半部分，按下 D 键，将背景色和前景色设为默认的黑色，然后按下 Alt+Delete 组合键填充选择区域。

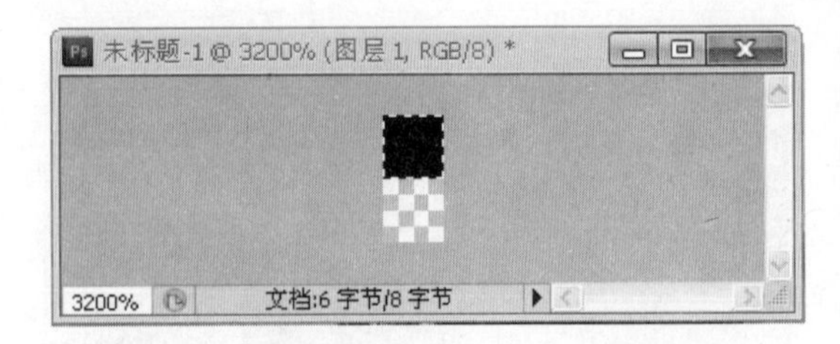

❻ 按下 Ctrl+A 组合键全选图像，选择“编辑”→“定义图案”命令，弹出“图案名称”对话框，在名称中输入“001”。

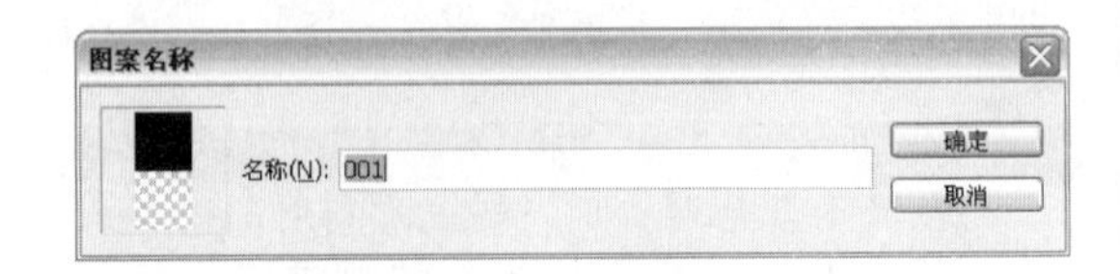

❼ 单击“确定”按钮。回到要制作成电视机扫描线效果的图像，新建一个图层，选择“编辑”→“填充”命令，弹出“填充”对话框。

❽ 在弹出的对话框中的“使用”下拉列表框中选择“图案”命令，接着在“自定图案”中选择“001”自定图案。

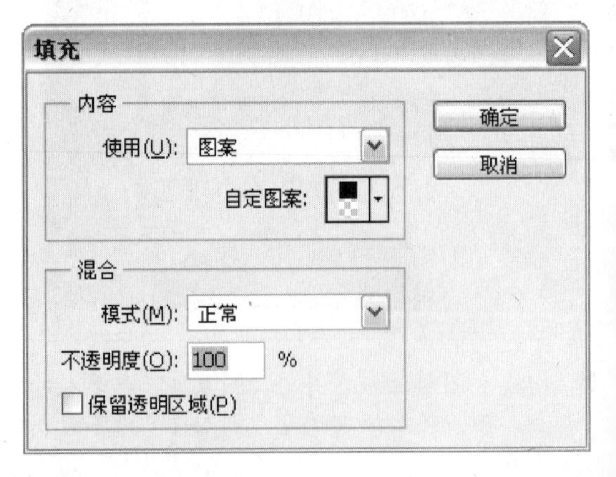

❾ 单击“确定”按钮，效果就出来了，但颜色太暗，还需进一步调整。

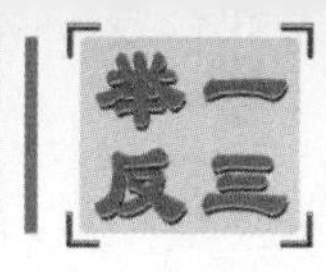

⑩ 在图层工作面板上，将抽线层的合成模式改为叠加，不透明度为80%，最终效果如图所示。

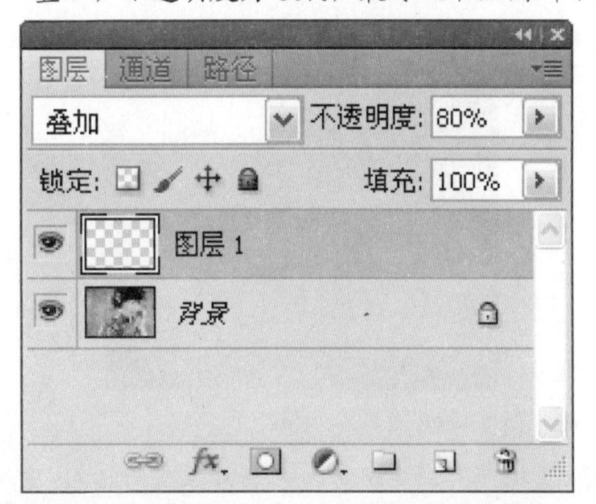

技巧190 快速制作素描效果的照片

将照片制作成素描效果的具体操作步骤如下。

❶ 双击运行Photoshop软件，选择“文件”→“打开”命令打开一张照片。

❷ 选择“图像”→“调整”→“去色”命令。

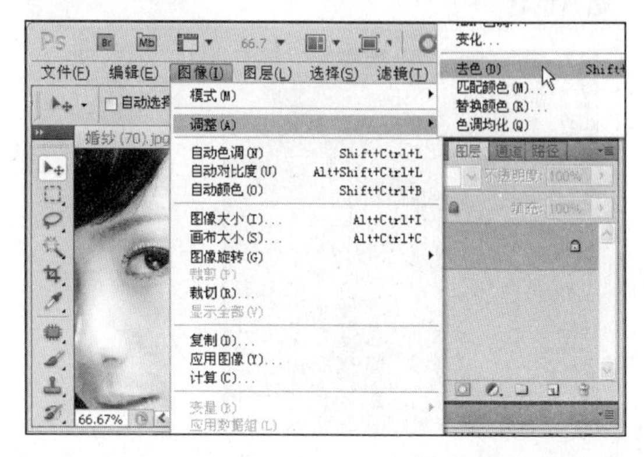

❸ 打开图层面板，在图层面板上选择“背景”图层，用鼠标拖至创建新图层按钮 上，复制一个“背景副本”层。

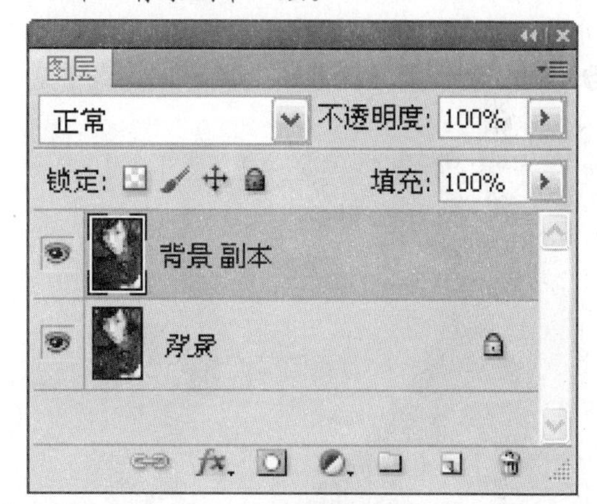

❹ 选择“图像”→“调整”→“反相”命令，这时图像颜色变为底片样式的反相效果。

❺ 在图层面板上将“背景副本”的图层样式改为颜色减淡。再选择“滤镜”→“模糊”→“高斯模糊”命令，弹出“高斯模糊”对话框，在对话框中设置模糊半径为28。

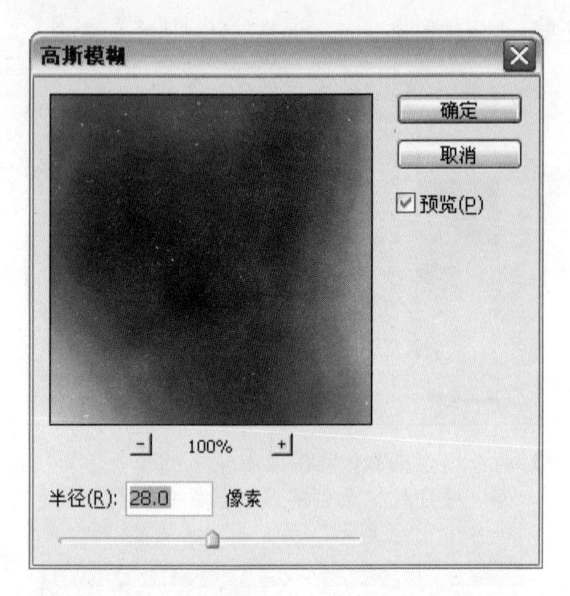

❻ 单击“确定”按钮，人物素描就完成了。

技巧191 快速制作有撕裂感的照片

有时有撕裂感的照片会带来一种震撼的感觉。使用 Photoshop 软件制作有撕裂感的照片的具体操作步骤如下。

专 家 坐 堂

一些拍摄出来的照片，可能会平淡无奇，没有吸引人的东西，而此时给该照片添加一种撕裂效果，就会使照片产生一种震撼感。

❶ 双击运行 Photoshop 软件，选择“文件”→“新建”命令，建立一个新的图像文件，将照片放入文档中，注意照片应该在一个新层，并且没有充满整个图像。

❷ 选择照片，将前景色选择为偏红的颜色，选择“编辑”→“描边”命令，填充照片边缘。

❸ 按下 Ctrl+D 组合键取消选择区域，选择“图层”→“图层样式”→“投影”命令，弹出“图层样式”对话框，进行相关设置，完成后单击“确定”按钮，为图层增添阴影效果。

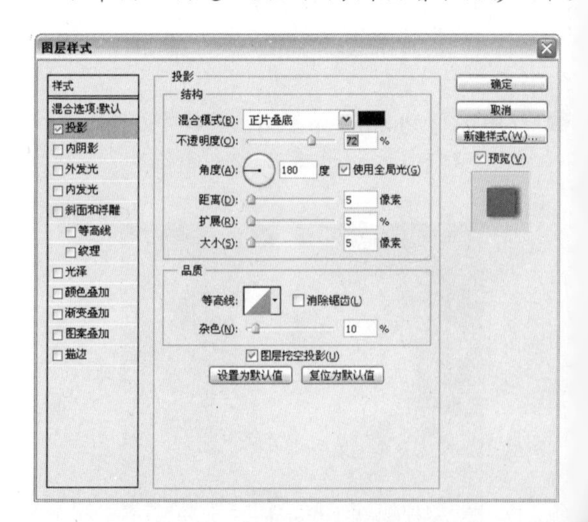

❹ 在通道面板中增加一个新的通道，用套索工具随意选择图像的一半区域，并用白色填充。

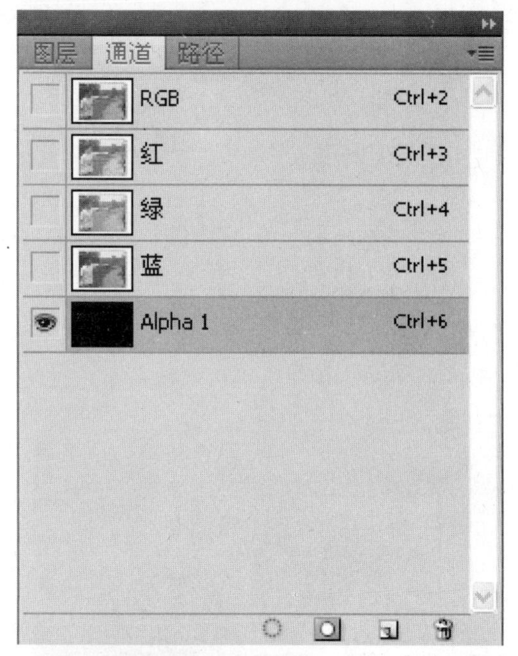

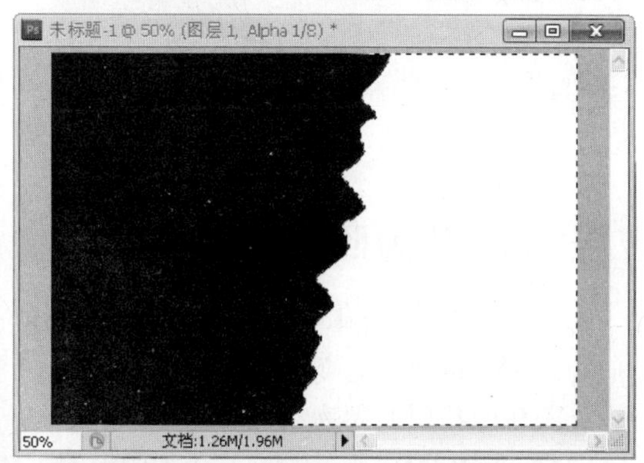

❺ 选择“滤镜”→“像素化”→“晶格化”命令，弹出“晶格化”对话框，设置单元格大小为10，单击“确定”按钮，产生水晶效果。

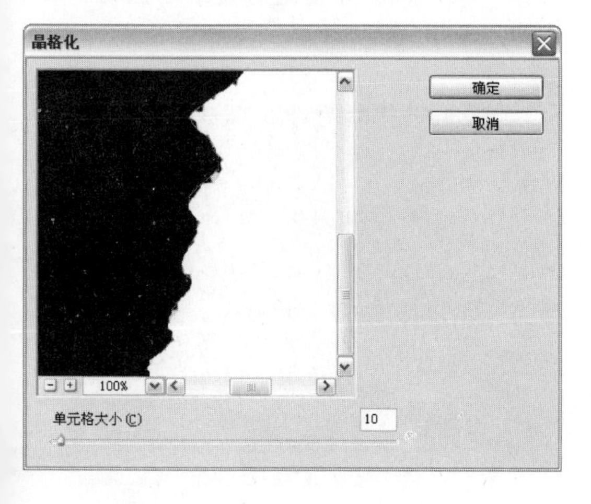

❻ 返回RGB通道，选择“选择”→“载入选区”命令，弹出“载入选区”对话框，读取Alpha 1通道。

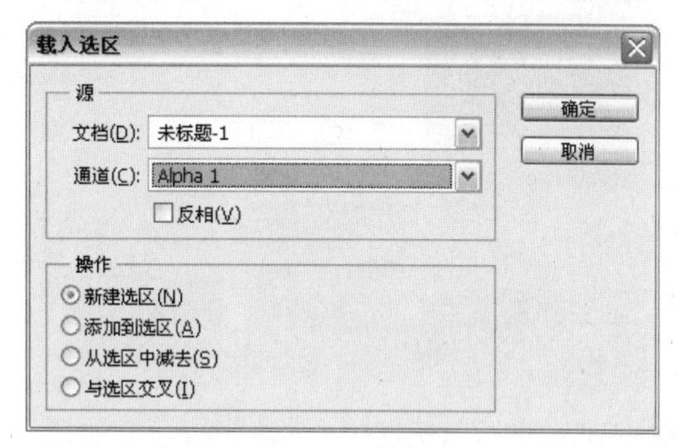

❼ 按住Ctrl键并移动选择区域，即可得到最终效果。

技巧192　快速制作画布效果的照片

为照片制作画布效果的具体操作步骤如下。

❶ 双击运行Photoshop软件，选择“文件”→“打开”命令，打开要进行处理的照片。

❷ 选择“滤镜”→“纹理”→“纹理化”命令，弹出“纹理化”对话框，在对话框中设置纹

理为画布，缩放为 100%，凸现为 18，光照为右下。

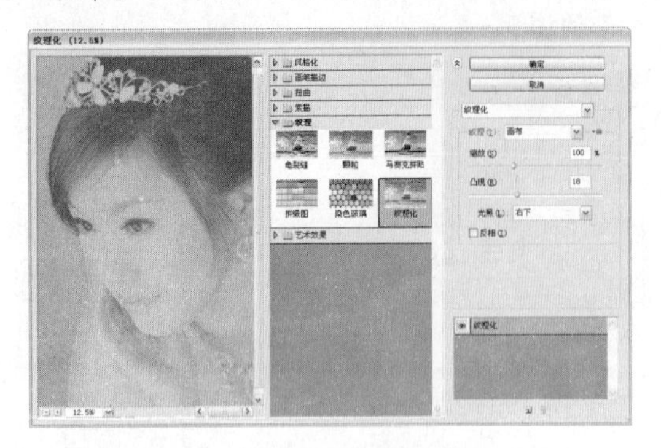

❸ 单击“确定”按钮，完成操作。

技巧193　快速制作有拼贴效果的照片

照片除了可以制作成画布效果外，还可以制作成拼贴效果，具体操作步骤如下。

❶ 双击运行 Photoshop 软件，选择“文件”→“打开”命令，打开需要进行处理的照片。

❷ 选择“滤镜”→“风格化”→“拼贴”命令，弹出“拼贴”对话框，在对话框中进行如右上图所示的设置。

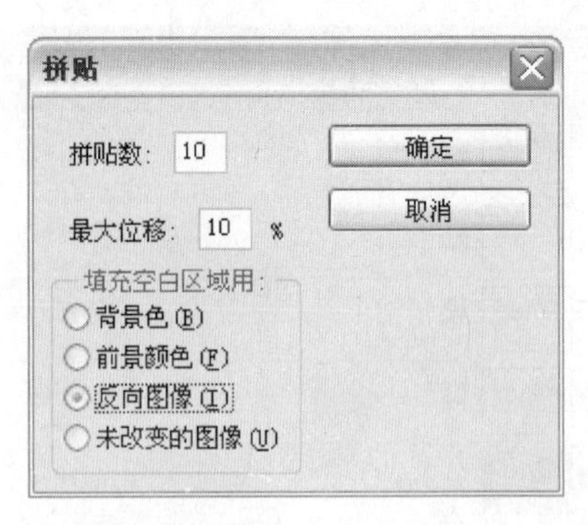

❸ 单击“确定”按钮，完成操作。

技巧194　巧为照片添加画框

在 Photoshop 软件中还可以给照片添加画框。给照片添加画框可以改变照片的效果与美感，同时也能美化照片中的人物。

使用 Photoshop 软件为照片添加画框的具体操作步骤如下。

❶ 双击运行 Photoshop 软件，选择“文件”→“打开”命令，打开要进行处理的照片，按下 Ctrl+A 组合键选择图像。

❷ 将背景色设置为浅蓝色，选择“图层”→“新建”→“通过剪切的图层”命令，将选区中的图像剪切到新的“图层 1”。

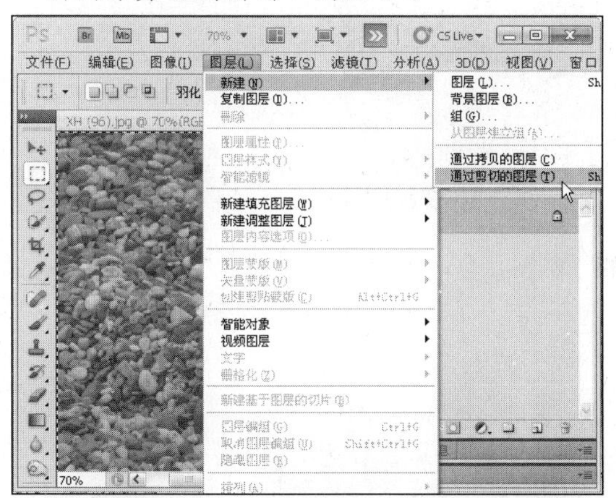

❸ 选择“图层 1”并按住 Ctrl+T 组合键显示变换窗口，然后在属性栏的“W”和“H”文本框中分别输入 75%，将“图层 1”的尺寸缩小一些。

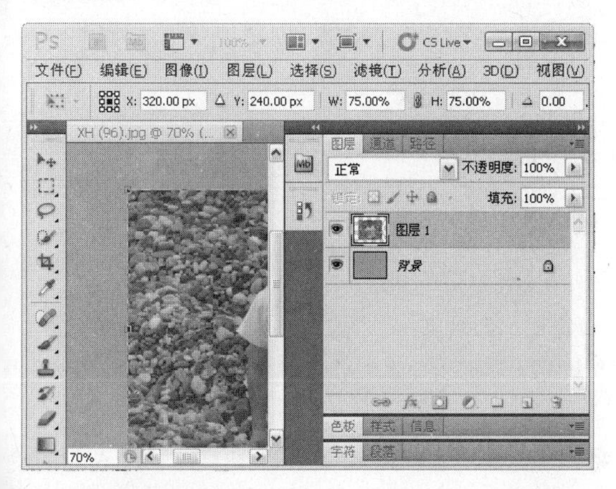

❹ 选择图层面板，按住 Ctrl 键并单击“图层 1”，载入其轮廓选区。

❺ 选择“选择”→“修改”→“边界”命令，弹出“边界选区”对话框，将宽度设置为 30。单击“确定”按钮。

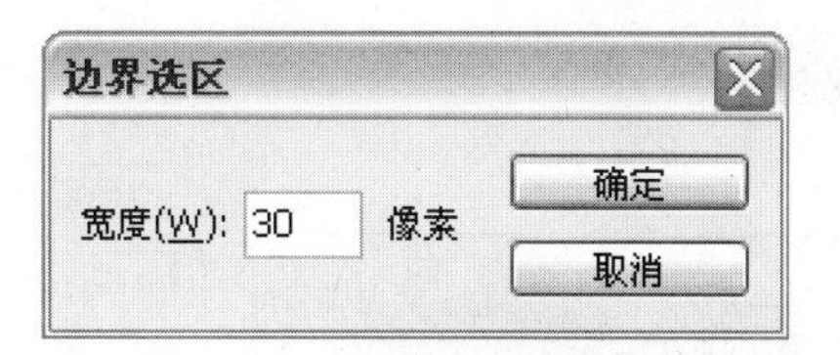

❻ 选择“滤镜”→“风格化”→“扩散”命令，弹出“扩散”对话框，设置相应参数。单击“确定”按钮。

❼ 按下 Ctrl+F 组合键重复使用扩散命令，参数可以根据需要自行调整，应用 6 次的效果如下图所示。

❽ 选择“滤镜”→“模糊”→“动感模糊”命令，弹出“动感模糊”对话框，对相关参数进行设置，完成后单击“确定”按钮。

❾ 选择“滤镜”→“锐化”→“进一步锐化”命令，对图像进行锐化，然后按 Ctrl+F 组合键再次锐化，取消选区后，相片边框设计制作完成，图像的最终效果如下图所示。

技巧195 巧给照片添加新人物

运用 Photoshop 软件可以在单人或者多人照中轻松添加人物图像，现以两张单人照拼合成双人照为例，具体操作步骤如下。

❶ 双击运行 Photoshop 软件，选择“文件”→“打开”命令，打开需要处理的两张照片。

❷ 单击工具栏中的“移动工具”按钮，将第二张照片拖曳至第一张照片中，关闭第二张照片。

❸ 在工具栏中单击“移动工具”按钮，移动“图层 1”与“背景”图层相对齐，并将人物调放到适当的位置。

❹ 切换至图层面板，调节“图层 1”的不透明度为 80%，在工具栏中单击“橡皮擦工具”按钮，清除“图层 1”中人物四周多余的背景。

❺ 切换至图层面板，调节“图层 1”的不透明度为 100%。

❻ 再次单击工具栏中的“移动工具”按钮，向下移动“图层 1”，最终效果如下图所示。

技巧196 快速为人物更换衣服颜色

为照片中的人物更换衣服颜色是照片处理中常见的一种方式，即通过创建选区、对其进行填充颜色、设置混合模式等操作为人物衣服更换颜色，从而营造更好的视觉效果。

❶ 打开 Photoshop CS5 软件，选择“文件”→“打开”命令，打开需要处理的照片，复制“背景”图层，得到“背景副本”图层。

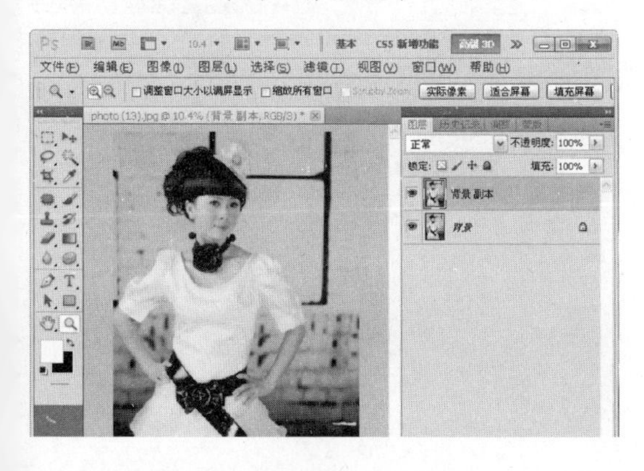

❷ 按下 Q 键进入快速蒙版编辑状态，使用画笔工具在照片中的人物衣服上进行涂抹。按下 Q 键退出快速蒙版编辑状态。

❸ 按下 Ctrl+Shift+I 组合键对选区进行反选。

❹ 按下 Ctrl+D 组合键，取消选区。新建“图层 1”，在工具中设置前景色值为 RGB(247、25、

25)，按下 Alt+Delete 组合键填充前景色，设置该图层的混合模式为“叠加”。

❺ 完成为人物更换衣服颜色的操作，最终效果如下图所示。

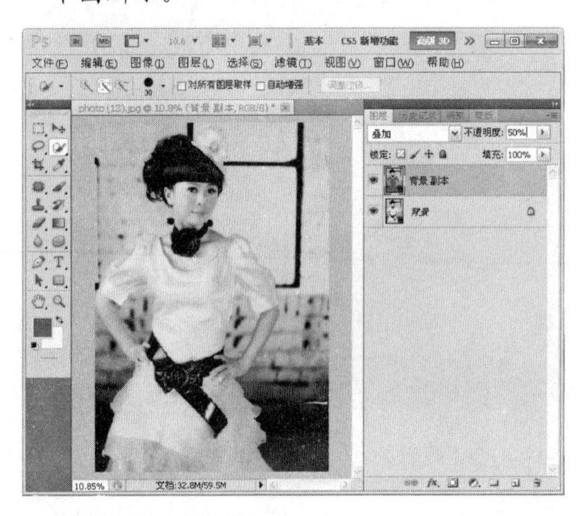

技巧197 巧将照片打造成漫画风格

通过对人物照片进行去色、反相，利用图层与图层之间的关系对人物进行细化处理，使用“高斯模糊”滤镜对人物进行模糊等操作，可以将照片打造成一幅灵动的水墨画。

❶ 打开 Photoshop CS5 软件，选择“文件”→“打开”命令，打开照片图像。复制“背景”图层，得到“背景副本”图层。

专家坐堂

通常在对照片进行调整前，都需要复制“背景图层”的操作，这样做可以完整地保护原始照片，方便调整后进行效果对比。

❷ 选择“图像”→“调整”→“去色”命令，将照片去色。按下 Ctrl+J 组合键复制“背景副本”图层，得到“背景副本 2”图层。

❸ 在“图层”面板中设置“背景副本 2”图层的混合模式为“颜色减淡”，选择“滤镜”→“其他”→“最小值”命令，弹出“最小值”对话框，进行设置后单击“确定”按钮，完成对“最小值”对话框的设置。

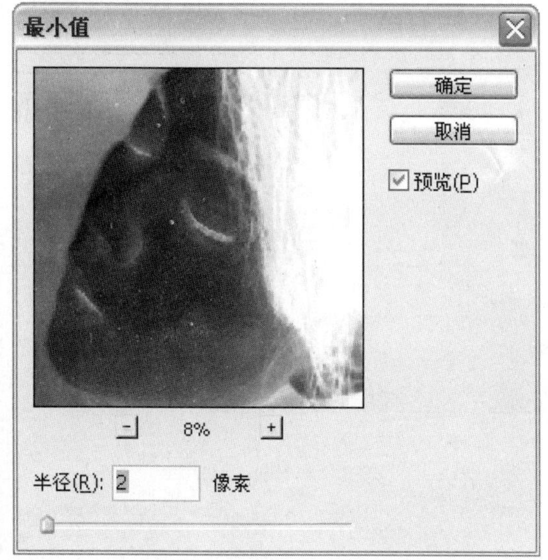

❹ 在“混合选项”中设置“混合颜色带”，进行设置后单击“确定”按钮，完成对“图层样式”对话框的设置。

专　家　坐　堂

在此处主要针对“混合选项”中“混合颜色带”的“下一图层”中的黑色三角块进行设置，按住 Alt 键拖曳黑色三角块，可以分别设置黑色三角块的三个值。

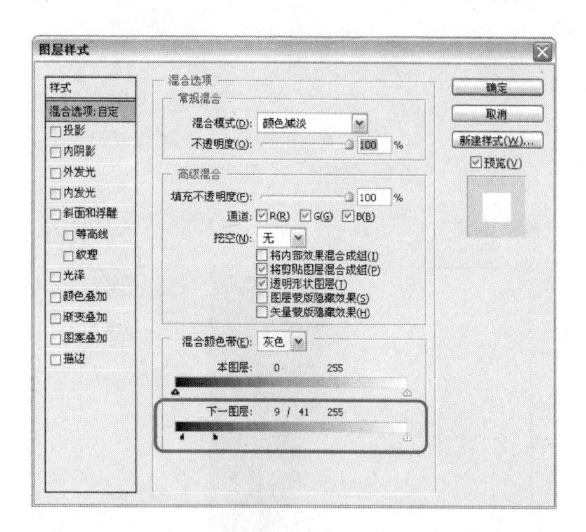

❺ 选择“图像”→“调整”→“可选颜色”命令，弹出“可选颜色”对话框，进行设置后单击“确定”对话框，完成对“可选颜色”对话框的设置。

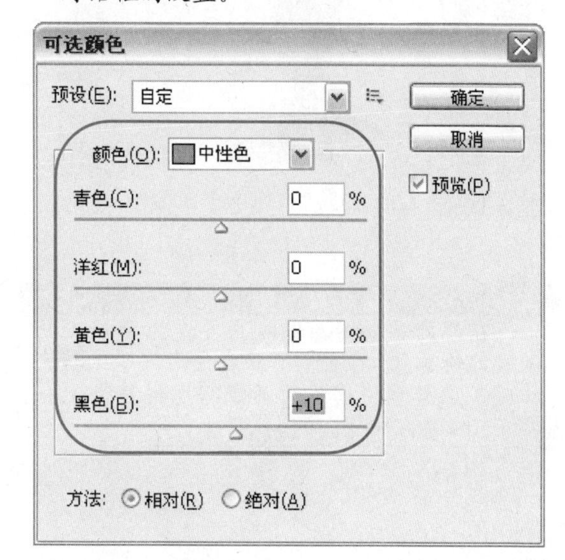

❻ 按下 Ctrl+J 组合键复制“背景副本”图层，得到“背景副本 2”图层，选择“滤镜”→“模糊”→“高斯模糊”命令，弹出“高斯模糊”对话框，进行设置后单击“确定”对话框，完成对“高斯模糊”对话框的设置。

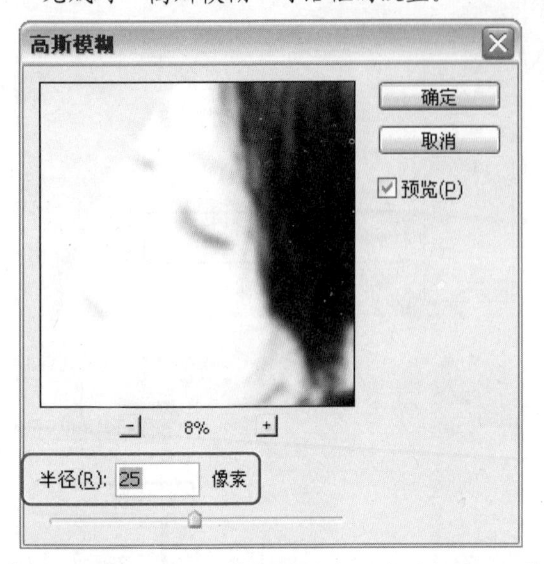

❼ 将该图层的混合模式设置为“线性加深”。单击“添加图层蒙版”按钮，为“背景副本 2”图层添加蒙版，单击工具箱中的“画笔工具”按钮，在画布中将人物脸部轮廓涂抹出来。

专 家 坐 堂

在此处添加图层蒙版主要是为了使人物的脸部轮廓更加清晰，所以在使用画笔工具涂抹时，应尽量将画笔的不透明度设置得低一些，50%左右即可。

❽ 双击“背景图层”将其转化为“图层 0”，并移至所有图层的最上方，设置该图层的混合模式为“颜色”。用相同方法，为图层添加蒙版，并将不需要的部分涂抹。

❾ 单击“创建新的填充或调整图层”按钮，在弹出的下拉菜单中选择“色阶”命令，打开“调整”面板进行设置，完成对“色阶”

的调整。新建“图层 1”，设置前景色为 RGB(247、229、208)，按下 Alt+Delete 组合键填充前景色，并设置该图层的混合模式为“线性加深”。

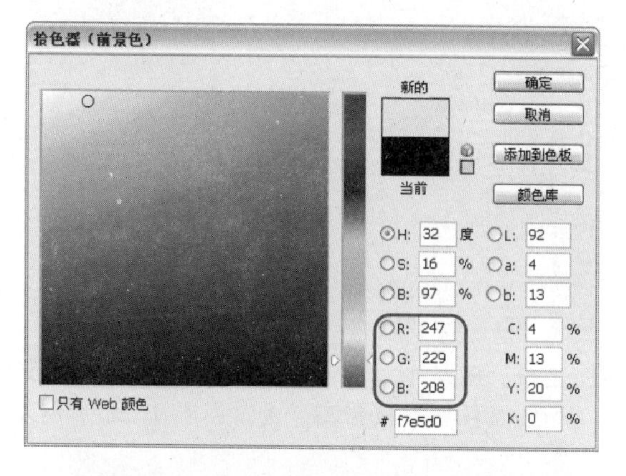

❿ 完成对照片的处理，最终效果如下图所示。

技巧198　巧将照片制作成墙壁旧画

通过使用“图层混合模式”及“图层蒙版”等命令，可以巧妙地将图片制作成墙壁旧画效果。

❶ 打开 Photoshop CS5 软件，选择“文件”→“打开”命令，打开一张照片图像得到“背景”图层。

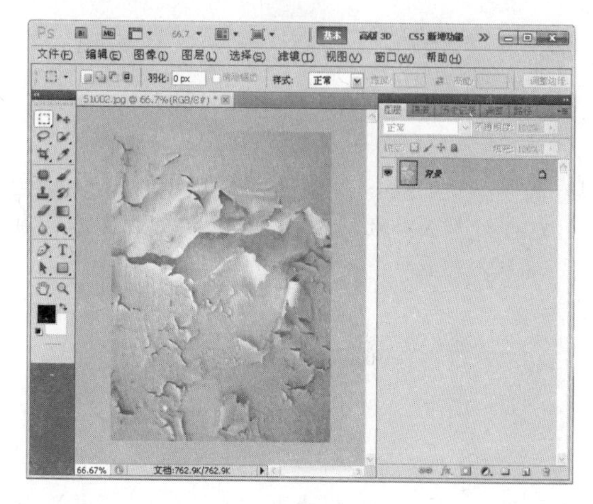

❷ 选择“文件”→“打开”命令，打开一张素材图像，将其拖至“背景”文件中，选择“图像”→“调整”→“去色”命令，打开“图层”面板，自动生成“图层 1”。

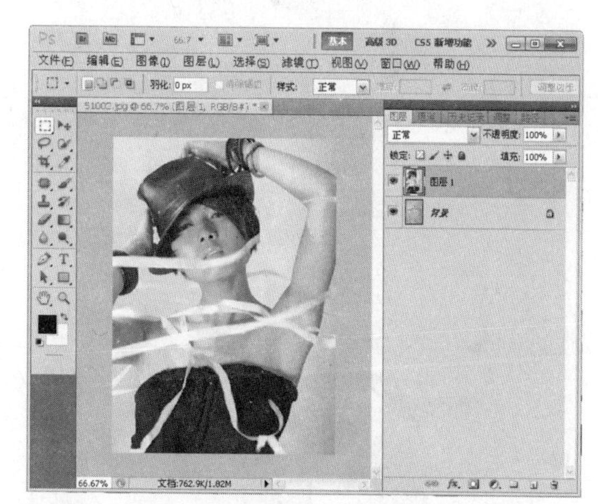

❸ 隐藏“图层 1”，选中“背景”图层，打开“通道”面板，复制“红”通道，得到“红通道副本”，单击工具箱中的快速选择工具按钮，在画布中创建选区。

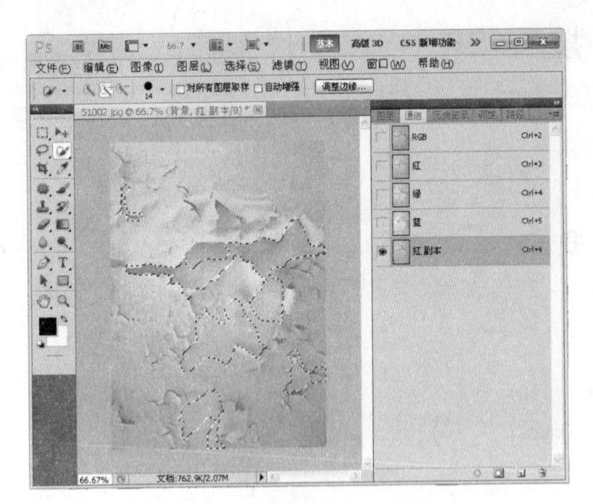

❹ 按下 Alt+Delete 组合键为选区填充黑色，按住 Ctrl 键单击“红副本”通道，将“红副本”通道载入选区。

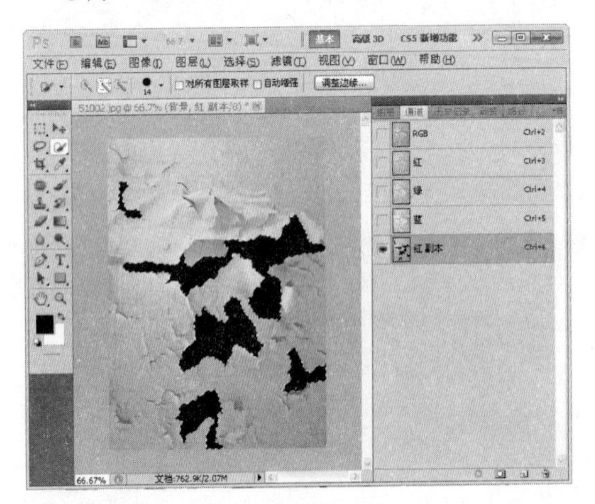

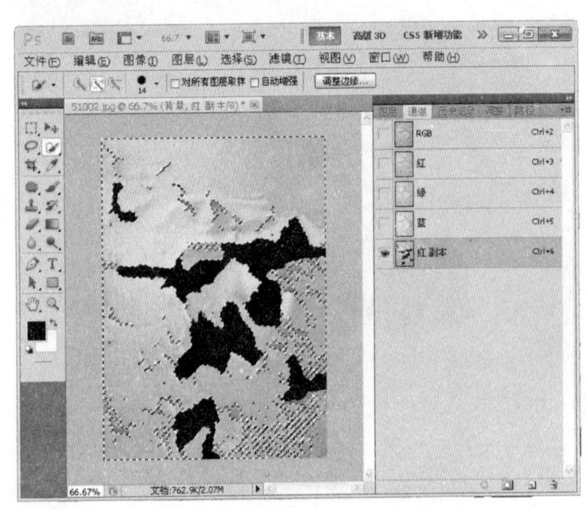

❺ 单击 RGB 通道，并返回到“图层”面板。

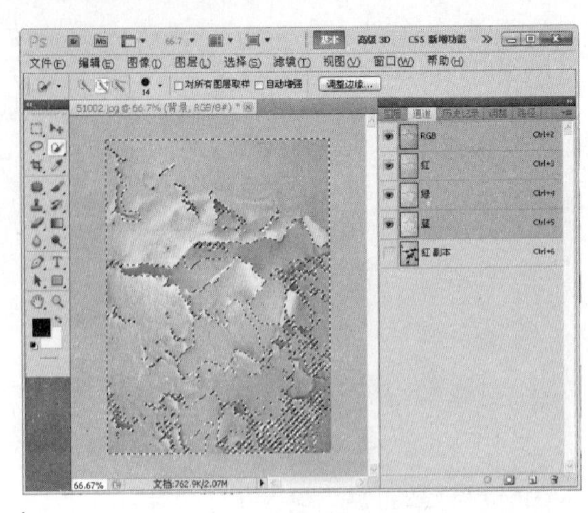

❻ 显示“图层 1”，单击“图层”面板上的“添加图层蒙版”按钮，为“图层 1”添加图层蒙版。

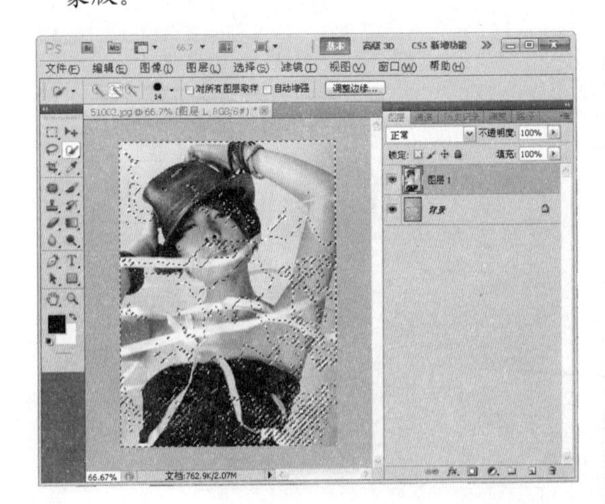

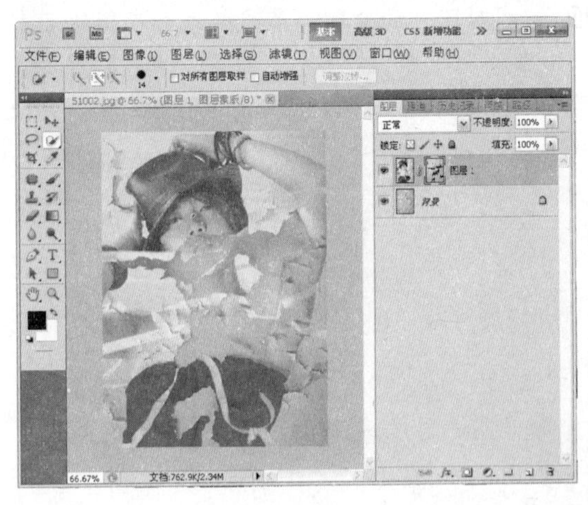

❼ 设置“图层 1”图层的混合模式为“正片叠底”。

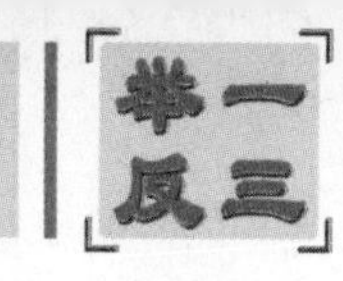

❽ 按住 Ctrl+J 组合键，复制“图层 1”得到“图层 1 副本”，设置“图层 1”图层的混合模式为“颜色”，“不透明度”为 45%。

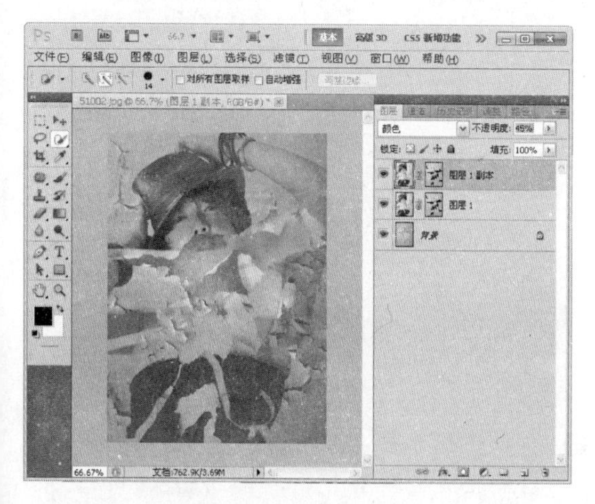

❾ 完成对照片的处理，最终效果如下图所示。

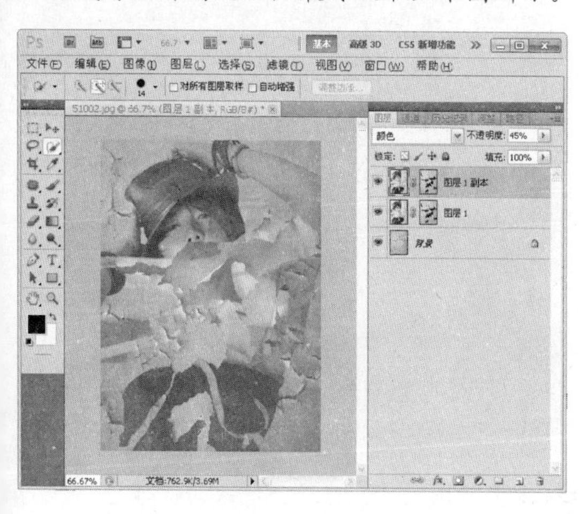

技巧199 巧为图片制作出彩虹效果

“极坐标”滤镜可以将图像从直角坐标系转化为极坐标系，或者从极坐标系转化为直角坐标系。

通过使用“极坐标”滤镜功能，可以为照片添加彩虹效果，使晴朗的天空更加生动、迷人。

❶ 打开 Photoshop CS5 软件，选择“文件”→“打开”命令。打开需要处理的照片，并选择“文件”→“新建”命令，弹出“新建”对话框，进行设置后，单击“确定”按钮。

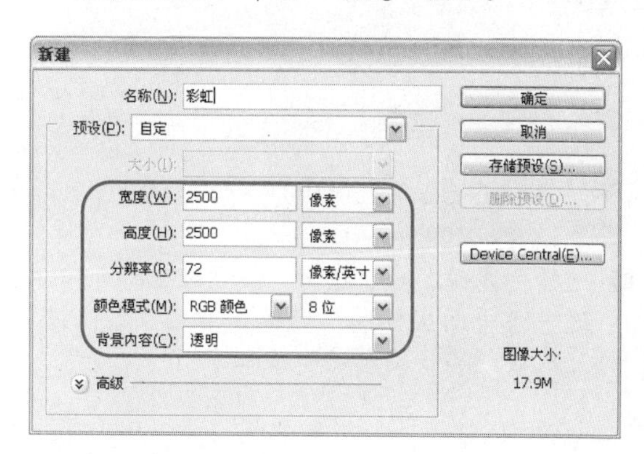

❷ 单击工具箱中的“渐变工具”按钮，再单击选项栏上的“渐变预览条”按钮，弹出“渐变编辑器”对话框，在“预设”中选择“透明彩虹渐变”，单击“确定”按钮，在画布中拖曳，进行渐变填充。

专 家 坐 堂

在进行渐变填充时，鼠标拖曳的范围，即是彩虹的宽度，所以拖曳时范围不要过大，以免影响彩虹的效果。

❸ 选择“滤镜”→“扭曲”→“极坐标”命令，选中“平面坐标到极坐标”单选按钮，设置完成后，单击“确定”按钮。

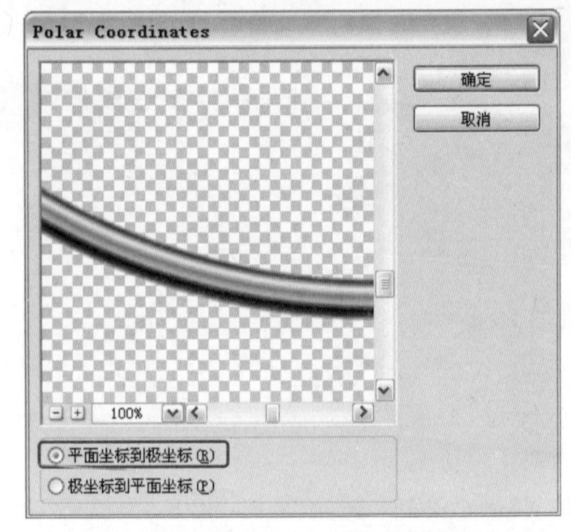

❹ 将刚绘制完成的彩虹拖动到制作的照片中，自动生成“图层1”，移动到相应的位置。

❺ 设置“图层1”的混合模式为“滤色”。

❻ 选择“滤镜”→“模糊”→“高斯模糊”命令，弹出“高斯模糊”对话框，设置高斯模糊半径为 5.0 像素，设置完成后，单击“确定”按钮。

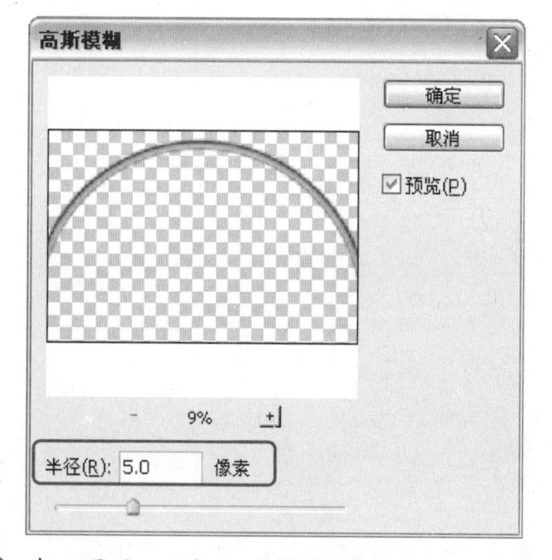

❼ 在“图层”面板上设置“图层 1”的“不透明度”为 55%。

❽ 单击“图层”面板上的“添加图层蒙版”按钮，设置前景色为黑色，单击工具箱中的“画笔工具”按钮，设置不透明度为 55%，在画布中进行涂抹。

❾ 完成对照片的处理，最终效果如下图所示。

专题十二　轻松管理照片——制作电子相册

内容导航

数量庞大的照片查看起来并不方便，此时制作简单方便的电子相册就成了人们管理照片的首选。本章通过ACDSee、PhotoFamily等制作电子相册的介绍，让人们了解电子相册的制作技巧。

热点快报

- 准备制作电子相册的素材
- 巧用ACDSee制作电子相册
- 巧用PowerPoint制作电子相册
- 巧用PhotoFamily制作电子相册

技巧200　准备制作电子相册的素材

在制作电子相册前，应先将制作电子相册时要用到的素材准备好。通常来说，制作电子相册需要准备下面几种素材。

- 照片：照片是电子相册的主要内容，既可以是拍摄的照片，也可以是各种艺术创作照片。
- 声音文件：电子相册的背景音乐。
- 软件：制作电子相册的软件。

技巧201　选取制作电子相册的软件

当前用来浏览与处理图像的软件很多都可以用来制作电子相册，且大部分都可从网上免费下载。这些电子相册制作软件各有特色，用户可从自己的实际需求出发选择合适的软件来制作。

下面就介绍几款比较常用的制作电子相册的软件。

1. 数码大师

数码大师是国内发展最久、功能最强大的优秀多媒体电子相册制作软件，通过该软件可以对数码相机拍出的照片等进行数码变换处理，配上独特的文字特效、动听的背景音乐、丰富的注释功能和众多专业图像特效等，能制造出一流专业效果的家庭数码相册。

到目前为止，数码大师的最新版本是数码大师2010。

2. ACDSee

ACDSee具有强大的图形文件管理功能、优质的快速图形解码方式、简单易学的人性化操作方式、支持丰富的图形格式，以及良好的操作界面等，它是目前最流行的看图工具之一。

3. PhotoFamily

PhotoFamily 是一款集娱乐与图像处理于一体的软件，其不但提供有常规的管理和图像处理功能，方便用户整理、收藏、润色照片，而且制作出了有声电子相册，让安静的照片动起来，给用户带来无限乐趣。

知识补充

在新版 PhotoFamily 中增加了许多独特的功能，如前面拖放快捷键操作，给相册与图像添加声音、文字说明，将电子相册打包成独立运行程序包、刻录成 CD，支持播放 wav 与 mp3 等格式的背景音乐等。

技巧202 巧用数码大师制作电子相册

数码大师具有众多功能，是一款优秀而实用的多媒体相册制作软件。

使用数码大师制作电子相册的具体操作步骤如下。

❶ 双击运行数码大师软件，切换到“本机相册”选项卡。

注意事项

本机相册内的所有操作只需要在展现的对话框里一次性完成。

❷ 单击“请点击这里 添加相片文件”或单击“添加相片”按钮来添加各种相片。

❸ 弹出“请选择要添加的图片:”对话框，在对话框中选择要添加的照片。

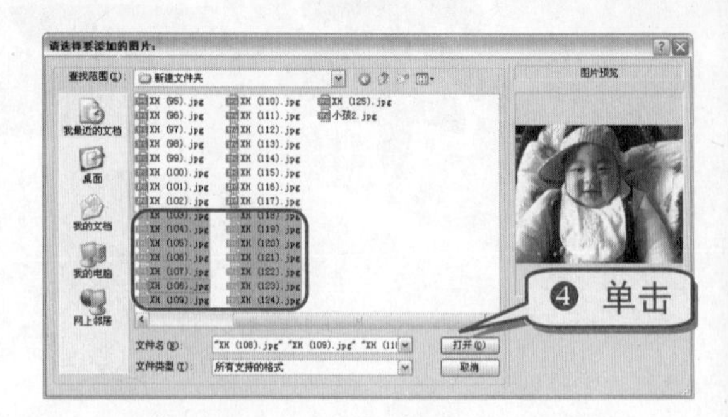

❺ 在“本机相册”选项卡中单击“修改名字及注释”按钮，弹出“修改相片名字及注释”对话框。

知识补充

在弹出的“修改相片名字及注释”对话框中可以为每张照片添加名字和注释。

❻ 选择一张要进行修改的照片，也可全部选择统一修改。

❽ 单击“确认修改”按钮，完成操作。可使用同样的方法对其他照片进行修改。全部修改完后，单击“返回数码大师”按钮，返回到“本机相册”。

技巧203　巧为数码大师中的照片添加特效

在数码大师中可以为照片添加特效，用户可以选择自己喜欢的特效。

用户在浏览添加了特效的照片时会添加一种除欣赏照片之外的乐趣。

知　识　补　充

数码大师可以为照片添加效果或过渡效果，并且提供了两百多种样式，给用户提供了最丰富的选择，普通软件很难达到这样的水平。

为照片添加特效的具体操作步骤如下。

❶ 打开“相片特效”选项卡，在“相片特效”中可以单独指定特效或随机相片特效，如选中“震撼的水波特效”复选框，照片就会呈现该效果。

❷ 若要对个别相片进行单独指定，可单击“应用特效到指定相片”按钮，弹出“对指定相片添加效果”对话框。

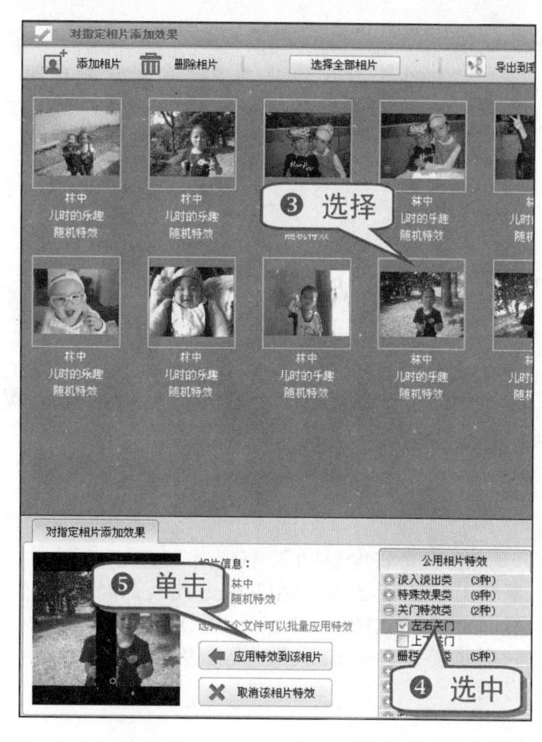

❻ 单击“返回数码大师”按钮，返回原来的界面。

专　家　坐　堂

数码大师还可以给相册添加背景音乐。数码大师的背景音乐功能非常强大，除了可以导入 MP3 之类的音频格式文件外，还可以导入 Flash 文件与视频，音乐添加完成后还可以给音频文件添加相应的歌词。

技巧204　巧为数码大师中的照片添加相框

在数码大师中也可以为照片添加相框，这样会让照片更加好看。给照片添加相框的具体操作步骤如下。

❶ 打开“相框”选项卡，出现相应的相框样式。

知识补充

“本机相册”的具体功能设置分为功能选项、滚动文字与歌词、注释和背景四项，用户可根据自己的喜好进行设置，也可保留默认值。

技巧205 巧用 ACDSee 制作电子相册

使用 ACDSee 制作电子相册的具体操作步骤如下。

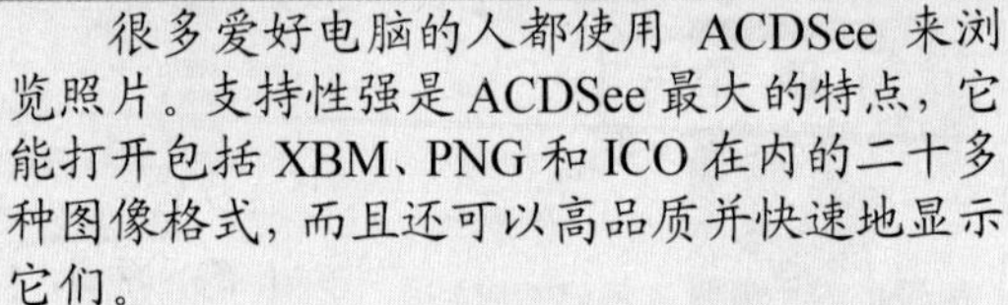

知识补充

很多爱好电脑的人都使用 ACDSee 来浏览照片。支持性强是 ACDSee 最大的特点，它能打开包括 XBM、PNG 和 ICO 在内的二十多种图像格式，而且还可以高品质并快速地显示它们。

1. 快速选择照片

制作电子相册首先要选择照片，快速选择照片的具体操作步骤如下。

❶ 双击运行 ACDSee 软件，单击窗口左边的“文件夹”面板。

❷ 选择照片所在的文件夹目录，如 照片。窗口右边显示出所选文件夹下的照片缩略图，按下 Ctrl 键选中用来制作电子相册的照片。

2. 挑选电子相册的类型

挑选电子相册类型的具体操作步骤如下。

❶ 选择“创建”→“创建幻灯放映文件”命令。

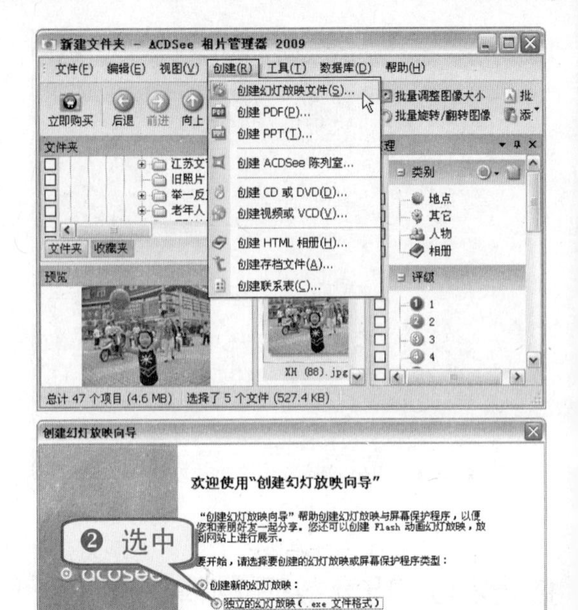

3. 巧设特定选项

特定选项的设置是接着上一小节进行的，具体操作步骤如下。

❶ 确定所选择的照片，若要增加照片可单击“添加”按钮，弹出“添加图像”对话框，选择要添加的照片，单击“添加”按钮，再单击“确定”按钮，返回“创建幻灯放映向导”对话框。

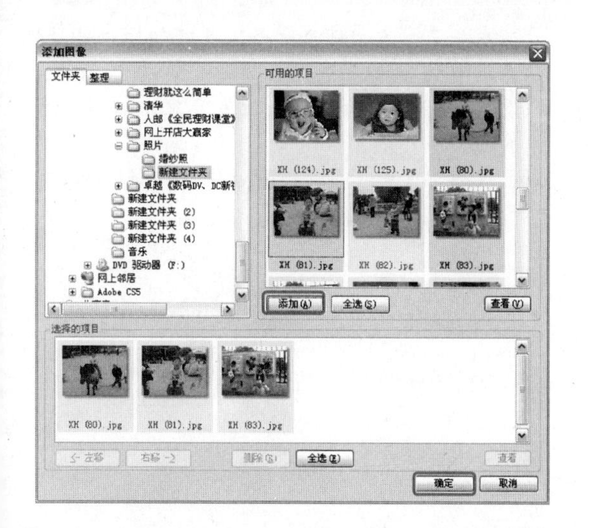

❸ 单击要设置特定选项照片右边的"转场"链接，弹出"转场"对话框。在对话框中选择转场方式，如"立方体"，选中"全部应用"复选框，最后单击"确定"按钮，完成操作。

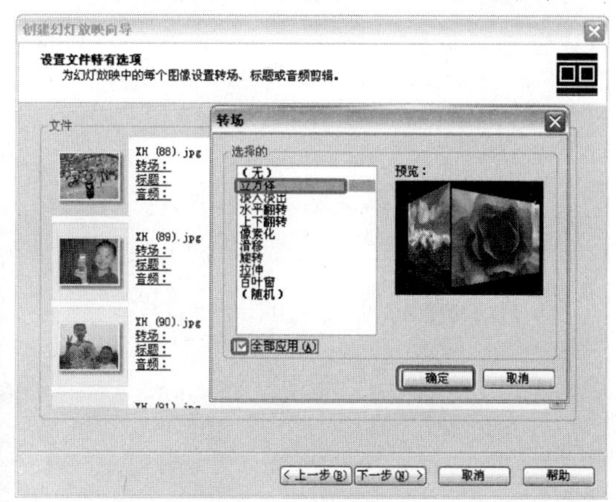

❹ 单击照片右边的"标题"链接，弹出"标题"对话框，在对话框中设置照片标题，并选中"全部应用"复选框，单击"确定"按钮。

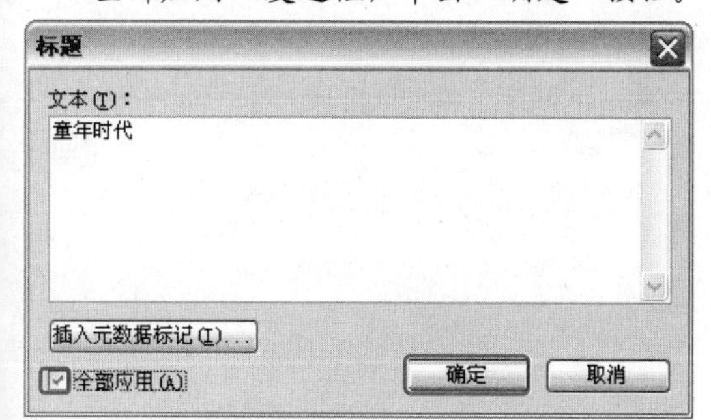

❺ 单击照片右边的"音频"链接，弹出"音频"对话框，选中"全部应用"复选框，单击"浏览"按钮，弹出"打开"对话框。

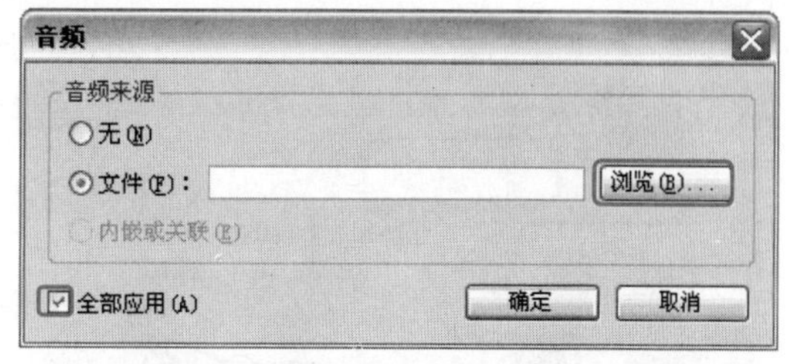

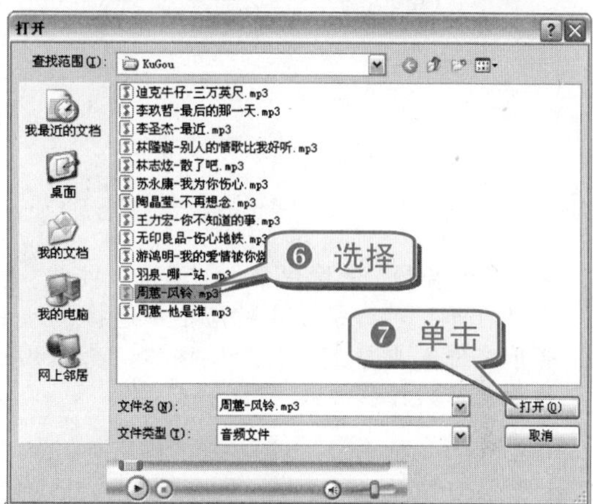

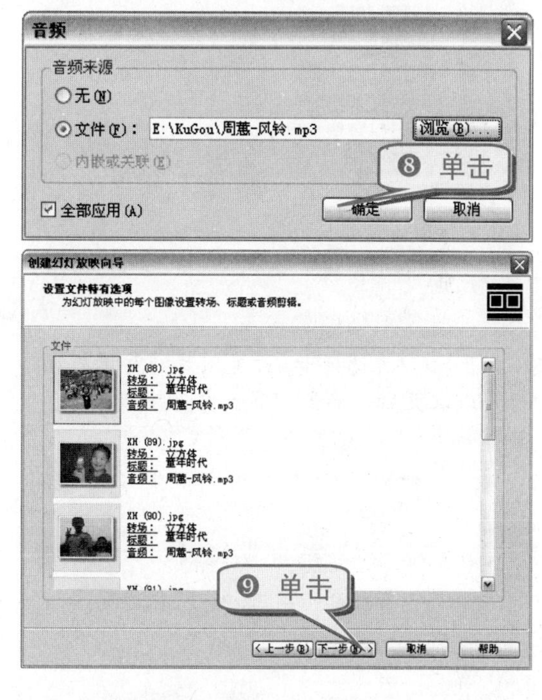

4. 巧设其他选项

完成特定选项的设置后，就可以进行其他选项的设置了，具体操作步骤如下。

❶ 打开"常规"选项卡。在"前进"选区中选择播放方式，在"幻灯顺序"下拉列表框中选择播放的顺序。

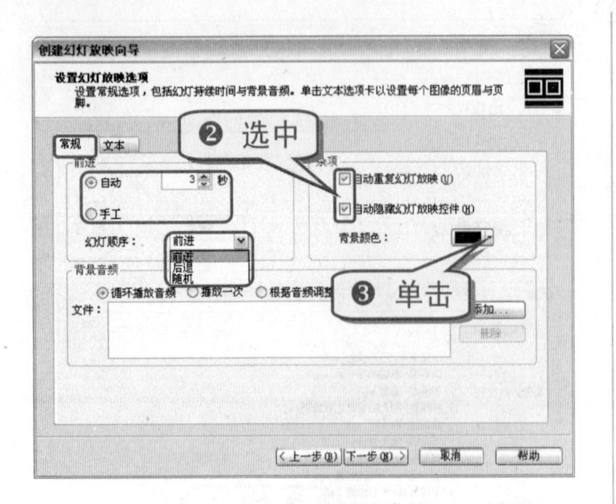

❹ 在“背景音频”选区中单击“添加”按钮，弹出“打开”对话框，在对话框中选择插入的音乐文件，再单击“打开”按钮。选择相应的背景音频播放方式。

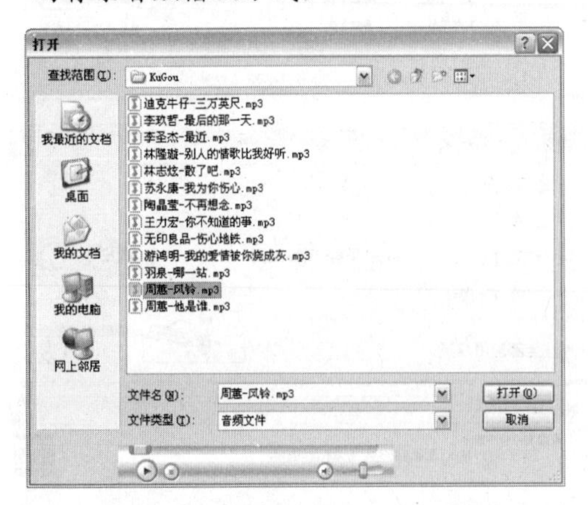

❺ 打开“文本”选项卡，设置照片的页眉与页脚。完成设置后，单击“下一步”按钮。

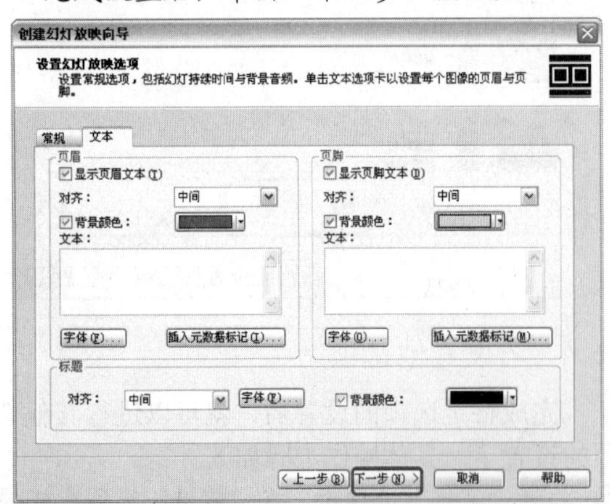

❻ 在“最大图像尺寸”的下拉列表框中选择需要的图像尺寸选项。在“文件名与位置”选项组中单击“浏览”按钮，设置输出文件的名称与位置。在“项目文件”选项组中选中“保存项目文件”复选框，单击“浏览”按钮，设置项目文件的名称与位置。单击“下一步”按钮。

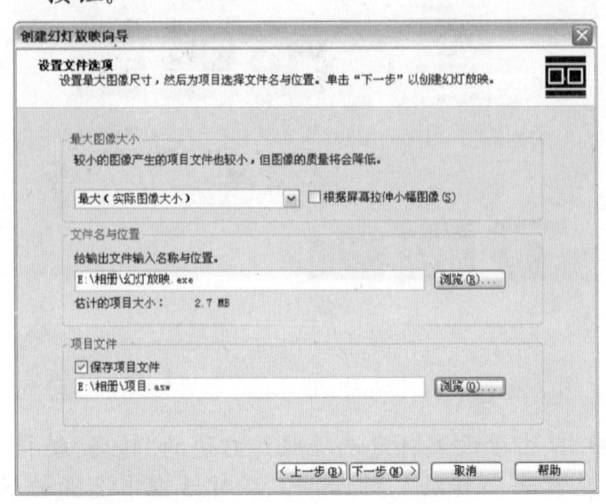

❼ 开始创建幻灯片，并显示其进度。

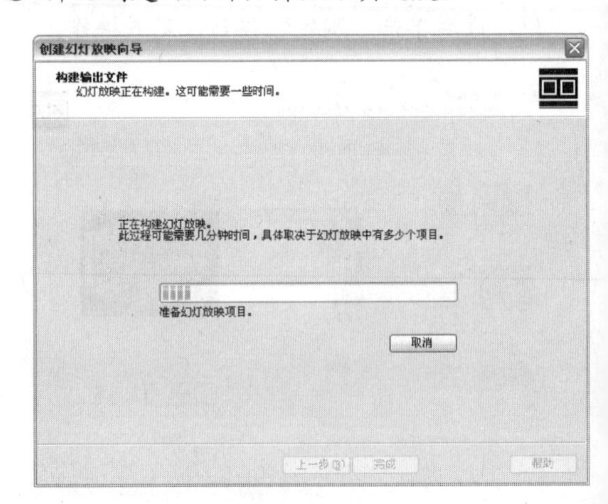

❽ 单击“启动幻灯放映”按钮，可以立即播放制作完成的幻灯片格式的电子相册。单击“将幻灯放映刻录到光盘”按钮，可以将制作的幻灯片刻录到光盘中。

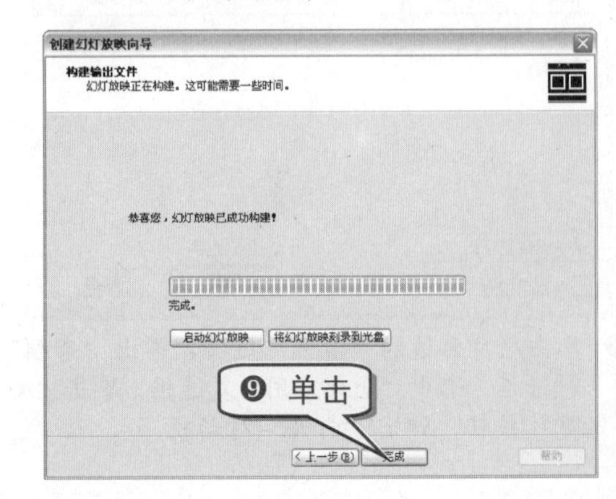

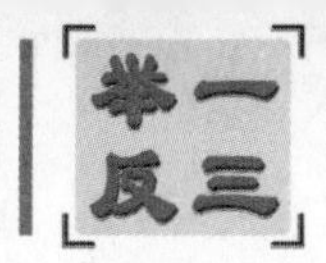

技巧206　巧用 PowerPoint 制作电子相册

使用 PowerPoint 制作电子相册的具体操作步骤如下。

❶ 双击运行 PowerPoint 演示文稿，单击“插入”选项卡“图像”组中“相册”右侧的▾按钮，然后选择“新建相册”命令。

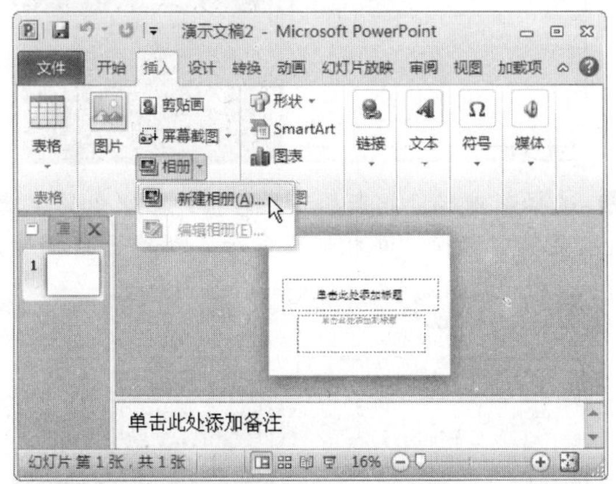

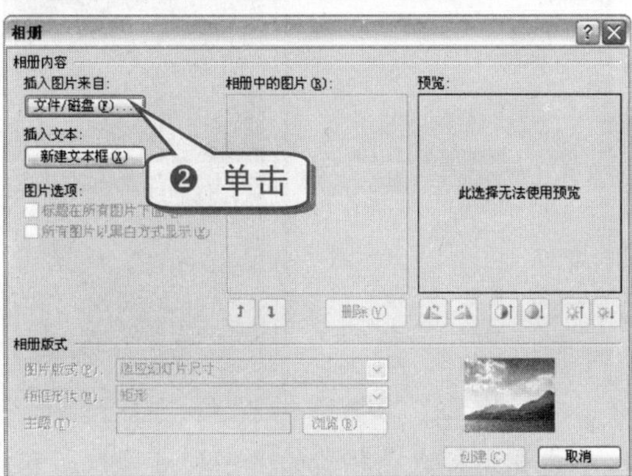

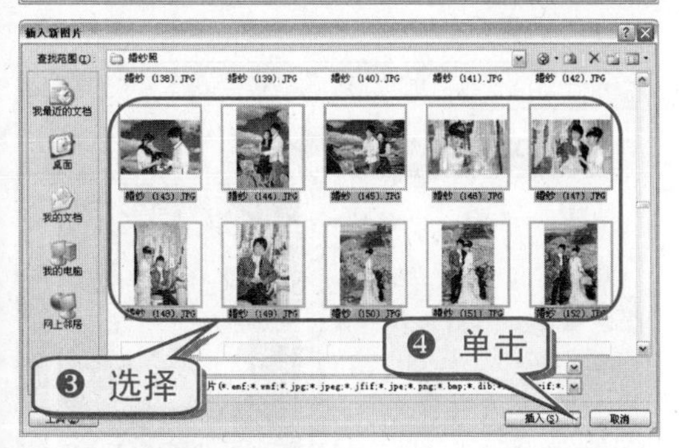

❺ 若要预览相册中的照片，可在“相册中的图片”下选择要预览的照片文件名，然后在“预览”窗口中查看该照片。

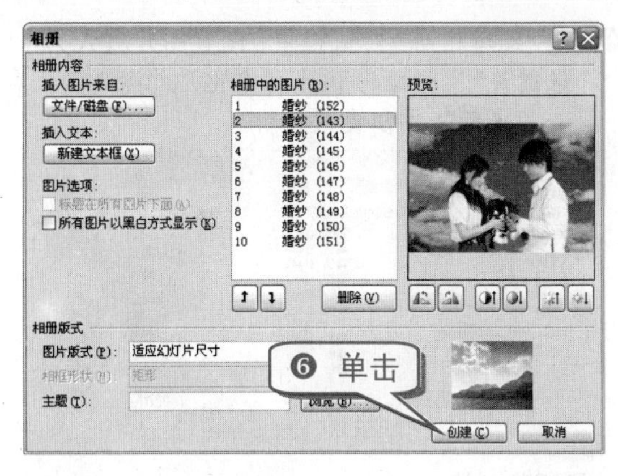

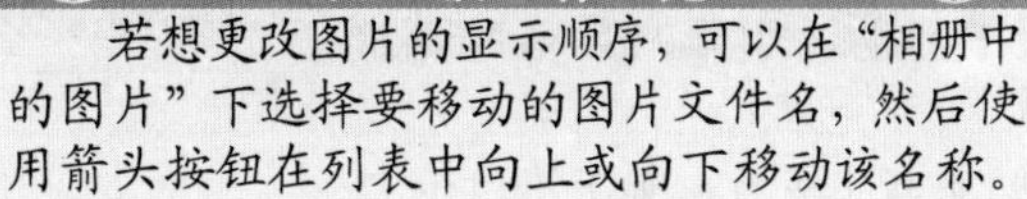

若想更改图片的显示顺序，可以在“相册中的图片”下选择要移动的图片文件名，然后使用箭头按钮在列表中向上或向下移动该名称。

❼ 新相册完成创建，如下图所示。

❽ 如果用户还不满意，可给相册添加相框。单击“插入”选项卡“图像”组中“相册”右侧的▾按钮，然后选择“编辑相册”命令。

❾ 在“编辑相册”对话框中，设置图片版式为“1张图片”，相框形状为“柔化边缘矩形”，单击“更新”按钮更新相册。

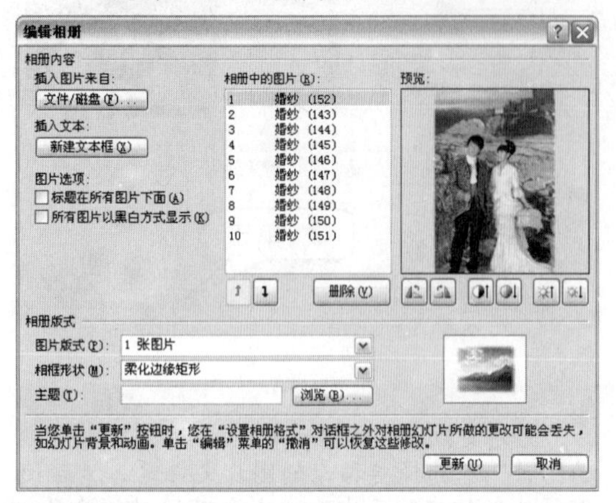

❿ 更新完成后，如下图所示。

技巧207　巧用 PhotoFamily 制作电子相册

PhotoFamily 是电子相册软件，具有独特的管理模式。用其来制作电子相册能帮助用户更加简便地管理照片。

使用 PhotoFamily 制作电子相册的具体操作步骤如下。

❶ 双击运行 PhotoFamily 软件，右击界面左上角的空白区域，在弹出的快捷菜单中选择“新相册柜”命令。

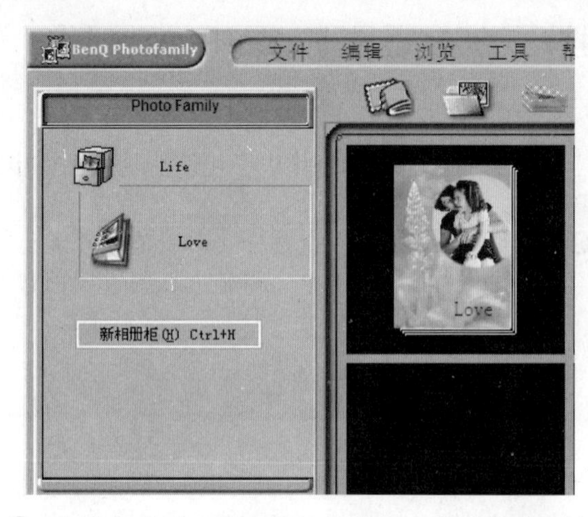

❷ 选择新建的“相册柜”并右击，在弹出的快捷菜单中选择“新相册”命令，新建一个相册。

❸ 单击相册柜或是相册的名字即可修改其默认的文字显示。

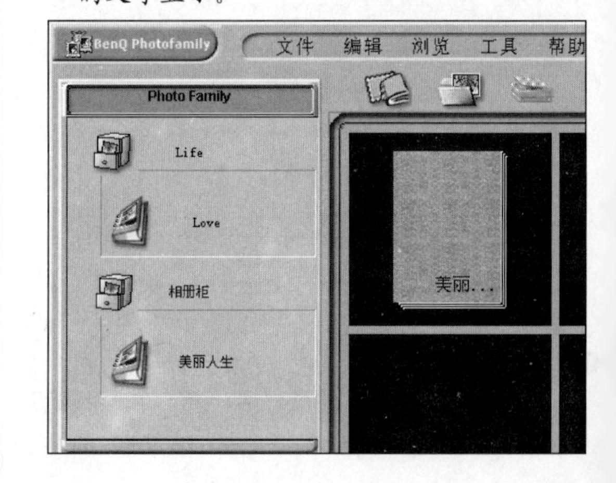

❹ 右击“美丽人生”相册，选择“导入图像”命令。

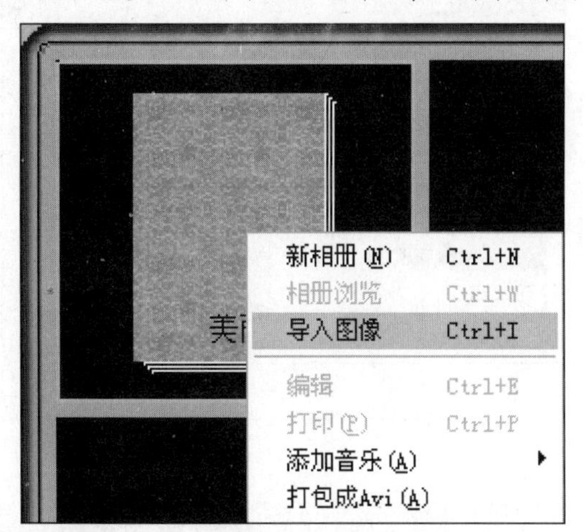

❺ 在弹出的对话框中选择需要导入的照片，选中并单击“打开”按钮。

❻ 双击“美丽人生”相册，可看到导入的图像自动生成目录。

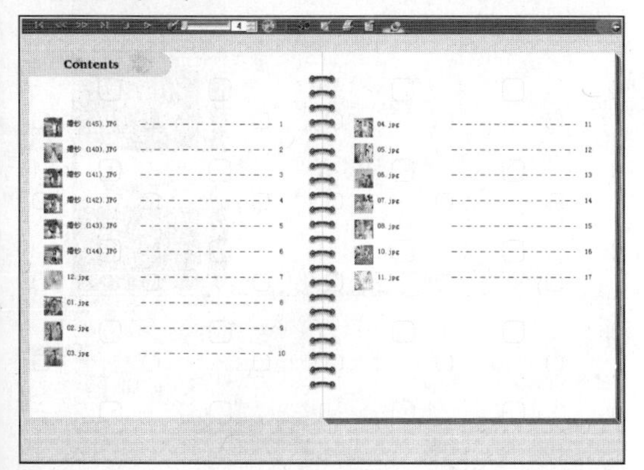

❼ 单击目录，即可打开相应的照片。

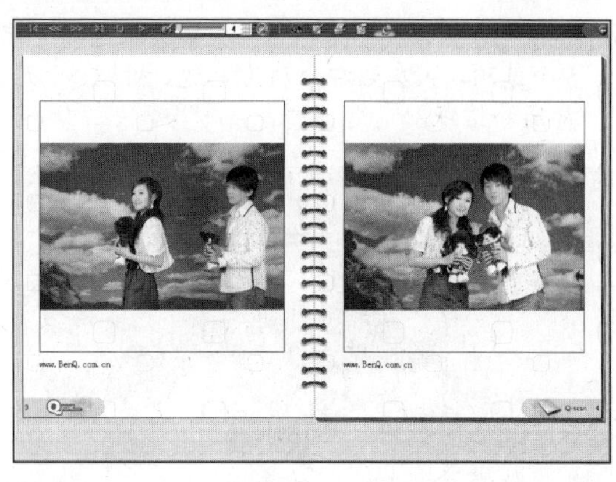

技巧208 巧妙编辑 PhotoFamily 中的照片

在 PhotoFamily 中编辑照片的具体操作步骤如下。

❶ 选中要编辑的照片所在的相册，单击按钮，即可进入图片编辑状态。

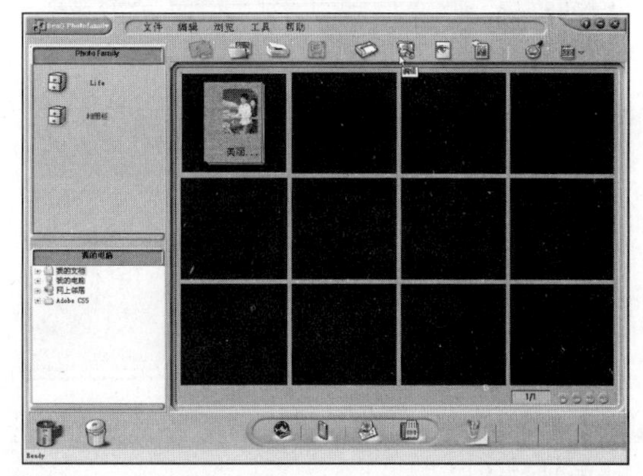

❷ 进入图片编辑状态后，可在窗口右侧选择需要处理的照片。

❸ 选择“趣味合成”图标，在其次级选单中有5个选项，从左至右分别为毛边、相框、卡片、月历和信纸。

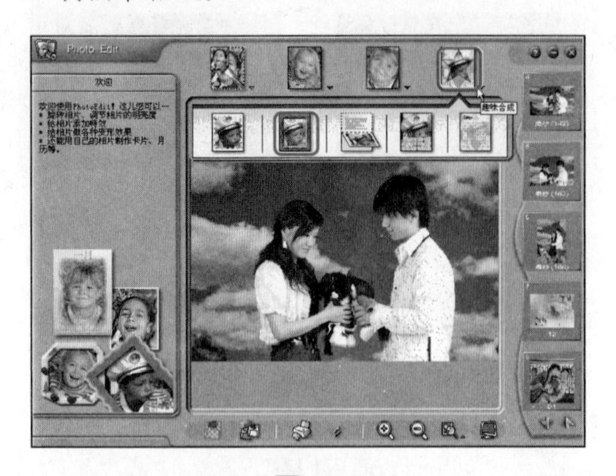

❹ 单击“相框”图标，在操作板上出现相框样式，选择最后一种相框样式，单击“应用”按钮，照片便添加了这种相框。

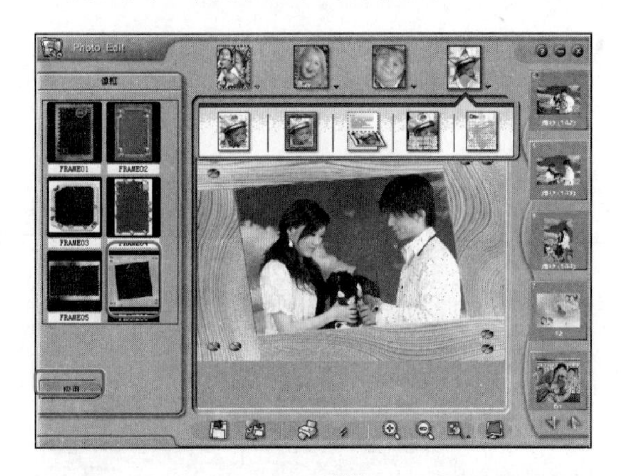

❺ 单击“全屏浏览”图标，即可全屏显示刚才编辑好的照片。

❻ 单击“保存”图标，弹出“保存婚妙(143).JPG”对话框，单击“确定”图标，完成保存。

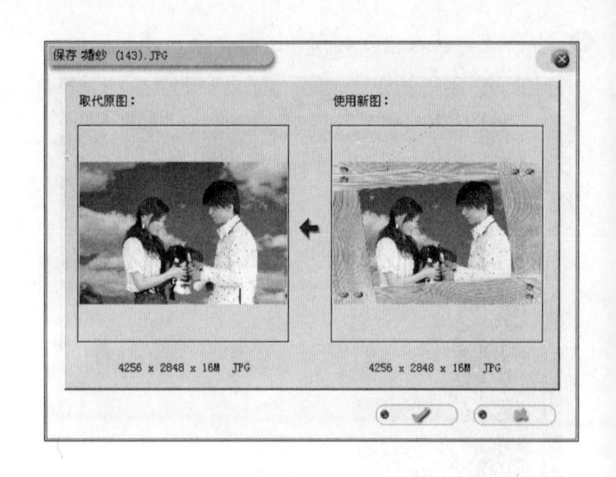

知 识 补 充

在 PhotoFamily 中有关照片其他类型的编辑方法与照片添加相框的方法类似，这里就不再一一讲述。

技巧209 快速为 PhotoFamily 电子相册添加背景音乐

给相册添加恰当的背景音乐与解说词会让相册更加生动、美观，具体操作步骤如下。

❶ 选中“美丽人生”相册，选择“编辑”→“添加音乐”→“打开旧文件”命令。

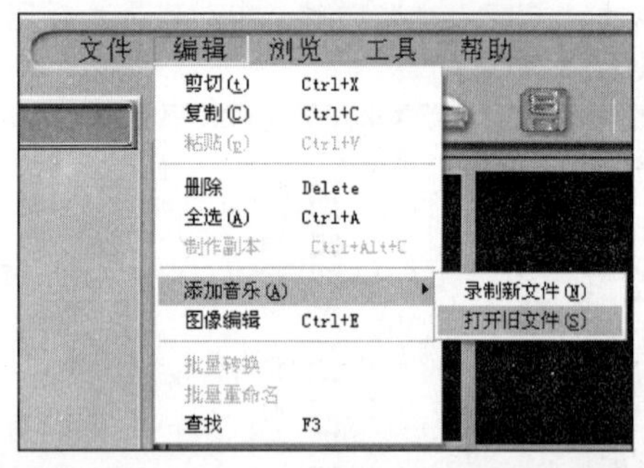

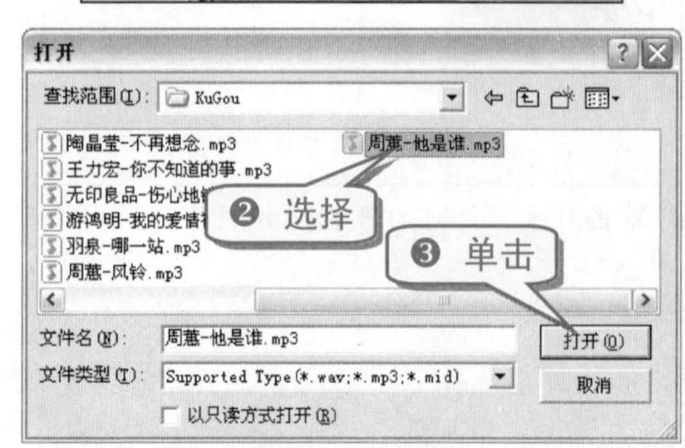

专题十三　回忆的色彩——用 Word 记录故事

随着科技时代的快速发展，办公软件也在不断更新、优化、升级。Microsoft 公司的 Word 2010 拥有全新的功能及操作系统。本专题通过 Word 2010 相关内容的介绍，让用户掌握 Word 软件的用法。

- 巧建新文档
- 快速保存 Word 文档的 3 种方法
- 巧调段落前后间距
- 快速绘制表格

技巧210　快速安装 Office 2010

在使用 Word 2010 前首先要进行安装，只有正确安装 Word 2010 才能够得心应手地使用它。

Word 2010 属于 Microsoft Office 2010 办公软件的一部分，需要通过安装 Office 2010 软件来安装 Word 2010。

安装 Office 2010 的具体操作步骤如下。

❶ 在电脑光驱中插入 Office 2010 软件安装盘，安装程序将会自动启动。

专家坐堂

如果没有自动启动光盘安装，可以双击桌面上的“我的电脑”图标打开“我的电脑”窗口，找到光盘所在的位置。打开光盘所在盘符，双击 setup 文件进行安装即可。

❷ 在弹出的“输入您的产品密钥”对话框中，输入该软件的产品密钥。

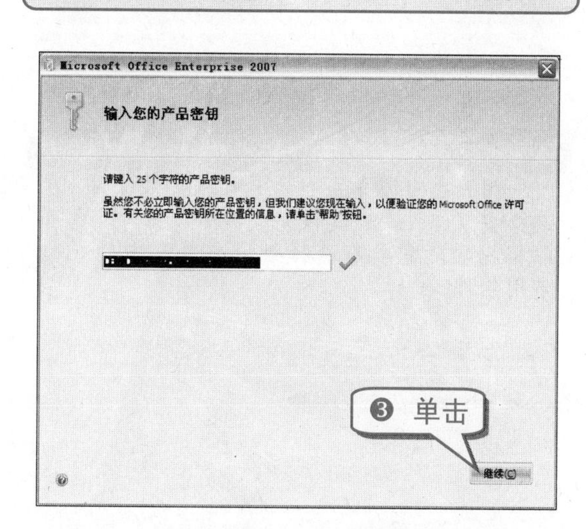

注意事项

安装盘的封套背面就有产品密钥。或者在安装文件夹中，打开“sn”文本文件查看密钥。输入正确的密钥后，输入框右边会自动出现“✓”。

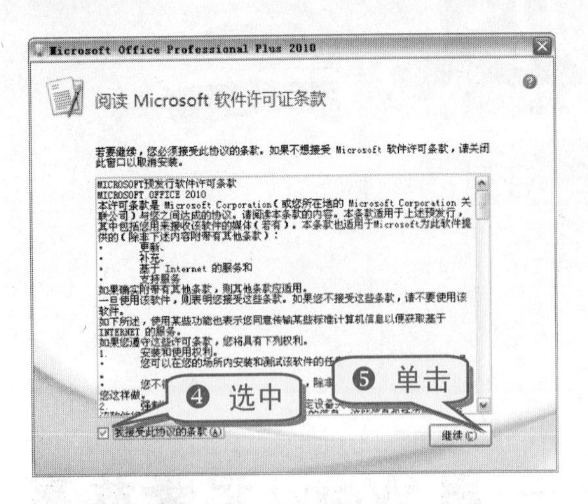

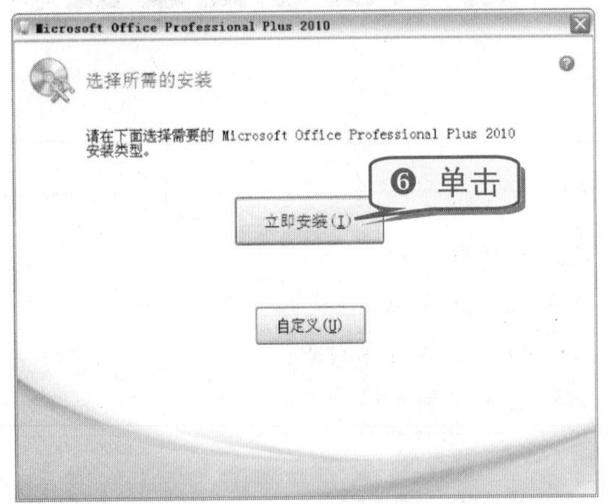

专 家 坐 堂

用户也可以单击自定义按钮安装软件，在选择安装组件时，建议完整安装；另外，也可以根据实际需要有选择性地安装其中的几个常用组件。

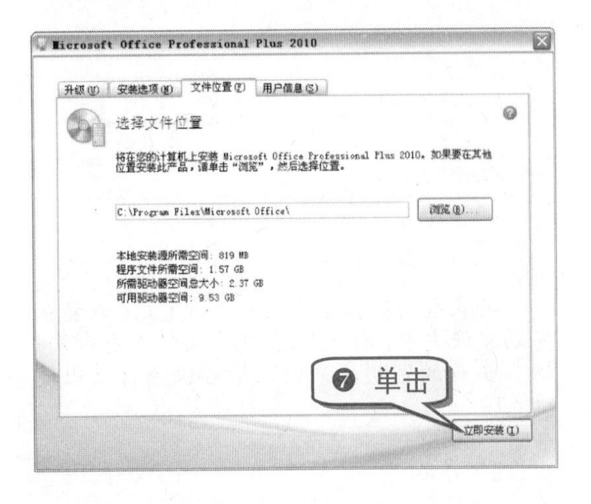

❽ 弹出“安装进度”对话框，显示安装进程。

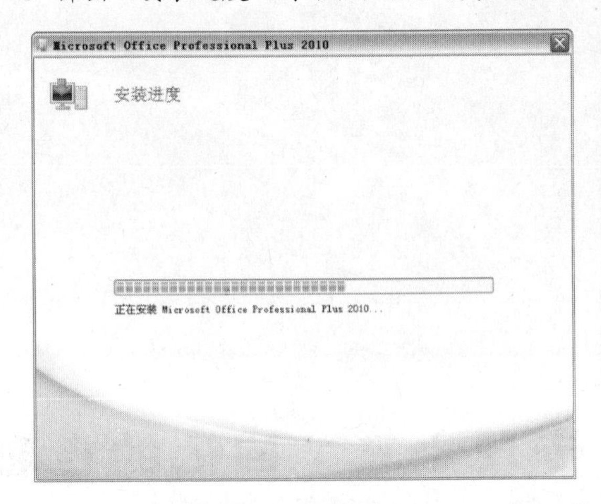

❾ 安装完成后，弹出相应的提示对话框，最后单击“关闭”按钮，完成操作。

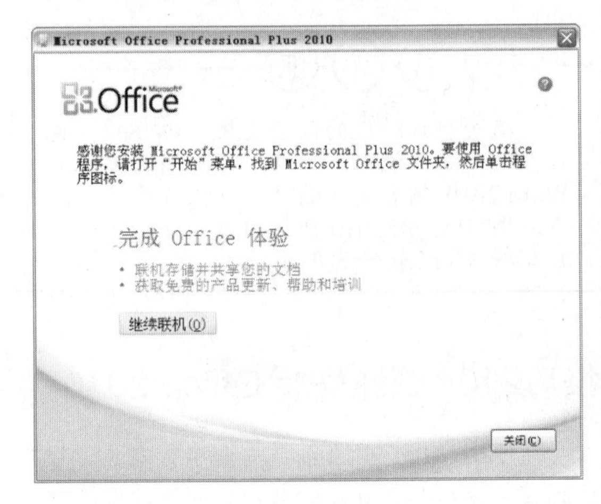

技巧211　快速启动 Word 2010

Word 2010 安装完成后，就可以对它进行各种操作，如书写自己的心情故事。

一般而言，启动 Word 2010 的方法主要有下面两种。

1. “开始”菜单

利用“开始”菜单启动 Word 2010 的具体操作步骤如下。

❶ 单击 开始 按钮，选择“所有程序”→Microsoft Office→Microsoft Office Word 2010 命令。

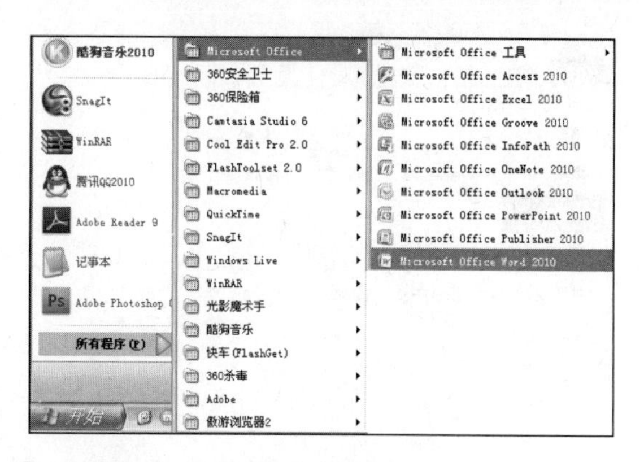

❷ 打开空白的 Word 文档。

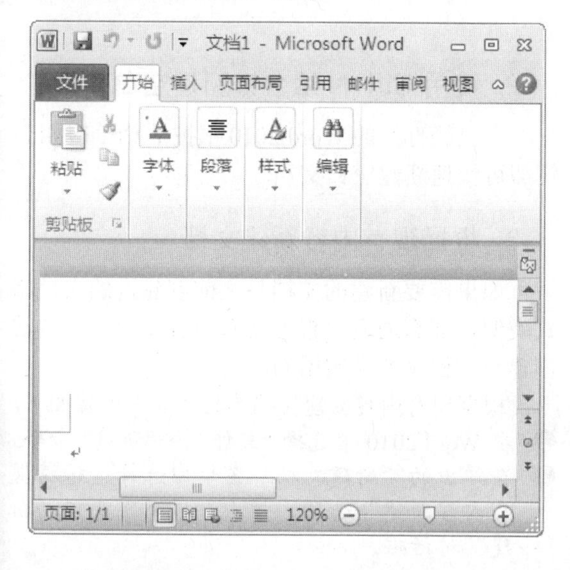

2. 快捷方式

❶ 右击桌面空白处，选择“新建”→“Microsoft Word 文档”命令。

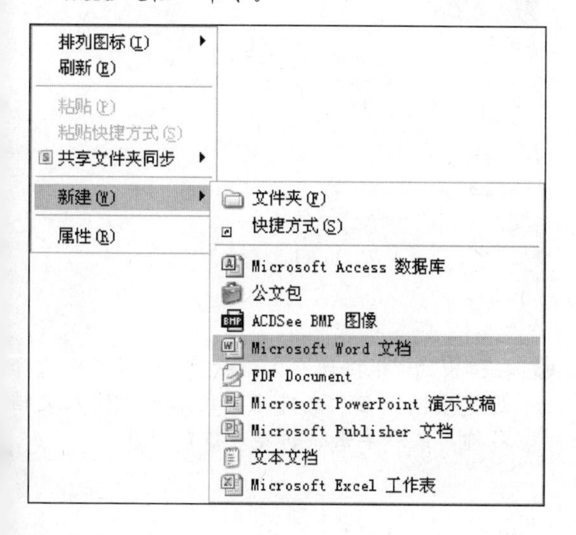

❷ 这时就可以看到桌面上出现一个新建的 Word 文档。

❸ 双击该 Word 文档即可打开该文档。

技巧212 快速关闭 Word 2010

完成对文档的编辑处理后即可退出 Word 文档。退出 Word 2010 的方法有以下几种。

- 单击文档标题栏最右端的“关闭”按钮 ×。
- 双击文档标题栏左上角的 Word 按钮。
- 单击 Word 按钮，选择“关闭”命令。

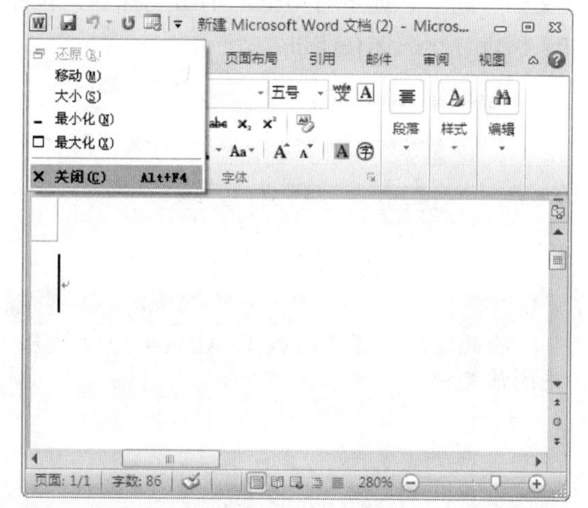

- 右击文档标题栏，在弹出的快捷菜单中选择“关闭”命令。

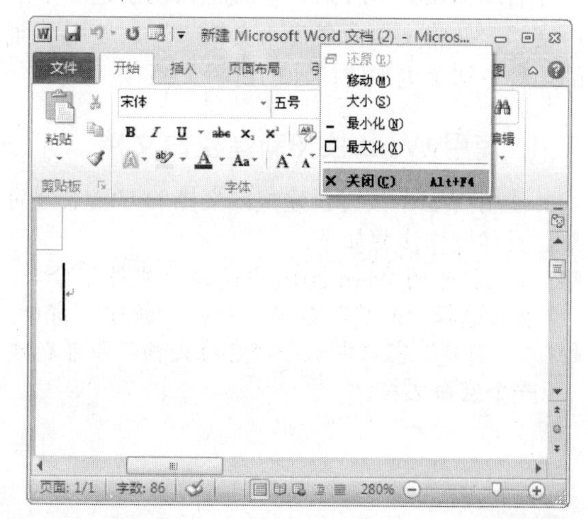

● 在Word文档中选择“文件”→“关闭”命令。

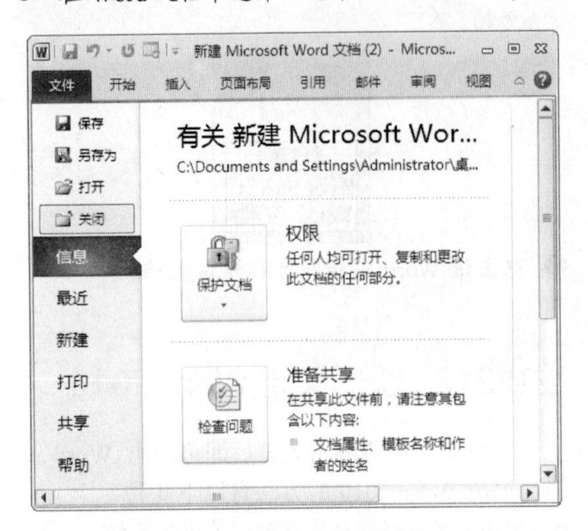

如果在退出之前没有保存修改过的文档，在退出文档时Word 2010系统会弹出一个“是否保存文档”的信息提示对话框，单击“保存”按钮对文档进行相应保存即可。

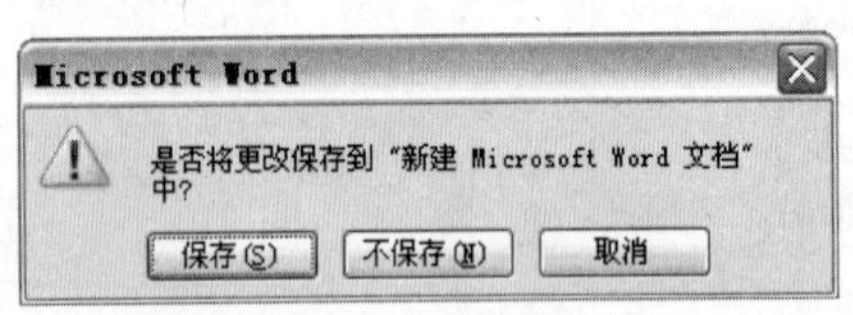

举 一 反 三

除此之外，还可以按下Alt+F4组合键来关闭该文档。

技巧213 巧建新文档

启动Word 2010后，系统将自动创建一个空白文档，并将文档命名为“文档1”，使用下面的几种方法会更加便捷地创建新文档。

1. 使用Word按钮新建空白文档

使用Word按钮新建空白文档的方法十分简单，具体操作步骤如下。

❶ 在已打开的Word 2010中选择“文件”命令，然后选择“新建”命令，打开“新建”窗口。
❷ 在“新建”窗口中双击“空白文档”即可新建一个空白文档。

2. 使用Ctrl+N组合键新建空白文档

在已经打开的Word 2010中按下Ctrl+N组合键即可快速新建空白文档。

3. 根据现有内容新建文档

如果需要新建的文档与之前创建过的文档格式类似，那么通过“根据现有内容新建”的方法创建新文档是非常实用的。

根据现有内容新建文档的具体操作步骤如下。

❶ 在Word 2010中选择“文件”→“新建”命令。
❷ 在弹出的“新建文档”窗口中选择“根据现有内容新建”选项，弹出“根据现有文档新建”对话框。

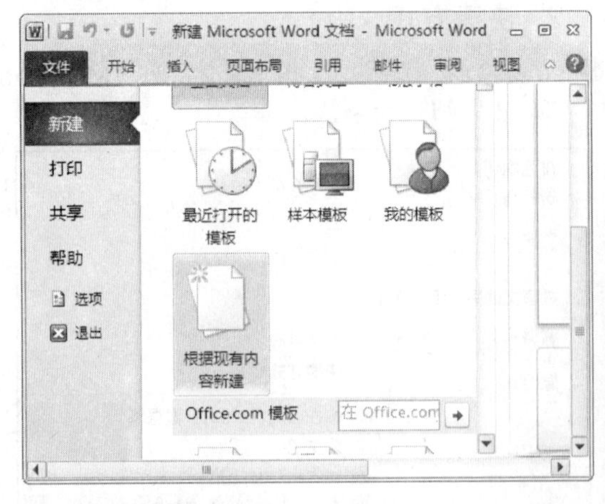

❸ 在弹出的“根据现有文档新建”对话框中选择新建模板，在“文件名”文本框中输入文档名称，最后单击“新建”按钮即可。

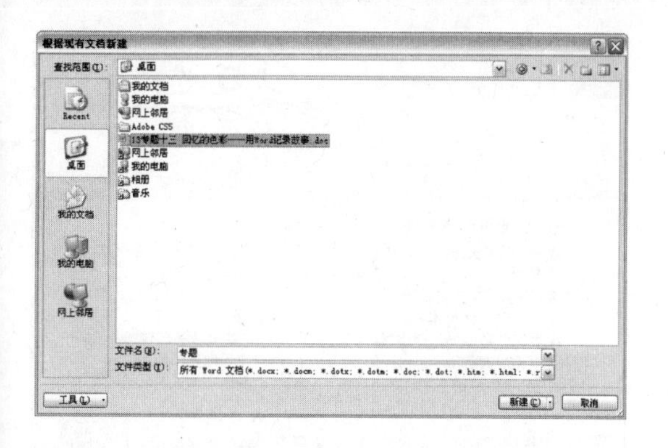

技巧214　快速使用模板创建新文档

模板就是定义了各种格式信息的特殊文档，一般用于创建特殊格式的文档，由系统提供或用户自行创建两种方式来获得。

❶ 在 Word 2010 中选择"文件"→"新建"命令。

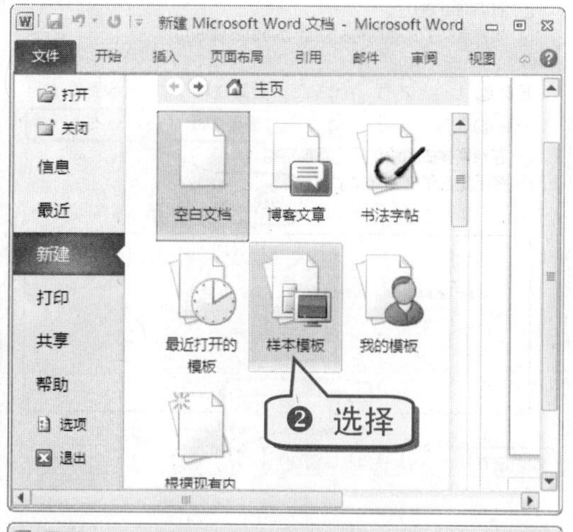

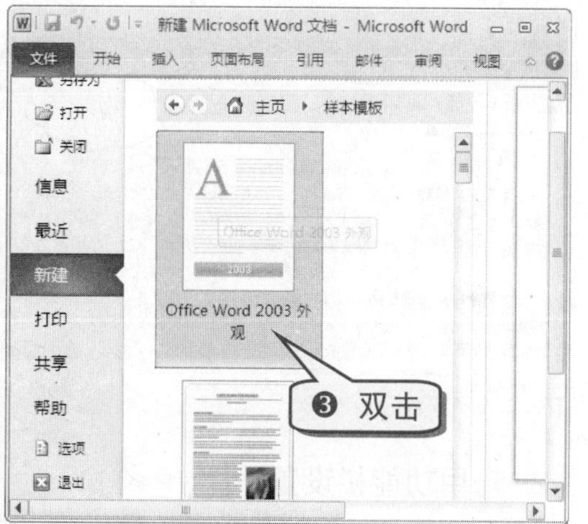

知　识　补　充

使用样本模板可以选择各式各样的文档，用户还可以通过"最近打开的模板"创建需要的文档。如果新建的文档的格式与之前创建过的文档雷同，可以打开现有文档，再删除其中的内容，然后输入新的内容来创建出新文档。

技巧215　快速输入文本内容

用户可以在 Word 2010 的文档编辑区输入文本内容。文档编辑区有一个闪烁的光标代表当前文本输入的位置，输入的文字出现在光标所在的位置。

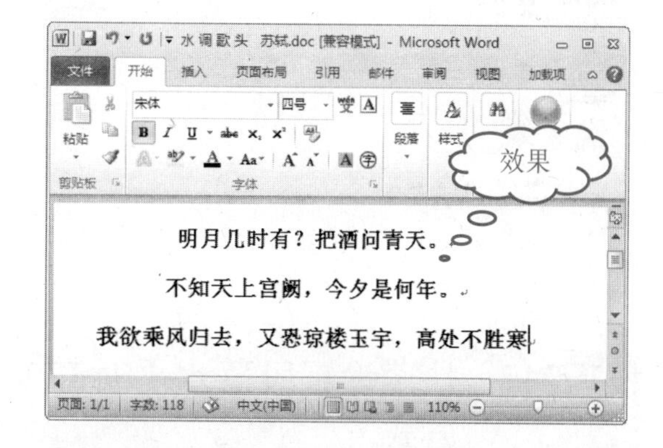

专　家　坐　堂

若想在 Word 2010 中输入重复的内容，只需同时按下 Alt+Enter 组合键或 F4 键，则刚才输入的内容就会自动复制一遍。

技巧216　快速保存 Word 文档的3种方法

在 Word 文档中输入文本内容，并完成编辑后要对其进行保存。快速保存 Word 文档主要有下面 3 种方法。

- 直接单击工具栏上的保存按钮。
- 直接按下 Ctrl+S 键。
- 在 Word 文档中选择"文件"→"另存为"命令，弹出"另存为"对话框，选择文件要保存的位置，最后单击"保存"按钮，保存文件。

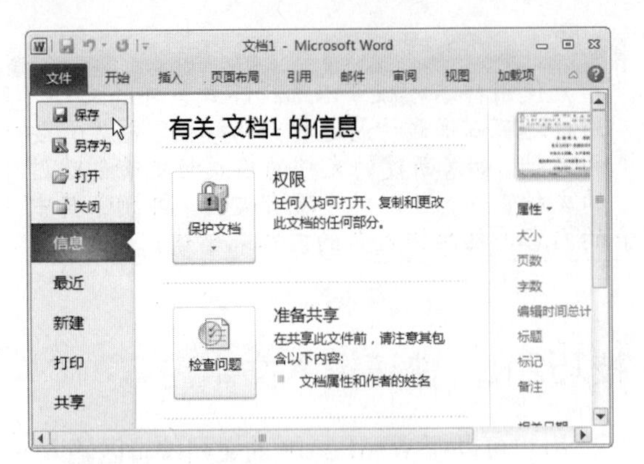

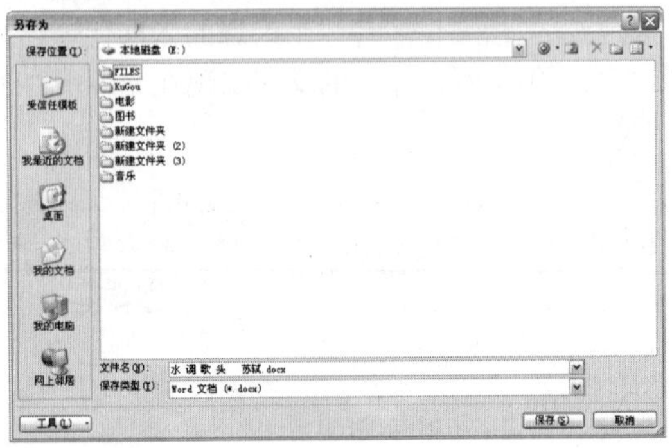

技巧217 快速设置段落水平对齐方式

对齐方式指的是文本在页面上的分布规则，整齐的段落格式会让文档显得更加美观。水平对齐方式主要有以下5种样式。

- 两端对齐：使目标段落的两侧(除末行外)同时相应对齐。
- 左对齐：使文字、数字或嵌入对象靠左边对齐。
- 居中：使文字、数字或嵌入对象居中显示。
- 分散对齐：调整空格，使目标段落的行宽度相等。
- 右对齐：使文字、数字或嵌入对象靠右边对齐。

在文档中设置段落水平对齐方式的方法有下面两种。

1. 巧用对话框设置

在Word 2010中，设置段落水平对齐最常用的是通过“段落”对话框来设置“段落”格式，具体操作步骤如下。

❶ 在Word 2010中，选中目标段落后右击，弹出快捷菜单。

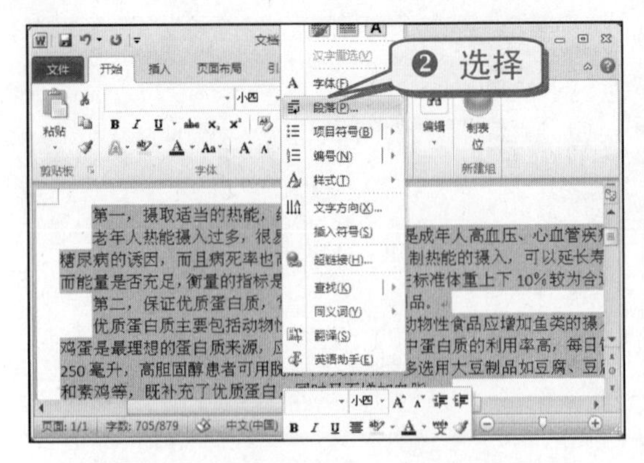

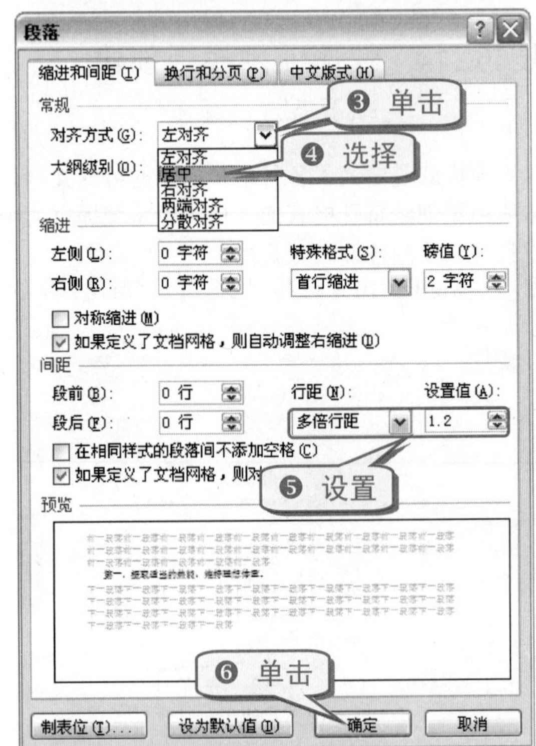

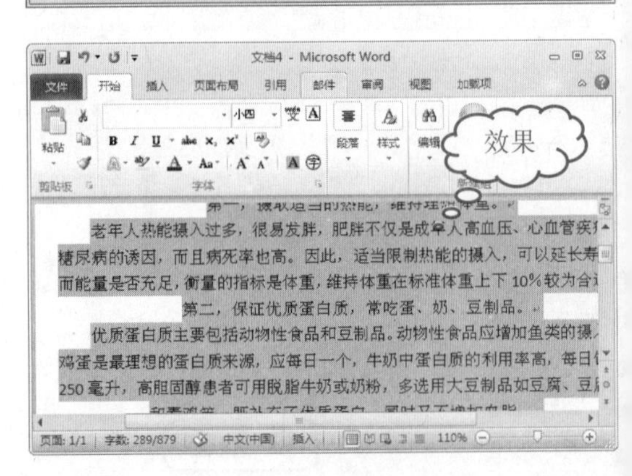

2. 巧用功能栏设置

用户还可以通过功能栏直接进行段落的对齐

方式、缩进、间距等的设置操作。

❶ 在 Word 2010 中，选中目标段落。

❷ 选择“开始”→“段落”命令。

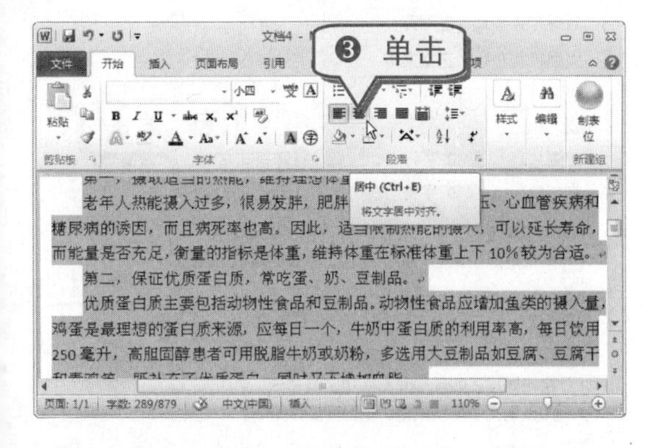

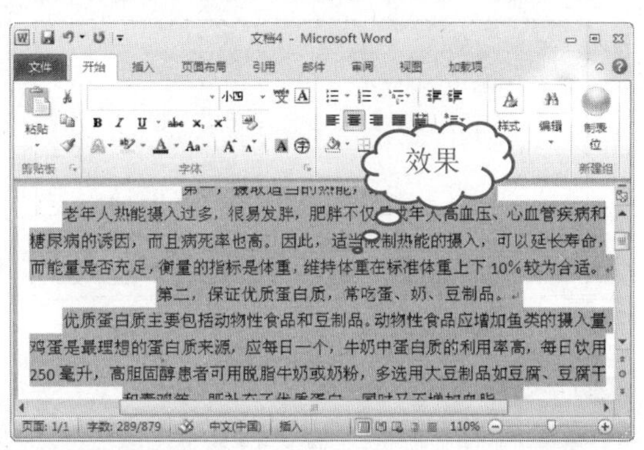

举 一 反 三

还可以通过组合键快速设置对齐方式，例如文本左对齐：Ctrl+L 组合键；居中：Ctrl+E 组合键；文本右对齐：Ctrl+R 组合键；两端对齐：Ctrl+J 组合键；分散对齐：Ctrl+Shift+J 组合键等。

技巧218　巧妙设置段落垂直对齐方式

垂直对齐是段落的另外一种对齐方式，主要包括顶端对齐、底端对齐、居中、基线对齐和自动设置 5 种样式。

- 顶端对齐：同一行中所有内容依照顶端对齐。
- 底端对齐：同一行中所有内容依照底端对齐。
- 居中：同一行中所有内容依照水平中轴线对齐。
- 基线对齐：同一行中所有内容依照基线对齐。
- 自动设置：系统参照实际情况自动对齐。

用户可以在“段落”对话框中进行设置，具体操作步骤如下。

❶ 在 Word 2010 中，选中目标段落后右击，在弹出的快捷菜单中选择“段落”命令，弹出“段落”对话框。

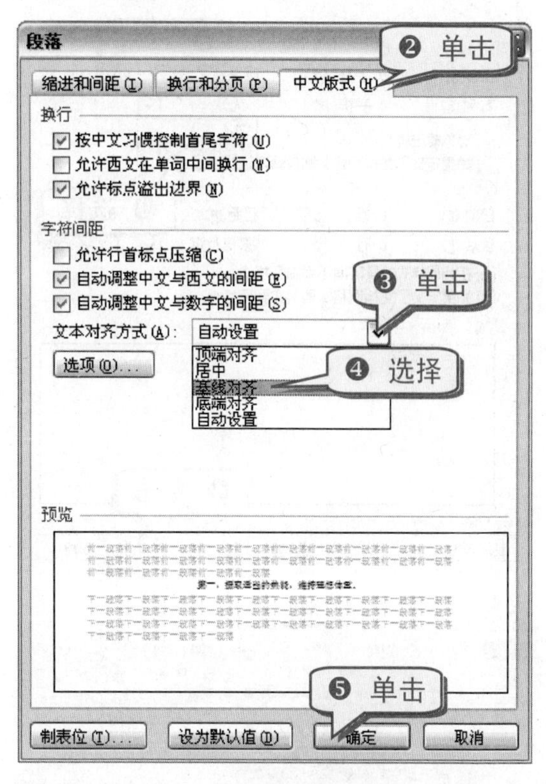

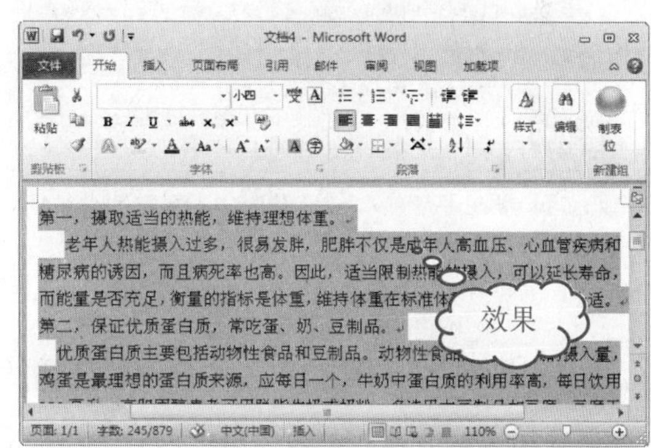

技巧219　巧妙设置段落首行缩进

首行缩进是段落中最常见的缩进方式，设置段落首行缩进的具体操作步骤如下。

❶ 选中所有要对齐的段落后右击，选择“段落”命令，弹出“段落”对话框。

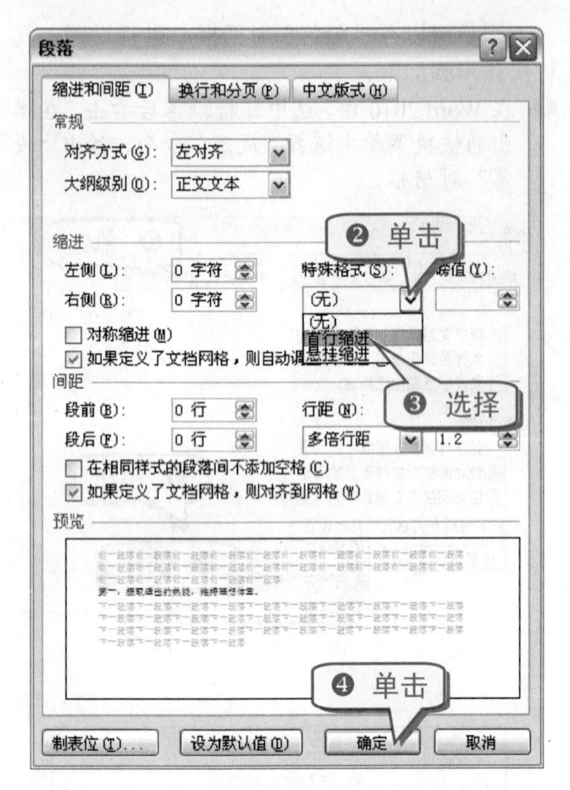

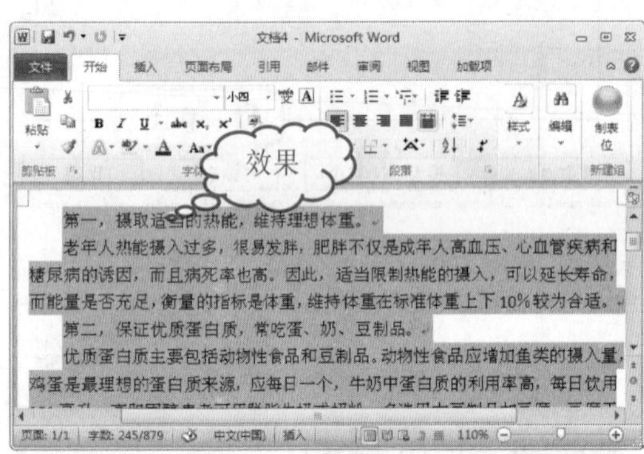

技巧220 巧妙设置段落悬挂缩进

悬挂缩进恰好与首行缩进相反，前者是段落第一行不动，其他行缩进；而后者却是段落第一行缩进，其他行不动。

在 Word 2010 中快速设置段落悬挂缩进的具体操作步骤如下。

❶ 在 Word 2010 中，选中目标段落后右击，在弹出的快捷菜单中选择“段落”命令，弹出“段落”对话框。

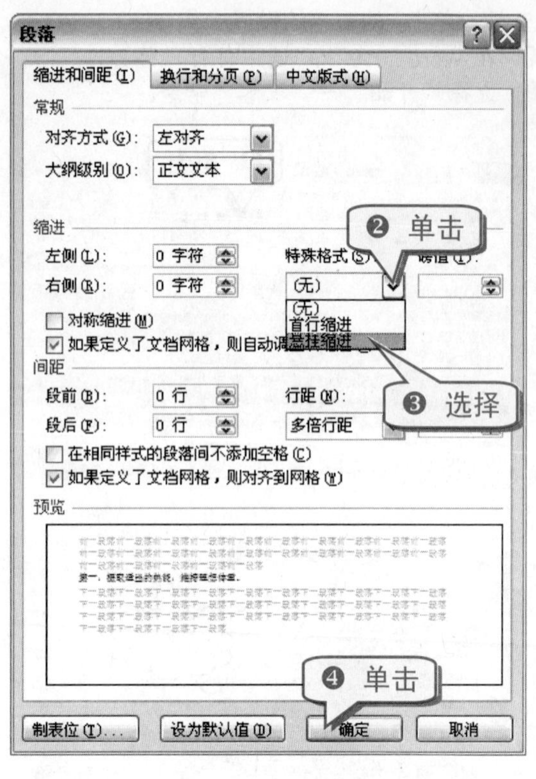

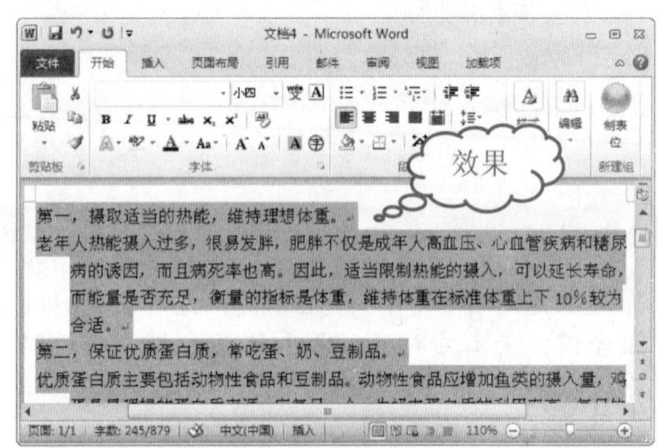

知 识 补 充

通过 Shift 键和方向键的组合使用，用户可以快速选取段落。接着再按下 Tab 键就可以实现段落的缩进，每按一次 Tab 键段落便缩进 4 个字节。

技巧221 快速使用标尺设置段落缩进

前面介绍的是段落对齐的普通方法，操作步骤比较多，如果用户想要快速调节段落的缩进，

可使用移动标尺调整段落缩进。

1. 首行缩进

在 Word 2010 中，使用移动标尺可以快速实现段落的首行缩进。

设置首行缩进的具体操作步骤如下。

❶ 选择“视图”→“显示”命令。

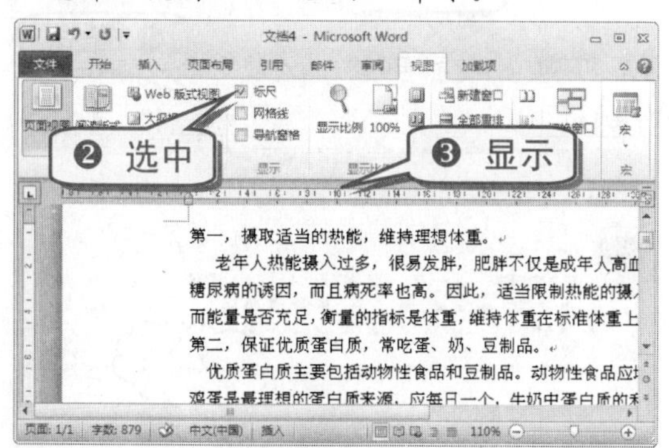

❹ 单击▽按钮并按住鼠标左键进行拖动。

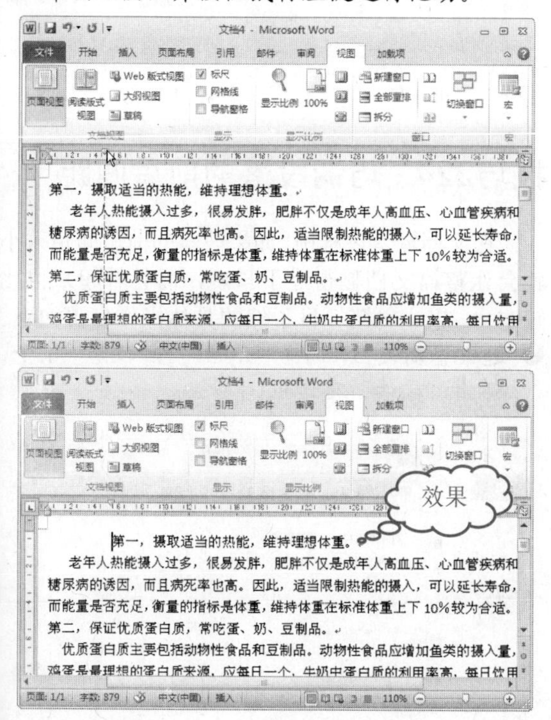

2. 左缩进

使用标尺设置段落的左缩进也十分简单，只需用鼠标拖曳标尺上“左缩进”滑标⌂，就能够使段落的左边整齐地缩进。

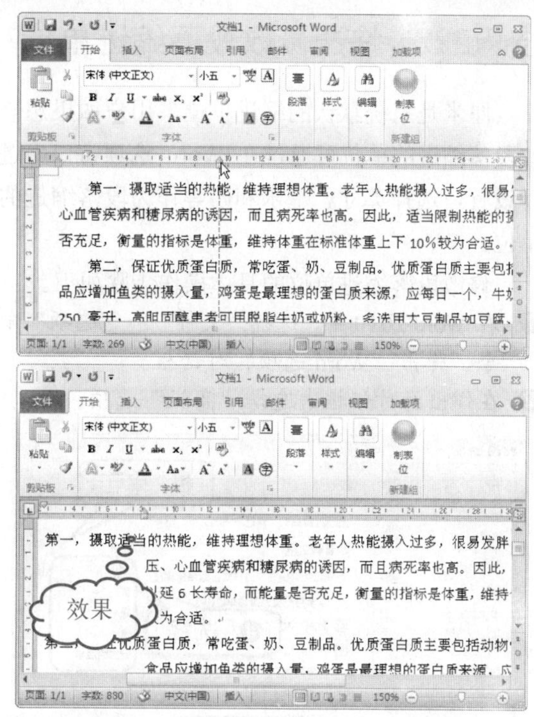

3. 右缩进

使用标尺设置右缩进只需选中需要右缩进的段落，再用鼠标拖动标尺上的“右缩进”滑标△，就能使段落的右边整齐地缩进。

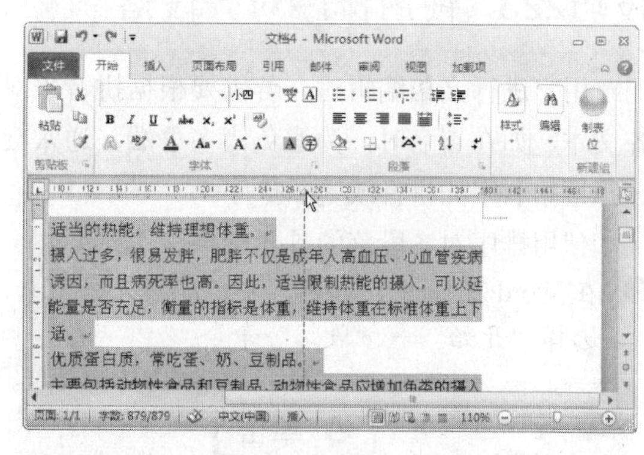

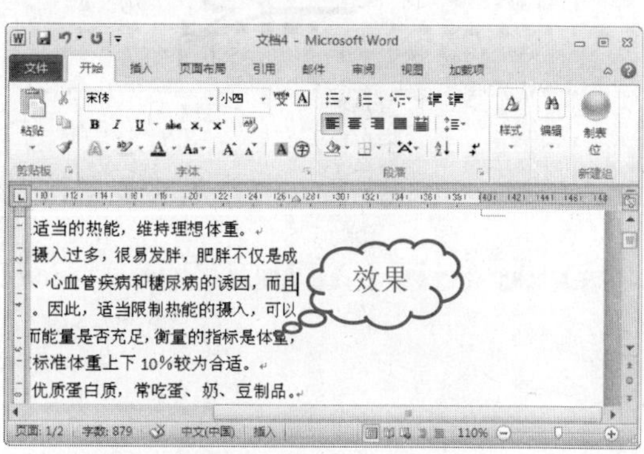

技巧222 快速修改段落缩进单位

厘米是系统默认的缩进单位，用户如果想修改段落缩进的单位可通过在 Word 选项窗口中进行设置，选择英寸、毫米和磅等作为段落缩进的单位。

修改段落缩进单位的具体操作步骤如下。

❶ 在 Word 2010 中，选择“文件”→“选项”命令，弹出“Word 选项”对话框。

❷ 在弹出的对话框中选择“高级”选项。

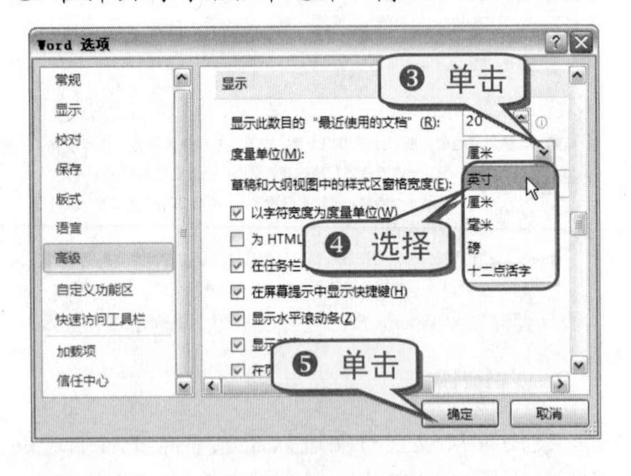

技巧223 使用排序对齐段落

用户进行文档编辑时，若需要根据拼音来对齐文本，如在署名时，为避免诸多争端，通常会选择根据名字的拼音或笔画排序。

使用排序对齐段落的具体操作步骤如下。

❶ 在 Word 2010 中，选中需要排序的文字对象，选择“开始”→“段落”命令。

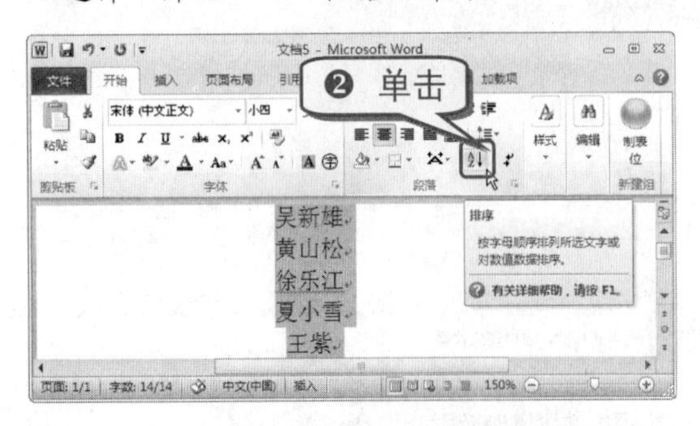

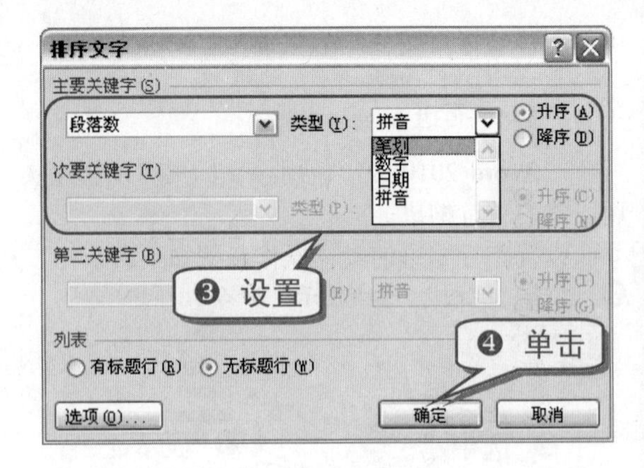

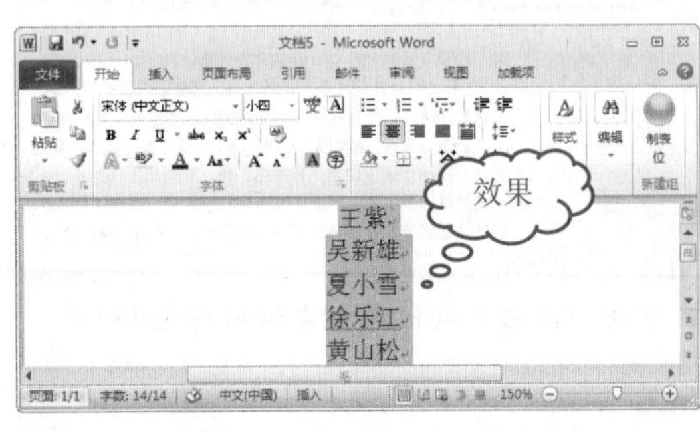

技巧224 巧调段落的前后间距

在文档输入过程中，如果段落的前后间距太小就会让整篇文档显得过于紧凑，而且看起来也比较吃力。想让文档一目了然的具体操作步骤如下。

❶ 选中整篇文档，选择“开始”→“段落”命令，弹出“段落”对话框。

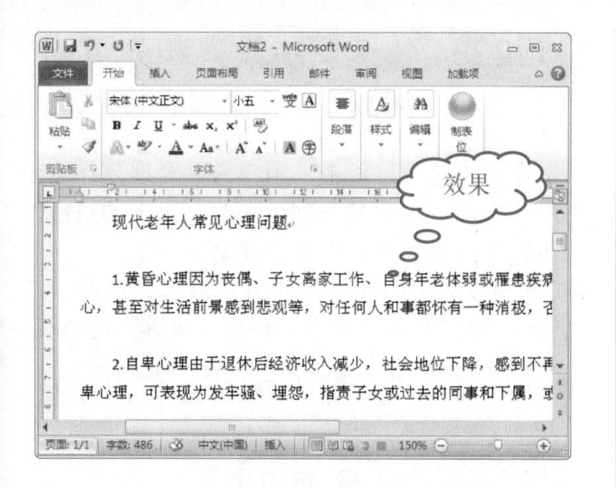

技巧225　巧妙使用功能栏调整段落行距

与段落间距同理，段落中行距如果不恰当一样会破坏整篇文档的美感。

在 Word 2010 中，通常使用“段落”功能栏下的“行距”按钮对需要调整行距的段落进行设置。即在下拉菜单中选择适当的行距。

❶ 选中要进行行距调整的段落。

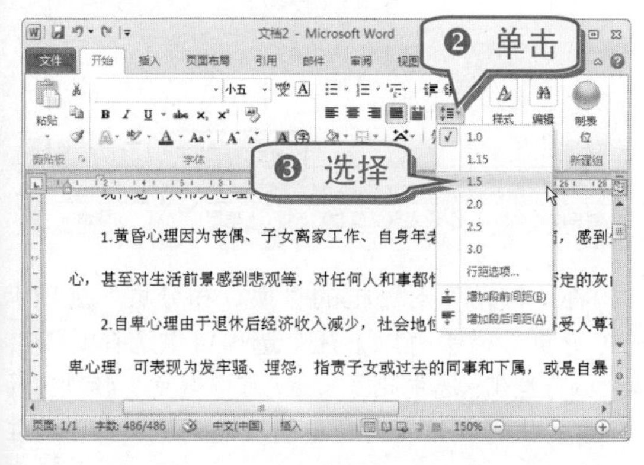

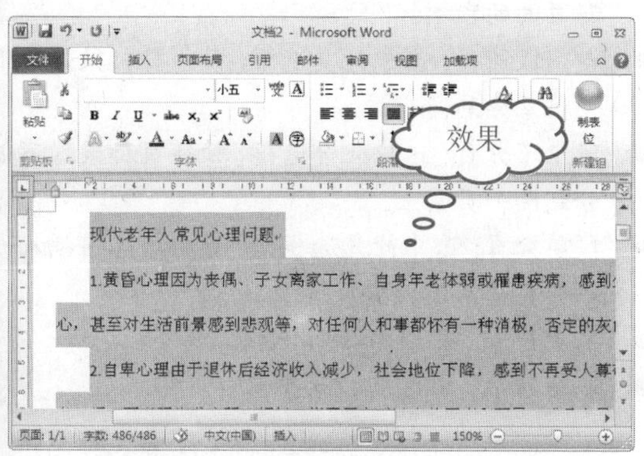

技巧226　快速设置最小段落行距

在 Word 2010 中，若想将段落中的行距缩到极小，但又不希望文字都混在一起，可以设置段落最小行距，具体操作步骤如下。

❶ 在 Word 2010 中，选中目标段落，选择“开始”→“段落”命令，弹出“段落”对话框。

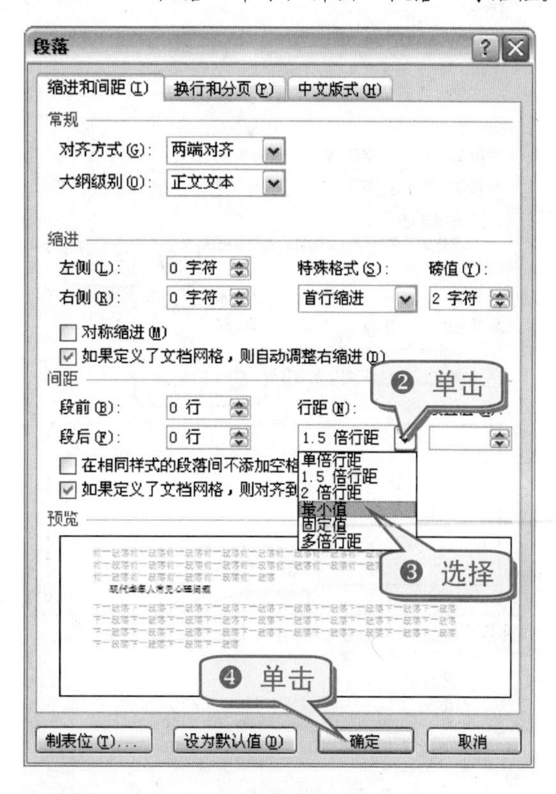

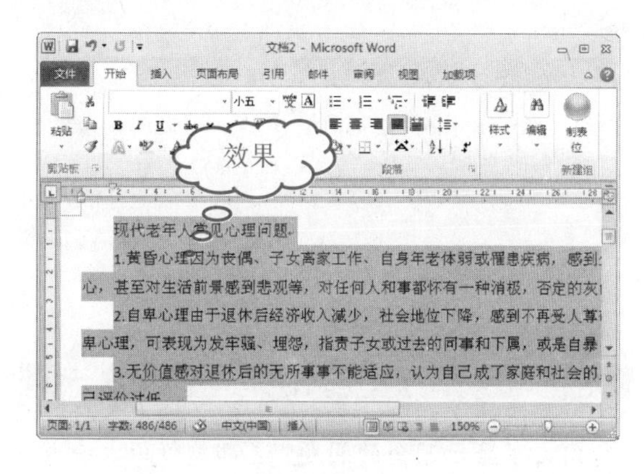

技巧227　巧设自定义段落行距

用户除了可以使用上述两种 Word 自带的设

置行距方法外，还可以随心所欲地改变行距大小。设置自定义段落行距的具体操作步骤如下。

❶ 在 Word 2010 中，选中目标段落，选择“开始”→“段落”命令，弹出“段落”对话框。

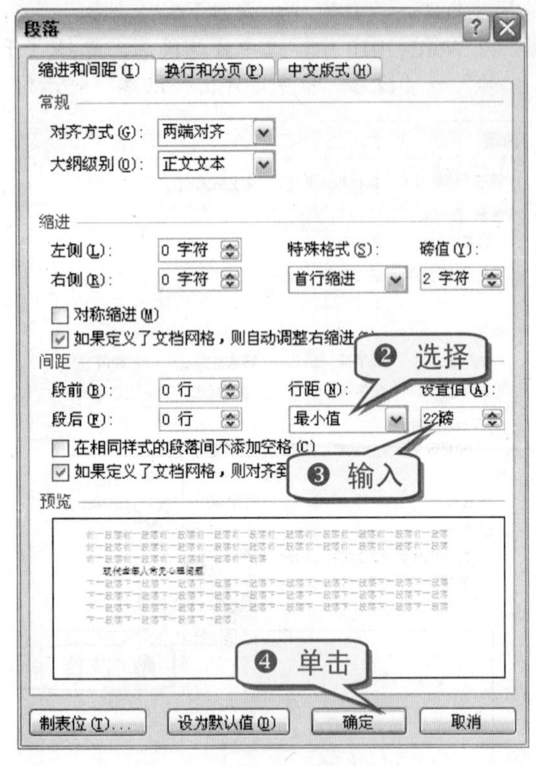

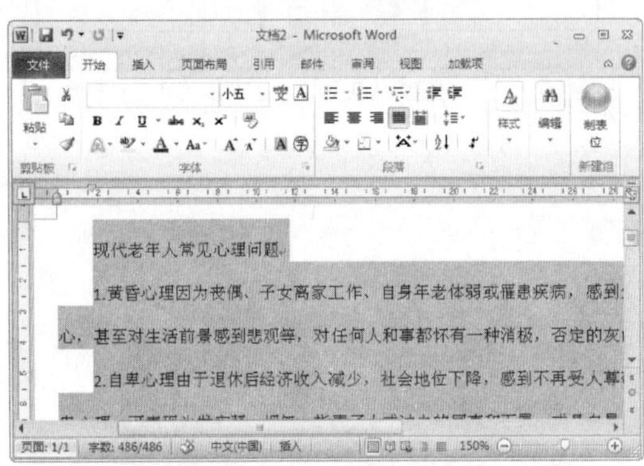

知识补充

在阅读文档时，可能会出现文档中某段的行内文字显示不全的问题，这都是行距太小惹的祸。无论使用上述的哪种方法，只要将该段文字的行距修改为正常数值即可。

技巧228 快速解决段落和分页的问题

在文档输入过程中，用户常常会遇到在页末的段落有部分内容被分到了新的一页上的情况。解决这个问题的具体操作步骤如下。

❶ 在 Word 2010 中，选中目标段落，选择“开始”→“段落”命令，弹出“段落”对话框。

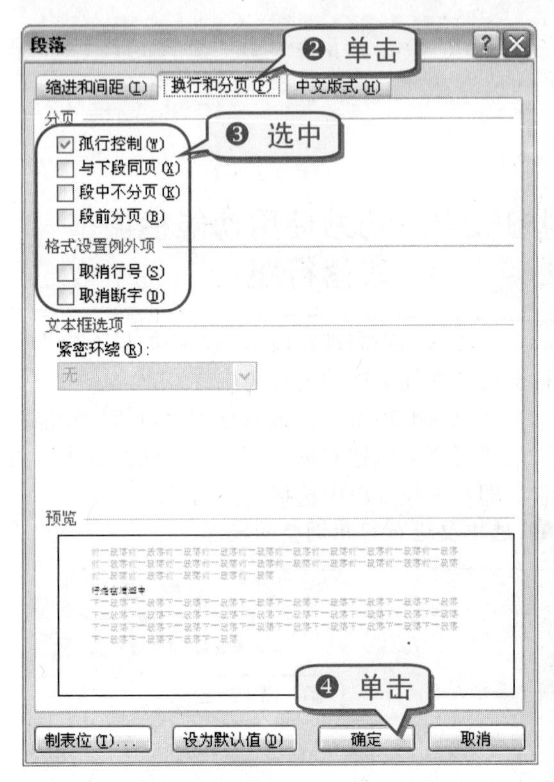

在“段落”对话框的“换行和分页”选项卡的“分页”栏中有以下几个选项可供选择。

- 孤行控制：选中此复选框，可以避免目标段落的首行出现在该页面的底端及避免其末行出现在新页面的顶端。
- 与下段同页：选中此复选框，使得目标段落与下一段落分到同一页。
- 段中不分页：选中此复选框，使得目标段落不被分到两个页面上。
- 段前分页：选中此复选框，在目标段落前插入一个分页符，使其换页。
- 取消行号：在目标段落中取消行号。
- 取消断字：在目标段落中取消断字。

注 意 事 项

以上选项均为复选项，互相之间不冲突，用户可根据文档的具体情况选中其中的一个或多个复选框。

技巧229　快速设置段落边框

在 Word 2010 中，不仅文字可以设置边框与底纹，段落也可以。操作方法如下。

❶ 在 Word 2010 中，选中目标段落，选择“页面布局”→“页面边框”命令。

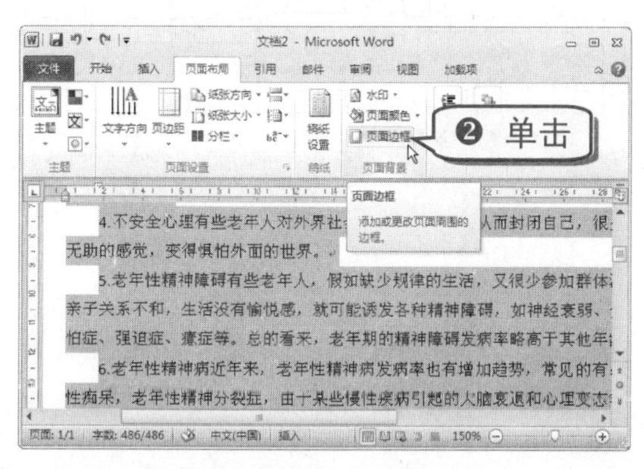

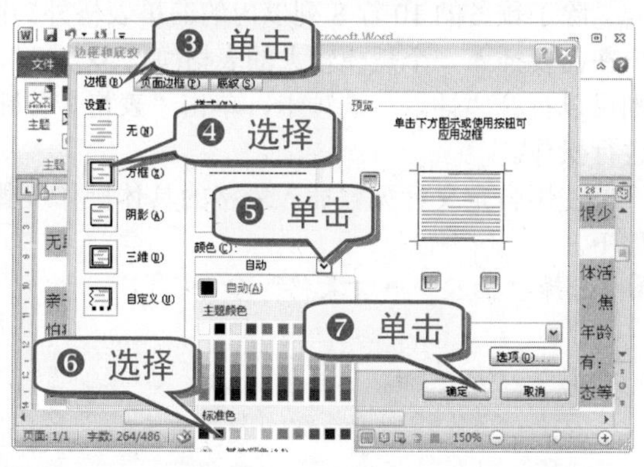

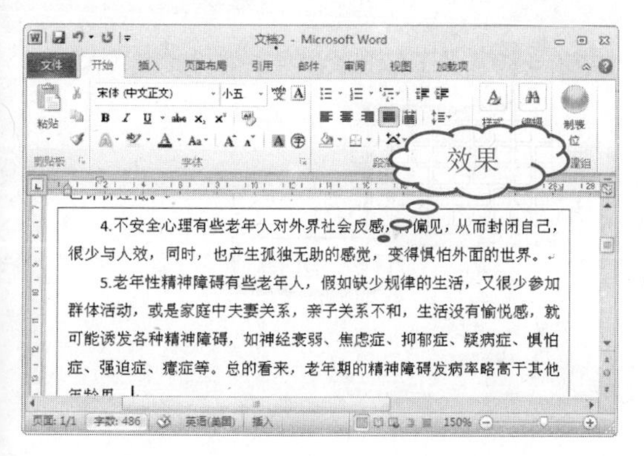

知 识 补 充

段落边框跟文字设置边框的方式差不多，不同的是在“应用于”下拉列表框中选择“段落”。

在“样式”中可以选择不同的边框样式。

技巧230　快速添加段落底纹

添加段落底纹的方式跟设置文字底纹的方式相近，具体操作步骤如下。

❶ 在 Word 2010 中，选中目标段落，选择“页面布局”→“页面背景”命令。

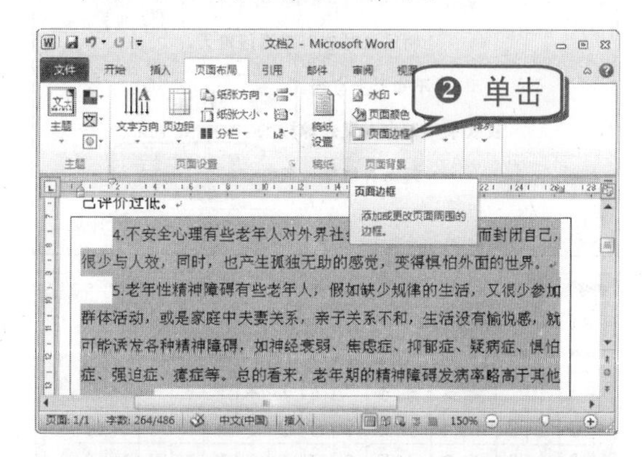

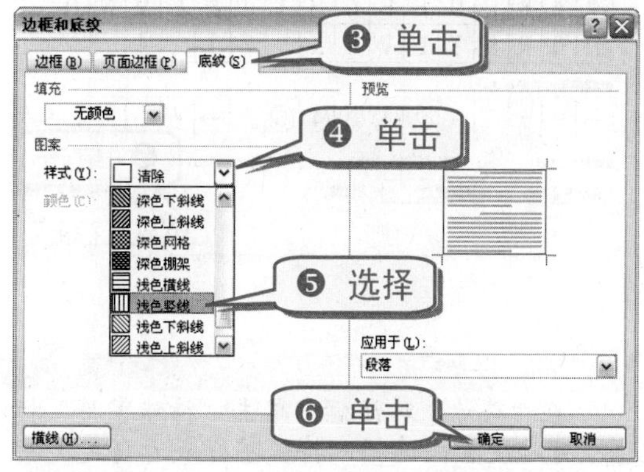

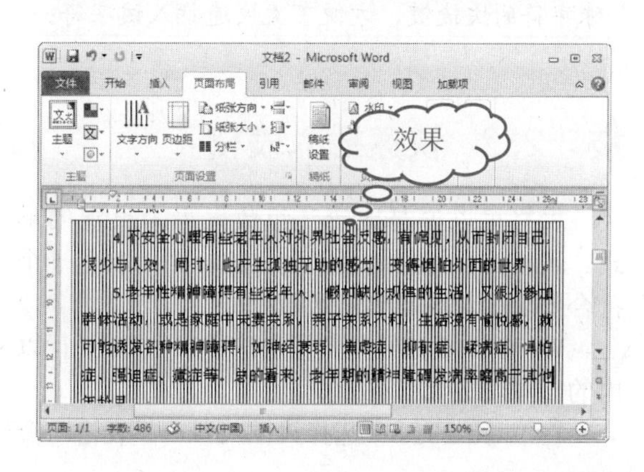

技巧231 快速插入特殊字符

在输入文字的过程中，有时需要插入一些比较特殊的字符，虽然可以利用软键盘进行输入，但操作步骤过于复杂，而使用“插入”菜单可以简便地插入特殊字符。

插入特殊字符的具体操作步骤如下。

❶ 在 Word 中打开“插入”选项卡。

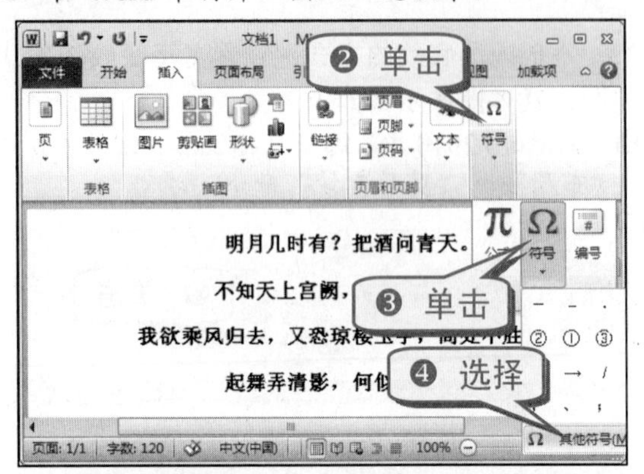

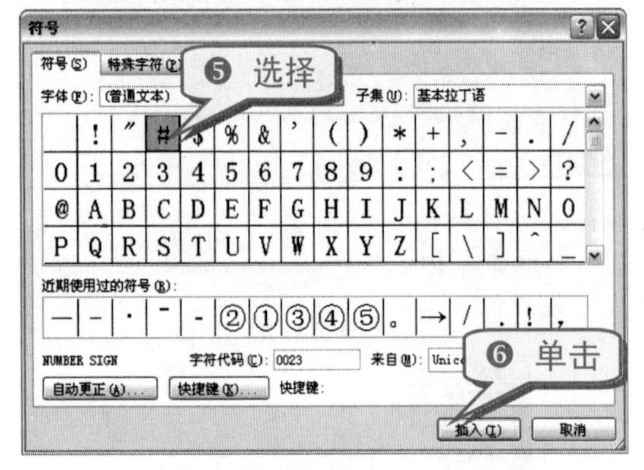

知识补充

在“符号”对话框中单击“特殊字符”标签，可以设置快速插入特殊字符或者自定义特殊字符的快捷键，方便下次快速插入该字符。

技巧232 快速插入表格

表格可以说是比较几组数据最为直观的形式。表格的行与列是可以变化的，因而制作一个符合要求的表格是十分重要的。

Word 2010 已经预备了快速插入 10 列 8 行以内的简单表格(如 7×6)的功能。

在 Word 2010 中选择“插入”→“表格”命令，在弹出的菜单中移动鼠标指针，并且 Word 在文档窗口中会显示表格的实时预览，获得合适的表格模式后单击即可。具体操作步骤如下。

❶ 选择“插入”→“表格”命令。

技巧233 巧用自定义行列数插入表格

除了预备的 10 行 8 列以内的简单表格外，用户在需要插入一个规模较大的表格(如 25×25)时，则可以打开“插入”选项卡，单击“表格”按钮进行操作。

使用自定义行列数插入表格的具体操作步骤如下。

❶ 选择“插入”→“表格”命令。

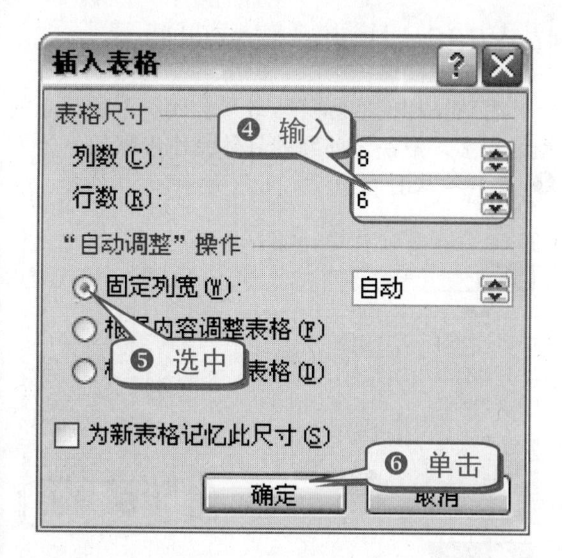

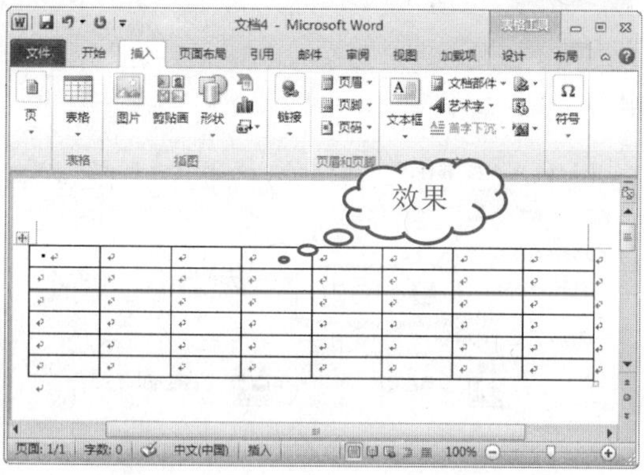

技巧234　快速绘制表格

在 Word 2010 中也可以自由设定单元格的长宽数据来绘制表格，具体操作步骤如下。

❶ 选择"插入"→"表格"命令。

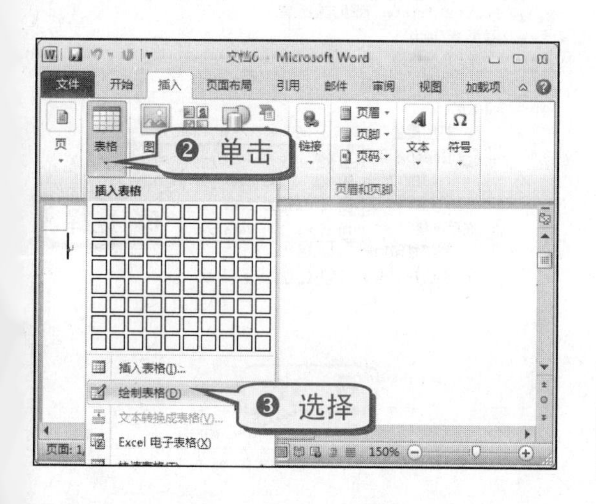

❹ 单击变成铅笔状的光标并拖曳，拉出一个矩形框架。然后单击矩形一边的合适位置来确定某一列(行)的宽(长)度(图中虚线为未确定的行)。

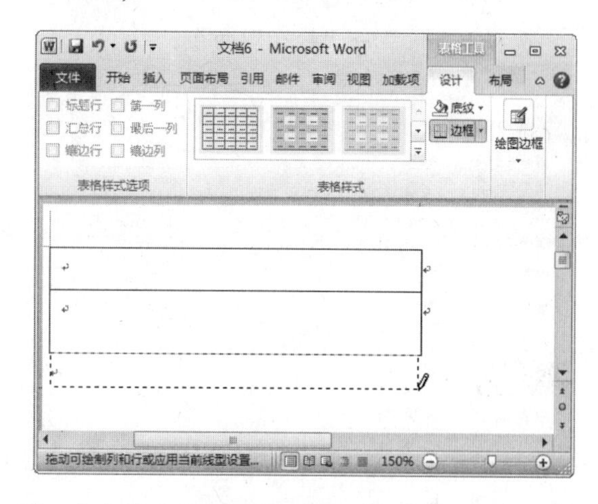

❺ 移动笔形鼠标指针到需要绘制表格的列的地方，按下鼠标左键不放，然后纵向拖曳鼠标即可绘制出表格的列。

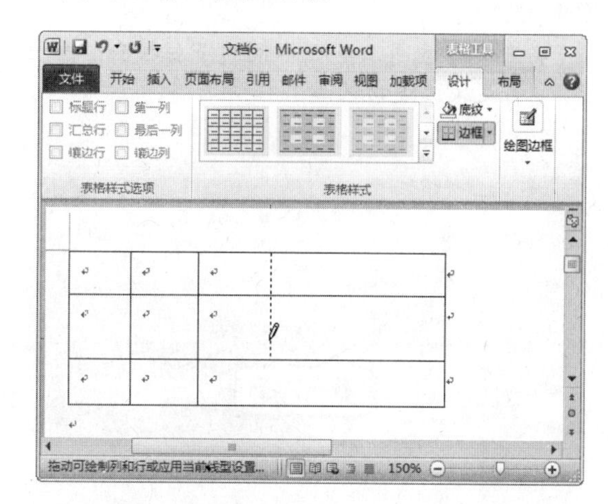

知识补充

改变表格行列数值的方法还有两种，一种是在"插入表格"对话框中设置固定列宽，行高会随输入的文字数自动调节；另一种则是用鼠标单击单元格的边界线并拖动，如此可直接调整一行(列)的高(宽)度。

技巧235　快速预览 Word 打印效果

在打印 Word 文档之前，使用打印预览功能，可在打印之前预览打印出来的效果，以便提前发现错误，使用这项功能有两种方法。

1. 利用“文件”功能栏

选择“文件”→“打印”命令。

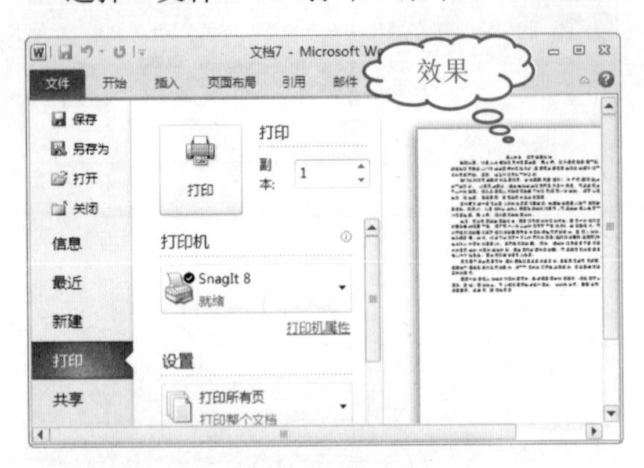

2. 利用快速访问工具栏

利用快速访问工具栏预览打印效果的具体操作步骤如下。

❶ 单击快速访问工具栏右侧的下拉按钮，弹出“自定义快速访问工具栏”菜单。

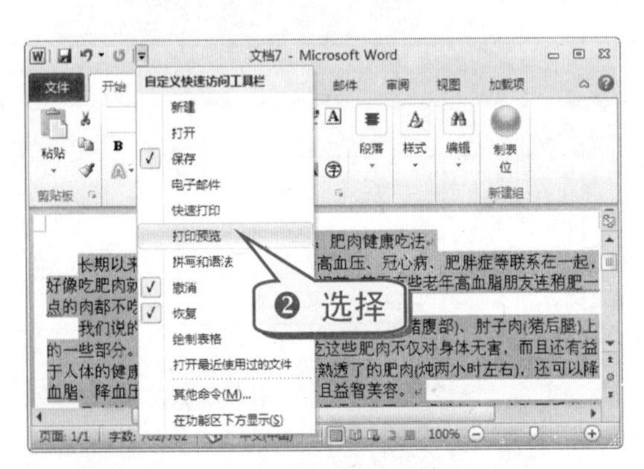

❸ 单击按钮，即可预览打印效果。

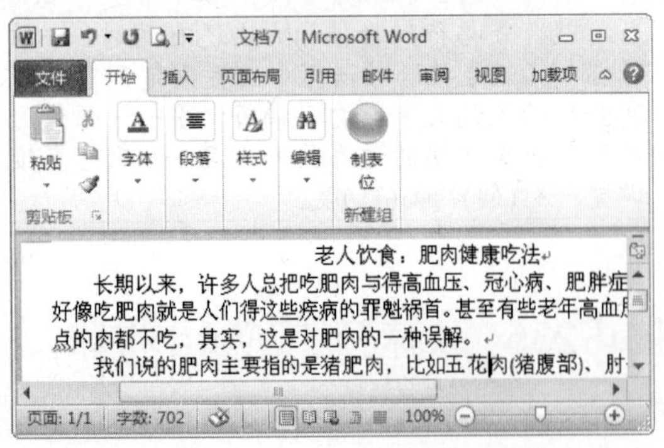

技巧236 快速设置打印质量

有时文档的实际打印效果会比屏幕所显示的粗糙很多，解决该问题的具体操作步骤如下。

❶ 选择“文件”→“打印”命令。

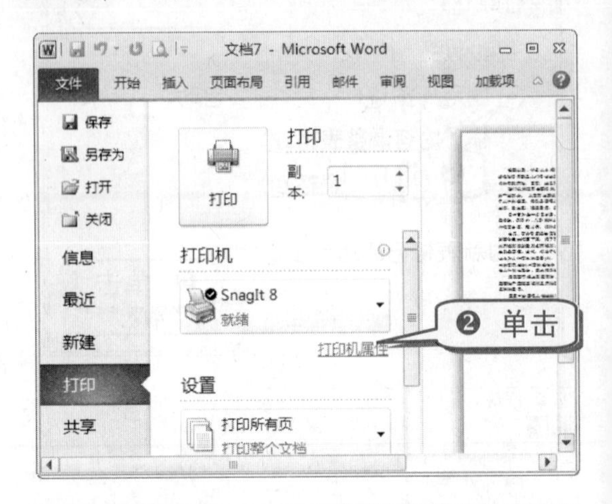

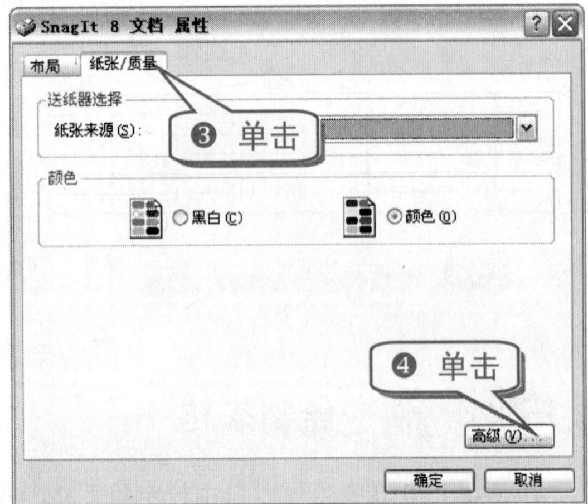

技巧237　巧用 Word 记录一天的心情故事

用户可使用 Word 来记录自己的心情故事，具体操作步骤如下。

❶ 打开一个空白的 Word 文档，在“输入法”列表中选择所需的输入法。

❷ 在空白文档中输入“心情”两个字作为标题，按下 Enter 键继续输入自己的心情故事。

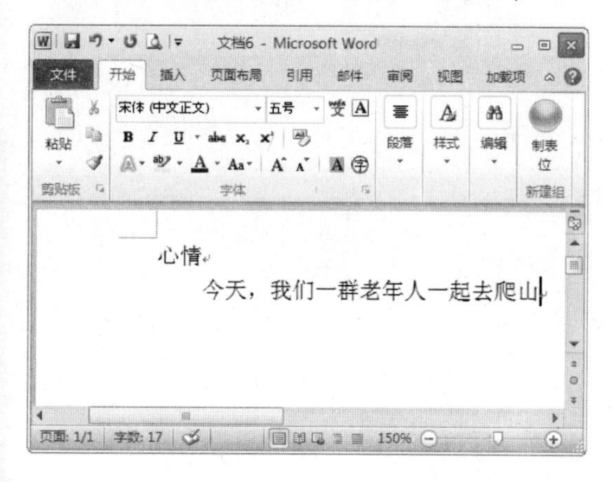

❸ 输入完成后按下 Ctrl+S 组合键，弹出“另存为”对话框，选择保存文档的位置，最后单击“保存”按钮即可。

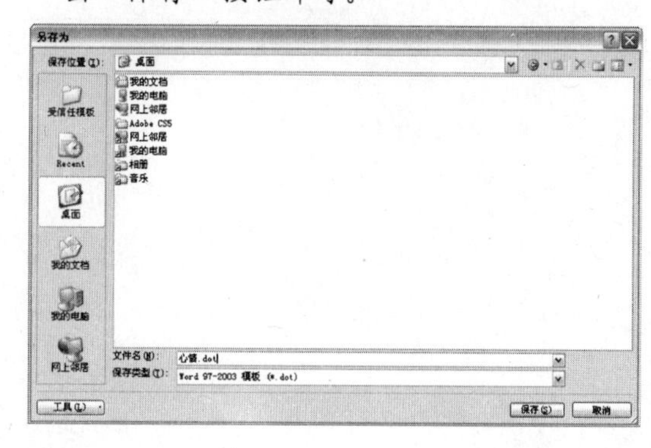

专题十四　生活帮手——用Excel轻松理财

Microsoft 公司的 Excel 2010 与 Word 2010 一样，在创新中诞生并拥有全新的功能及操作系统。本专题通过 Excel 2010 相关内容使用方法的介绍，让用户掌握 Excel 的使用技巧。

- 快速创建新工作簿
- 巧妙插入特殊符号
- 快速修改单元格内容
- 巧妙删除单元格

技巧238　快速启动 Excel 2010

启动 Excel 2010 软件主要有以下 3 种方法。

- 双击桌面上的 Microsoft Office Excel 2010 快捷图标。
- 右击桌面上的 Microsoft Office Excel 2010 快捷图标，在弹出的快捷菜单中选择“打开”命令。

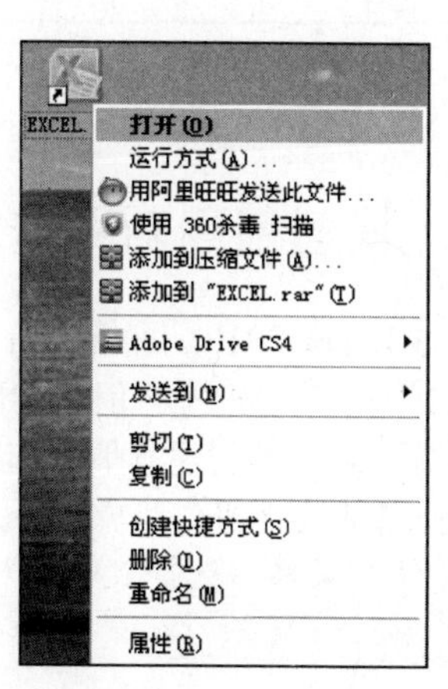

- 单击“开始”菜单，选择“所有程序”→Microsoft Office→Microsoft Excel 2010 命令。

知识补充

相对于其他较低版本的 Excel 软件，Excel 2010 增添了许多更实用的功能，使访问、连接和分析数据变得更加容易。

在 Excel 2010 中，工具条的功能增强了，用户可以设置的东西更多了，使用更加方便。

技巧239 快速退出 Excel 2010

退出 Excel 2010 有以下 4 种方法。

- 单击 Excel 窗口标题栏右端的“关闭”按钮。
- 选择“文件”→“退出”命令。

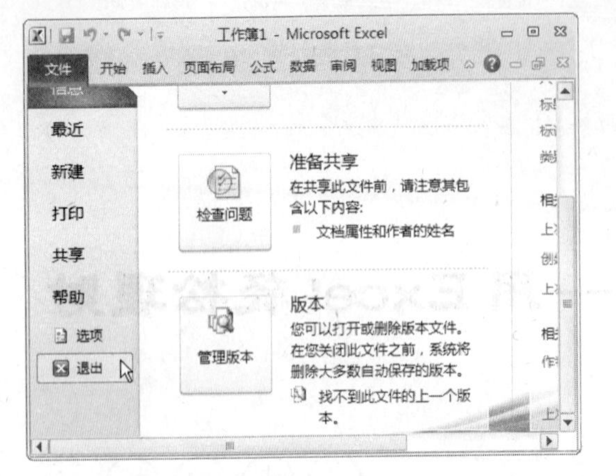

- 单击 Excel 窗口标题栏左端的“控制菜单”按钮，再选择“关闭”命令。

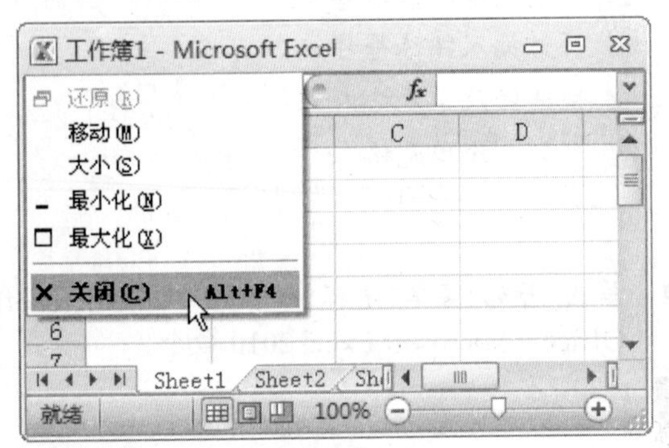

- 直接按下 Alt+F4 组合键。

技巧240 了解 Excel 2010 的窗口

Excel 2010 的窗口由标题栏、Excel 按钮、功能区、文本编辑区和状态栏等组成。

接下来就对 Excel 2010 窗口的各项内容进行简单介绍。

- Excel 按钮：在窗口非最大化情况下单击该按钮，选择弹出的不同命令可以对正在编辑的工作表窗口进行移动、最大化、关闭等操作。
- 快速访问工具栏：单击快速访问工具栏的按钮，可以快速执行相应功能。单击最后的“自定义快速访问工具栏”按钮，可以自定义快速访问工具栏。
- 标题栏：显示正在编辑的文档名。标题栏的最右端有“最小化”、“最大/还原”和“关闭”3个按钮。
- 功能区：新增了“文件”选项卡，其包含以往 Office 菜单下的选项。其他还包括“开始”、“插入”、“页面布局”、“公式”、“数据”、“审阅”和“视图”等选项卡，每个选项卡都包含相应的命令。某些选项卡只在需要时才显示。如，在选择图表后，会显示“图表工具”选项卡。
- 列标：用字母表示各列的标号。
- 行标：用数字表示各行的标号。
- 滚动条：编辑区的右边为垂直滚动条，其下方为水平滚动条。单击滚动条中的滚动箭头，单击一次可以使编辑区窗口对应方向滚动一行或一列；拖动滚动条中的滚动块，可迅速到达要显示的位置。
- 工作表标签：显示工作表的名称，单击工作表标签，可以快速切换工作表。
- 状态栏：显示当前页工作状态信息、页码、视图方式和显示/调整视图比例。

技巧241 快速创建新工作簿

每次启动 Excel 2010，系统会自动建立一个名为“Book1”的新工作簿。但在实际使用过程中，经常会遇到需要再创建其他工作簿的情况，快速创建工作簿的具体操作步骤如下。

❶ 打开“文件”菜单，选择“新建”命令。

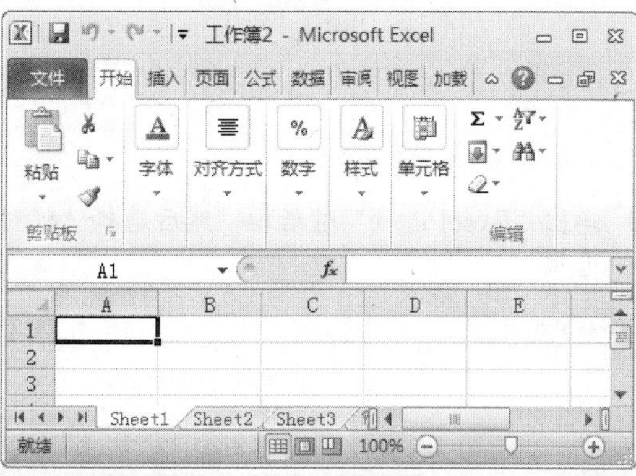

知 识 补 充

要新建工作簿，也可以直接单击“常用”工具栏中的按钮。

技巧242　快速在单元格中输入数据

在Excel单元格中输入数据是对Excel的基本操作，可以在Excel表格中输入各种数据。

启动Excel 2010软件后，Excel 2010自动默认新建一个工作簿文件，用户可以直接在表格中添加内容。

❶ 单击需要输入数据的单元格，输入数据。

❷ 按下Enter键或者单击编辑栏上的“输入✓”按钮即可完成输入。

技巧243　快速输入货币数据

有时在Excel中处理数据，需要输入带千位分隔符的货币数字。

快速输入货币数据的具体操作步骤如下。

❶ 在单元格中输入数据。

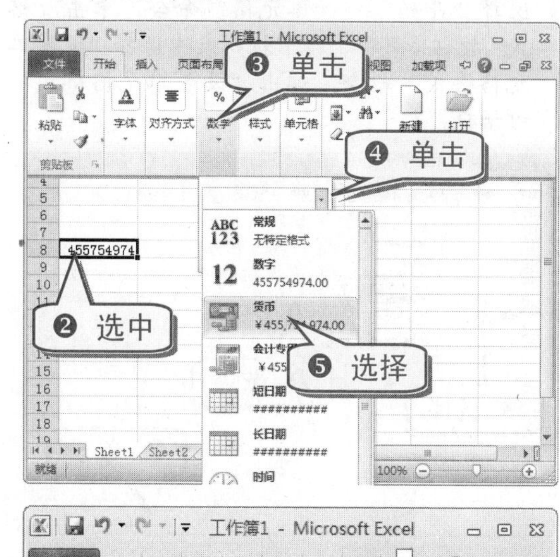

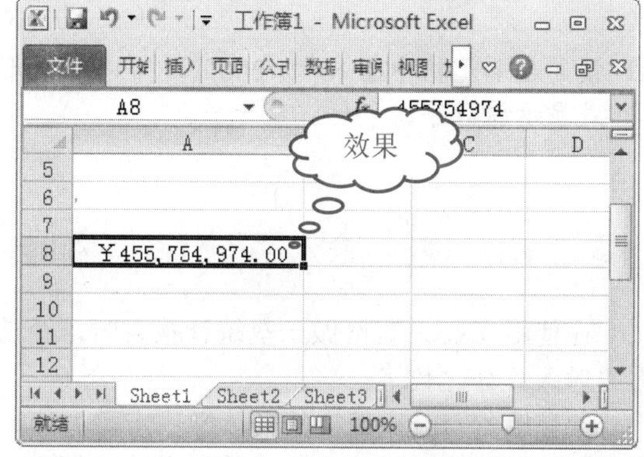

技巧244　快速输入分数

在单元格中输入如“4/5”形式的分数时，Excel会自动转换为日期“4月5日”。在Excel 2010中输入分数有两种情况。

1. 在常规格式下直接输入分数

在常规格式下直接输入分数的方法十分简单。在输入分数前，先输入“0□”(□表示空格)，然后在后面输入分数即可。如输入“0□2/5”即显示为“2/5”。

注 意 事 项

需要注意的是，利用此方法输入的分数的分母不能超过99。

2. 输入分母超过 99 的分数

分母超过 99 时输入分数的操作步骤如下。

❶ 选择“开始”→“单元格”命令，单击“格式”按钮，在下拉列表中选择“设置单元格格式”命令，弹出“设置单元格格式”对话框。

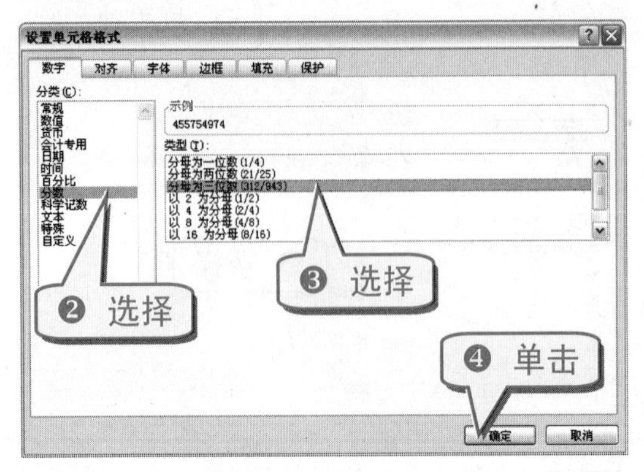

❺ 接着在单元格中输入“1/200”即可以分数形式显示该数字。

技巧245 快速输入百分比数字

在使用 Excel 表格做一些统计报表时，经常需要输入百分比数字。

快速输入百分比数字的具体操作步骤如下。

❶ 选择“开始”→“数据”命令，单击“百分比样式”按钮%，然后在单元格中输入数字。

❷ 按下 Enter 键、Tab 键或者方向键后即可完成输入。

注 意 事 项

若先录入数据再单击“百分比样式”按钮%，那么数据将乘以 100 再加上“%”符号标记。例如，先输入 15，再单击“百分比样式”按钮%，单元格数据会变成 1500%样式。

另外，如果要输入千分比“‰”符号，应选择单元格，并按住 Alt 键，然后在键盘右边的数字小键盘上输入 0137，再释放 Alt 键即可。

技巧246 快速设置自动更正

Excel 的自动更正功能很强大，在输入时有时可以自动更正一些常见的拼写错误。例如输入“一脉相承”，按下 Enter 键后会被更正为“一脉相承”。根据个人习惯，可以将一些词汇添加到列表中，之后在键入时 Excel 会自动更改。

❶ 选择“文件”→“选项”命令。

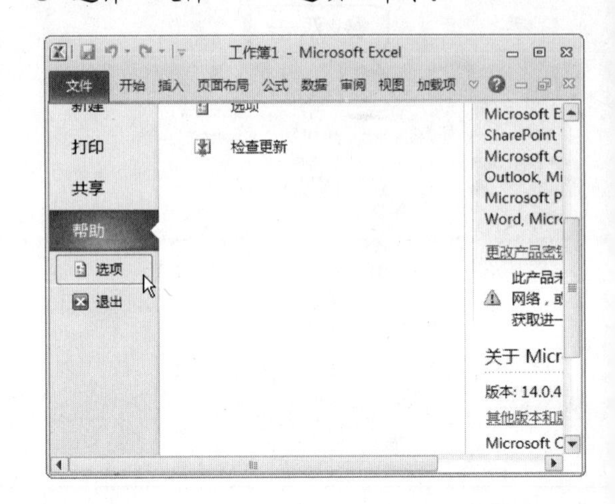

❷ 弹出“Excel 选项”对话框，然后选择“校对”选项。

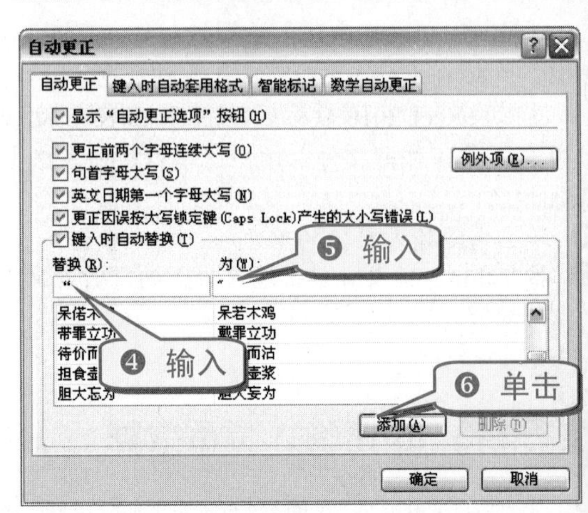

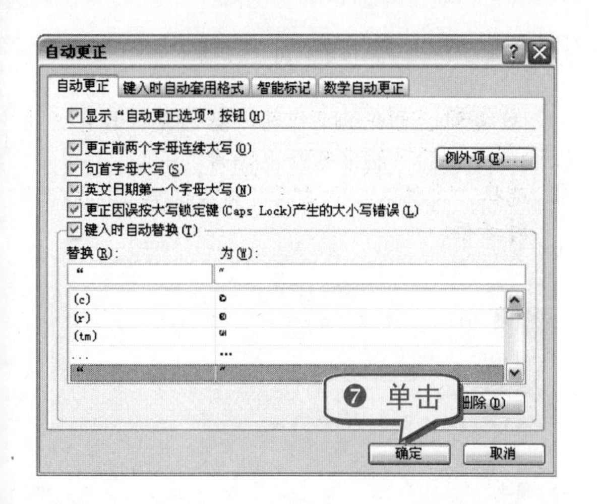

知 识 补 充

可以选择不再使用的条目，然后单击“删除”按钮将其删除。

❽ 返回“Excel选项”对话框，单击“确定”按钮即可。

技巧247 巧妙插入特殊符号

输入数据时，有时需要插入一些键盘上没有的特殊符号。插入特殊符号的具体操作步骤如下。

❶ 选中要输入符号的单元格。

❷ 选择“插入”→“符号”命令，弹出“符号”对话框。

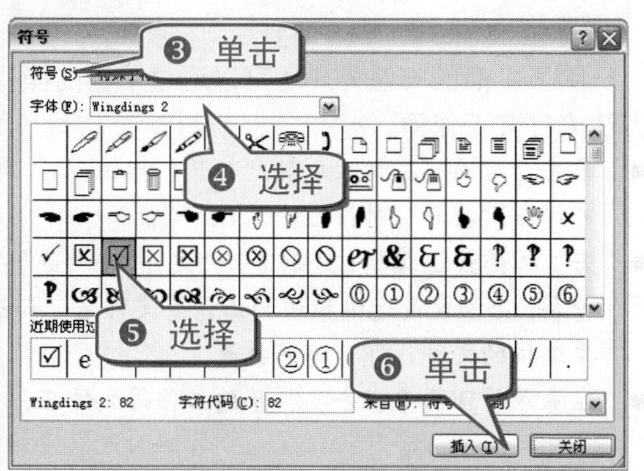

❼ 如果还要插入其他符号，继续选择插入；如果不需要，单击“关闭”按钮。

技巧248 巧妙撤销自动更正

对于不再使用的自动更正条目，可以直接删除，则在输入时不会自动更正。

如果只是在某些特殊情况下，不需要使用自动更正功能，可以选择“撤销”命令或者按下Ctrl+Z组合键撤销自动更正。如需要输入“走投无路”而非“走头无路”。

❶ 输入“走头无路”。

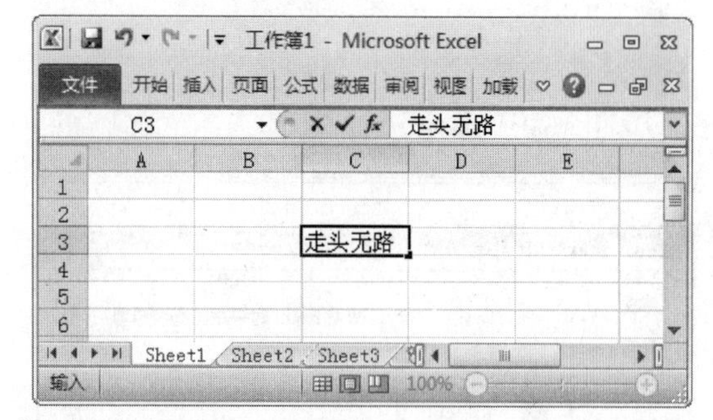

❷ 按下空格键即自动更正为“走投无路”。

❸ 按下Ctrl + Z组合键撤销即可变回“走头无路”。然后按下Enter键。

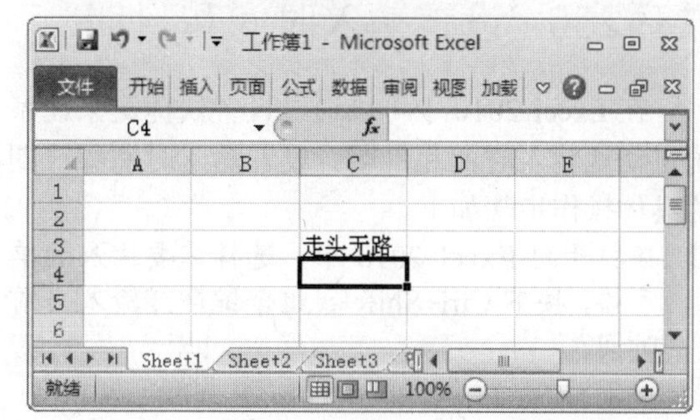

技巧249 设置自动插入小数点

在使用Excel的过程中，有时需要多次重复输入小数点，此时可以通过简单设置，减少重复作业。具体操作步骤如下。

❶ 右击选项卡列表区，在弹出的快捷菜单中选择“自定义快速访问工具栏”命令。

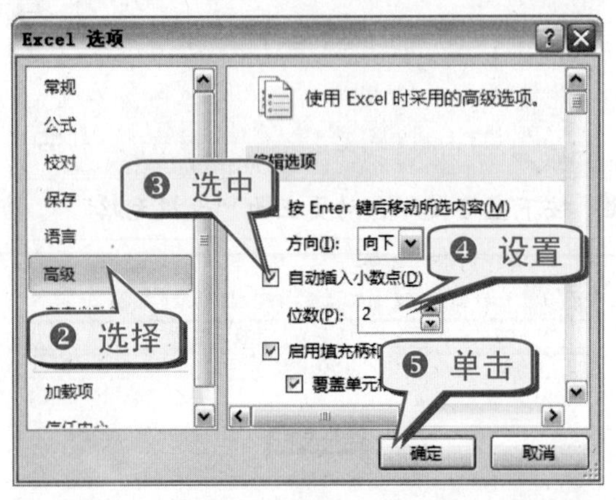

❻ 以后输入的数据就会自动地以设置的小数形式显示。

技巧250 设置输入时间和日期

在 Excel 2010 中可以通过设置快捷键来让系统自动地输入时间和日期。设置输入时间和日期的具体操作步骤如下。

❶ 在打开的 Excel 2010 中，选择需要输入的单元格，按下 Ctrl+Shift+; 组合键即可输入当前时间。

❷ 按下 Ctrl + ; 组合键即可输入当前日期。

技巧251 巧妙打开工作簿

要编辑已存在的工作簿，必须先打开它。可以通过下面的方法来打开工作簿。

❶ 选择“文件”→“打开”命令，弹出“打开”对话框。

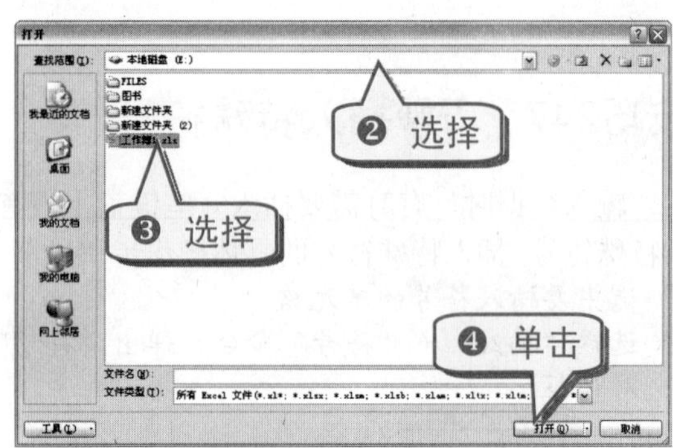

除了上面的方法外，还可以通过下面的操作方法来打开工作簿。

- 单击“常用”工具栏中的“打开”按钮，即可弹出“打开”对话框。
- 若工作簿最近编辑过，则选择“文件”→“最近”命令，会出现最近编辑过的工作簿文件名，单击要编辑的文件，即可将其打开。
- 在资源管理器中双击要打开的工作簿文件名。

技巧252 巧妙选取单元格

如果需要对某个或某些单元格进行编辑操作，必须先选定这个或这些单元格。要选定一个单元格，只需单击该单元格即可；要选定一行、多行或一块区域，可采用如下的方法。

1. 选择整行

将鼠标指针指向行号，待鼠标指针变成➡形状时，单击鼠标左键即可选择整行。

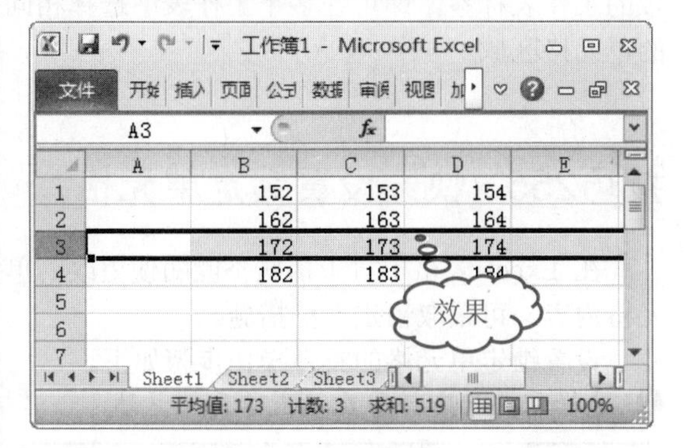

2. 选择整列

将鼠标指针指向列标，待鼠标指针变成⬇形状时，单击鼠标左键即可选择整列。

专 家 坐 堂

在实际使用过程中，有时需要选择多行或者多列。这时要根据实际情况来做相应的操作，如果选择的是相邻的行或列，只需沿着行标和列标拖动鼠标，或者单击某行(列)标号后按住 Shift 键，然后按下键盘上的方向键，即可选择连续的多行(列)；如果是不相邻的行或列，按住 Ctrl 键，同时单击需要选择的行标或列标即可。

3. 选择多行

可以使用 Ctrl+Shift+方向键巧妙选择多行。选择多行的具体操作步骤如下。

❶ 选择要选择行的最后一行。如要选择 6 行，则单击第 6 行行号。

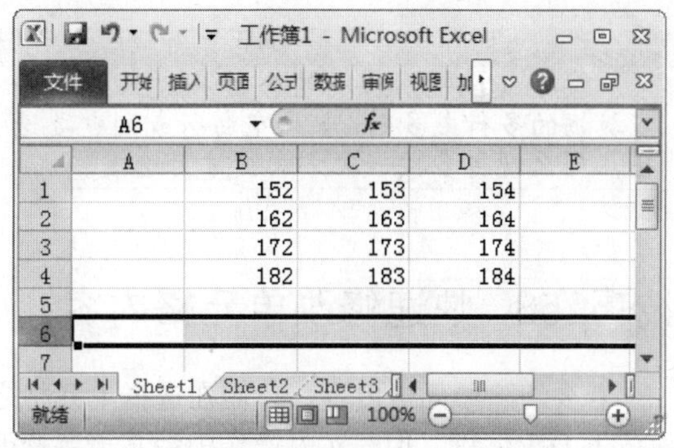

❷ 按下 Ctrl+Shift+↑组合键即可选择 Excel 表格的第 1 行到第 6 行。

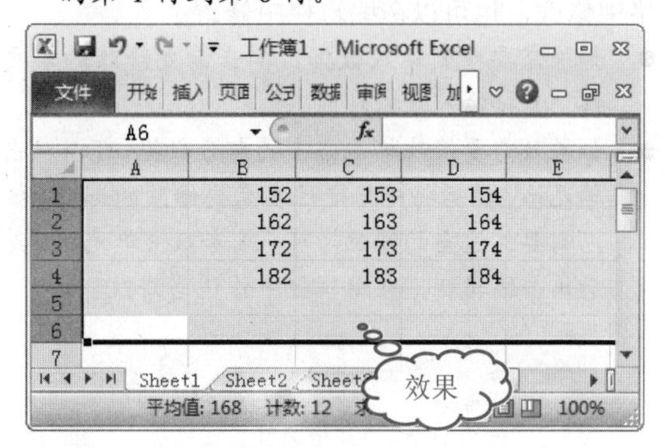

4. 选择多列

❶ 如果需要选择 B 列至最后一列，单击列标 B。

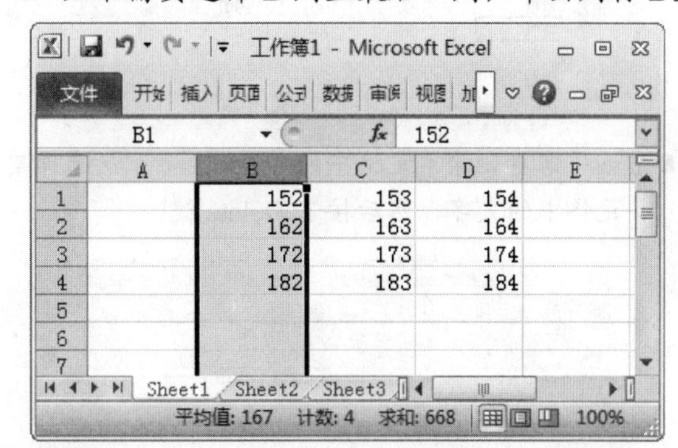

❷ 按下 Ctrl + Shift + →组合键即可快速选择。

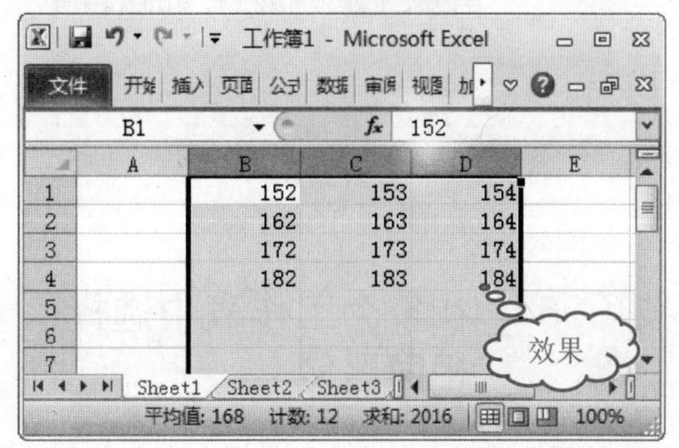

注 意 事 项

按下 Ctrl+Shift+→组合键一次只能选择有数据的多行或多列，如果空白行或列也要选择，那么就再多按一次方向键才可选定。

技巧253 快速修改单元格内容

若要清除单元格内容，只需在选择单元格之后按下 Delete 键。但在实际操作中经常需要修改单元格内容，可以在选择单元格后，直接在单元格中修改，也可以在编辑栏中修改。

- 如果需要重新输入数据，单击需要修改的单元格，直接输入数据即可。
- 如果只需要修改单元格中的部分数据，可以双击单元格，然后将光标定位在需要修改的部分，根据需要作适当的修改即可。或者双击单元格，然后单击编辑栏，在编辑栏中作适当修改。

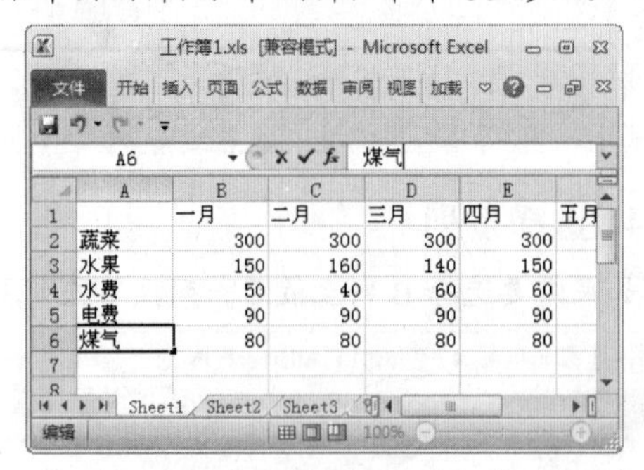

- 如果需要删除单元格中的部分文字，可以选择单元格中的文字，然后按下 Delete 键。

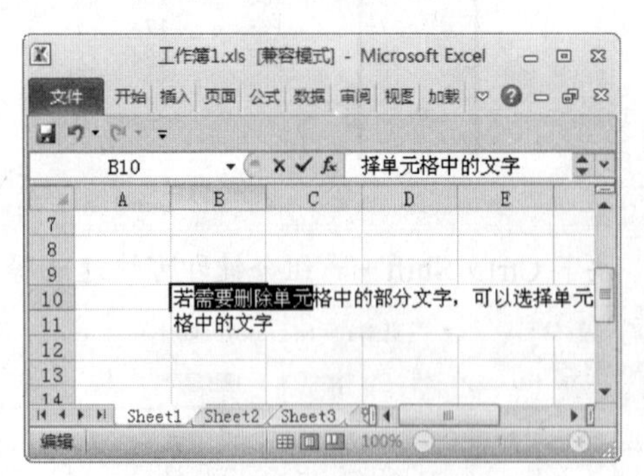

技巧254 在多个工作表中选择相同区域

一般情况下，在一个工作簿中含有多个工作表，有时需要在多个工作表中选择相同的区域。

在第一个工作表中选择合适的单元格区域，然后按住 Ctrl 键，同时单击其他需要选择相同区域的工作表标签，即可在多个工作表中选择相同的单元格区域。

技巧255 快速设置锁定单元格

在 Excel 表格中对于那些不能随便更改的单元格内容，可采取锁定保护措施。

设置锁定单元格的具体操作步骤如下。

❶ 选择需要锁定的单元格或单元格区域。

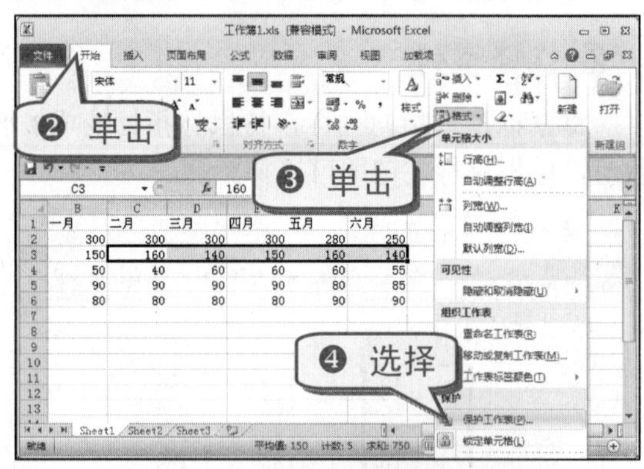

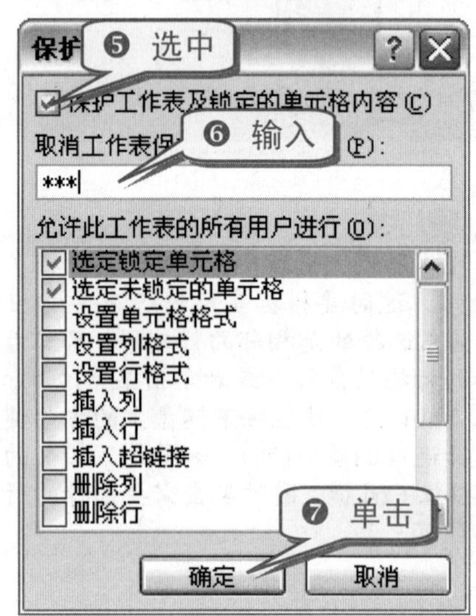

❽ 当对已锁定的单元格或单元格区域试图进行修改时，Excel 会弹出警告。

技巧256　巧妙插入单元格

在编辑或输入工作表的过程中，有时需要在工作表中插入单元格。

在工作表中快速插入单元格的具体操作步骤如下。

❶ 选中要插入空白单元格或单元格区域。

❷ 选择"开始"→"单元格"命令。

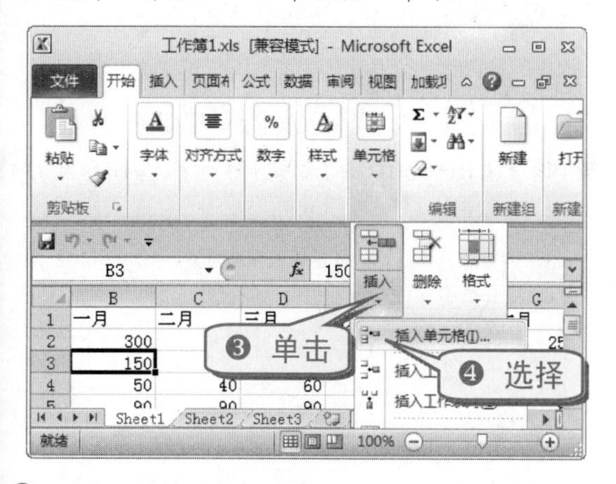

❺ 弹出"插入"对话框。

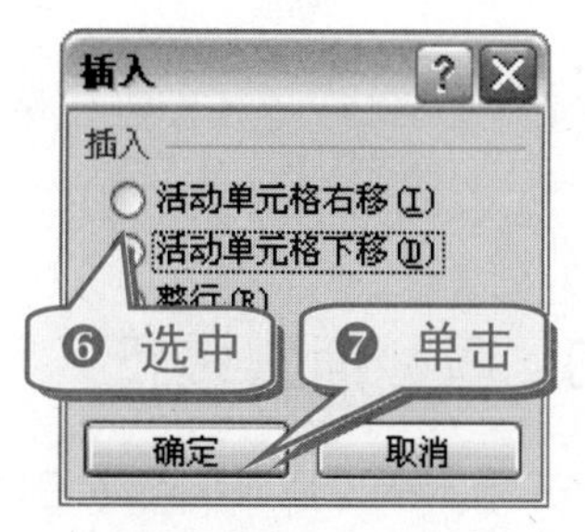

知 识 补 充

选中单元格或单元格区域后右击选择"插入"命令也可以插入单元格。插入"工作表行"和"工作表列"的操作相同。

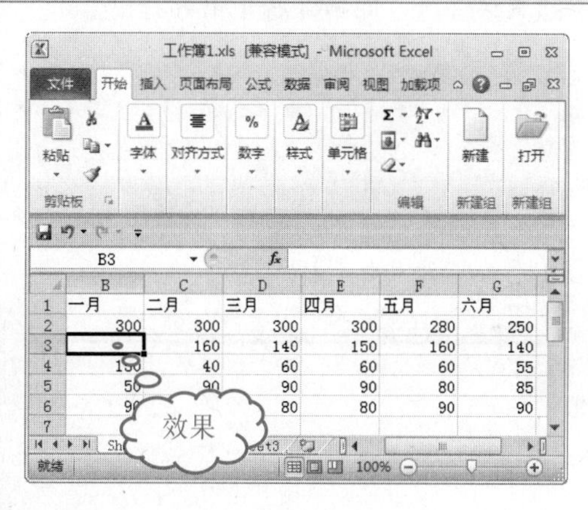

技巧257　巧妙删除单元格

在编辑或输入工作表的过程中，有时需要在工作表中删除单元格。在工作表中快速删除单元格的具体操作步骤如下。

❶ 选择要删除的单元格或单元格区域。

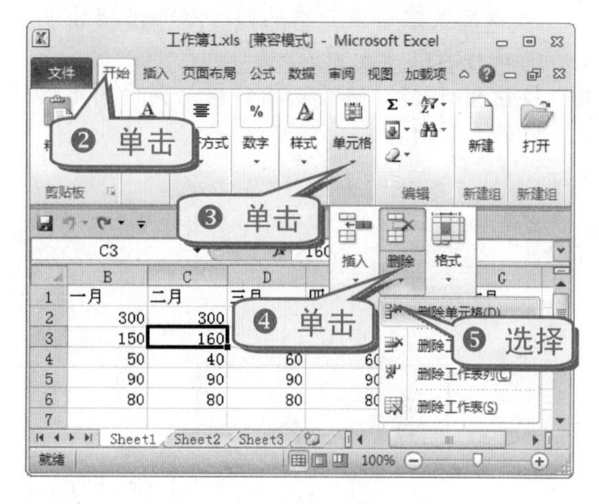

❻ 弹出"删除"对话框。

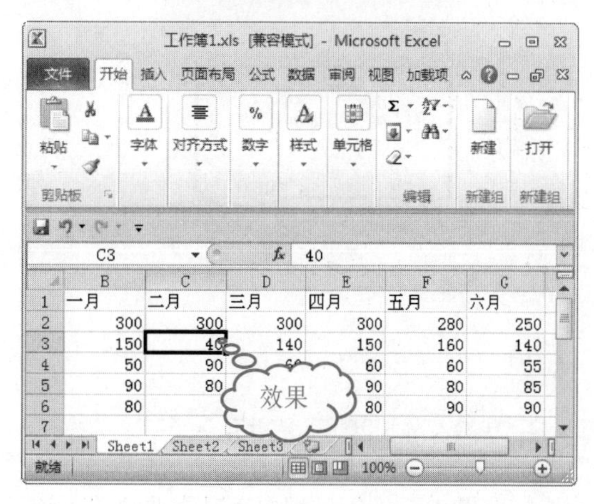

知 识 补 充

选择单元格区域后右击选择"删除"命令也可以删除单元格，删除"工作表行"和"工作表列"的操作与其相同。

技巧258 快速插入多个单元格

用户在使用 Excel 2010 的过程中，有时需要在一个连续单元格区域中插入多个单元格。当然，在实际使用过程中碰到的情况会不一样，用户要根据实际情况来决定插入单元格的数量。

快速插入多个单元格的具体操作步骤如下。

❶ 选择 B3:D5 单元格区域。

❷ 按住 Shift 键，将鼠标指针移动到该单元格区域的右下角。

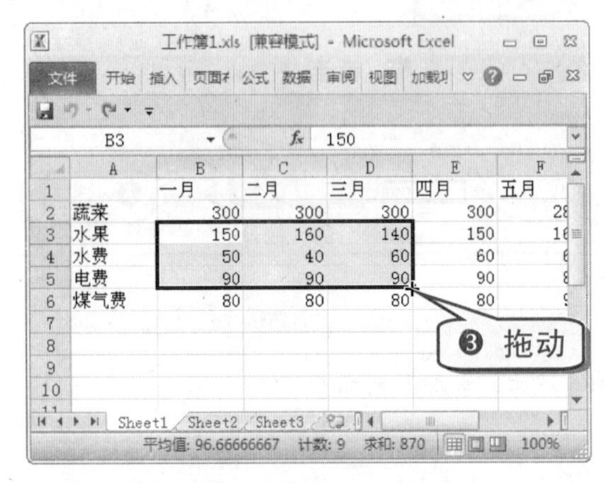

❹ 拖动到合适区域后，释放鼠标后放开 Shift 键即可插入多个单元格。

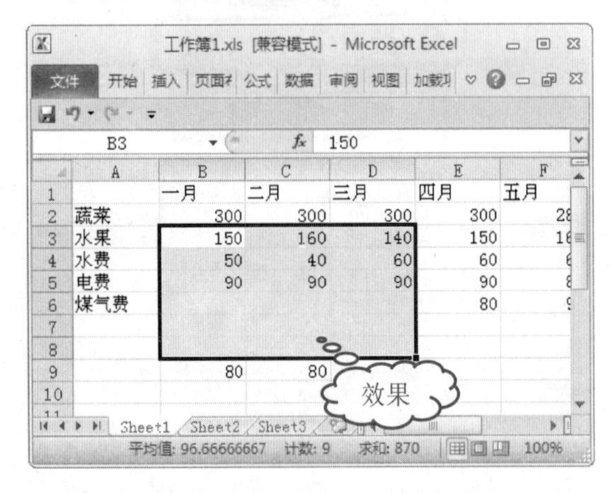

技巧259 快速隔行插入行

在使用 Excel 的过程中有时需要插入不连续的行，具体操作步骤如下。

❶ 按住 Ctrl 键，同时单击需要在其下方插入行的行标号。如果需要在第 2 行下方插入一行，则选择第 3 行；如果需要在第 4 行和第 5 行下方分别插入 2 行，则在第 4 行下方选择 2 行，即选择第 5 行和第 6 行。

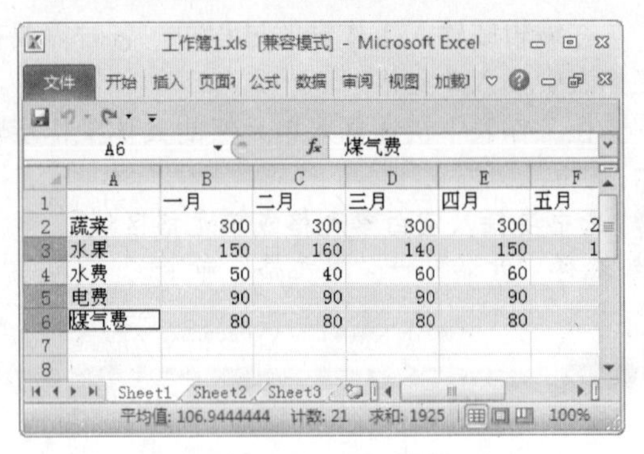

❷ 按下 Ctrl+Shift+=组合键，可一次性插入多行。

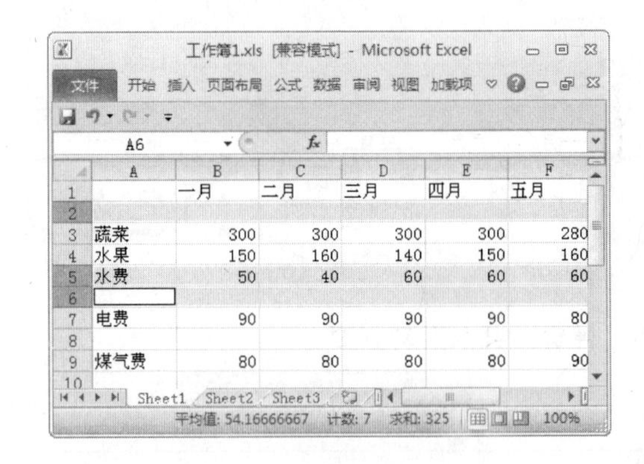

技巧260 巧妙插入多行

选择“开始”→“插入”命令可以插入一行或一列，然后使用 Ctrl+Y 组合键即可重复插入多行或者多列。实际上还可以使用其他方法快速插入多行或多列。

巧妙插入多行的具体操作步骤如下。

❶ 如果需要在第 3 行下方插入 3 行，则选中第 3 行下方 3 行，即第 4 行至第 6 行。

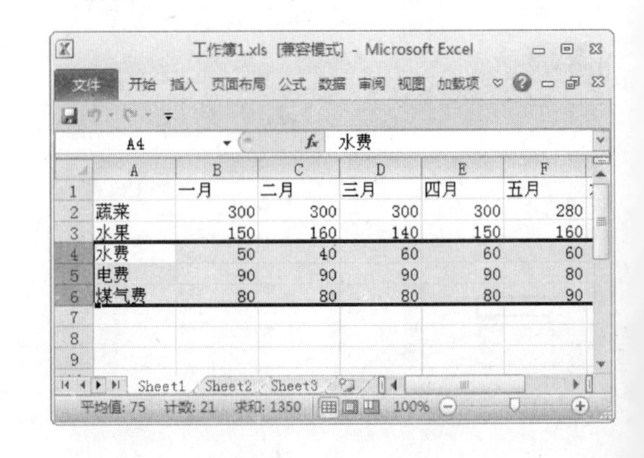

❷ 按下 Ctrl+Shift+=组合键，即可一次性在第 3 行下方插入 3 行。

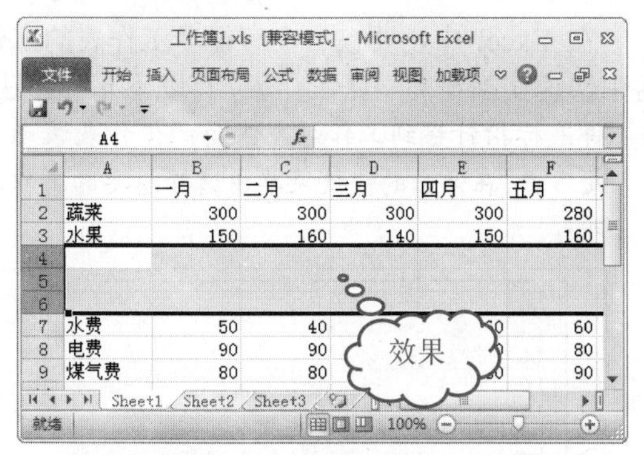

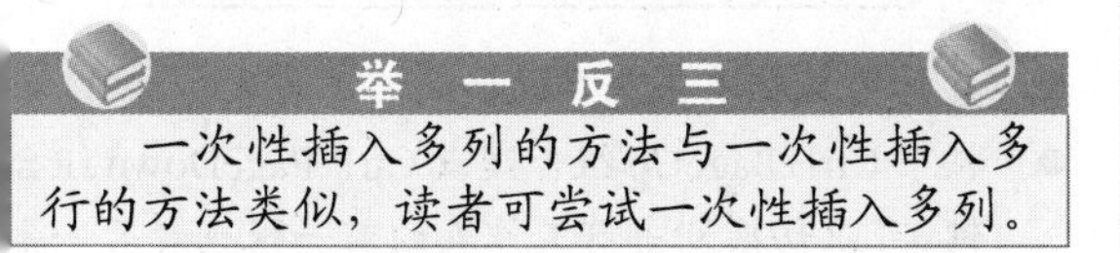

一次性插入多列的方法与一次性插入多行的方法类似，读者可尝试一次性插入多列。

技巧261　快速合并与拆分单元格

在对工作表进行编辑操作过程中，有时需要在工作表中合并与拆分单元格。但是不能拆分未合并过的单元格。

❶ 选中需要合并的单元格。
❷ 选择“开始”→“对齐方式”命令。
❸ 单击合并后居中按钮，弹出相应的快捷菜单。

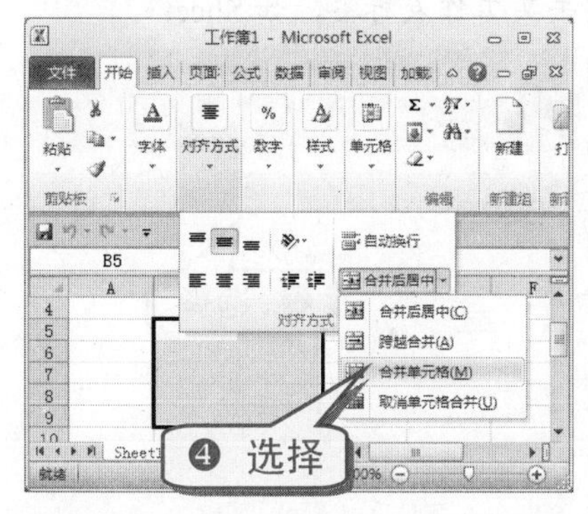

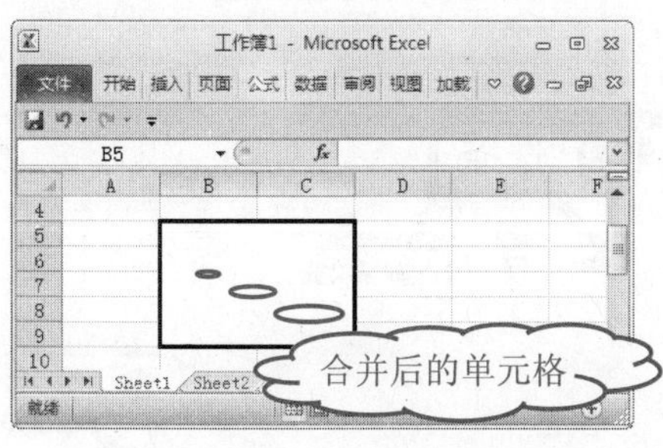

用户在实际使用 Excel 2010 的过程中，总会遇到各种各样的情况。如果遇到将单元格拆分后，又要将其进行合并可进行如下操作。

❶ 选择要进行拆分的单元格。
❷ 选择“开始”→“对齐方式”命令。
❸ 单击合并后居中按钮，弹出相应的快捷菜单。

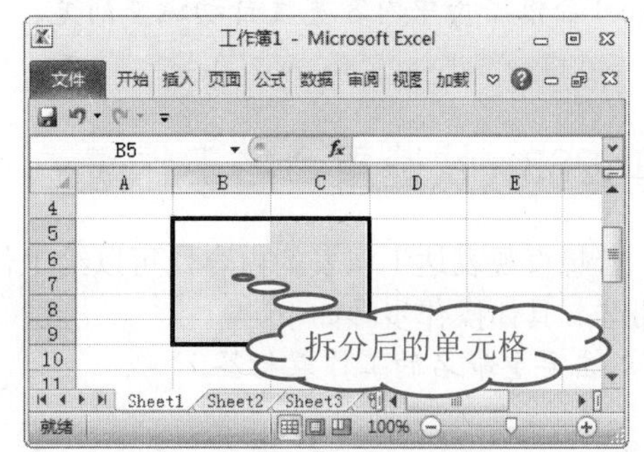

技巧262　快速同时改变多行行高

在处理 Excel 表格时，通常需要将行高调整到合适的位置。

同时改变多行行高的具体操作步骤如下。

❶ 选中需要调整行高的行，将鼠标指针定位在行标号与行标号交界的横线上，待鼠标指针变成“$\updownarrow$”样式。

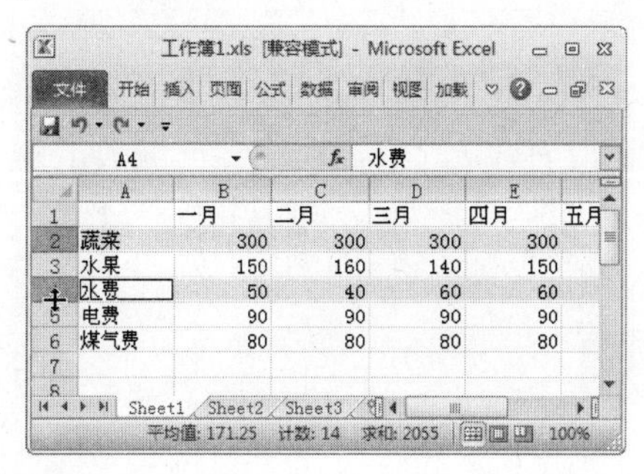

❷ 按住左键不放拖动到合适的高度，释放鼠标左键就完成调整了。

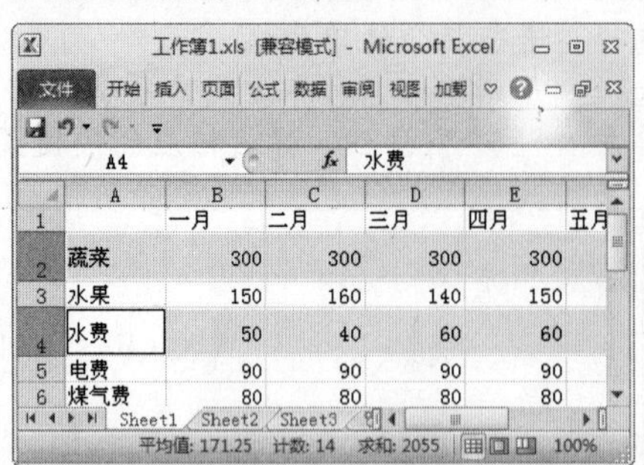

知 识 补 充

待鼠标指针变成“+”样式，单击鼠标右键，在弹出的快捷菜单中选择“行高”命令，在弹出的“行高”对话框中也可自行设置行高。

读者可尝试改变列宽。

当鼠标指针变成“+”样式时，双击左键。Excel 会根据行中内容宽度自动调整列宽。

技巧263　快速重命名工作表

若想直观表达工作表的内容，可以给工作表重命名。具体操作步骤如下。

❶ 双击要重命名的工作表标签。

❷ 使其呈反白显示。

❸ 输入需要修改的名称即可。

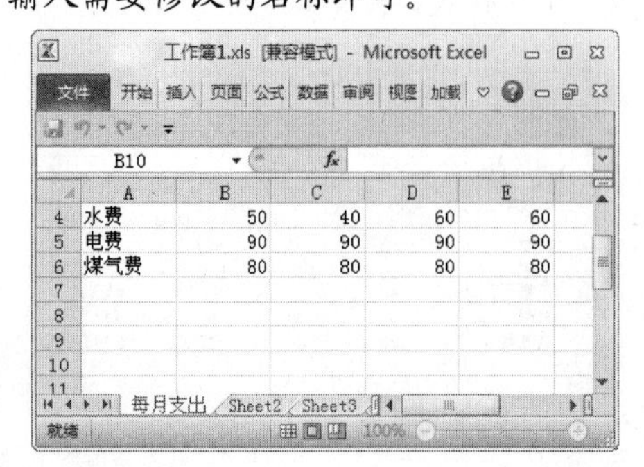

技巧264　巧妙切换工作表

在 Excel 中，要在一个有很多工作表的工作簿中快速切换至另一张工作表，有以下几种方法。

- 将鼠标指针移到工作簿左下角的工作表滚动轴处右击，在弹出的快捷菜单中选择想要的工作表即可。

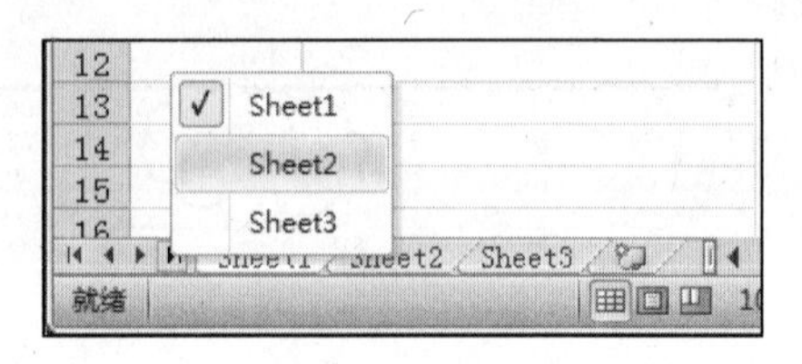

- 直接用鼠标单击需要切换到的工作表。
- 按下 Ctrl+PageUp 组合键或 Ctrl+PageDown 组合键，可以切换到当前工作表的前一张或者后一张工作表。

技巧265　快速添加和删除工作表

通常一个工作簿有 3 张默认的工作表，用户在使用过程中可能会出现不够用的情况，这时可以添加工作表。

添加工作表的具体操作步骤如下。

❶ 右击某工作表标签，如 Sheet3。

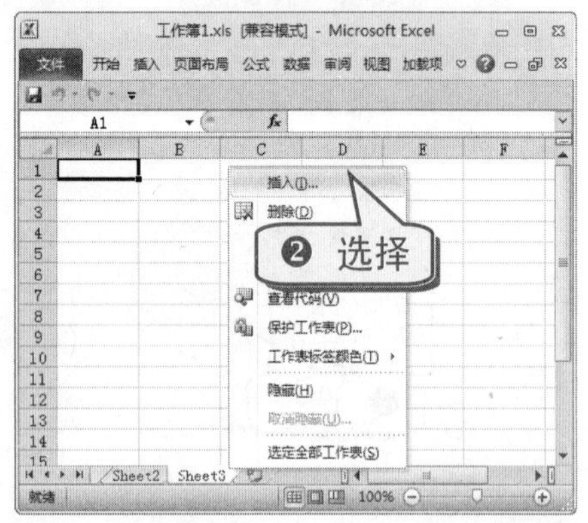

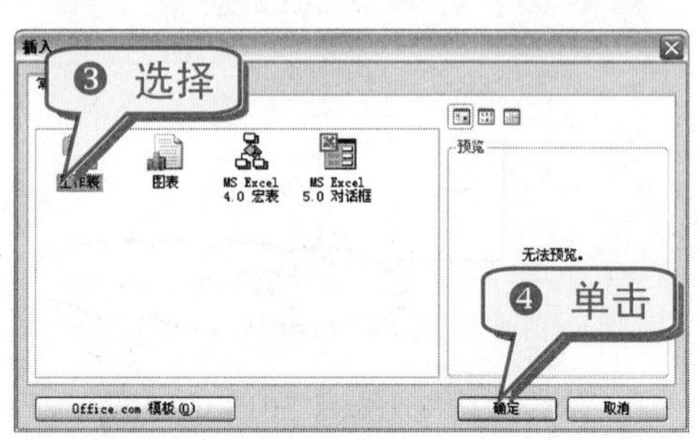

如果工作表太多，可对其进行删除。删除工作表的具体操作步骤如下。

❶ 单击要删除的工作表标签，使之成为当前工作表。

❷ 右击该工作表。

技巧266　快速设置字体格式

为突出某些数据或是让表格更加美观，可对相关单元格进行字符格式化。具体操作步骤如下。

❶ 选中表格标题。

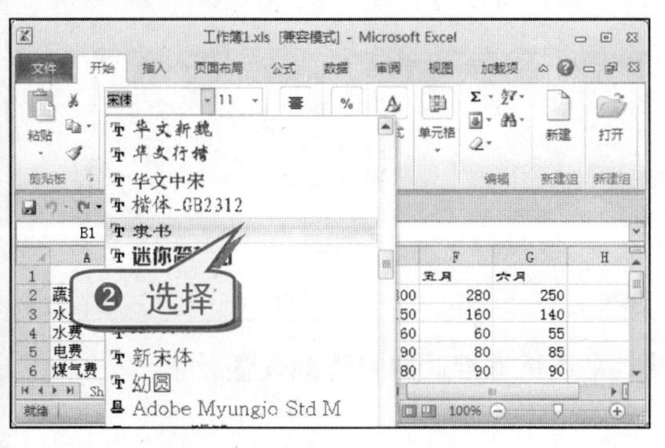

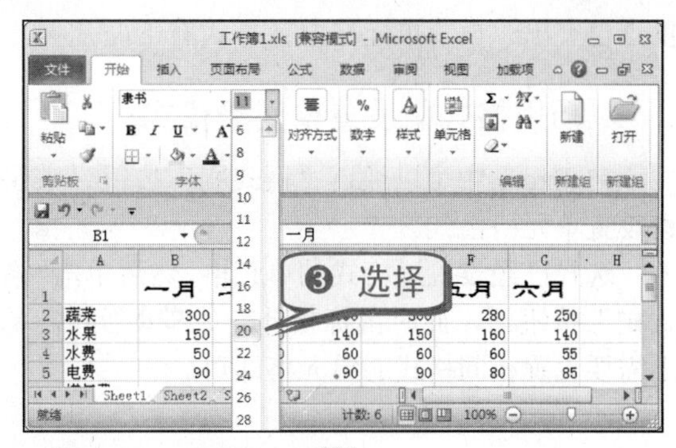

❹ 单击“加粗”按钮**B**。

❺ 单击“字体颜色”列表框的下拉按钮，在下拉颜色列表中选择绿色。

❻ 选中各栏目标题。单击“倾斜”按钮*I*。

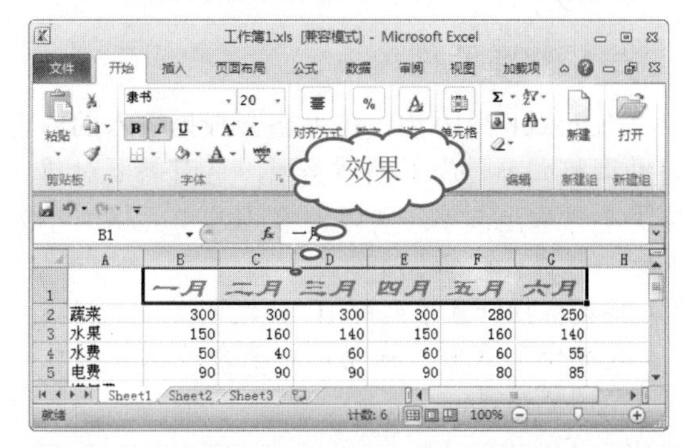

另外，还可用菜单命令来设置字体格式，具体操作步骤如下。

❶ 选中表格标题。

❷ 单击“字体”右侧的按钮，弹出“设置单元格格式”对话框。

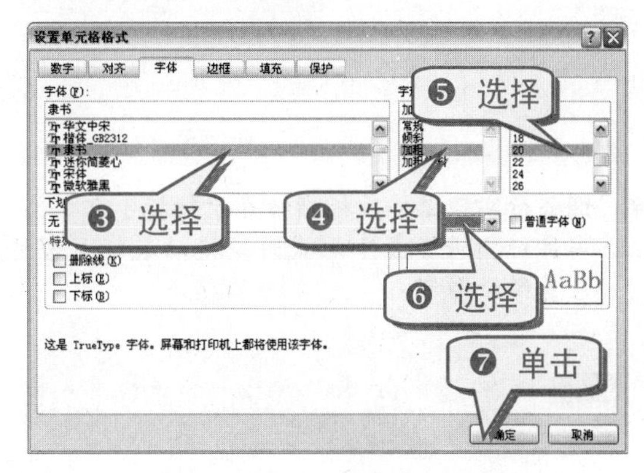

技巧267　快速设置单元格对齐方式

设置单元格格式，可以使文字排列更整齐、

重点更突出。设置单元格对齐方式有下面几种。

1. 巧用格式刷设置单元格格式

在 Excel 中可以通过“格式刷”按钮来快速设置单元格格式。

选择已经设置过格式的单元格，然后单击“格式刷”按钮，此时鼠标指针变成形式，单击需要设置相同格式的单元格即可。

举 一 反 三

双击“格式刷”按钮后可以重复使用格式刷。再次单击“格式刷”按钮即可取消“格式刷”。

2. 调整单元格大小

在 Excel 2010 中，单元格会根据输入的内容自动调整大小。为了整体美观，有时需要对单元格大小作适当调整。现以调整 B2 单元格大小为例，具体操作步骤如下。

❶ 将鼠标指针置于列标 B、C 之间。当鼠标指针变成形式时，拖动鼠标至合适位置释放即可调整列宽。

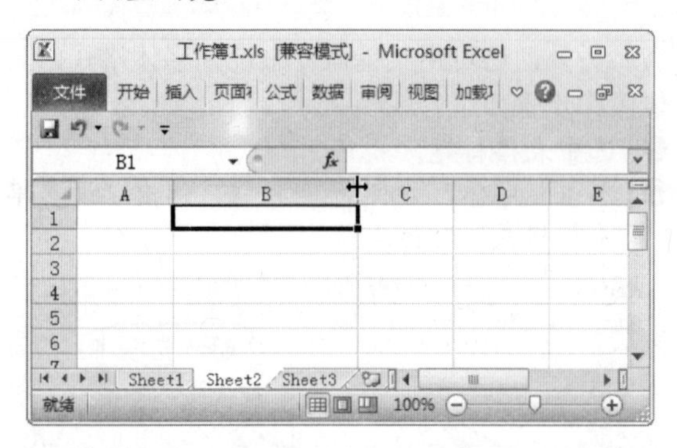

❷ 调整行高只需将鼠标指针置于行标 1、2 之间。当鼠标指针变成形式时，拖动鼠标至合适位置释放即可。

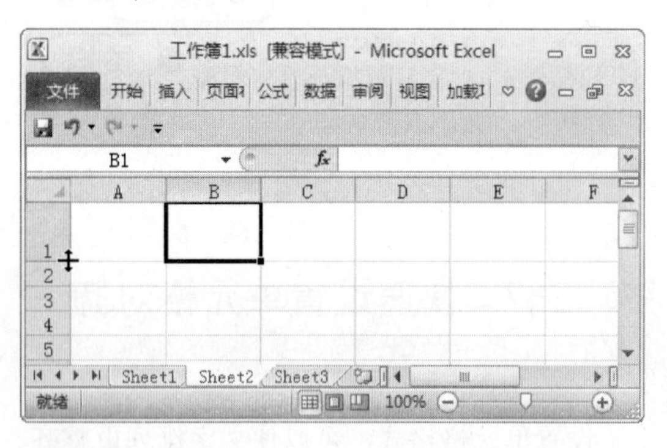

3. 巧妙设置对齐方式

在 Excel 2010 中，为了使表格更加美观，需要设置单元格文本的对齐方式。对齐方式主要分为水平对齐和垂直对齐。

❶ 选择单元格或单元格区域。

❷ 打开“开始”选项卡，然后在“对齐方式”功能区中选择合适的命令即可。

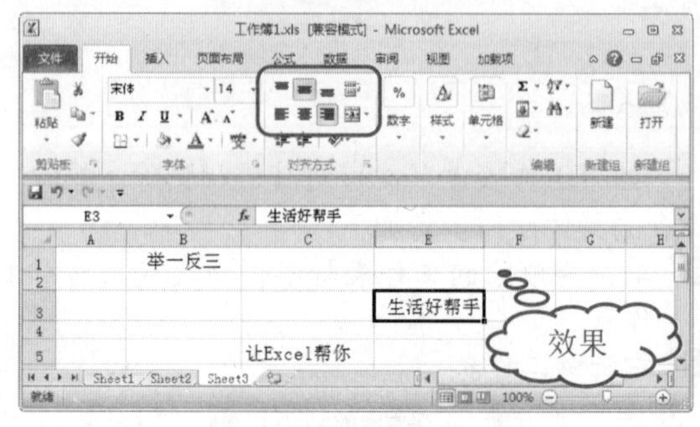

技巧268 快速设置单元格边框

为了单元格的美观，可以使用预定义的边框样式快速设置单元格边框。

❶ 选中要进行边框设置的单元格或者单元格区域。

❷ 选择“开始”→“字体”命令，单击按钮弹出“边框”快捷菜单，在该菜单中选择合适的边框命令，如“所有框线”即可。

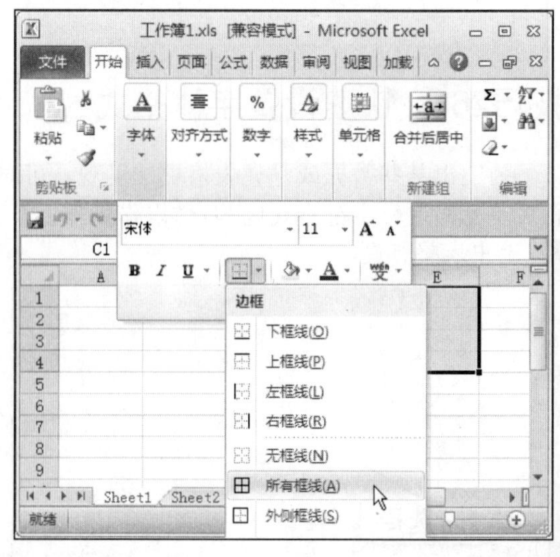

❸ 完成操作后，即可看到设置效果。

❹ 如果要删除单元格边框，选择“开始”→“字体”→“无框线”命令即可。

技巧269 巧设特殊边框

在 Excel 中除了可以为表格设置内置的边框外，还可以通过“设置单元格格式”对话框设置自定义的单元格边框样式。

设置特殊边框的具体操作步骤如下。

❶ 选择单元格区域，然后按下 Ctrl+1 组合键，弹出“设置单元格格式”对话框。

❷ 在弹出的对话框中，单击“边框”标签。

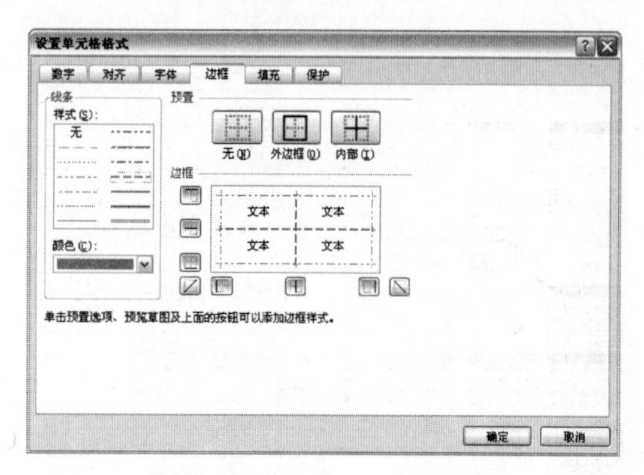

❸ 接着开始进行相关设置，在“样式”选项栏中选择适当的线条样式，在“颜色”下拉列表框中选择线条的颜色。

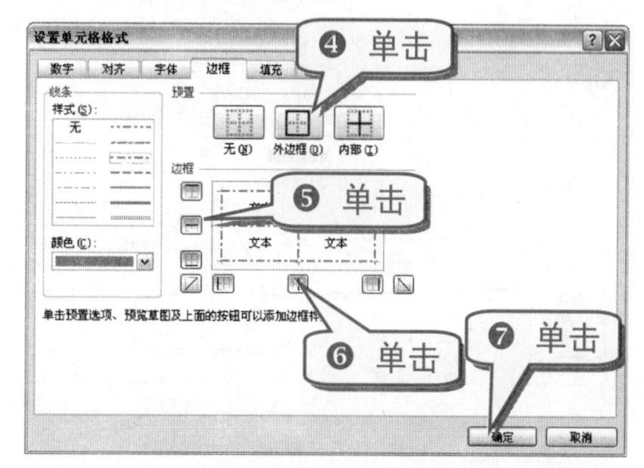

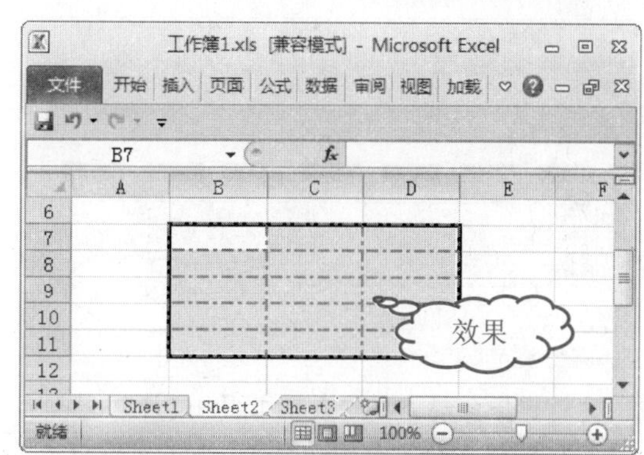

技巧270 快速套用单元格格式

在 Excel 2010 中内置有很多经常会用到的单元格格式，用户可以快速套用。

快速套用单元格格式的具体操作步骤如下。

❶ 选择“开始”→“套用表格格式”命令。

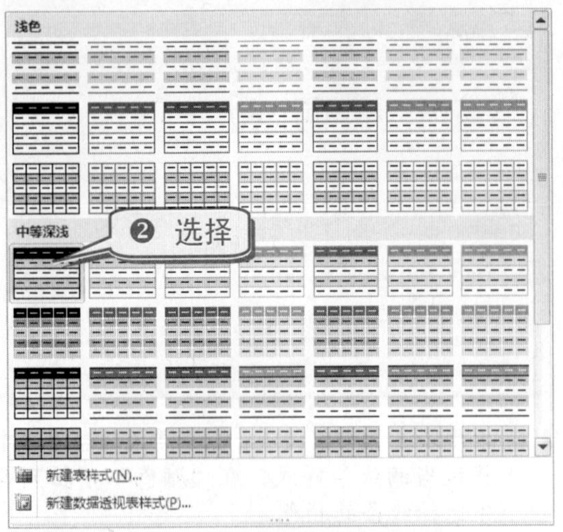

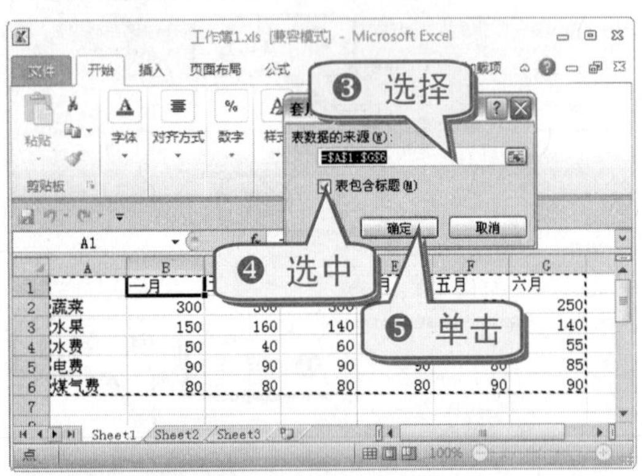

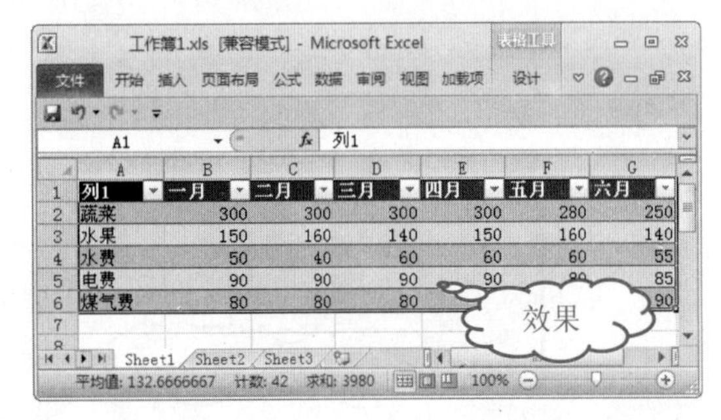

⑥ 这时，会自动添加“表格工具-设计”选项卡，可以在“表格工具-设计”选项卡中修改表格样式等。

技巧271　巧设单元格样式

在 Excel 2010 中有几种可以应用或修改的内置单元格样式。单元格样式是一组已定义的格式特征，如字体、字号、数字格式、单元格边框以及单元格底纹。

设置单元格样式的具体操作步骤如下。

❶ 选择需要应用样式的单元格或单元格区域。

❷ 选择“开始”→“单元格样式”命令，在下拉菜单中选择要应用的样式。

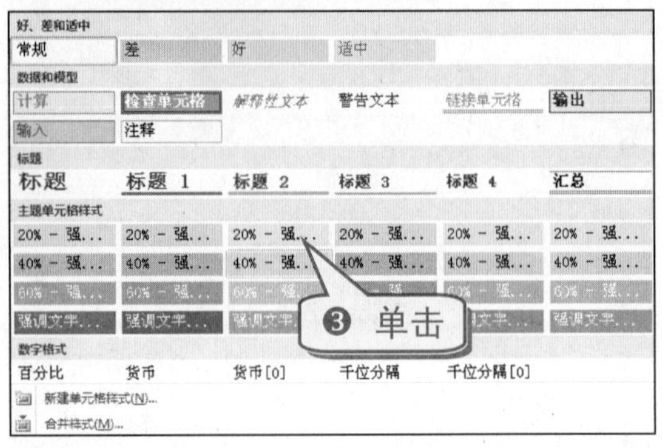

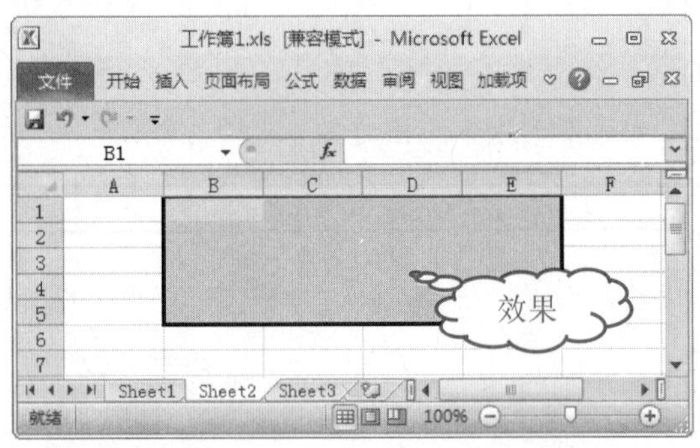

知　识　补　充

用户还可以自定义单元格样式。在“单元格样式”命令的下拉菜单中选择“新建单元格样式”可以自定义一个单元格样式，以后即可套用此样式。

技巧272　巧用 Excel 2010 记流水账

Excel 2010 具有非常强大的功能，也是记账的好工具。现在，大到一家公司的财务报表或其他需计算的数据，小到一个家庭每月的收入支出情况，人们都喜欢用 Excel 来记录。这是因为用 Excel 来记账操作简单，且清楚明了。

用 Excel 2010 来制作一个记录每月家庭支出表格的具体操作步骤如下。

❶ 打开 Excel 2010 窗口，在单元格中分别输入各种支出项目。在第一列中输入时间。

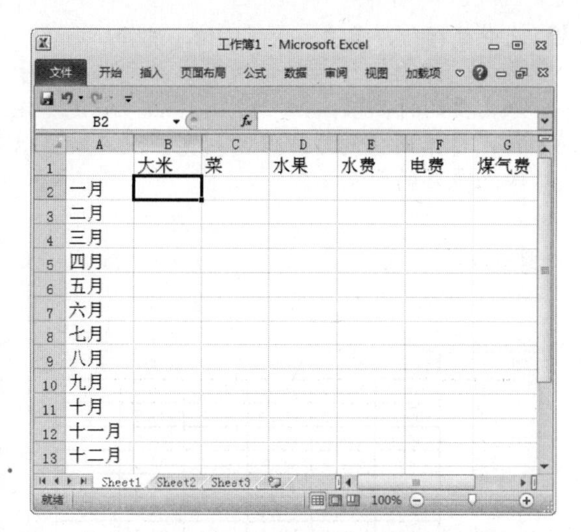

❷ 右击 A1 单元格，选择“插入”命令，弹出“插入”对话框。

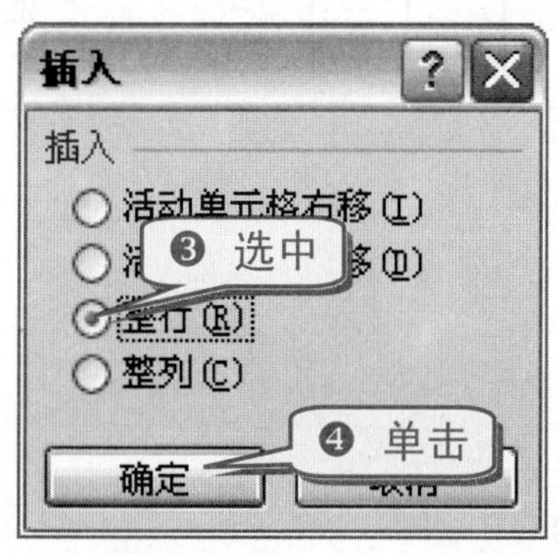

❺ 选中 A1 至 G1 单元格，单击“合并后居中”按钮，输入“年支出表”字样。

❻ 选中“年支出表”字样，根据前面介绍过的方法来设置字体格式。

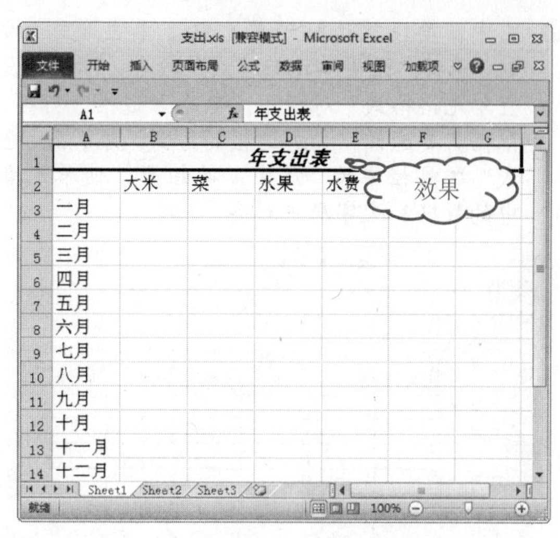

❼ 可以给各支出项目与时间添加底纹。选中各支出项目，单击 格式 按钮，选择“设置单元格格式”命令，弹出“设置单元格格式”对话框。在“填充”选项卡中单击“图案颜色”和“图案样式”的下拉按钮，选择一种图案颜色与样式。最后单击“确定”按钮。可以使用同样的方法给“时间”添加底纹。

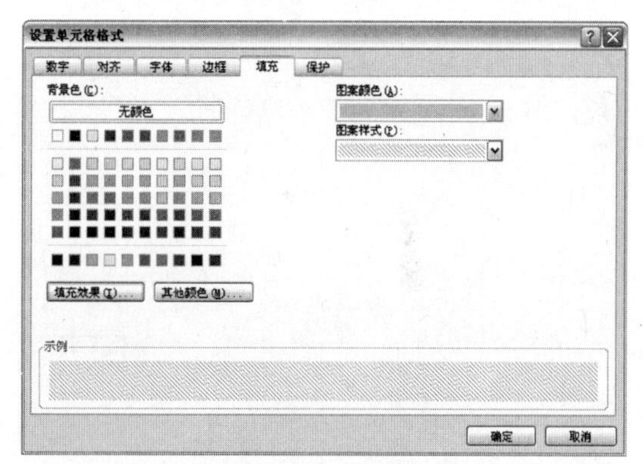

❽ 选中需要设置边框的单元格，单击"格式"按钮，选择"设置单元格格式"命令，弹出"设置单元格格式"对话框。单击"边框"标签，根据需要选择一种加边框的方式。再单击"格式"工具栏中的"居中"按钮，使单元格中的数据和文字居中对齐。

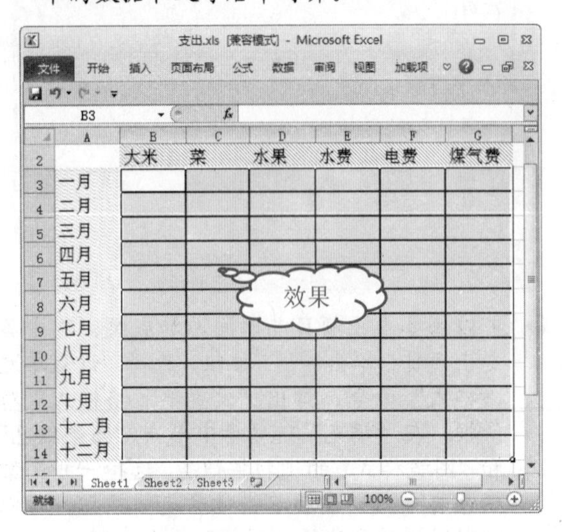

❾ 选中目标行，单击"格式"按钮，选择"行高"命令，弹出"行高"对话框。在文本框中输入需要的行高值，如"17"，单击"确定"按钮。根据同样的方法修改列宽。现在就可以输入每月的开支了。

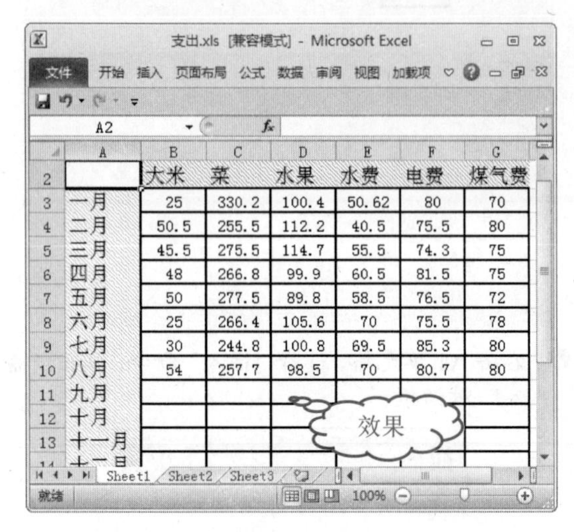

	大米	菜	水果	水费	电费	煤气费
一月	25	330.2	100.4	50.62	80	70
二月	50.5	255.5	112.2	40.5	75.5	80
三月	45.5	275.5	114.7	55.5	74.3	75
四月	48	266.8	99.9	60.5	81.5	75
五月	50	277.5	89.8	58.5	76.5	72
六月	25	266.4	105.6	70	75.5	78
七月	30	244.8	100.8	69.5	85.3	80
八月	54	257.7	98.5	70	80.7	80
九月						
十月						
十一月						

专题十五　保护电脑——电脑防护为你支招

如果用户对电脑维护的重视和认识程度不够，那么电脑常常会因为长期的使用、系统垃圾逐渐积累、系统漏洞增加等因素使得系统运行越来越慢，甚至带来安全隐患。

- 日常维护电脑的技巧
- 日常维护光驱的技巧
- 快速清理磁盘
- 快速查杀病毒

技巧273　日常维护电脑的技巧

日常注意维护电脑才能有效保证电脑正常运行，而掌握正确的维护技巧，才能达到事半功倍的效果。

1. 收集与备份文件

保留电脑系统的原始资料以及对重要文件进行备份，是对电脑进行预防性维护的重要保证。其主要工作有以下几个方面。

- 请销售商帮助做好系统急救盘，以备在发生故障的时候可以对系统进行引导和快速恢复一些重要信息。
- 对电脑中的文档、处理的文件，以及电脑里重要的数据等最好在每次关机前都要做好备份，做到有备无患。
- 保管好与电脑一起买来的各种资料、软盘、光盘等，其中光驱、声卡、芯片及板卡等的资料与说明书对出现故障后的排除工作有很大帮助。

备份文件的方法主要有操作系统备份和软件备份两种。

2. 预防电脑病毒

在网上进行冲浪时，如果登录带有病毒的网站，下载带有病毒的文件，不使用正版的杀毒软件，电脑未安装杀毒软件和防火墙，或没有为软件升级等都可能导致电脑染上病毒。

为防止电脑感染病毒，要尽量做到以下几点。

- 不要随意复制来源不明的软盘、U盘、光盘，复制前要先查毒。
- 使用软件时，要使用正版软件，不要用盗版软件。
- 及时更新操作系统，打好补丁修复系统漏洞。
- 经常进行查毒和杀毒。
- 经常升级杀毒软件病毒库。
- 在电脑上安装防火墙，如瑞星个人防火墙。

3. 养成良好的上网习惯

为保证电脑的寿命及安全状况，用户要注意

养成良好的上网习惯，不要浏览不健康的网站，因为这类网站的病毒非常多，电脑感染病毒的机会很大。

技巧274　日常维护硬盘的技巧

硬盘是电脑主要的存储媒介之一，在电脑运行中发挥着重要的作用，所以硬盘的日常维护也很重要。日常维护硬盘的技巧有下面几种。

1. 硬盘读写时不要把电源关掉

硬盘进行读写时，处在高速运转状态。现在的硬盘转速通常都高达每分钟7200转。在硬盘如此高速旋转时忽然关掉电源，会导致磁头与盘片猛烈摩擦从而损坏硬盘。

2. 预防高温

硬盘的主轴电机、步进电机及其驱动电路长时间工作时会散发出大量的热量，因此在使用中要防止环境温度过高。

在室内最好利用风扇、空调将主机附近的环境温度调节在20～25℃之间；在炎热的夏季，要注意使机箱内的温度低于40℃。

3. 预防硬盘震动

硬盘是十分精密的设备，工作状态中的磁头在盘片表面的浮动高度只有几微米。

硬盘在进行读写时，一旦发生较大的震动就可能造成磁头与盘片相撞击，导致盘片被划伤，造成数据区损坏和硬盘内的文件信息丢失，严重的甚至可能损坏磁头。

技巧275　日常维护光驱的技巧

经过长时间使用的光驱，读盘能力会降低，许多盘都读不出来，即便能读出来，读盘的速度也非常慢，此时就应该对光驱激光头进行清洗。

通常而言，清洗激光头分为自动清洗和手工清洗两种。

1. 自动清洗方法

买一张专门的光驱清洗盘放入光驱中，使用Windows附件中的CD Player软件播放该盘。播放完毕后，把清洗盘取出即可，检测一下光驱的读盘能力是否有所提高，如没有效果，可以尝试使用手工清洗的方法。

2. 手工清洗方法

使用工具打开光驱的外壳，在光驱的中央位置有一个玻璃状的小圆球，这就是激光头。使用一根干净的棉签，蘸一点专用清洗剂，轻轻地擦拭激光头的表面，等酒精挥发完后，盖上光驱外壳即可。这时光驱的读盘能力一定会有很大的提高。

技巧276　日常维护键盘、鼠标的技巧

用一块干净的抹布沾水，拧干后，轻轻擦拭键盘和鼠标积垢、积尘的地方。

键盘按键的缝隙内经常会掉入一些灰尘或小碎片，这会妨碍键盘的使用，将键盘翻转，使按键向下，轻轻用手敲击抖掉灰尘或碎片即可。

也可卸掉键盘螺丝，打开键盘，用干净抹布对键盘内部进行擦拭。擦拭时注意不要碰到键盘内部的电路板。

通常鼠标用久了都会出现滑动不灵的现象，这时应对鼠标垫进行清洁，如果使用的是机械鼠标，还应当对鼠标内部进行清理。

技巧277　日常维护显示器的技巧

显示器的屏幕是很精细的，在屏幕上面通常都涂有一些特殊涂层，以防止静电或增加透光度。

对于屏幕上的手印和污点，不能用抹布和卫生纸来清理，因为这些物品的组织颗粒太粗了，直接擦拭会对屏幕造成磨损。最好的办法就是用显示器屏幕专用擦拭布来擦。

技巧278 快速清理磁盘

对磁盘进行清理就是将磁盘上的一些垃圾文件清理掉，以释放更多的空间，从而提高磁盘的运行速度。

快速清理磁盘的具体操作步骤如下。

❶ 双击“我的电脑”图标。在弹出的“我的电脑”窗口中，右击任意一个磁盘驱动器，弹出一个快捷菜单。

❷ 在弹出的快捷菜单中选择“属性”命令，弹出“本地磁盘(E:)属性”对话框。

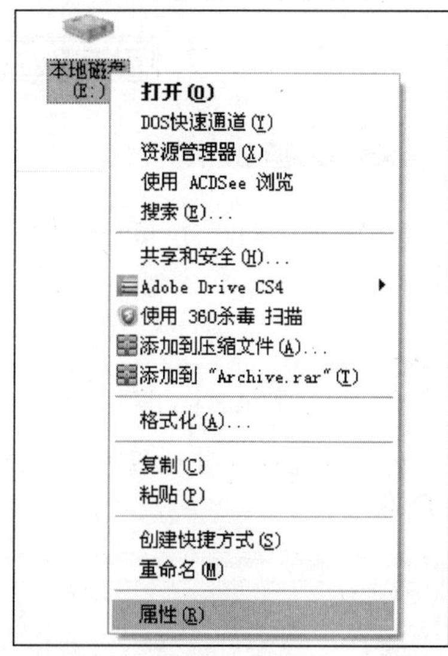

❸ 在弹出的“本地磁盘(E:)属性”对话框中，单击“磁盘清理”按钮。

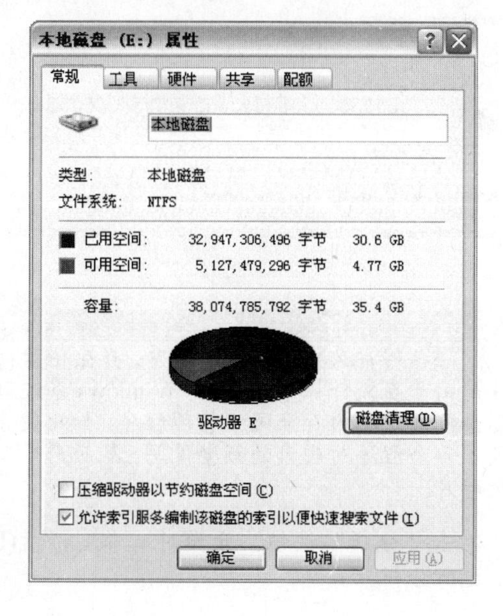

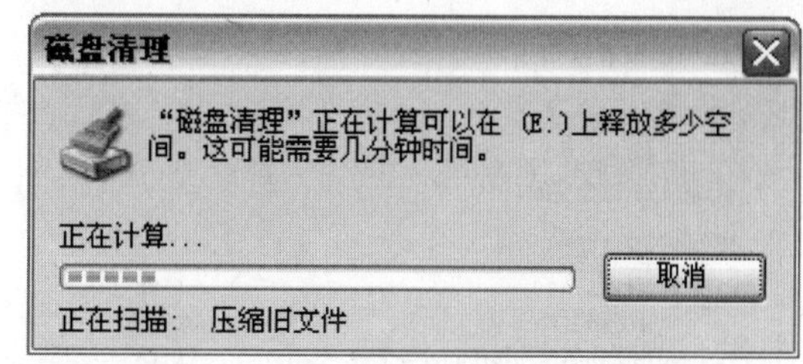

❹ 在弹出的“(E:)的磁盘清理”对话框中，选中“回收站”、“压缩旧文件”和“用于内容索引程序的分类文件”复选框，单击“确定”按钮。

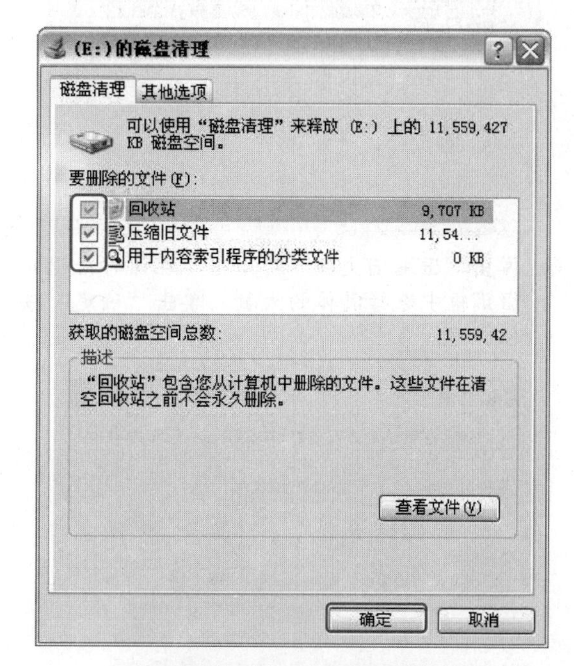

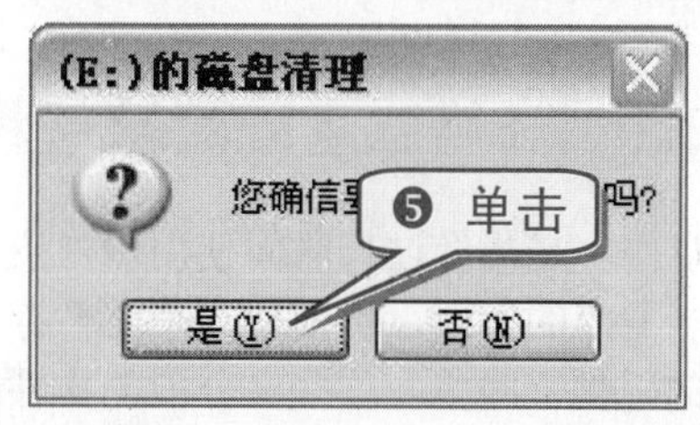

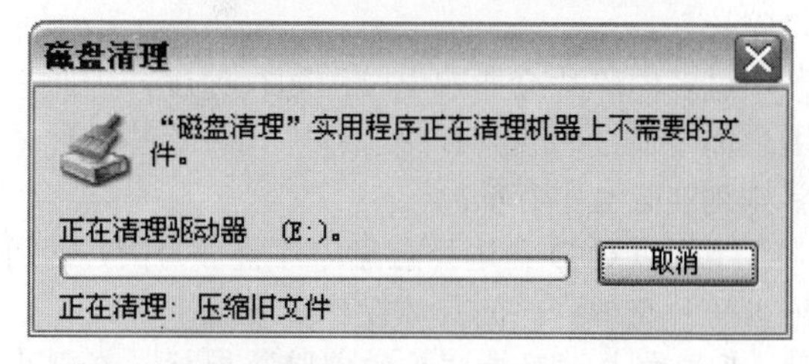

对于“压缩旧文件”复选项，用户可以自行选择压缩多久没有访问过的文件。

❶ 选中“压缩旧文件”复选框，单击“选项”按钮。

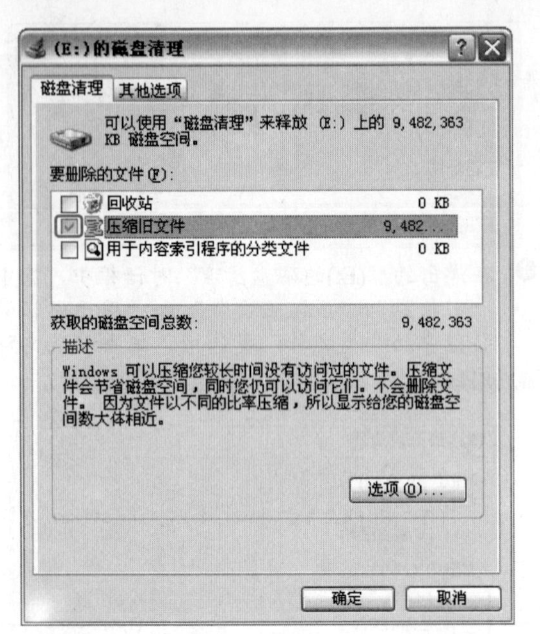

❷ 弹出“压缩旧文件”对话框，在该对话框的微调框中选择具体的天数，单击“确定”按钮即可。

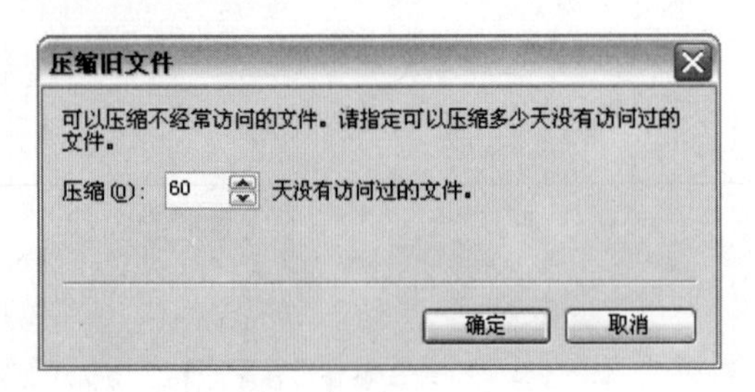

技巧279 巧用磁盘碎片整理程序

磁盘碎片是指经过长时间使用后，磁盘上会出现很多零碎的空间，从而使一个文件存放在多个不同的磁盘空间中，这些被分散的文件就称为“碎片”。

过多的碎片会影响电脑的运行速度，因此，用户需要通过磁盘碎片整理程序，将这些文件重新排列在磁盘中存储。

下面以对D盘进行磁盘碎片整理为例，使用磁盘碎片整理程序的具体操作步骤如下。

❶ 在桌面上，双击“我的电脑”图标。在弹出的“我的电脑”窗口中，右击“本地磁盘(D:)”，在弹出的快捷菜单中选择“属性”命令，弹出“本地磁盘(D:)属性”对话框。

❷ 在弹出的“本地磁盘(D:)属性”对话框中，单击“工具”标签，单击“开始整理”按钮，弹出“磁盘碎片整理程序”对话框。

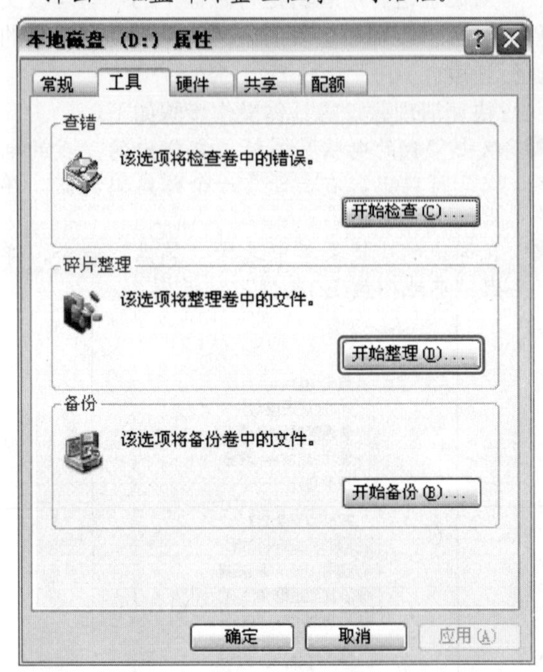

❸ 在弹出的“磁盘碎片整理程序”对话框中，选择D盘。

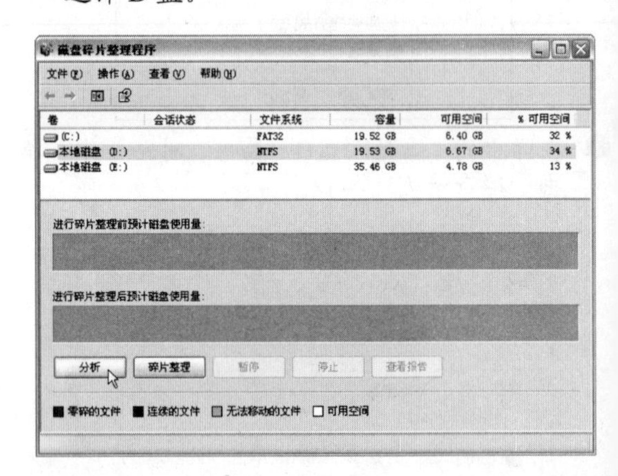

知识补充

磁盘碎片又被称为文件碎片。产生磁盘碎片是由于在文件操作过程中，Windows系统可能会调用虚拟内存来同步管理程序，如此便导致了各个程序对硬盘的频繁读写，从而产生磁盘碎片。

❹ 单击“分析”按钮，开始对“本地磁盘(D:进行分析。

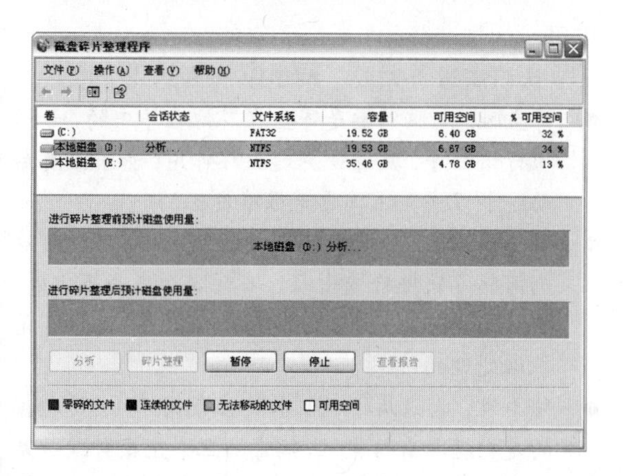

❺ 分析完毕后，会弹出“磁盘碎片整理程序”对话框，在弹出的对话框中单击“查看报告”按钮。

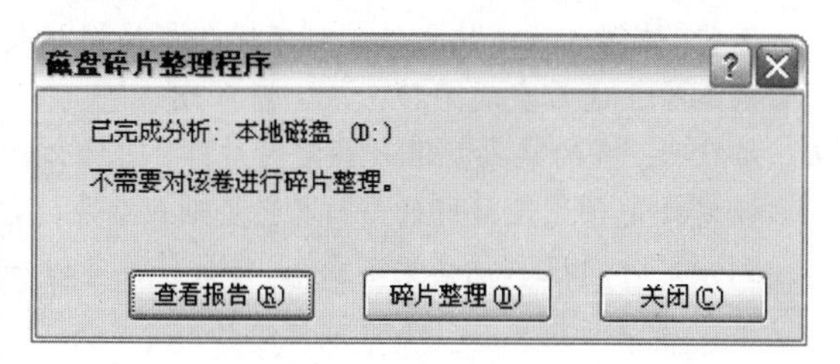

❻ 弹出“分析报告”对话框，在该对话框中单击“碎片整理”按钮。

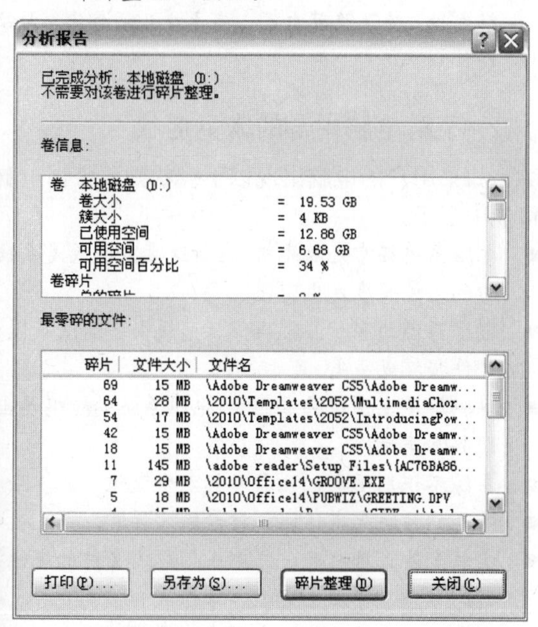

❼ 开始进行磁盘碎片整理。

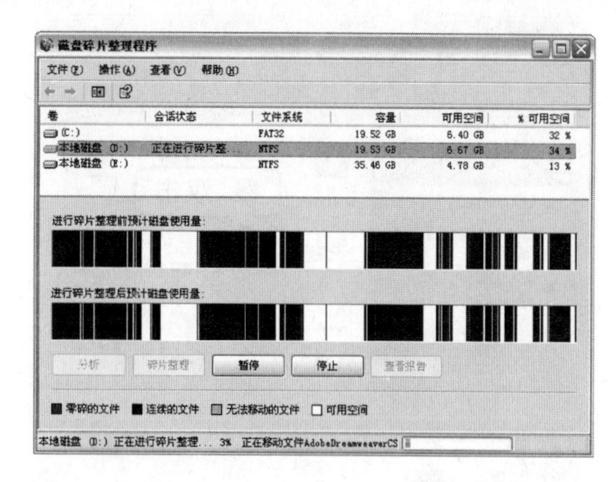

专家坐堂

进行磁盘碎片整理，除了使用上述方法外，还可以执行“开始→所有程序→附件→系统工具→磁盘碎片整理”命令，在弹出的“磁盘碎片整理程序”对话框中完成。

技巧280　快速启用 Windows 防火墙

防火墙是指由软件与硬件设备组合而成，在公共网和专用网之间、外部网与内部网之间的界面上所构造的保护屏障，其为一种计算机软件与硬件的结合，让 Intranet 和 Internet 之间建立起一个安全网关，从而起到保护内部网免受非法用户侵入的作用。

防火墙具有非常好的保护作用。入侵者要先穿越防火墙的安全防线，才能接触目标计算机。用户可将防火墙配置成多种保护级别。启用 Windows 防火墙的具体操作步骤如下。

❶ 选择“开始”→“设置”→“控制面板”命令，弹出“控制面板”对话框。

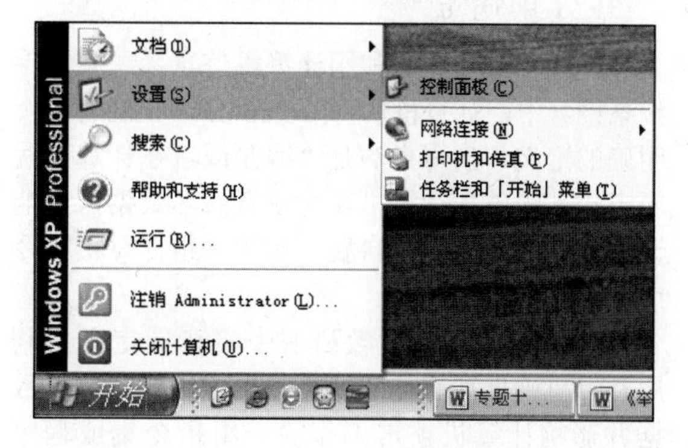

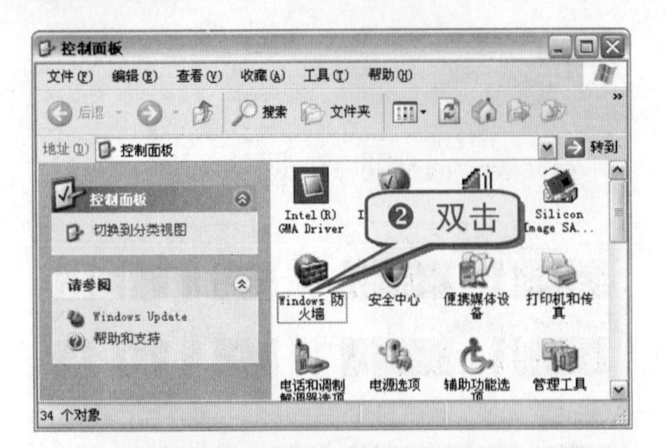

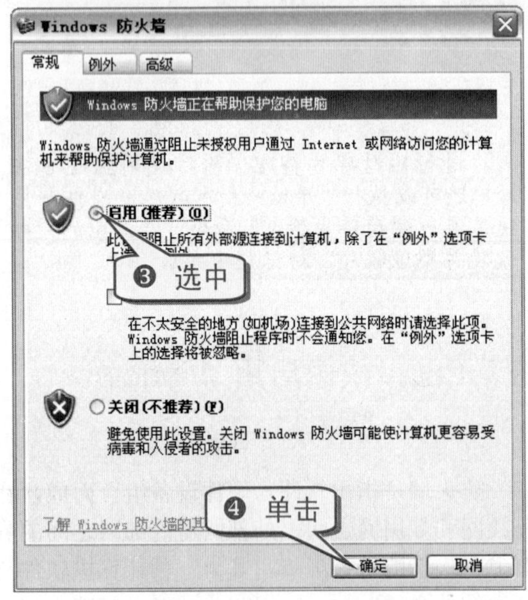

技巧281 快速认识电脑病毒

电脑在使用过程中难免会受到病毒的干扰，用户只有对病毒与电脑的中毒症状有所了解，才能更好地保护自己的电脑。

1. 了解病毒

在《中华人民共和国计算机信息系统安全保护条例》中，计算机病毒(Computer Virus)有一个明确的定义，病毒指的是“编制或者在计算机程序中插入的破坏计算机功能或者破坏数据，影响计算机使用并且能够自我复制的一组计算机指令或者程序代码”。

通用资料和一般教科书中将病毒定义为利用计算机硬件和软件的缺陷，用于破坏计算机数据并影响计算机正常工作的一组指令集或程序代码。

认识病毒首先要了解电脑病毒的几个特点。

- 寄生性。电脑病毒是寄生在其他程序中的，如果执行该程序，病毒便会起破坏作用；如果没有启动这个程序，该病毒是很难发掘的。
- 隐蔽性。电脑病毒具有很强的隐蔽性，有的可以利用病毒软件检查出来，有的就根本查不出来，还有的则变化无常、时隐时现，这类病毒通常是很难处理的。
- 传染性。电脑病毒不但本身具有破坏性，更糟糕的是它还具有传染性，病毒一旦产生变种或被复制，其速度之快常令人难以预防。传染性是病毒的基本特征。
- 破坏性。电脑中毒后，可能会致使正常程序无法运行，使得电脑内的文件受到不同程度的损坏或被删除。通常表现为移、改、增和删。
- 潜伏性。有的病毒就像一颗定时炸弹，它什么时候发作是预先设计好的。如黑色星期五病毒，没到预定时间根本就察觉不出来，待条件具备时一下子就爆炸开来，对系统进行破坏。
- 可触发性。病毒由于某个数值或事件的出现，并诱使病毒进行攻击或实施感染的特性被称为可触发性。为了隐蔽自己，病毒就必须潜伏，少做动作。

2. 了解电脑中毒的常见症状

如果用户的电脑出现以下症状则要警惕电脑可能中毒了。

- 电脑系统经常无故死机、运行速度减慢或是系统中的文件长度发生变化。
- 电脑存储的容量异常减少、系统引导速度减慢、文件损坏或丢失。
- 电脑屏幕上出现异常显示，电脑系统的蜂鸣器出现异常声响。
- 系统不识别硬盘、磁盘卷标发生变化。
- 对存储系统异常访问、键盘输入异常。
- 文件无法正确打开、复制或读取，文件的属性、时间和日期等发生变化。
- 命令执行出现错误、出现虚假警报。
- 时钟倒转，有些病毒会命名系统时间倒转，逆向计时。
- 换当前盘，有些病毒会把当前盘切换到C盘。
- Windows 操作系统无故频繁出现错误。

- 系统异常重新启动。
- 异常要求用户输入密码，或是有些外部设备工作异常。
- Word 或者 Excel 提示执行“宏”。
- 本是不应驻留内存的程序却驻留内存。

3. 了解常用杀毒软件

杀毒软件是用于消除恶意软件、特洛伊木马和电脑病毒的工具。杀毒软件有很多品牌，而选择一款适合自身需求的杀毒软件则非常重要，接下来介绍几种比较常用的杀毒软件。

瑞星：瑞星杀毒软件的监控能力十分强大，但占用的系统资源也比较大。采用第八代杀毒引擎的瑞星，可以彻底、快速查杀各种大小病毒。瑞星杀毒软件同时包含有防火墙与杀毒的功能，可以同时提供防止恶意攻击、病毒查杀和病毒防护功能。

江民：江民杀毒软件是一款老牌杀毒软件，具有良好的监控系统，独特的主动防御让许多病毒望而却步。占用资源不是很大，建议与江民防火墙配套使用。

金山毒霸杀毒软件：金山毒霸杀毒软件集防漏洞、防木马、监控和杀毒于一体，是一款相当具有市场竞争力的杀毒软件。

360 杀毒软件：360 杀毒软件是性能超强且永久免费的杀毒软件，其独有可信程序数据库、查杀能力超强、轻巧快速不占资源，误杀率远比其他杀毒软件低。

技巧282 使用 360 安全卫士保护电脑

360 杀毒软件结合了国际知名的 BitDefender 病毒查杀引擎及自主研发的云查杀引擎，具有很强的病毒查杀能力，能够为用户提供完善的病毒防护体系。

1. 下载安装 360 杀毒软件

使用 360 安全卫士保护电脑，首先要下载安装 360 杀毒软件，具体操作步骤如下。

❶ 打开 360 杀毒软件的下载页面 http://sd.360.cn/?src=360home。

专 家 坐 堂

360 杀毒软件经过了严格的认证，获得了众多国际奖项，如 360 杀毒软件通过了国际权威的 VB100 安全软件评测认证，荣获英国西海岸实验室 Checkmark 认证、OESIS OK 认证以及公安部的认证等。

360 杀毒软件下载完成后，就可以开始安装了。安装 360 杀毒软件的操作步骤与 QQ 聊天工具等软件的安装步骤类似，这里就不再赘述。

值得用户注意的是，当电脑已安装有其他杀毒软件的情况下安装 360 杀毒软件，则应选择“以兼容方式安装”。另外，360 杀毒软件采取了完全免费的模式，无需激活码。

2. 升级 360 病毒库

及时更新病毒库，让病毒库保持在最新状态，可以有效防范新型病毒对用户电脑造成的伤害。升级 360 病毒库有手动升级与自动升级两种。

手动升级病毒库的具体操作步骤如下。

❶ 双击运行 360 杀毒软件，单击“产品升级”标签。

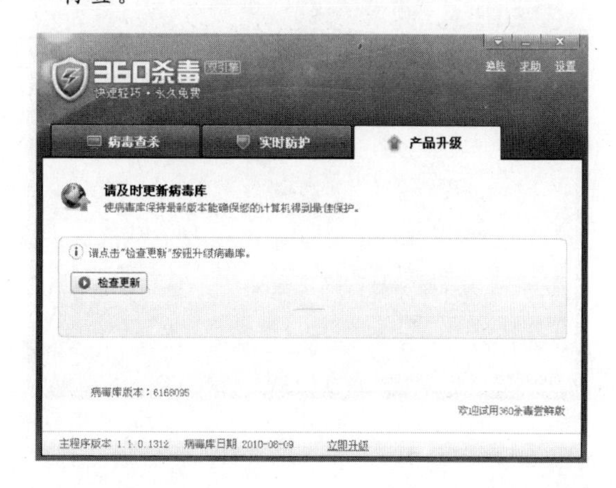

❷ 单击“检查更新”按钮，开始升级病毒库。

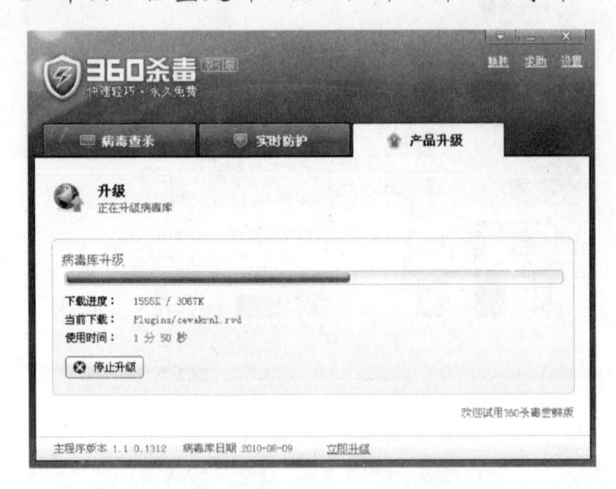

专 家 坐 堂

在升级途中，如果用户暂时不想升级，则单击“停止升级”按钮即可。

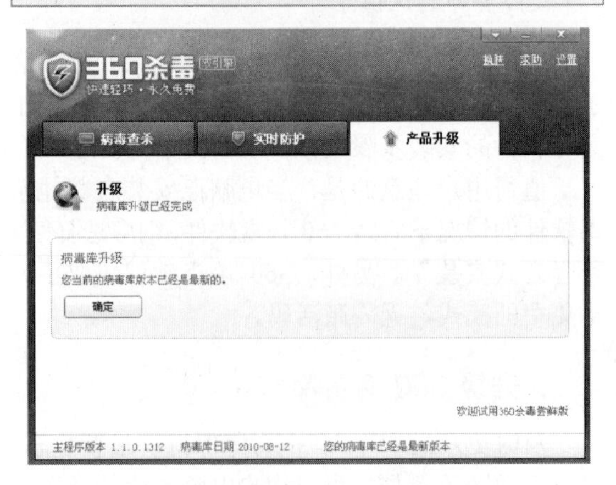

自动升级病毒库的具体操作步骤如下。

❶ 双击运行360杀毒软件，单击“设置”按钮。弹出“设置”对话框。

❷ 在弹出的对话框中，单击“升级设置”选项，选中“自动升级病毒特征库及程序”单选按钮。

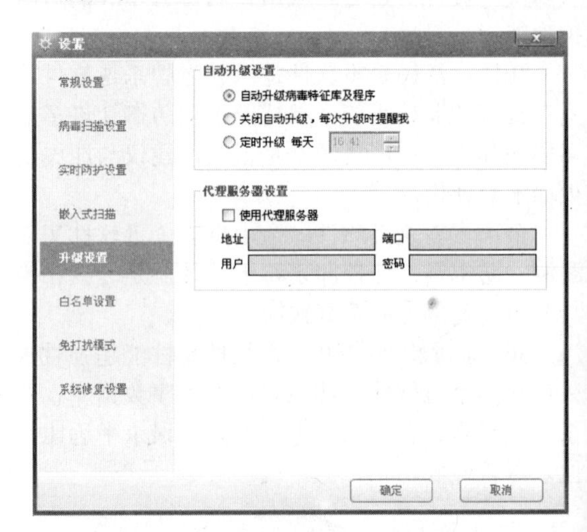

❸ 最后单击“确定”按钮，即可完成操作。

技巧283 快速设置防护级别

360杀毒软件根据安全程度的高低，为用户设置了三种防护级别。

知 识 补 充

三种防护级别分别是基本防护、中度防护和严格防护。防护级别越高，软件的杀毒速度也就越慢。用户可以根据实际情况来设置电脑的防护级别。

设置防护级别的具体操作步骤如下。

❶ 双击运行 360 杀毒软件，单击“实时防护”标签。

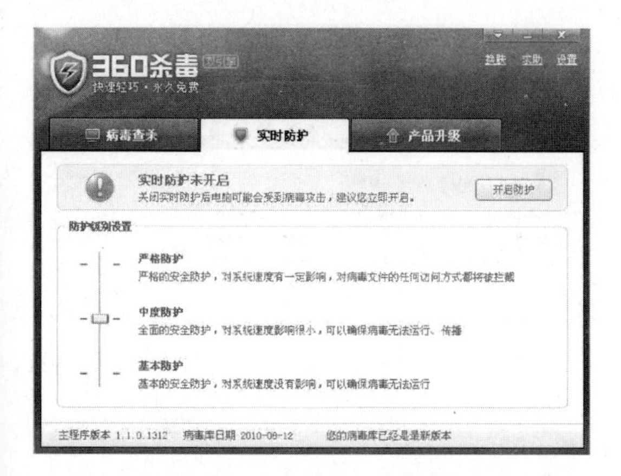

❷ 单击“开启防护”按钮，并选择防护级别。

当用户的电脑中安装有其他杀毒软件，在开启 360 杀毒软件的实时防护功能时，会以兼容模式开启，并要求重启生效。

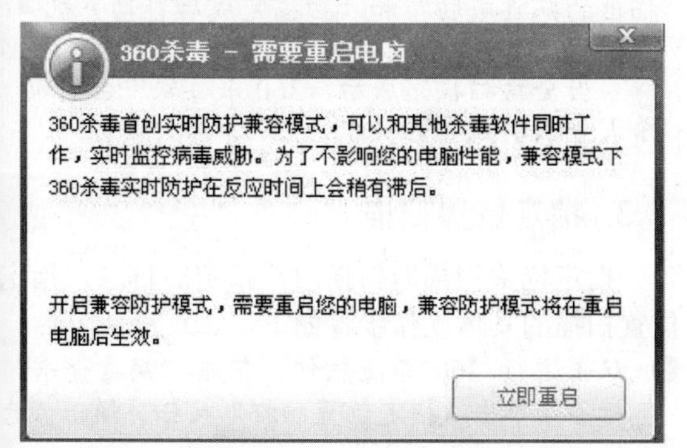

技巧284　快速查杀病毒

为了自身电脑的安全，用户需要定期查杀病毒。360 杀毒软件提供了 4 种杀毒模式，即快速杀毒、全盘扫描、指定位置扫描和右键扫描。

1. 快速杀毒

快速杀毒的具体操作步骤如下。

❶ 双击运行 360 杀毒软件，单击“病毒查杀”标签。

❷ 单击“快速扫描”按钮，开始查杀病毒。

❸ 查出病毒等安全威胁因素后，选中“全选”复选框，单击“开始处理”按钮。

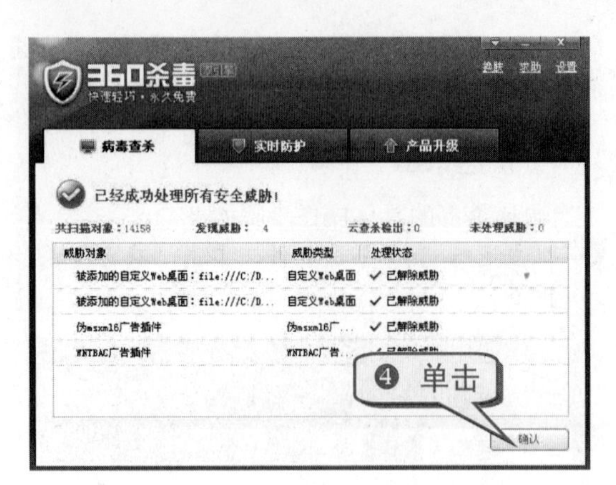

注 意 事 项

360 杀毒软件的快速杀毒模式并不能深入全面地查找并杀灭病毒。

2. 全盘扫描

❶ 双击运行 360 杀毒软件，单击“病毒查杀”标签，单击“全盘扫描”按钮。

❷ 查出病毒等安全威胁因素后，选中“全选”复选框，单击“开始处理”按钮。

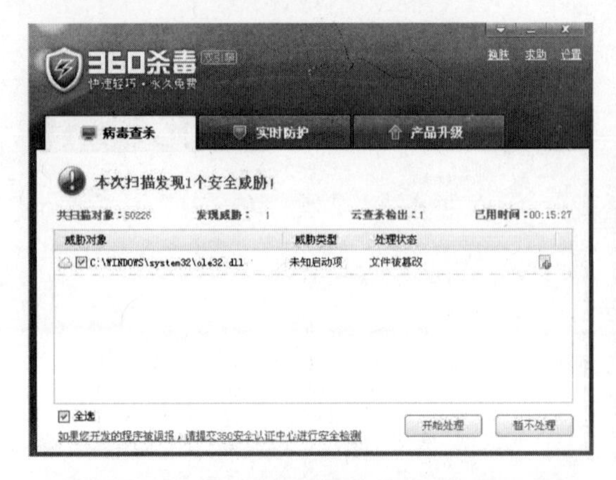

举 一 反 三

由于全盘扫描的时间较长，同时也会影响期间的电脑性能，用户可以选中“自动处理扫描出的病毒威胁”和“扫描完成后自动关机”复选框。

当全盘扫描完成后，360 杀毒软件会自动杀灭查出的病毒并关机。

3. 指定位置扫描

指定位置扫描即扫描用户指定的目录。指定位置扫描的具体操作步骤如下。

❶ 双击运行 360 杀毒软件，单击“病毒查杀”标签，单击“指定位置扫描”按钮。弹出“选择扫描目录”对话框。

❷ 在弹出的对话框中，选中要进行扫描的目录，如程序(D:)。

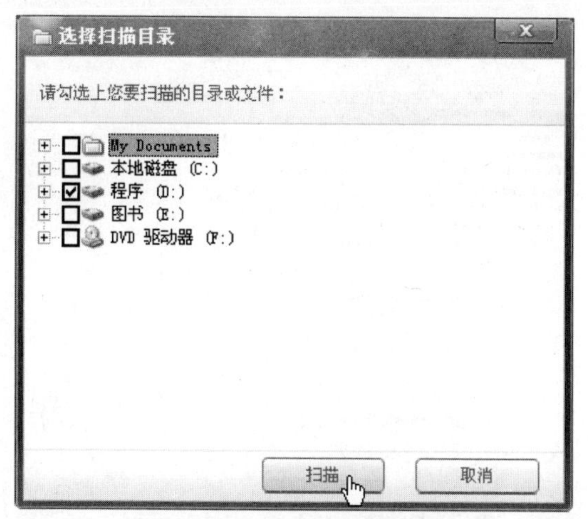

❸ 单击“扫描”按钮，开始扫描D盘。

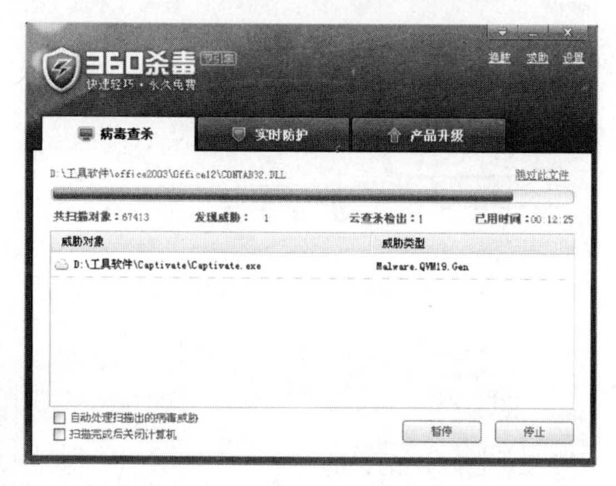

❹ 查出病毒等安全威胁因素后，选中“全选”复选框。

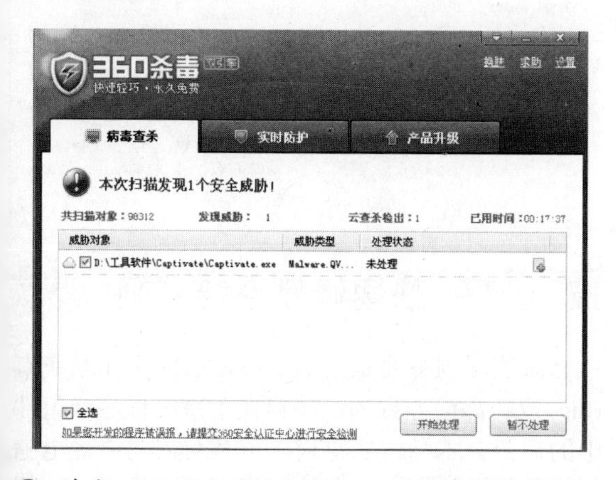

❺ 单击“开始处理”按钮，开始处理安全威胁。完成后会出现相关提示，单击“确认”按钮。

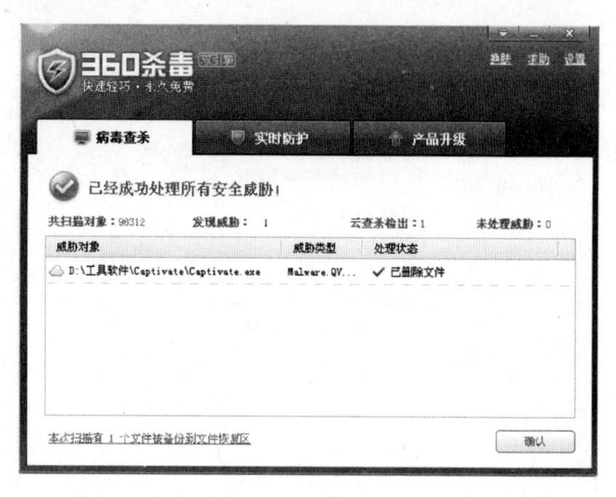

如果用户因失误而将非病毒文件删除，可以通过360杀毒隔离区进行恢复。

双击运行360杀毒软件，单击“病毒查杀”标签，单击“指定位置扫描”按钮。然后选择相应的文件，单击“恢复”按钮即可。

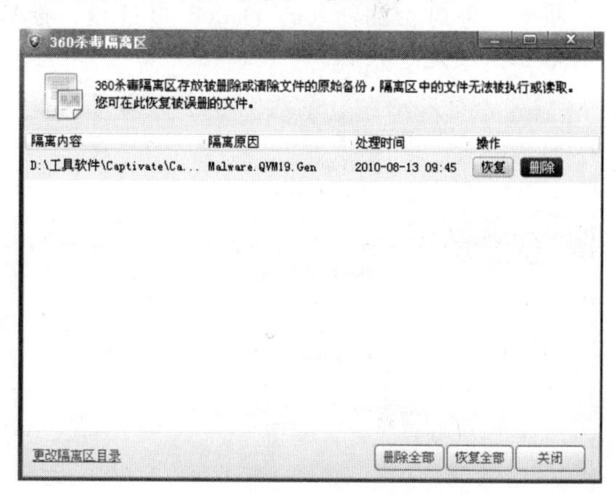

技巧285 快速设置嵌入式扫描

如今，身边的U盘也成为病毒生存和传播的“温床”。若将携带病毒的U盘与电脑连接，就可能使电脑中毒。对此，用户只要对360杀毒软件的嵌入式扫描功能进行设置，就能防范这样的潜在危险因素。

设置嵌入式扫描的具体操作步骤如下。

❶ 双击运行360杀毒软件，单击“设置”按钮，弹出“设置”对话框。

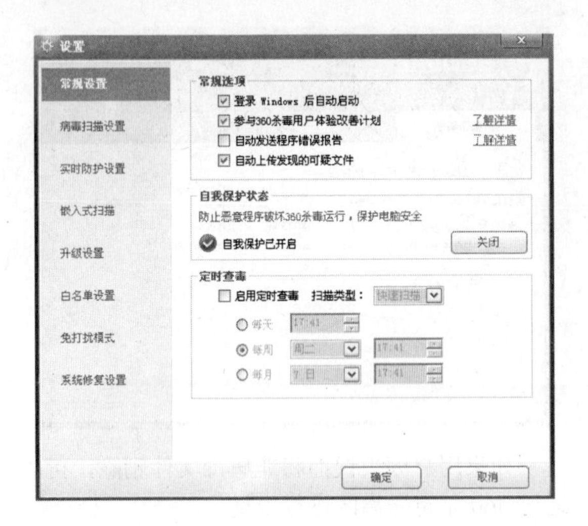

❷ 在弹出的“设置”对话框中，选择“嵌入式扫描”选项。

❸ 选中“即时扫描 QQ/MSN 接收的文件”复选框和“即时扫描插入的 U 盘”复选框。最后单击“确定”按钮。

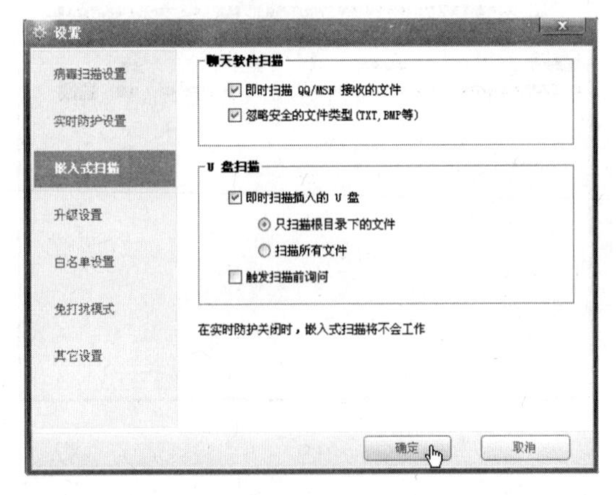

技巧286　快速清除恶意软件

有时电脑会受到恶意软件的攻击，这时就要对其进行清除。

使用 360 安全卫士清除恶意软件的具体操作步骤如下。

❶ 双击运行 360 安全卫士，单击“清理插件”标签，开始扫描恶意软件。

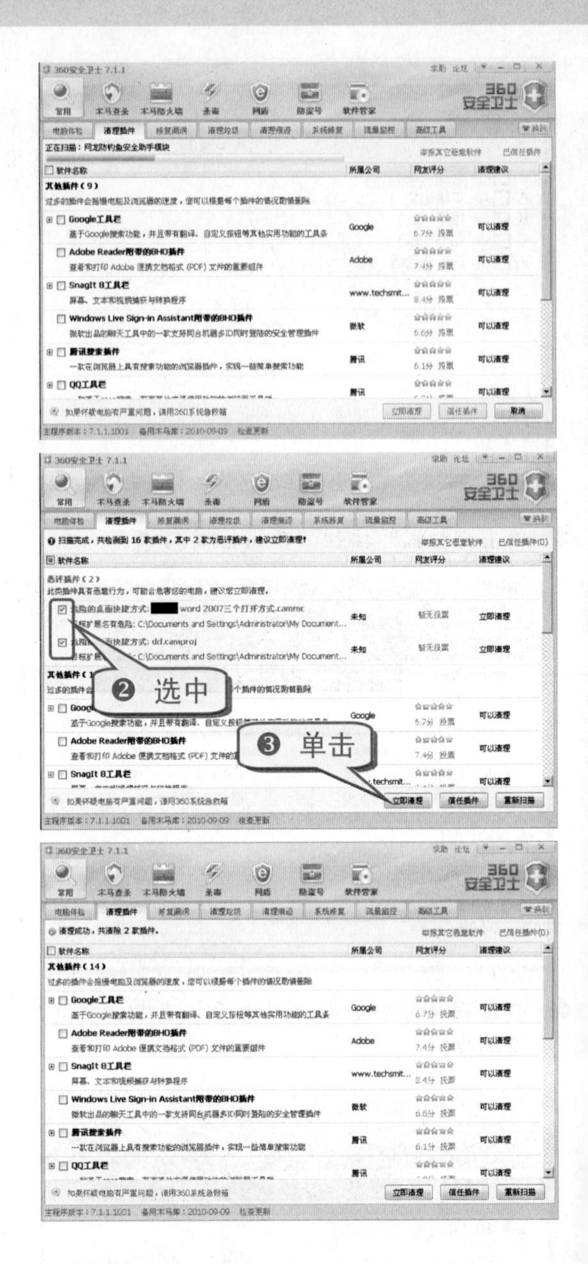

技巧287　快速修复系统漏洞

系统漏洞主要是指由于所使用的操作系统有 Bug 或疏漏而导致的一些存在于系统程序或组件中的后门，木马或病毒程序可利用后门绕过电脑防护软件，达到攻击和控制用户电脑的目的。因此，用户及时下载安装补丁、修复系统漏洞是非常重要的。使用 360 安全卫士修复系统漏洞的具体操作步骤如下。

❶ 双击运行 360 安全卫士，单击“修复漏洞”标签，开始扫描系统漏洞。

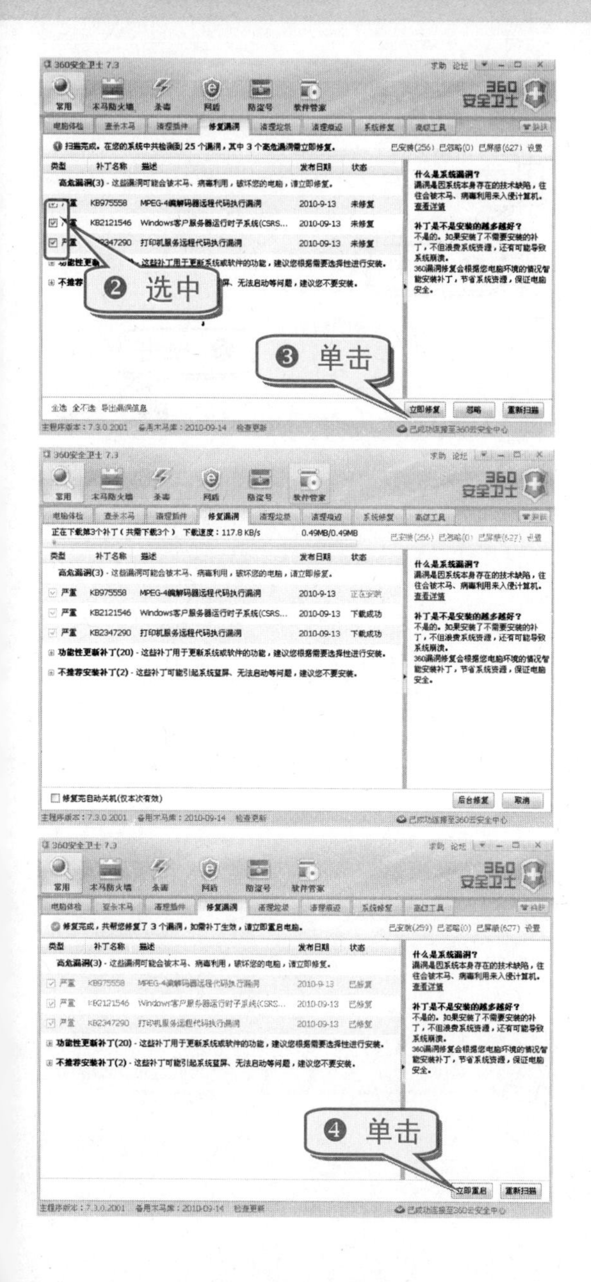

技巧288　快速修复系统

如果电脑系统出现问题，就要对其进行修复。

使用 360 安全卫士快速修复系统的具体操作步骤如下。

❶ 双击运行 360 安全卫士，单击“系统修复”标签，开始扫描系统。

技巧289　快速清理垃圾

垃圾会占用系统空间，用户要定期对其进行清理。使用 360 安全卫士清理垃圾的具体操作步骤如下。

❶ 双击运行 360 安全卫士，单击“清理垃圾”标签，开始扫描系统。

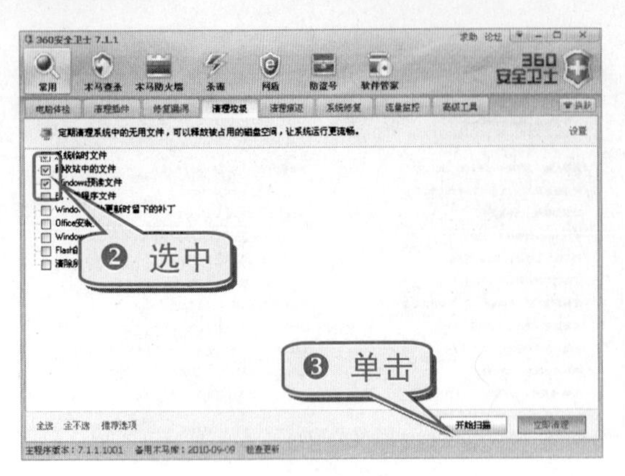
❷ 选中
❸ 单击

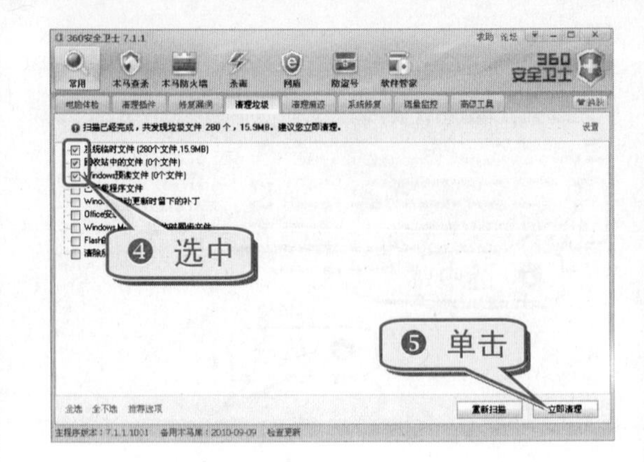
❹ 选中
❺ 单击

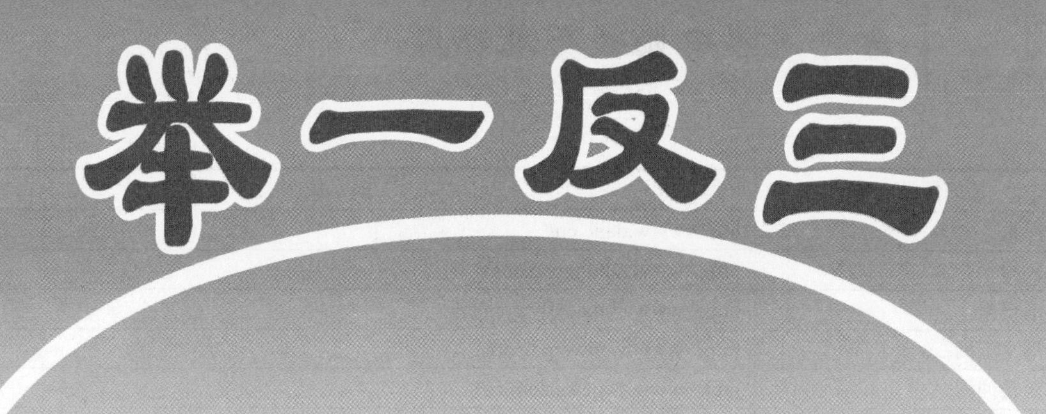

附录1 新闻网址

新闻网站名称	网 址
新浪新闻	http://news.sina.com.cn/
新华网	http://www.xinhuanet.com/
腾讯新闻	http://news.qq.com/
凤凰网	http://www.ifeng.com/
CCTV	http://www.cctv.com/
中国新闻网	http://www.chinanews.com.cn/
搜狐新闻	http://news.sohu.com/
网易新闻	http://news.163.com/
人民网	http://www.people.com.cn/
南方网	http://www.southcn.com/
联合早报	http://www.zaobao.com/
中国广播网	http://www.cnr.cn/
中青在线	http://www.cyol.net/
中国网	http://www.china.com.cn/
中国军网	http://www.chinamil.com.cn/
环球网	http://www.huanqiu.com/
中华网	http://www.china.com/zh_cn/
中国政府网	http://www.gov.cn/jrzg/
经济日报	http://www.ce.cn/
百度新闻搜索	http://news.baidu.com/
星岛环球网	http://www.stnn.cc/
朝闻天下	http://www.zwtxnews.com/
新闻培训网	http://www.xwpx.com/
南风窗	http://www.265dh.com/Xinwen_Meiti/
华商报	http://hsb.hsw.cn/2010-09/08/node_833.htm
南方周末	http://www.infzm.com/

续表

新闻网站名称	网　址
大河报	http://www.dahe.cn/
大公报	http://www.takungpao.com/
中国日报	http://www.chinadaily.com.cn/
香港文汇网	http://www.wenweipo.com/
广西新闻网	http://www.gxnews.com.cn/
山西新闻网	http://www.daynews.com.cn/
北青网	http://bjyouth.ynet.com/
东南新闻网	http://www.fjsen.com/
重庆华龙网	http://www.cqnews.net/
天津北方网	http://www.enorth.com.cn/
南方都市报	http://nd.oeeee.com/
扬子晚报网	http://www.yangtse.com/
山东大众网	http://www.dzwww.com/
楚天都市报	http://ctdsb.cnhubei.com/cache/paper_ctdsb.aspx
三秦都市报	http://www.sanqindaily.com/
新京报网	http://www.bjnews.com.cn/
羊城晚报	http://www.ycwb.com/
中国评论新闻	http://www.zhgpl.com/
韩国中央日报	http://chinese.joins.com/gb/index.html
纽约时报	http://www.nytimes.com/
朝鲜日报中文网	http://chn.chosun.com/
美国时代周刊	http://www.time.com/time/
英国路透社	http://cn.reuters.com/
俄罗斯之声	http://chinese.ruvr.ru/
联合国新闻	http://www.un.org/chinese/News/index.asp
美国 CNN	http://edition.cnn.com/
华尔街日报	http://www.cn.wsj.com/gb/

附录 2　文档输入快捷键

Word 2010 快捷键

快捷操作	作　用
Alt+Tab	切换到下一个窗口
Alt+Shift+Tab	切换到上一个窗口
Ctrl+W 或 Ctrl+F4	关闭活动窗口
Alt+F5	将活动窗口最大化后再还原其大小
F6	从程序窗口中的一个任务窗格移动到另一个任务窗格(沿顺时针方向)，可能需要多次按 F6
Shift+F6	从程序窗口中的一个任务窗格移动到另一个任务窗格(逆时针方向)
Ctrl+F6	当有多个窗口打开时，切换到下一个窗口
Ctrl+Shift+F6	切换到上一个窗口
Ctrl+F10	将所选的窗口最大化或还原其大小
Print Screen	将屏幕上的图片复制到剪贴板上
Alt+Print Screen	将所选窗口上的图片复制到剪贴板上
Tab	移至下一个选项或选项组
Shift+Tab	移至上一个选项或选项组
Ctrl+Tab	切换到对话框中的下一个选项卡
Ctrl+Shift+Tab	切换到对话框中的上一个选项卡
Esc	关闭所选的下拉列表；取消命令并关闭对话框
Enter	运行选定的命令
Home	移至条目的开头
End	移至条目的结尾
向左键或向右键	向左或向右移动一个字符
Ctrl+向左键	向左移动一个字词

续表

快捷操作	作　用
Ctrl+向右键	向右移动一个字词
Shift+向左键	向左选取或取消选取一个字符
Shift+向右键	向右选取或取消选取一个字符
Ctrl+Shift+向左键	向左选取或取消选取一个单词
Ctrl+Shift+向右键	向右选取或取消选取一个单词
Shift+Home	选择从插入点到条目开头之间的内容
Shift+End	选择从插入点到条目结尾之间的内容
Ctrl+F12 或 Ctrl+O	显示“打开”对话框
Enter	打开选中的文件夹或文件
Backspace	打开所选文件夹的上一级文件夹
Delete	删除所选文件夹或文件
Shift+F10	显示选中项目(例如文件夹或文件)的快捷菜单
Tab	向前移动浏览选项
Shift+Tab	向后移动浏览选项
F4 或 Alt+I	打开“查找范围”列表
Esc	取消操作
Ctrl+Z	撤销上一个操作
Ctrl+Y	恢复或重复操作
F1	获取帮助
F2	移动文字或图形
F4	重复上一步操作
F5	选择“开始”选项卡上的“定位”命令
F6	前往下一个窗格或框架
F7	选择“审阅”选项卡上的“拼写”命令
F8	扩展所选内容
F9	更新选定的域
F10	显示快捷键提示
F11	前往下一个域
F12	选择“另存为”命令
Shift+F1	启动上下文相关“帮助”或展现格式
Shift+F2	复制文本
Shift+F3	更改字母大小写
Shift+F4	重复“查找”或“定位”操作
Shift+F5	移至最后一处更改
Shift+F6	转至上一个窗格或框架(按 F6 后)
Shift+F7	选择“同义词库”命令
Shift+F8	减少所选内容的大小
Shift+F9	在域代码及其结果之间进行切换
Shift+F10	显示快捷菜单

续表

快捷操作	作　用
Ctrl+F12	选择“打开”命令
Ctrl+Shift+F3	插入“图文场”的内容
Ctrl+Shift+F5	编辑书签
Ctrl+Shift+F6	前往上一个窗口
Ctrl+Shift+F7	更新 Word 2010 源文档中链接的信息
Ctrl+Shift+F8，然后按箭头键	扩展所选内容或块
Ctrl+Shift+F9	取消域的链接
Ctrl+Shift+F11	解除对域的锁定
Ctrl+Shift+F12	选择“打印”命令
Alt+F1	前往下一个域
Alt+F3	创建新的“构建基块”
Alt+F4	退出 Word 2010
Alt+F5	还原程序窗口大小
Alt+F6	从打开的对话框移回文档，适用于支持此行为的对话框
Alt+F7	查找下一个拼写错误或语法错误
Alt+F8	运行宏
Alt+F9	在所有的域代码及其结果间进行切换
Alt+F10	显示“选择和可见性”任务窗格
Alt+F11	显示 Microsoft Visual Basic 代码
Alt+Shift+F1	定位至前一个域
Alt+Shift+F2	选择“保存”命令
Alt+Shift+F7	显示“信息检索”任务窗格
Alt+Shift+F9	从显示域结果的域中运行 GotoButton 或 Macro Button
Alt+Shift+F10	显示可用操作的菜单或消息
Alt+Shift+F12	在目录容器活动时，选择该容器中的“目录”按钮
Ctrl+Alt+F1	显示 Microsoft 系统信息
Ctrl+Alt+F2	选择“打开”命令

Excel 2010 快捷键

快捷操作	作　用
Ctrl+Shift+(	取消隐藏选定范围内所有隐藏的行
Ctrl+Shift+)	取消隐藏选定范围内所有隐藏的列
Ctrl+Shift+&	将外框应用于选定单元格
Ctrl+Shift_	从选定单元格删除外框
Ctrl+Shift+~	应用“常规”数字格式
Ctrl+Shift+$	应用带有两位小数的“货币”格式(负数放在括号中)
Ctrl+Shift+%	应用不带小数位的“百分比”格式

续表

快捷操作	作　用
Ctrl+Shift+^	应用带有两位小数的“指数”格式
Ctrl+Shift+#	应用带有日、月和年的“日期”格式
Ctrl+Shift+@	应用带有小时和分钟以及 AM 或 PM 的“时间”格式
Ctrl+Shift+!	应用带有两位小数、千位分隔符和减号(—)(用于负值)的“数值”格式
Ctrl+Shift+*	选择环绕活动单元格的当前区域(由空白行和空白列围起的数据区域) 在数据透视表中，它将选择整个数据透视表
Ctrl+Shift+：	输入当前时间
Ctrl+Shift+"	将值从活动单元格上方的单元格复制到单元格或编辑栏中
Ctrl+Shift+加号(+)	显示用于插入空白单元格的“插入”对话框
Ctrl+减号(—)	显示用于删除选定单元格的“删除”对话框
Ctrl+；	输入当前日期
Ctrl+`	在工作表中切换显示单元格值和公式
Ctrl+'	将公式从活动单元格上方的单元格复制到单元格或编辑栏中
Ctrl+1	显示“单元格格式”对话框
Ctrl+2	应用或取消加粗格式设置
Ctrl+3	应用或取消倾斜格式设置
Ctrl+4	应用或取消下划线
Ctrl+5	应用或取消删除线
Ctrl+6	在隐藏对象、显示对象和显示对象占位符之间切换
Ctrl+8	显示或隐藏大纲符号
Ctrl+9	隐藏选定的行
Ctrl+0	隐藏选定的列
Ctrl+A	选择整个工作表 如果工作表包含数据，则按 Ctrl+A 组合键将选择当前区域，再次按 Ctrl+A 组合键将选择当前区域及其汇总行，第三次按 Ctrl+A 组合键将选择整个工作表 当插入点位于公式中某个函数名称的右边时，则会显示“函数参数”对话框 当插入点位于公式中某个函数名称的右边时，按 Ctrl+Shift+A 组合键将会插入参数名称和括号
Ctrl+B	应用或取消加粗格式设置
Ctrl+C	复制选定的单元格 如果连续按两次 Ctrl+C 组合键则会显示剪贴板
Ctrl+D	使用“向下填充”命令将选定范围内最顶层单元格的内容和格式复制到下面的单元格中
Ctrl+F	显示“查找和替换”对话框，其中的“查找”选项卡处于选中状态 按 Shift+F5 组合键也会显示此选项卡，而按 Shift+F4 组合键则会重复上一次的“查找”操作 按 Ctrl+Shift+F 组合键将打开“设置单元格格式”对话框，其中的“字体”选项卡处于选中状态
Ctrl+G	显示“定位”对话框；按 F5 键也会显示此对话框
Ctrl+H	显示“查找和替换”对话框，其中的“替换”选项卡处于选中状态
Ctrl+I	应用或取消倾斜格式设置
Ctrl+K	为新的超链接显示“插入超链接”对话框，或为选定的现有超链接显示“编辑超链接”对话框

续表

快捷操作	作 用
Ctrl+N	创建一个新的空白工作簿
Ctrl+O	显示“打开”对话框以打开或查找文件；按 Ctrl+Shift+O 组合键可选择所有包含批注的单元格
Ctrl+P	显示“打印”对话框；按 Ctrl+Shift+P 组合键将打开“设置单元格格式”对话框
Ctrl+R	使用“向右填充”命令将选定范围最左边单元格的内容和格式复制到右边的单元格中
Ctrl+S	使用其当前文件名、位置和文件格式保存活动文件
Ctrl+T	显示“创建表”对话框
Ctrl+U	应用或取消下划线；按 Ctrl+Shift+U 组合键将在展开和折叠编辑栏之间切换
Ctrl+V	在插入点处插入剪贴板的内容，并替换任何所选内容(只有在剪切或复制了对象、文本或单元格内容之后，才能使用此快捷键)
Ctrl+W	关闭选定的工作簿窗口
Ctrl+X	剪切选定的单元格
Ctrl+Y	重复上一个命令或操作(如有可能)
Ctrl+Z	使用“撤销”命令撤销上一命令或删除最后输入的内容 显示自动更正智能标记时，按 Ctrl+Shift+Z 组合键可以使用“撤销”或“重复”命令撤销或恢复上一次的自动更正

读者回执卡

欢迎您立即填妥回函

您好！感谢您购买本书，请您抽出宝贵的时间填写这份回执卡，并将此页剪下寄回我公司读者服务部。我们会在以后的工作中充分考虑您的意见和建议，并将您的信息加入公司的客户档案中，以便向您提供全程的一体化服务。您享有的权益：

★ 免费获得我公司的新书资料；
★ 寻求解答阅读中遇到的问题；
★ 免费参加我公司组织的技术交流会及讲座；
★ 可参加不定期的促销活动，免费获取赠品；

读者基本资料

姓　　名＿＿＿＿＿＿　性　　别 □男　□女　年　　龄＿＿＿＿＿＿
电　　话＿＿＿＿＿＿　职　　业＿＿＿＿＿＿　文化程度＿＿＿＿＿＿
E-mail＿＿＿＿＿＿　邮　　编＿＿＿＿＿＿
通讯地址＿＿＿＿＿＿＿＿＿＿＿＿＿＿＿＿＿＿

请在您认可处打✓（6 至 10 题可多选）

1. 您购买的图书名称是什么：＿＿＿＿＿＿＿＿＿＿＿＿＿＿＿＿＿＿
2. 您在何处购买的此书：＿＿＿＿＿＿＿＿＿＿＿＿＿＿＿＿＿＿
3. 您对电脑的掌握程度：　□不懂　□基本掌握　□熟练应用　□精通某一领域
4. 您学习此书的主要目的是：　□工作需要　□个人爱好　□获得证书
5. 您希望通过学习达到何种程度：　□基本掌握　□熟练应用　□专业水平
6. 您想学习的其他电脑知识有：　□电脑入门　□操作系统　□办公软件　□多媒体设计　□编程知识　□图像设计　□网页设计　□互联网知识
7. 影响您购买图书的因素：　□书名　□作者　□出版机构　□印刷、装帧质量　□内容简介　□网络宣传　□图书定价　□书店宣传　□封面，插图及版式　□知名作家（学者）的推荐或书评　□其他
8. 您比较喜欢哪些形式的学习方式：　□看图书　□上网学习　□用教学光盘　□参加培训班
9. 您可以接受的图书的价格是：　□ 20 元以内　□ 30 元以内　□ 50 元以内　□ 100 元以内
10. 您从何处获知本公司产品信息：　□报纸、杂志　□广播、电视　□同事或朋友推荐　□网站
11. 您对本书的满意度：　□很满意　□较满意　□一般　□不满意
12. 您对我们的建议：＿＿＿＿＿＿＿＿＿＿＿＿＿＿＿＿＿＿

请剪下本页填写清楚，放入信封寄回

1 0 0 0 8 4

贴邮票处

北京100084—157信箱

读者服务部　　　　收

邮政编码：□□□□□□

技术支持与资源下载：http://www.tup.com.cn　http://www.wenyuan.com.cn
读 者 服 务 邮 箱：service@wenyuan.com.cn
邮　购　电　话：(010)62791865　(010)62791863　(010)62792097-220
组　稿　编　辑：邹　杰
投　稿　电　话：13683680010
投　稿　邮　箱：zoujie2008@gmail.com